东南大学建筑设计研究院有限公司
电力设计院简介

东南大学建筑设计研究院有限公司始建于1965年，为国家教委所属，住建部批准的具有独立法人资格的，集建筑、电力、交通及市政多领域于一体的综合设计公司。拥有一支理论水平高、富有丰富实践经验和较强科研能力的专业设计队伍。公司员工近500人，技术人员占90%以上，其中注册执业人员105人。根据专业特点分设综合建筑设计一院～五院、电力设计院、建筑智能化设计所、规划设计所以及交通设计院等多个专业设计研究院(所)。

电力设计院的前身是东南大学工程设计研究院，2002年为贯彻教育部"一校一证"的精神，与东南大学建筑设计研究院合并，于2004年1月通过了ISO9001质量认证（证书号00509Q21877R2M)。电力设计院专门从事电力、环境以及市政工程的设计研究，在东南大学建筑设计研究院有限公司内享有如下咨询设计资质：

➢ 工程咨询资格证书（工咨甲21120070003)；

➢ 电力行业(新能源发电、变电工程、火力发电)专业乙级；电力行业(送电工程)专业丙级；市政行业(排水工程、热力工程)专业乙级；环境工程(水污染防治工程、大气污染防治工程)专项乙级(综合证书号：A232000043)；

➢ 压力管道设计许可证[TS1810607-2019]。

电力设计院设有汽机、锅炉、燃料、除灰渣、电气、热控、化学、给排水、建筑、结构、总交、暖通、环保、技术经济等专业。拥有近90人的专业技术团队，专业配套齐全，设计、研究力量雄厚。主要从事热电联产、新能源(秸秆、生活垃圾、太阳能、地热)、环境保护(除尘、脱硫、脱硝)、供热工程、分布式能源等行业的工程设计、技术改造、科技开发和工程咨询，以及以上咨询、设计资质范围内相应的建设工程总承包业务、项目管理和相关的技术和管理服务。热诚欢迎新老客户莅临指导。

院长：许红胜 025-83795926，13901594160	总工程师：赵龙生 025-83792356，15150580948
经营副院长：马永贵 025-83795448，13951022403	生产副院长：刘国培 025-83790650，13951025738
地址：中国南京市四牌楼2号东南大学河海院二楼	电话：025-83790620；传真：025-83616533

典型业绩展示：

☆ 热电联产工程咨询设计

新浦化学(泰兴)有限公司热电项目

(3×440 t/h 高温高压 CFB 炉+2×CB50)

☆ 生活垃圾焚烧发电工程

江苏天楹环保海安垃圾发电厂

(3×250 t/d 比利时 WTL 公司炉排炉+2×N7.5 MW)

☆ 秸秆焚烧、气化发电工程

江苏华晟生物发电有限公司(江苏省优秀工程咨询一等奖)

(2×75 t/h straw incinerators+2×C15 MW)

☆ 太阳能光伏发电工程

镇江科技新城 9.8 MW 光伏建筑应用项目(江苏省优秀工程咨询一等奖)

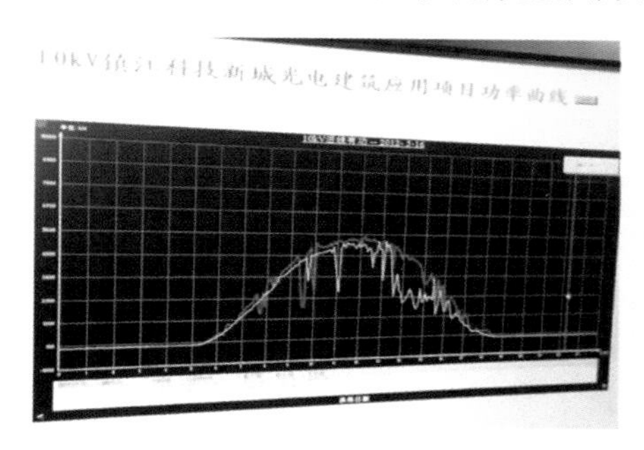

☆ 市政热力工程

常熟金陵海虞热电厂供热管网

☆ 大气污染防治工程

中石化仪征化纤热电锅炉低氮燃烧项目

#1～#6共6台220 t/h高温高压煤粉锅炉低氮燃烧技术改造

☆ 海外电力工程咨询设计

印尼SPV(PT. South Pacific Viscose)公司

(1×130 t/h　CFB+1×CC20 MW)

☆ 天然气分布式能源项目

华润电力(常州钟楼)天然气分布式能源项目

燃气轮机2＊6B(42 MW)，汽轮发电机组1＊B6.3 MW＋ 1＊C 15 MW

☆ 水污染防治工程

生活污水治理　海水淡化工程

皮革废水处理

☆ 民用建筑工程

协鑫新能源吉山研发中心

南通第二人民医院

典型业绩

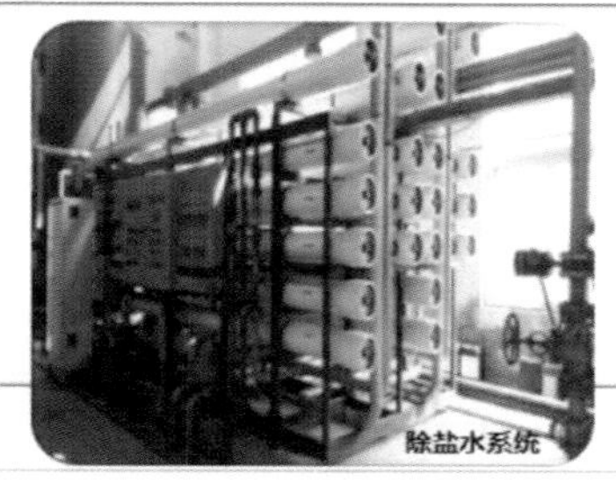

啤酒行业　污水处理改造

- 雪花啤酒　百威啤酒

电力行业　零排放系统及循环水处理

- 大唐南电　大唐如皋　靖江苏源
- 合肥二热电　如东国信　华能灌云

医药行业　污水处理站建设

- 九洲制药　海天制药
- 兄弟维生素　九阳生物

市政行业　污水处理厂建设

- 连云港赣榆力洁　南京浦口珠江
- 南京东区污水　河南开控水务

土壤修复　重金属、有机物污染治理

- 南京小南化污染场地
- 六合开发区有机物污染
- 南通柴油机场地多种污染
- 河南灵宝重金属污染
- 河南项城重金属污染

河道湖泊治理　水质净化 生态修复等

- 六合杨西河
- 六合护城河
- 苏州湾水街生态修复
- 芜湖镜湖水环境整治
- 南京幕府山沟中心水塘
- 金莲纸业生态稳定塘治理

我们将天更蓝、水更清、草更绿
这一环保使命进行到底！

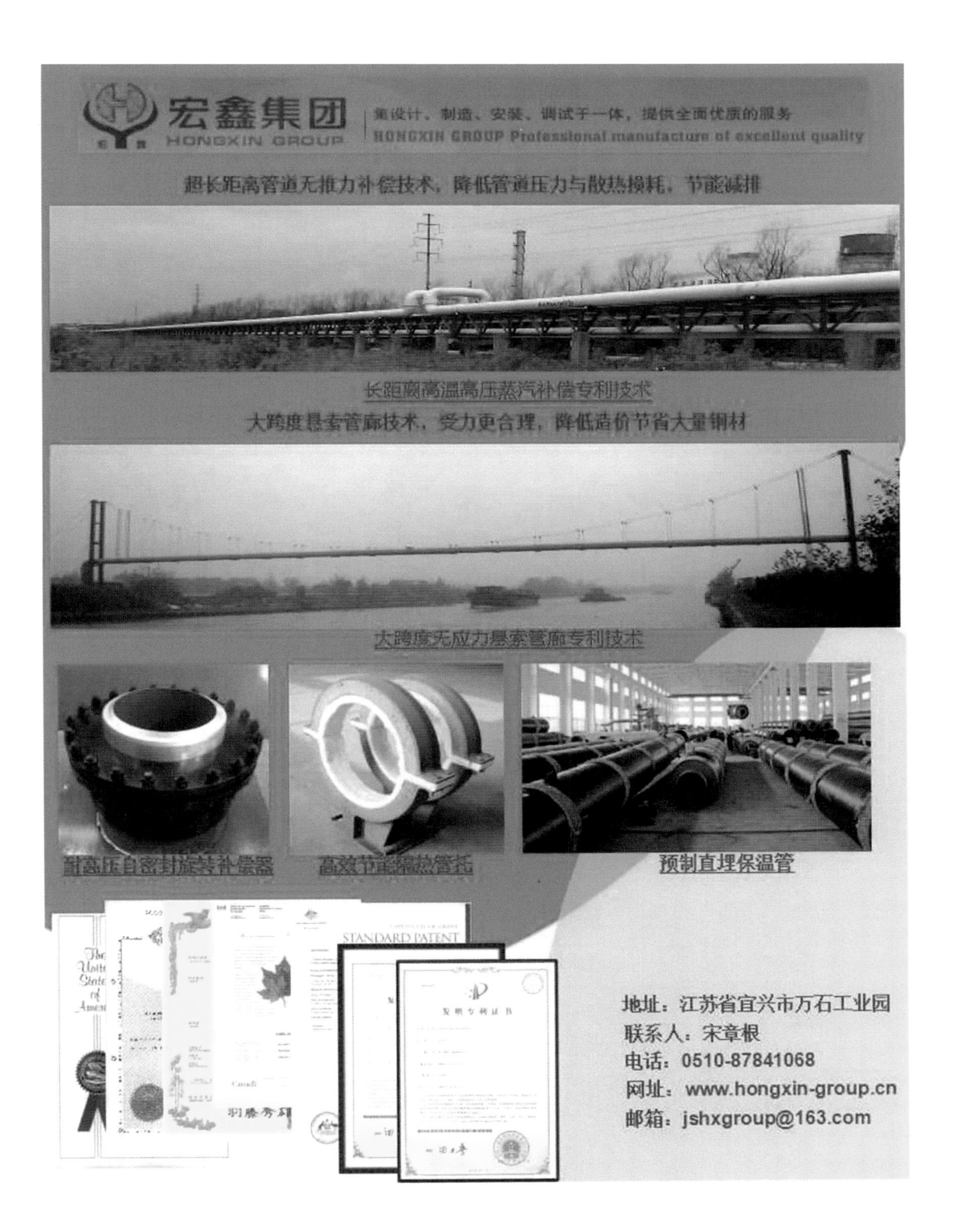

宏鑫集团
HONGXIN GROUP
集设计、制造、安装、调试于一体，提供全面优质的服务
HONGXIN GROUP Professional manufacture of excellent quality
超长距离管道无推力补偿技术，降低管道压力与散热损耗，节能减排
长距离高温高压蒸汽补偿专利技术
大跨度悬索管廊技术，受力更合理，降低造价节省大量钢材
大跨度无应力悬索管廊专利技术
耐高压自密封旋转补偿器
高效节能隔热管托
预制直埋保温管
STANDARD PATENT
发明专利证书
地址：江苏省宜兴市万石工业园
联系人：宋章根
电话：0510-87841068
网址：www.hongxin-group.cn
邮箱：jshxgroup@163.com

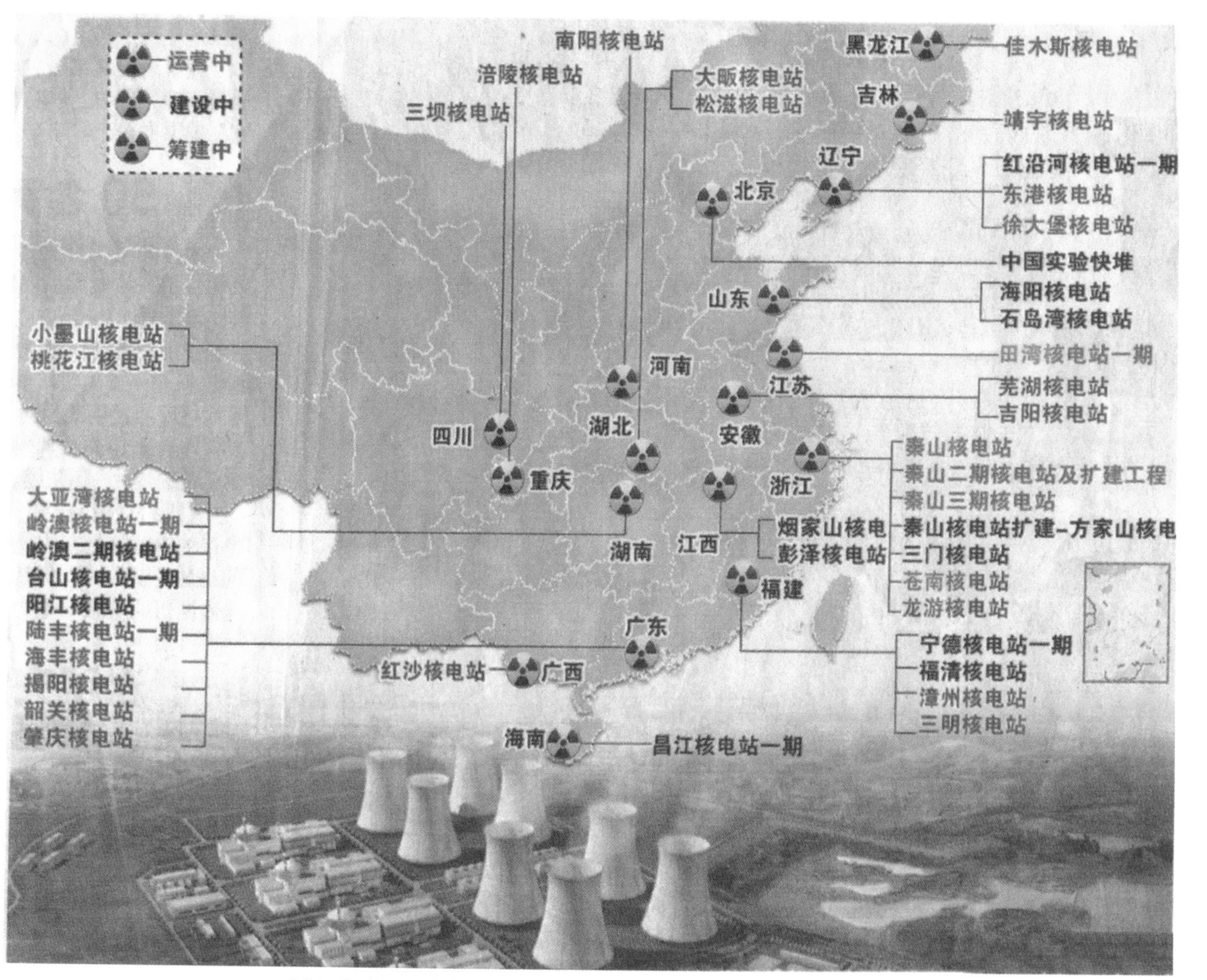

2011年中国已建成（运行）、在建和筹建中的核电站分布图

钟史明教授简介

钟史明，1927 年生，男，畲族，福建上杭人。享受国务院特殊津贴专家。1951 年毕业于厦门大学机械工程系动力组，历任厦大助教，南京工学院讲师、教授。1988—1993 年任江苏省政协第六届委员和江苏省九三学社省委常委，东南大学热能工程设计院名誉院长。现任东南大学能源与环境学院教授、江苏省能源研究会热电专委会名誉主委、中国热电专委会荣誉委员。曾任南京东南动力工程公司总工兼热电设计研究所所长，镇江气体能源公司总工，中国电机工程学会热电专委会委员、技术委员会副主任，以及中国环境保护专委会防噪声分专委会委员、江苏省能源研究会常委及热电专委会主任委员，《区域供热》杂志编委，《沈阳工程学院学报（自然科学版）》重要作者。

主要从事火电厂热能动力装置专业的教学、科研和设计工作。在教学方面，突出实事求是，理论联系实际。从广泛阅读到理性综合，从“一本书越读越厚，到愈读愈薄”的境界，感性到理性认知，如众多热力系统的优劣、改进，可取决于“热化发电率”的大小，或“熵增”多少一个指标就足以定性。积极受命进行教改试点：1955 年指导 3351 届毕业实习于杨树浦发电厂，在电厂师傅亲手指导下进行机组启停运行，以增进体会动手能力；1958 年指导毕业设计选择华东电力设计院上海闵行和南京南热“B П T25-3”高压高温热电厂初步设计真实工程，与设计院技术人员分工合作在院校指导下进行；南工“3360”教改一条线，亲自参与试点，结合教学负责“无汽包锅炉射阳电厂工程设计”工作，一直跟踪调试运行，获得 1979 年省科技大会奖。其后，又指导“3360”级毕业设计，结合该厂消缺改造，代表南工出席高教部在西安交大举办“全国高校，结合实际毕业设计展览交流会”项目。“文革”期间，指导工农兵学员结合实际，改造小凝汽机为背压供热机”连续三届毕业设计，其中 1979 年获省电力局“戚墅堰老厂节能改造”节能奖等荣誉。教学态度认真负责，锲而不舍，以达真谛止于至善。对火电厂热力系统计算方法——常规热平衡法、循环函数法、等效函降法、简化热平衡法等，都有研究并进行讲解推广。

科研和设计工作，在火电厂热力系统、燃料燃烧、燃煤燃气蒸汽联合循环发电 (IGCC)、热电（冷）工程设计和能源利用等方面有深入研究，主持并参与了“苏州整体煤气化联合循环发电”，“上海市电网峰谷调度”和“燃煤 CFB 三联供（煤气、热、电）”等重点科研项目。参与《火电厂热力系统热经济计算使用软件包》，1988 年获省科技进步二等奖，先后撰写并主编主审了《热力发电厂》《具有〖㶲〗参数水和水蒸气性质参数手册》《工程师通用手册（热工篇）》《燃气——蒸汽联合循环发电》和《节能原理》等 8 本教学和科技专著。

在改革开放初期，学校为了提高教学质量，积极推动厂校结合，学校专业与下关发电厂于 1984 年筹建成立南京动力工程公司，钟教授任总工兼热电工程设计研究所所长。从事热电工程咨询、工程设计工作。曾负责设计滨海 12 MW 和宜兴 50 MW 热电厂工程设计工作等。为今后《东南大学热电工程设计研究院》奠定了良好基础。在将近 20 年设计院工作期间，几乎江苏省内的热电工程可研，初设的审查，钟教授都参加和负责评审工作。都能以科学、公平、公正的态度分析，发言、建议和评价，对推动省内外热电事业的发展和节能减排起到积极作用，口碑甚好，贡献很大。

能源与环境

——节能减排理论与研究

主　编：钟史明

东南大学出版社
·南京·

内容提要

本书汇编了以能源利用、环境保护、节能减排为主要内容的文章，其中包含：能源与环境、低碳经济、热电(冷)联产、天然气发电与CHP(CCHP)、太阳能发电、核电等。本书从理论、政策、设计、运行、技改等方面都有论述，是贯彻我国"节能减排"、践行"煤电高效改造及超低排放"等政策，提供具体实施方案的重要参考资料。

本书可供行业主管、火电厂、热电厂设计、运行工程技术人员及大专院校能源与环境、热能动力等有关专业师生参阅。

图书在版编目(CIP)数据

能源与环境：节能减排理论与研究/钟史明主编.—南京：东南大学出版社，2017.5

ISBN 978-7-5641-7109-4

Ⅰ.①能… Ⅱ.①钟… Ⅲ.①能源利用—关系—环境保护 Ⅳ.①X24

中国版本图书馆CIP数据核字(2017)第076422号

能源与环境——节能减排理论与研究

出版发行：东南大学出版社
社　　址：南京市四牌楼2号　邮编：210096
出 版 人：江建中
责任编辑：戴坚敏
网　　址：http://www.seupress.com
经　　销：全国各地新华书店
印　　刷：虎彩印艺股份有限公司
开　　本：787mm×1092mm　1/16
印　　张：21.25(彩页10面)
字　　数：560千字
版　　次：2017年5月第1版
印　　次：2017年5月第1次印刷
书　　号：ISBN 978-7-5641-7109-4
定　　价：78.00元

祝贺钟教授新作出版

钟史明教授是我校能源与环境学院(原动力工程系)资深教授,他从事热能动力工程专业教学、科研和工程设计60余年,为热能动力专业的人才培养和科技发展作出重要贡献,2007年他将以前发表的论文结集出版了第一本论文集。随后十年来尽管他已80多高龄,仍然十分关注我国能源动力事业,坚持笔耕不断,针对我国在能源高效清洁利用方面的实际问题,提出自己的真知灼见,为节能减排建言献策。本书主要收集了他这段时间所撰写的40篇论文,内容涉及能源利用、节能环保、热电联产、天然气热电冷三联供、烟气脱硫脱硝除尘、太阳能和核能利用等各个方面,所研讨的问题既有理论分析,又有具体解决的方法和建议,对我国节能减排具有重要指导意义和实际应用价值。祝贺钟教授新作出版,钟教授心系国家、为能源动力事业奉献一生的精神值得我们大家学习!

徐治皋

2017年2月16于东南大学

徐治皋为东南大学教授,1996年6月至2004年10月任动力工程系系主任。

荐言

钟文明教授是中国电机工程学会热电专业委员会老委员，从第一届委员会至今均为委员或顾问，是热电专委会技术委员会付主任委员。是热电专委会历届学术活动中的"老积极分子"，是中国电机工程学会高级会员，享受国务院特殊津贴专家。

钟教授几十年来写了数百篇论文，在能源、环保、热电联产、分布式能源、生物质发电、垃圾发电、可再生能源、方针政策研讨和建议等方面均有论述。钟教授的论文，有理论、有实际内容，有科学数据，有经济分析，每一篇论文，让人看后均有收益。

钟教授每年在热电专委会的年会上均有文章发表，并均有论文被评为优秀论文。"十八大"以后，国家对能源和环保工作极为重视，钟教授则写了众多有关节能环保、低碳、热电安全、燃气联合循环、天然气综合利用等方面的文章，我以热电战线一名"老兵"的名义向大家推荐钟叔理的这本论文集，请各位将这本论文集做为向科技进军"热电的高科技"一次全面研讨提议。让我们在中央节能减排方针指引下，共同努力，使我们的热电大国早日成为热电强国。

中国电机工程学会热电专委会

原秘书长

王振铭

2016.11.26

王振铭为国家电网公司北京经济技术研究院高级工程师，中国电机工程学会热电专委会顾问。曾任中国城镇供热协会理事，中国国际咨询工程公司咨询专家，中国能源网技术委员会咨询专家，中国电力设备总公司咨询专家，全国工商联新能源商会主任科学家之一，2010 年荣获"中国分布式能源杰出贡献人物"称号。

前　言

本人积累了60多年的教学、科研和工程设计的实践经验，根据当时国内能源形势和环境需求，在上世纪先后发表了130余篇学术论文。为了日后方便同仁查阅与参考，从发表的文章中选了百余篇编辑出版《能源利用热电联产——节能减排论文集》（上、下册）共1 058千字。出版后经各热电厂、热力站、火电厂设计单位、能源管理部门和行协等单位及业内个人购买，很快就销售一空。退休后返聘热电工程设计单位，继续发挥余热十几年，结合工程咨询、设计，在能源、环境与热电形势等方面，至今（2016年）又撰写发表80余篇论著。同样，为了今后便于查找与参考，从中选了40篇文章汇编成《能源与环境——节能减排理论与研究》。

这些文章，多数发表在《热电技术》《区域供热》《电力技术》《沈阳工程学院学报（自然科学版）》《热机技术》《燃气轮机技术》和《能源研究与利用》等学术刊物上。这些文章部分与同事合作，有的是指导研究生撰写的。

论文的科学原理、基础理论和主题思想至今仍有一定参考价值。由于有些文章是结合当时形势撰写的，具有一定时效性，个别过时甚至谬误在所难免，希望读者抱着与时俱进的科学态度给予批评指正，当十分感谢！

钟史明

2017年4月28日于东南大学

序　　言

钟史明教授历任中国电机工程学会热电专委会委员，热电专委会技术委员会副主任，中国电机工程学会环境保护专委会防噪声分专委副主任，《区域供热》杂志编委等，是热电行业、能源与环保方面享受国务院特殊津贴专家。

我曾担任中国电机工程学会热电专委会技术委员会主任，环境保护专委会防噪声分专委副主任，《区域供热》杂志编委，在学会我与钟教授共同工作多年。中国电机工程学会热电专委会每年召开一次团体会员大会暨热电联产学术交流会议，我和钟教授多次参加，在会上钟教授都作学术报告，使我受益匪浅。

钟教授善于总结经验，至今已发表学术论文200多篇，上世纪末从发表的130余篇论文中选了近百篇学术论文出版了《能源利用热电联产——节能减排论文集》分上下集出版。至2016年，钟教授又发表了80余篇论文，从中选了40篇拟出版《能源与环境——节能减排理论与研究》。我看后，深受启发。

钟教授编写的本论文集，结合国家政策、电力工业的实际，写了“低碳经济与能源”“热电联产”“天然气发电与CHP(CCHP)”“节能减排”“无碳能源——太阳能发电和核电”五部分。

国家要求发展低碳经济，论文写了“低碳经济与能源”“论低碳经济与电力工业”“智能电网与低碳之路”。

国家鼓励热电联产，论文写了“建议修订《关于发展热电联产的规定》和完善燃机热电厂的技术规定”“领会‘上大压小’电源建设政策”“关于采用电热锅炉供热的商榷”。

国家提倡天然气发电，论文写了“引进天然气　优化发电能源结构”“调整能源结构　发展分布式能源”。

国家推行节能减排政策，论文写了“湿式静电除尘器(WESP)研发概况”“烟气脱硫(FGD)湿烟囱及其防腐”“热电联产对NO_x排放量的估算和治理方法的商榷”“认知PM2.5与治理雾霾”。

国家要求低碳排放，论文写了“太阳能热发电”“21世纪燃料电池绿色电站”“核电发展近况”。

本论文集所列论文不仅有理论、有实际、有内容、有科学数据，还有经济分析，是从事热能工作者的必读课本。

钟史明教授一生从事热能动力教学、科研和设计工作，对火力发电厂的热力系统、燃烧系统、洁净煤系统、燃气—蒸汽联合循环系统、热电联产、电网调峰、太阳能发电、核电等方面均有深入研究，对煤改煤（煤电升级改造）、发电、供热（IGCC）、三联供、电价热价也有研究。

钟教授先后编写并主编了《热力发电厂》《具有㶲参数水和水蒸气性质参数手册》《工程师通用手册（热工篇）》《燃气—蒸汽联合循环发电》等 8 本教学和科技专著。

钟教授一生对电力事业做出了突出贡献，我要向钟教授学习。

龚立贤

2016 年 12 月

龚立贤为华北电力设计院教授级高工（曾任机务处处长，院副总工程师和院专家组成员）。

目　　录

一、能源与低碳经济

二、热 电 联 产

三、天然气发电与 CHP(CCHP)

四、节 能 减 排

五、无碳能源——太阳能发电、核电

一、能源与低碳经济

低碳经济与能源

钟史明

（东南大学能源与环境学院　江苏　南京　210096）

摘　要： 世界经济、人口迅速发展，促使能源大量开发利用，带来了废物大量排放，严重污染环境，温室气体排放使地球气候变暖，危害人类生存发展空间。在此次金融危机中，人类第四次产业革命——低碳经济正在酝酿中。本文主要阐述低碳经济的概念、《联合国气候变化框架公约》(UNFCCC)的几次大会情况和我国积极应对低碳经济挑战中的主要措施与电力能源结构调整和规划。

关键词： 低碳　环保　清洁能源　新能源　可再生能源　规划

1. 前言

20 世纪下半叶以来，随着世界社会经济增长速度的不断加快，以及全球人口数量不断增加，能源的大量开发和使用带来了严重的环境问题。烟尘、光化学和酸雨给高能耗地区造成了生态环境的破坏，更为严重和广泛灾害的是大气中温室气体的增多，带来了全球气候变暖，对人类的生存和发展条件提出了严峻挑战（二极冰山消融，海平面升高，陆地淹没……）。人类为应对这一挑战，提出了"低碳、环保和可持续发展"，成为当今世界热点的低碳经济发展的历史背景。

2. 低碳排放与联合国气候变化大会简况

"低碳经济"的提出通常认为 1992 年 6 月在联合国环境和发展大会上，150 多个国家制定了《联合国气候变化框架公约》(UNFCCC)，其宗旨是将大气中的温室气体浓度稳定在不对气候系统造成危害的水平。1997 年在日本制定的《京都议定书》，首次以法规的形式规定限制温室气体排放。1997 年 12 月在《联合国气候变化框架公约》第三次大会上，参加国通过了《京都议定书》作为《联合国气候变化框架公约》的补充条款。在《京都议定书》中明确提出了有关温室气体排放的目标，各国承担的责任，以及实施的机制。制定了应对气候变化的《巴厘岛路线图》，要求发达国家到 2020 年将温室气体减排 25%～40%。2008 年 7 月 G8 高峰会上八国领导人表示，将寻求与《联合国气候变化框架公约》(UNFCCC)的其他签约方一起，努力争取在 2050 年将全球温室气体排放减少 50%的长期目标。2009 年 12 月 19 日结束的哥本哈根会议，虽然没有达成具有约束力的具体协议，但它体现了国际社会对气候变化的高度重视，以及加强气候变化国际合作共同应对挑战的强烈政治意愿，并提出了将全球平均温升控制在低于工业革命以前 2℃的长远目标。2010 年 12 月，在墨西哥坎昆召开的第 16

届联合国气候变化大会达成的《坎昆协议》(Can Qun Agreements)号召各国实现(UNFCCC)规定的温室气体减排目标,各国同意采取行动。此次形成了历史上各国共同合作的最大阵营;另外,各国还同意建立针对该目标的共同责任制合作体系。联合国相关组织预计,如果上述所有目标均顺利达成的话,全球废气排放量将下降60%,而全球平均气温也将下降2℃。但科学家表示仅仅2℃的浮动并不能保证大多数对气温变化敏感的人群的正常生活,应呼吁所有国家,特别是工业化国家,需要加大减排力度,并迅速见之行动。《坎昆协议》制定了迄今各国达成一致的最为全面的措施,这其中包括:建立新机构,拓展资金来源和建立技术转让机制,以帮助发展中国家在未来实现低排放的可持续发展目标,并更加有效地应对气候变化以及为人类保留和保护森林资源,而且重新建立了相互信任的关系,但要获得减排目标的成功,他们必须大胆地推行所同意的条款。

根据协议,发达国家承诺,在2010—2012年的三年时间内,向发展中国家提供390亿美元快速启动资金,并在2020年前每年提供1 000亿美元长期资金——这些条款落实的是《哥本哈根协议》的内容。但日、美、俄对此仍有异议,认为当前形势与《京都议定书》时差异太大,应予修改,导致对《京都议定书》是否继续有效、执行引起了发达国家与发展中国家激烈争战,最后妥协,将《京都议定书》在明年(2011年)第十七届《南非联合国气候变化大会》上再议。

3. 低碳经济将引发第四次产业革命

低碳经济是以低能耗、低排放、低污染为基础的经济模式,是人类社会继原始文明、农业文明、工业文明之后的又一大进步。其实质是提高能源利用率和创建清洁能源结构,核心是技术创新和发展观的转变。发展低碳经济是一场涉及生产模式、生活方式、价值观念和国家权益的全球革命。

低碳经济像其他的重大历史变革一样,将成为新一轮经济增长的推动力。低碳经济是以技术创新为核心的产业革命,将催生新的经济增长点,成为这次(2008年)金融危机后世界经济新一轮增长的强大动力。其实在此次全球金融危机中人类的第四次产业革命已在危机中酝酿产生。低碳、环保,人类生存的地球才可持续发展。新能源是这次革命的突破口,第一次产业革命的核心是蒸汽机的发明,实质是能源利用,由于能源代替了人工劳动,大大提高了劳动生产率。第二次产业革命的核心是电力,其实质是能量的输送和转换。通过降低输送成本和电能方便地转换成机械能、热能、光能和电磁能等其他形式,迅速地普及了能量的利用,又一次极大地提高了劳动生产力。第三次产业革命的核心是电脑和互联网。再一次由于人类信息交换和处理速度的提高而大大地提高了劳动生产力。目前新能源产业已经成为新一轮国家竞争的战略制高点,新能源有可能引发第四次产业革命。

4. 我国积极应对低碳经济的挑战

4.1 主要措施

我国政府结合实际,已制定了一系列积极政策,从产业结构调整、提高节能减排和发展清洁能源等工作做起,与国际开展更多的合作,加快低碳经济发展,其主要措施有:

(1) 制定、实施《应对气候变化的国家方案》,成立了国家应对气候变化领导小组,制定了《节能减排综合性工作方案》,启动了“节能减排全民行动”大型活动,形成了以政府为主导,企业为主体,全民、全社会共同参与推进的应对气候变化的工作格局。我国国民经济和社会发展“十一五”规划中,明确提出了到2010年单位国内生产总值(GDP)能耗指标应降低20%,主要污染物排放应降低10%的目标,进一步明确了“节能降耗”的基本原则、重点领域和政策措施。

(2) 着力推进经济发展方式的转变和经济结构的调整,采取淘汰落后产能的政策和行动,鼓励和倡导节约能源的生产方式和消费方式。“十一五”期间我国电力弹性系数1.3,最近公布的“十一五”期间,我国电力弹性系数下降到0.8,说明经济发展方式由粗放型转变为效益型,经济结构由着力发展第二产业转变为第一、第三产业和大力推进节能减排全民运动的综合治理结果。

(3) 将单位GDP能耗作为约束性指标纳入“十一五”规划,并建立了地方、企业节能减排责任制,逐级进行考核。

(4) 通过加大政策引导和企业参与,资金投入,大力发展水能、核能、风能、太阳能、生物能等低碳能源,积极研制开发洁净煤技术。

(5) 深化能源资源领域价格和财税体制改革,促进低碳经济的发展。

4.2 电力能源大力向无碳、低碳能源转化

(1) 煤炭清洁利用与煤电规划

煤炭作为我国主要依靠的一次能源,在相当长的时期内仍将发挥核心作用。电力作为二次清洁能源,几乎是所有一次能源的最终转化形式。“十三五”期间,电力规划中煤电仍是能源规划中的核心地位。但是,火电将大举让路,装机量退居70%以下,清洁能源装机将达30%。预计到2015年,全国用电量将达5.6万亿kWh,装机总量12.6亿kW,电源装机总量将超过美国,位居世界第一位,煤电比重下降到68%,其中燃气比重4%,水电比重20%,核电比重2%,新能源发电比重6%。煤电将呈两大趋势:① 将在西北部加快建设大型煤炭基地,建设坑口电厂,加大“西电东送”;② 将发展大容量、高效率、低排放的超超临界发电机组和热电联产机组。

煤炭除了主要用于清洁煤发电外,还主要用于化工,特别是“IGCC”多联产,煤制气,煤制油综合生产高效利用,而废气废渣力求做到零排放。

(2) 大力发展无碳能源

- 积极发展核电

核电装机比重2020年有望升至5%,“十一五”末计划达2%,到2020年将上升到5%左右。预计2020年前我国将建成80万kW级商用快中子堆示范电站,届时,安全、先进的第三代压水堆核电站将是我国核电站的主流。

2010年,我国目前在建核电站机组21台,总装机容量2 300万kW,是当今世界在建核电规模最大的国家,但与世界核电发达国家相比,我国核电在电源结构中所占的比重较小。2009年,我国运营核电占全国电力装机总容量的1.06%(1 100.8万kW),远低于全球平均约16%的水平。

我国核电的技术路线是将大力推广第三代核电技术,并使之成为短期内的主流技术路线。此外,我国目前还在开展以快中子堆、高温气冷堆、超临界压水堆技术为代表的第四代

核电技术的研发工作,为核电进一步发展奠定基础。

• 大力发展水电

水电将朝超大容量发展,预计 2020 年,我国投入运行的 70 万 kW 及以上额定容量的水电机组将超过 100 台。正在建设中的溪洛渡、向家坝两座水电站 70 万 kW 及以上机组 36 台。2010 年,我国水电总容量约 2 亿 kW,怒江、雅鲁藏布江尚未开发,金沙江、雅砻江、大渡河、澜沧江总体开发不足 10%,规模化水电开发潜力巨大,国家能源的有关人士预计,2030—2050 年,随着西藏水电的开发,将有四个千万 kW 级水电站的运行水头超过 400 m,最大水头达 830 m,超高水头和超大容量水电将成为我国水电发展的主要方向。资料显示,我国水电资源的技术可开放装机容量 8.74 亿 kW,年发电量 2.5 万亿 kWh,约占全球水能资源总容量的 15%。

发展大容量水电站有利于实现当地环境与生态保护,但大容量水电站集中开发势必带来大规模水电外送问题,因而,大容量水电开发也将与大容量超高压、特高压电网建设相配合。

• 规模化发展风电

"十二五"全国风电规划装机 9 000 万 kW(含海上风电 500 万 kW);2020 年全国风电规划装机 1.5 亿 kW(含海上风电 3 000 万 kW)。

依照"建设大基地、融入大电网"的思路,将重点建设三北地区、沿海地区八大千万千瓦级风电基地(包含河北、内蒙古东部、内蒙古西部、甘肃酒泉地区、新疆哈密地区、吉林、江苏沿海、山东沿海),在内陆地区以山地、河谷、湖泊等风能资源相对丰富地区,因地制宜地进行适度规模的风电开发,在沿海省市,积极开发海上风电,在江苏、山东、上海、浙江、福建、广东、广西、海南等沿海省市,建成一批海上风电项目。到 2015 年,海上风电总容量达到 500 万 kW,2020 年达到 3 000 万 kW。

• 加快太阳能利用

光伏发电,预计"十一五"末太阳能光伏发电装机将达到 500 万 kW,"十二五"规划达 1 000 万 kW,到 2020 年将达到 2 000 万 kW。将基本实现国内制造为主的新能源装备能力,太阳能光伏发电形成比较完整的产业链,光伏制造能力达到 1 000 万 kW。我国光伏产量居世界第一,2009 年已达 4.1 GW。

但是,主要问题在于,我国太阳能优质硅材料的供应仍然依赖进口;光伏产业仍然依赖国外市场;特别是多晶硅的关键技术与核心工艺被美、德、日等国少数企业垄断,技术瓶颈是制约着我国光伏产业发展的最大难题。目前亟待加强太阳能硅材料的研究开发及其对其他产业的支持。应用的市场障碍主要是成本过高(比煤电高 2 倍以上)及硅材料的短缺,与大规模商业化应用还有一定的距离,在资源丰富区上网电价成本约 1.1 元/kWh,其他地区上网电价成本将更高。"加快太阳能发电项目的规划和电价政策的形成是实现'十二五'和 2020 年太阳能发电发展目标的关键"。

另外,加快太阳能热利用:2009 年 7 月,国家财政部、住房城乡建设部,组织开展可再生能源建筑运用、太阳能光热应用示范工程,对纳入示范的城市,中央财政将予以专项补助,资金补助基准为每个示范县市 1 800 万元。

• 生物质发电

生物质发电以分散开发直接供应用户为主,初步规划到 2020 年,生物质发电装机容量将达到 2 000 万 kW，年替代 2 800 万 t 标准煤。沼气是生物质能利用的重要途径，若到 2020 年时农村居民中有 1/4 利用沼气作为生活能源，户用沼气池将达到约 5 000 万户，每年利用量 125 亿 m^3，可节约能源 900 万 t 标准煤。城市生活垃圾处理也可回收大量能源资源。预计到 2020 年，我国城市垃圾年产量将达 2.1 亿 t，如考虑 30%焚烧发电，60%卫生填埋并回收沼气发电，可以达到发电装机容量 250 万 kW，年替代 500 万 t 标准煤。

(3) 适度发展天然气发电

天然气发电主要用于调峰电源和发展分布式热、电、冷能源系统(DES-CCHP)。沿海地区引进液化天然气(LNG)，适度规划建设一定规模 2×350 MW(9F 型)及以上的天然气发电项目，结合引进国外管道天然气和西气东输天然气在新能源发电基地或受电端电网地区少量建设单循环燃气机组，主要用于电网调峰，在有气源的大中城市发展分布式热、电、冷能源系统。

5. 结语

5.1 低碳经济是以低能耗、低排放、低污染为基础的经济模式，是人类三大文明之后的又一大的进步，其实质是提高能源利用率和创建清洁能源结构，核心是技术创新和发展观的转变，发展低碳经济是一场涉及生产方式、生活方式、价值观念和国家权益的全球性革命。

5.2 世界各国十分重视环保、温室气体排放、人类生存环境和经济发展的可持续性，召开了多届《联合国气候变化》大会，制定了发展中国家和发达国家应尽的义务，在这次《坎昆协议》中呼吁各国采取行动，达到使全球废气排放量下降 60%、平均气温下降 2℃的目标。

5.3 我国积极应对低碳经济的挑战，结合我国实际，已制定了一系列政策，从产业结构调整，经济发展模式，提高节能减排，发展新能源，清洁能源和可再生能源。其中太阳能热水器安装面积和光伏发电容量都居世界首位，并庄严承诺到 2020 年我国 GDP 单位生产总值 CO_2 排放比 2005 年下降 40%～45%。

5.4 我国大力调整能源结构，以科技创新和体制创新为动力，坚持节约优先，促进绿色低碳发展，优先开发水电，优化发展煤电，加快发展核电，适度发展天然气发电，积极推进新能源、可再生能源发电。

参 考 文 献

[1] 王汝武. 低碳经济与热电联产. 热电技术，2010(3)

[2] 王信茂. 电力“十二五”发展规划研究. 中国热电专委会 2010 年 6 月哈尔滨年会文章

积极应对低碳经济

钟史明

（东南大学能源与环境学院　江苏　南京　210096）

摘　要： 本文综述了低碳经济的概念，发达国家与我国对低碳经济发展的现况和发展策略。

关键词： 低碳经济　节能减排　可再生能源　温室气体　可持续发展

0. 前言

近半个世纪以来，随着全球人口和经济规模的迅速增长，能源的大量使用伴随着二氧化碳（CO_2）等温室气体的大量排放，全球逐渐变暖，温室效应已经成为国际社会面临的严峻挑战。1997 年在日本东京制定的《京都议定书》，首次以法规的形式限定限制温室气体的排放，世界各国陆续签约，将温室气体减排纳入国家政策中。在此背景下，以低能耗、低排放、低污染为基础的经济模式——低碳经济，成为当前国际热点，成为继工业革命、信息革命之后又一波可能对全球经济产生重大影响的新趋势、新动向。

1. 低碳经济的提出与概念

1.1　低碳经济概念的提出

低碳经济概念的提出源于英国。2003 年，英国发表能源白皮书《我们能源的未来：创建低碳经济》，提出要用低碳基能源、低二氧化碳的低碳经济发展模式，替代当前的化石能源发展模式。2007 年，联合国讨论制定 2012 年开始的后京都行动方案，促进了低碳经济概念在世界上的传播。2008 年，联合国提出用绿色经济和绿色新政应对金融危机和气候变化的双重挑战，把低碳经济看作是拯救当前金融危机、实现全球经济转型的重要途径。

1.2　低碳经济的概念

低碳经济是以低能耗、低污染、低排放为基础的经济模式，是人类社会继农业文明、工业文明之后的又一次重大进步。低碳经济实质是能源高效利用、清洁能源开发、追求绿色 CDP 的问题，核心是能源技术和减排技术创新、产业结构和制度创新以及人类生存发展观念的根本性转变。发展低碳经济是一场涉及生产模式、生活方式、价值观念和国家权益的全球革命。

低碳经济的特征是以减少温室气体排放为目标，构筑低能耗、低污染为基础的经济发展体系。其核心是低碳的能源技术，开发低碳能源需要低碳技术，低碳技术变成了发展低碳经济的重中之重。低碳技术包括四大领域：通过清洁煤技术（IGCC）等对现有能源的改造技术；开发太阳能、风力、水力、生物质能、海洋温差、潮汐、海浪、燃料电池等新能源技术及其电力转换技术；提高能源效率的技术；碳捕获及储存技术（CCS）等。这些技术主要涉及电力、交通、建筑、冶金、化工、石化、汽车等产业部门。

2. 低碳技术和产业的发展现状

低碳经济除环保效益外，还存在巨大的经济利益。据预测，走“低碳经济”的发展道路：每年可为全球经济产生 25 000 亿美元的收益，到 2050 年，低碳技术市场至少会达到 5 099 亿美元。为此，一些发达国家大力推进向“低碳经济”转型的战略行动，着力发展“低碳技术”，并对产业、能源、技术、贸易等政策进行重大调整，以抢占产业先机。

2.1　可再生能源的开发利用

近年来，可再生清洁能源的开发成为全球投资的热点，特别是风能、太阳能和生物燃料方面。

（1）欧盟地区的“绿色经济”

欧盟委员会 2010 年 3 月宣布，将进一步鼓励低碳经济的发展，将在 2013 年之前投资 1 059 亿欧元支持欧盟地区的“绿色经济”，促进就业和经济的增长，保持欧盟在“绿色技术”领域的世界领先地位。该计划包括：欧洲风能启动计划，重点是大型风力涡轮和大型系统的认证（陆上与海上）；欧洲太阳能启动计划，重点是太阳能光伏和太阳能集热发电的大规模验证；欧洲生物能启动计划，重点是在整个生物能使用策略中，开发新一代生物柴油；欧洲二氧化碳捕集、运送和贮存启动计划，重点是包括效率、安全和承受性的整个系统要求，验证在工业范围内实施零排放化石燃料发电厂的生存能力；欧洲电网启动计划，重点是开发智能电力系统，包括电力贮存；欧洲核裂变启动计划，重点是开发第一代技术。其中，生物燃料新技术将是研发的重中之重，计划 2030 年欧洲运输燃料的 1/4 将为生物燃料。

（2）日本的“低碳经济”

日本是《京都议定书》的倡导国，也是推动“低碳经济”的急先锋，一直非常注重太阳能、风能、核能、生物发电等新能源技术的开发，在太阳能利用方面尤为突出。自 2002 年以来，日本的太阳能发电、太阳能电池产量多年位居世界首位，占据了世界总体产量的半壁江山。此外，日本氢燃料汽车的研究也走在了世界的前列。

（3）英国的“碳基金”

英国除了在大力开发节能技术和清洁能源外，还尝试采用“碳排放信托基金”的形式来促进低碳经济的发展。碳基金是一个由政府投资、按企业模式运作的独立公司，目标是帮助商业和公共部门减少二氧化碳排放，并寻求低碳技术的商业机会。碳基金主要来源于英国的气候变化税，它是向工业、商业及公共部门（住宅及交通部门、居民除外）征收的一种能源使用税，每年约 6 600 万英镑。碳基金主要投资于三方面：一是促进研究与开发；二是加速技术商业化；三是投资孵化器。

2.2　碳捕集与封存

减少温室气体排放除了节约能源、利用清洁能源和清洁燃烧技术外，另一个重要途径是二氧化碳的捕集和封存。碳捕集与封存（Carbon Capture and Storage，简称 CCS，也被译作碳捕获与埋存、碳收集与储存等）是指将大型发电厂所产生的二氧化碳（CO_2）收集起来，并用各种方法储存以避免其排放到大气中的一种技术。这种技术被认为是未来大规模减少温室气体排放、减缓全球变暖最经济、可行的方法。目前，加拿大已完成 we Y B um 油田二氧化碳注入项目，用价值 20 亿美元的商用液态二氧化碳代替常用的水，灌入油田，该项目将永久隔离 2 000 万 t 二氧化碳，并使油田增产 1.22 亿桶石油。美国、澳大利亚、德国等也在计划开展零排放碳埋存燃煤电厂项目。我国也在积极规划建设 CCS 项目，2008 年已建成华能—CSIRO 燃烧后捕集示范项目，该项目是对华能北京热电厂进行碳捕集改造，设计二氧化碳回收率大于 85%，年回收二氧化碳能力为 3 000 t。

3. 世界各国的低碳经济发展策略

目前来讲，世界主要国家对各项低碳能源和技术的开发应用均面临巨大的技术障碍，有关研发工作取得的成果离真正的技术成熟和大规模工业应用仍有距离，需要政府的相关政策扶持才能顺利发展。目前，提供财政补贴是各国政府扶助可再生能源企业的主要手段。这种支持包括向新能源产品的生产者提供资助和税收减免，以及给产品的购买者提供消费补贴和退税等方面的刺激，鼓励更多民众和企业尝试新能源产品。各国结合国情，具体策略有所差别。

3.1 英国

早在 2001 年，英国便在全球率先推出并开始征收气候变化税，所有工业、商业和公共部门都要缴纳气候变化税，依据其煤炭、油气及电能等高碳能源的使用量来计征，如果使用生物能源、清洁能源或可再生能源则可获得税收减免。类似的税种还有燃料税、车辆行驶税和航空乘客税等。2008 年，英国又颁布实施了“气候变化法案”，成为世界上第一个为温室气体减排目标立法的国家。按照该法律，英国政府必须致力于发展低碳经济，到 2050 年达到减排 80%的目标。近日，英国能源与气候变化部大臣埃德·米利班德宣布一项规定，禁止在英国新建燃煤电厂，除非这些电厂能立即捕获和储存发电过程中产生的至少 25%的温室气体，并于 2025 年前将其温室气体 100%处理掉。总体来看，英国已初步形成了以市场为基础，以政府为主导，以全体企业、公共部门和居民为主体的发展模式。

3.2 日本

日本出台了大量的优惠政策，促进太阳能技术的开发和应用。早在 1974 年，日本就推出了“阳光计划”，推行太阳能政策，对太阳能系统实施政府补贴，初始补贴达到了太阳能系统造价的 70%。2009 年 4 月，日本出台新的经济刺激计划，其中包括太阳能在内的环境保护项目总支出计划为 16 万亿日元(合 160 亿美元)，首次将发展太阳能正式列入日本的经济刺激计划。日本前首相麻生太郎发表了旨在摆脱经济危机和提高日本竞争力的战略构想，计划通过推广太阳能发电、电动机车及节能电器来实现“低碳革命”，在今后 3～5 年的时间里将太阳能发电设备价格降到目前价格的一半，加速建造节能型建筑，争取到 2019 年有 50%的房屋达到节能要求。重启太阳能鼓励政策，将是日本经济转型中的核心战略之一，麻生提出要“引领世界二氧化碳低排放革命”，将发展低碳经济作为促进日本经济发展的增长点。

3.3 欧盟

欧盟应对气候变化的目标是：到 2020 年和 2050 年，将温室气体排放量分别减少 20%和

60%～80%。欧盟2007年底就提出了战略能源技术计划，将在2013年之前投资1 050亿欧元支持欧盟地区的“绿色经济”，这是欧洲建立新能源研究体系的综合性计划。欧盟相信，欧洲可望降低清洁能源生产成本，并使欧盟工业立足于快速增长的低碳技术之上。

3.4 美国

2008年全球爆发第三次经济危机后，开发绿色能源已成为美国奥巴马政府经济刺激计划的重要内容之一，其战略包括：在2015年前将新能源汽车的使用量提高到100万辆；今后10年内，美国将每年投资150亿美元，创造500万个新能源、节能和清洁生产就业岗位，将美国传统的制造中心转变为绿色技术发展和应用中心等。最近，美国国会又提交了更加激进的《美国清洁能源与安全法案》，要对高碳经济征收6 000亿美元的排放税以补贴新能源，通过配额交易发展低碳经济，创造新经济需求。如果这个法案得到通过，美国政府会加大美国国内对发展低碳经济的补贴和投资，并将每年出资数百亿美元帮助发展中国家获得清洁能源和适应气候变化。

4. 我国低碳经济的挑战和发展

4.1 我国低碳经济面临的挑战

发展低碳经济对于正处在工业化、城镇化过程中的中国而言是巨大挑战，面临比欧美发达国家更大的困难，主要体现在以下几个方面：

(1) 我国目前处于快速发展工业化、城市化、现代化的过程中，大规模基础设施建设不可能停止，对能源需求也处于快速增长阶段；

(2) “富煤、少气、缺油”的资源条件，决定了中国能源结构以煤为主，低碳能源资源的选择有限；

(3) 中国经济的主体是第二产业，这决定了能源消费的主要部门是工业，而工业生产技术水平落后，又加重了中国经济的高碳特征；

(4) 作为发展中国家，中国经济由“高碳”向“低碳”转变的最大制约，是整体科技水平落后，技术研发能力有限。

4.2 我国低碳经济的发展机遇与举措

即便存在上述这些困难，我国政府仍清楚地认识到，低碳经济为解决经济发展与节能减排的矛盾提供了一个很好的机遇，发展低碳经济是在保持经济稳定发展的前提下实现节能减排目标的首要选择。为此，我国政府已经制定了一系列积极的政策，从产业结构调整，提高节能效率和发展清洁能源等工作做起，与国际开展更多的合作，加快低碳经济发展。这些举措主要包括五方面：

(1) 制定并实施中国应对气候变化的国家方案，明确了到2010年应对气候变化的具体目标、基本原则、重点领域和政策措施；

(2) 着力推进经济发展方式的转变和经济结构的调整，采取淘汰落后产能的政策和行动，鼓励和倡导节约能源资源的生产方式和消费方式；

(3) 将单位GDP能耗作为约束性指标纳入“十一五”规划，并建立了地方、企业节能减排责任制，逐级进行考核；

(4) 通过加大政策引导和企业参与、资金投入，大力发展水能、核能、太阳能、风能、农村沼气等低碳能源；

（5）深化能源资源领域价格和财税体制改革。

在我国国民经济和社会发展第十一个五年规划中，提出了2010年单位国内生产总值能耗降低20%，主要污染物排放降低10%的目标，并为此制定了《节能减排综合性工作方案》；国务院批准发布了《中国应对气候变化国家方案》，并成立了国家应对气候变化领导小组；启动了"节能减排全民行动"大型活动，形成了以政府为主导、企业为主体、全社会共同推进的应对气候变化工作格局。

经过全国人民的努力奋战，2010年已完成节能减排的总指标：单位国内生产总值能耗降低20%，主要污染物排放降低10%的目标。

通过各方面的努力，我国近年来可再生能源和清洁能源发电方面已取得了令人瞩目的成就。截至2008年年底，我国风力发电增速仅次于美国，位列世界第二，累计风力发电装机容量已成为全球第四大风电市场，同时也提前实现了可再生能源"十一五"规划中2010年风力发电装机容量1 000万kW的目标（2009年风电装机容量已达1 759万kW）；我国已成为全球光伏发电的第一生产大国，而在2000年，我国的光伏发电还名不见经传。

我国作为世界上最大的发展中国家，已成为"绿色产业革命"的主要践行者。2010年世界气候"坎昆会议"中，我国以发展中国家成员负责任地捍卫了"京都议定书"继续执行的决议，为人类生存环境的改善做出了重要贡献。而且，借着低碳经济的东风，我国将逐步实现产业结构调整，改变高耗能高污染的生产生活方式，走上节能环保可持续的发展道路。

参考文献

[1] 张薛. 低碳经济：机遇与挑战. 苏州热电，2009(7)

[2] 王汝武. 低碳经济与热电联产. 热电技术，2010(3)

论低碳经济与电力工业

钟史明

（东南大学　江苏　南京　210096）

摘　要：阐述了低碳经济的历史背景、基本概念；当前世界减排 CO_2 温室气体概况与治理目标；中国火电污染物排放简况；电力工业应对低碳经济采取的战略与主要措施。

关键词：低碳经济　温室气体　蒸汽初参数　热电(冷)联产　煤基多联产　CCS 技术

1. 前言

20 世纪下半叶以来，随着世界社会经济增长速度不断加快和全球人口数量不断增加，能源的大量开发、使用带来了严重的环境问题，烟尘、光化学和酸雨给高耗能地区造成了生态环境的破坏。更为严重和广泛灾害的是大气中温室气体的增高，带来了全球气候变暖，对人类的生存和发展条件提出了严峻挑战（地球二极冰山消融、海平面升高、陆地淹没、气候变化、极端天气濒发、旱灾、水灾、风灾……），人类为应对这一挑战，提出了“低碳、环保和可持续发展”方针，就成了当今世界热点的低碳经济发展的历史背景。电力工业特别是火电行业，是以化石燃料为一次能源的能源转换企业，而且仍为当今世界发电主力，占全球电力的 60%以上，其污染物和 CO_2 温室气体的排放也占 50%以上。中国是煤炭资源和消费大国，化石能源发电约占 70%，所以，火电如何面对“低碳、环保”的挑战是迫在眉睫的大事。

2. 低碳经济的概念

低碳经济是以低能耗、低污染、低排放为基础的经济模式，是人类社会继农业文明、工业文明之后的又一次重大进步。低碳经济实质是能源高效利用、清洁能源开发，追求绿色 GDP 的课题，核心是能源技术和减排技术创新、产业结构和制度创新以及人类生活发展观念的根本性转变。发展低碳经济是一场涉及生产模式、生产方式、价值观念和国家权益的全球革命。

低碳经济的特点是以减少温室气体排放为目标，构筑低能耗、低污染为基础的经济发展体系。其重点是低碳的能源技术。开发低碳能源需要低碳技术，低碳技术变成了发展低碳经济的重中之重。包括四大领域：通过洁净煤技术（IGCC）等现有能源的改造技术；开发太阳能、风力、水力、生物质能、海洋温差、潮汐、海浪、燃料电池等新能源技术及其电力转换技术；提高能源效率的技术；碳捕获及储存技术（CCS）。这些技术主要涉及电力、交通、建筑、冶金、化工、石化、汽车等产业部门。

3. 当今世界减排温室气体简况

3.1 能源利用结构

近代工业社会以来，能源利用结构调整共有三次：第一次是18世纪下半叶英国产业革命后，由传统的柴薪能源迅速转变为以煤为主的能源结构；第二次是20世纪初石油迅速登上能源舞台，至70年代初石油已占世界能源构成的50%，成为了主要能源；第三次是现在，由于化石燃料储量有限和环境压力日益增大，温室气体大量排放，为了可持续发展，人类必须进行第三次能源结构调整，转向建立以可再生能源等新能源为主体清洁能源的持久能源结构体系。

3.2 CO_2 零排放是长远目标

能源结构调整到以可再生能源和新能源为主体的可持续发展的能源结构体系，基本上不排放 CO_2 的新能源为主体绝非短期内可以做到的。就电力工业而言，取消化石燃料的电源结构更是将来的事，现在正在开发的使化石燃料发电的 CO_2 接近零排放技术——碳捕获和储存(CCS)技术的商业化时间，最早也要2020年以后实现，更由于CCS技术的高能耗和高投资，它在化石燃料发电行业中大规模推广的前景现在还不明朗。

3.3 IPCC预测与计算

联合国气候变化专门委员会(IPCC)预测关于大气中 CO_2 浓度和地球平均温度上升的关系，见表1。

表1 避免温室气体排放造成的气候变化实行大规模的 CO_2 减排方案

大气 CO_2 稳定的当量浓度值(ppm)	达到该 CO_2 浓度值时地球平均温度增加值(℃)	达到该 CO_2 浓度值所需要的时间(年)	2000—2050年达到该 CO_2 浓度值需要的 CO_2 减排比例
445～490	2.0～2.4	2 000～2 015	−85%～−50%
535～590	2.8～3.2	2 010～2 030	−30%～+5%
710～855	4.0～4.9	2 050～2 080	−25%～+85%

为了避免由于 CO_2 排放而造成严重气候变化，必须尽早实行大规模的 CO_2 减排的时间表和需要 CO_2 减排的比例。根据IPCC的计算，如果要在2030年前将地球的平均温度上升控制在3℃以内，此时大气中的 CO_2 浓度必须控制在550 ppm范围内，为此全球为 CO_2 减排的投资将是30.1万亿美元，投资十分巨大。

4. 我国火电污染物排放简况

我国是以煤炭为主的能源大国，原煤产量早居(2003年)世界第一(产量6.67亿t)，所以在相当长的时间内，以煤为主的能源消耗是不会改变的。大量的燃煤和化石燃料消费带来严重的环境污染，制约着社会经济的可持续发展。改革开放多年来，由于经济的迅猛发展，能源工业，特别是电力装机容量以世界前所未有的发展速度空前发展，到2011年年底，全国总装机容量已达10.56亿kW，居世界第一，其中火电容量7.656亿kW，发电量4.8万亿kWh，居世界第二，见表2。

表 2 中国 2001—2011 年装机容量和发电量

年份	装机容量（亿 kW）	年增长率（%）	发电量（亿 kWh）	年增长率（%）	火电容量（亿 kW）	比重（%）	发电量（亿 kWh）	比重（%）
2001	3.384 9	6.00	1 483.9	8.43	2.530 1	74.75	1 204.5	81.17
2002	3.565 7	5.35	1 654.2	11.47	2.655 5	74.47	1 352.2	81.74
2003	3.914 1	9.77	1 905.2	15.18	2.897 7	74.03	1 579.0	82.88
2004	4.423 9	13.02	2 194.4	15.18	3.294 8	74.48	1 810.4	82.50
2005	5.171 9	16.67	2 474.7	12.77	3.841 3	74.30	2 018.0	81.55
2006	6.220 0	20.27	2 834.4	14.54	4.840 5	77.82	2 357.3	81.17
2007	7.182 2	14.36	3 264.4	14.93	5.560 7	77.7	2 698.0	82.86
2008	7.925 3	10.34	3 433.4	5.18	6.013 2	75.87	2 779.3	80.75
2009	8.740 0	10.21	3 681.1	7.21	6.510 7	74.49	3 011.7	81.81
2010	9.500 0	8.69	4 227.8	14.85	7.096 7	74.7	3 416.6	80.8
2011	10.5	9.6	4 800	13.53	7.6	72.38	4 023.4	83.82

但在 1978 年(33 年前)，全国火电的装机容量才 0.439 亿 kW，火电装机容量 33 年翻了 24 倍以上，由此导致中国的 CO_2 排放也急剧增加到 2007 年年底全国 CO_2 排放达 62 亿 t，见表 3，成为全世界 CO_2 排放第一大国，而火电排放 30 亿 t，占全国 CO_2 排放量的 48.4%。

表 3 中国 2007 年火电污染物排放

排放污染物	单位	全国排放	火电排放	比重(%)
CO_2	亿 t	62	30	48.39
SO_2	万 t	2 468.1	1 200	48.62
NO_x	万 t	1 990(2005 年)	840	42.21
粉尘	万 t	1 078.4(2006 年)	350	32.46

5. 电力工业应对低碳经济

5.1 应采取的战略

5.1.1 改变发电能源结构

采用非化石能源发电技术，即尽可能采用可再生能源(太阳能、风能和生物质能等)和核能。国家能源局公布的“十二五”规划目标：到 2015 年，风电将达 1 亿 kW，年发电量 1 900 亿 kWh，其中海上风电 500 万 kW；太阳能发电将达 1 500 万 kW，年发电量 200 亿 kWh；加上生物质能，太阳能热利用以及核电等，到 2015 年非化石能源开发总量将达 4.8 亿 t 标准煤。

5.1.2 最大限度地提高发电效率

即尽可能采用超临界、超超临界的煤粉炉和循环流化床锅炉技术、IGCC 洁净煤发电技术和 CCHP 分布式能源热、电、冷技术。

5.1.3 促进碳排放权交易行业成长

利用《京都议定书》实行 CO_2 定额排放的条款，即根据发达国家 CO_2 排放贸易机制，利用清洁发展机制(CDM)来促进中国清洁能源的发展。据悉，全国首场碳交易在厦门市举行，碳排放权交易将成全球最大商品。2012 年 2 月 1 日上午，厦门市碳和排污权交易中国举行了全国首场碳交易竞价会，竞价标的是碳(CO_2)减排量12 000 t。这是一个什么概念呢？形象地说，如果它都释放出来，需要200万棵中等大小的植物用1年的时间才能吸收掉。三家企业参与竞价，它们分别来自银行、新能源和传统制鞋行业。经过竞价，农业银行厦门分行成为厦门市首家碳交易的买家。每个企业单位都有碳排放，企业买了碳额度后，可以抵消其日常碳排放，并且，买家付出的资金，卖家只能用于节能减排建设，从而降低了整个社会的碳排放。中国碳交易市场潜力巨大，市场正在形成。目前欧盟碳交易市场最成熟，美国的自愿碳交易行业更发达。我国则是碳交易潜力最大的国家。未来碳排放权可能超过石油，成为全球交易规模最大的贸易。积极开发和示范碳捕获和储存(CCS)技术为将来火电行业达到接近零排放做准备。

5.2 应采取的主要措施

提高能源利用率，降低温室气体(CO_2)排放，主要措施有：

5.2.1 提高蒸汽初参数，发展超超临界机组

众所周知，提高蒸汽初参数是提高火电供电效率幅度最大、最为基本的发展方向，经过一个多世纪的发展，火电蒸汽初压从低压(1 MPa)逐步发展到中压(3.5 MPa)、高压(9 MPa)、超高压(13 MPa)、亚临界(17 MPa)、超临界(24 MPa)、超超临界(25 MPa到35 MPa到37 MPa)，蒸汽温度从250℃、300℃、435℃、500℃、530℃、540℃、566℃到600℃，蒸汽温度从饱和温度到过热，从无再热到1次再热和2次再热；给水回热温度从低到高：150℃、215℃、275℃、320℃，详见表4。因而，供电效率从低到高：20%、25%、30%、35%、40%、53%。这是由于当今冶金技术的进步，奥氏体和镍基合金材料耐热耐压钢材已经成熟，使超临界、超超临界大容量高效机组相继成为火电主力机组，成为世界火电装备的主要方向，高超超临界(先进超超临界)机组，$P\geqslant35$ MPa，$t_0=700$℃，$\mu_t\geqslant50\%\sim56\%$，供电标煤耗 $b\leqslant240$ g/kWh。

表4 蒸汽参数对火电机组的热效率、供电标煤耗率

机组类型	蒸汽参数(MPa/℃)	再热次	给水温度(℃)	供电热效率(%)	供电标煤耗率(g/kWh)
中压	3.5/435	0	150	24.6	500
次高压	9.0/480	0	185	28.6	430
高压	9.0/(500,510)	0	215	31.5	390
超高压	13/530/530	1	240	34.1	360
亚临界	17/540/540	1	275	35	351
超临界	24/538/566	1	275	40	307
超超临界	25/600/600	1	275	45	273
超超临界	35/700/700	1	275	48.5	253
超超临界	30/600/600/600	2	320	51	247
超超临界*	35/700/700/700	2	320	52.5	234
超超临界*	37/700/700/700	2	335	53	232

注：表中“*”为正在研发中。

5.2.2 加快煤电发电技术升级

应大力发展60万kW级及以上超临界(超超临界)机组，低NO_x燃烧技术，30万～60万kW热电联产机组、IGCC发电技术、超临界(超超临界)CFB，空冷发电技术等，其目的是提高供电效率，节约原煤，降低生产成本，提高经济效益。

5.2.3 “上大压小”使火电节能效益进一步提高

“上大压小”政策，使火电效率大幅度提高。“十一五”期间（从2005至2009年年底），全国平均供电标煤耗累计下降了30 g/kWh（从370 g/kWh至340 g/kWh），“十二五”开局2年，年底下降至330 g/kWh，又下降了10 g/kWh，详见表5，累计节约原煤1.6亿t。

表5 2005—2011年全国火电平均供电标煤耗

年份	平均供电标煤耗(g/kWh)	平均供电热效率(%)
2005	370	33.21
2006	366	33.57
2007	354	34.71
2008	349	35.20
2009	340	36.14
2010	333	36.89
2011	330	37.23

截至2009年年底，初步测算四年来，关停7 467台总容量54 670 MW的小火电机组，每年可节约原煤6 240万t，减少CO_2排放1.24亿t，减少SO_2排放100万t。这是由于一方面关停低效小火电机组，每年约关停6 000万kW（如2010年淘汰电力落后产能1 690万kW），每年新增600 MW及以上超临界和超超临界高效火电机组，平均每年新增7 000万kW，使火电容量结构得到优化，300 MW及以上机组比重从2005年的43.4%上升至2009年的67.1%，600 MW及以上机组比重达34%，单机100 MW及以下小火电机组比重降至14%，比“十一五”初期降低了14个百分点。

5.2.4 积极推进热电联产

热电联产是提高能源利用率的重要途径，可同时得到节能、环保、电力、热力（供冷），缓解电力紧张，提高供热质量，有利于灰渣综合利用等综合效益，是火电可持续发展方向之一。热电联产机组容量的大小、参数的高低可因地制宜，按用户需要、热负荷大小而定，它的热力学机理是节省了发电固有的大量的冷源损失，因此扣除供热标煤耗后，发电标煤耗很低，纯粹供热背压机组，其供电标煤耗为150～200 g/kWh，远小于纯凝火电机组（当今超超临界大型高效机组约230 g/kWh）30～80 g/kWh。所以积极发展以背压机为主的工业用汽热电站和超大型抽凝机（200～1 000 MW），以采暖为主的生活用热的区域热电站，是当前我国切实推行的节能降耗，降低CO_2的主要措施之一。

我国以热电联产等供热在半个世纪以来发展迅速，2010年全国城乡集中供热情况见表6～表9，但统计不完整，漏项较多，据有关资料，汇总如下。

表6 2010年中国城乡集中供热概况

供热介质	蒸汽		热水	
	能力(t/h)	供热量(万GJ)	能力(MW)	供热量(万GJ)
热电厂	78 448	51 427	123 231	75 550
锅炉房	18 504	8 756	183 952	145 023
总量	96 952	60 183	307 183	220 573

注：表中数字没有广东、广西、湖南、上海、重庆、云南、贵州、湖南等省市，数据由王振铭摘自建设部2010年《中国城市建设统计年鉴》《中国城乡建设统计年鉴》。

表 7　2010 年全国县城集中供热情况

供热介质	蒸汽	热水
供热能力	15 091 t/h	68 858 MW
供热总量	16 729 万 GJ	103 005 万 GJ
管道长度	1 773 km	23 737 km
集中供热面积	6.09 亿 m^2	

表 8　2010 年全国乡镇集中供热情况

建制镇供热面积	18 164 万 m^2
乡供热面积	1 191 万 m^2
镇乡级特区供热面积	3 168 万 m^2

表 9　6 000 kW 及以上电厂 2010 年供热生产情况

供热设备容量	16 655 万 kW(2009 年 14 464 万 kW)
供热量	280 760GJ(2009 年 258 198GJ)
供热厂用电率	7.6 kWh/GJ(2009 年 7.7 kWh/GJ)
供热标煤耗率	40 kg/GJ(2009 年 39.8 kg/GJ)

注：摘自《热电联产动态》电力工业统计资料 2009 年、2010 年的统计。

2008 年，我国燃煤工业锅炉有 48 万台，250 万 t/h，平均 5.21 t/h，较以前有所增加，其中≥20 t/h 的锅炉占总容量的 1/3，小锅炉居多，所以发展热电联产集中供热的潜力巨大，需积极开发、兴建。

5.2.5　煤基多联产

煤基多联产是煤炭最佳利用的新形式，其核心是煤气化技术，根据市场需求和综合效益最大化原则，可同时生产化工产品、液体燃料，电力和热力(供热制冷)，具有产品结构灵活、生产成本低和能源转化效率高等特点。在多联产中，煤炭中的污染物可被最大限度地处理成资源化利用，如硫可回收利用，高纯度 CO_2 便于利用或封存，从而实现温室气体在内的污染物做到近零排放。

5.2.6　积极推进电源结构调整，增加非化石能源发电比重

为了应对能源资源、环境保护、气候变化的影响，“十二五”规划电源结构将发生重大变化，其中非化石能源燃料的发电量将由目前(2011 年)的 20%左右提高到 30%以上，“十二五”新能源规划目标中开发 4.8 亿 t 标准煤非化石能源：到 2015 年风电将达 1 亿 kW，年发电量 1 900 亿 kWh，其中海上风电 500 万 kW；太阳能发电将达 1 500 万 kW，年发电量 200 亿 kWh；加上生物质能、太阳能热利用以及核电等，2015 年非化石能源开发总量将达到 4.8 亿 t 标准煤。

经过近年来的发展，我国已成为全球可再生能源大国。到 2010 年底，中国水电装机 2.13 亿 kW，居世界第一；风电装机快速增长，并网运行容量超过 3 100 万 kW；太阳能光伏电池产量为 800 万 kW，占全球产量 40%以上，累计太阳能热水器使用量超过 1.68 亿 m^2，占全球太阳能热水器总使用量的 60%以上；生物质能、地热能等其他可再生能源领域也取得不同程度的发展。

“十二五”期间，我国将加强风电行业管理，狠抓风电并网和消纳工作，提高风电技术水

平和质量要求，实行年度风电开发计划管理，保证风电开发有序进行；完善光伏补贴政策，支持分布式光伏发电的应用；促进农村可再生能源开发利用，到 2015 年，在全国建设 200 个绿色能源示范县。

2015 年末，电源结构将得到初步优化，预计全国装机总容量达 12.6 亿 kW，其中，煤电占 68%，燃气发电占 4%，水电占 20%，核电占 2%，新能源发电占 6%。火电比重将持续下降，但煤炭需求仍会创新高，达 38 亿 t，仍是我国主力能源，但耗量占比逐年下降，2050 年可望减至40%～35%，此时，从支柱能源变成重要的基础能源。

6　结束语

1. 由于人类社会经济活动造成的气候变暖，已成为最大的环境问题和人类面临的严峻挑战，发展“低碳经济”和“高效、绿色、低碳”能源，大力减少温室气体的排放是应对气候变化的唯一选择。因而应大力发展无碳、低碳能源，核电和可再生能源发展，尽可能改变以煤电为主的发电能源结构。但在中国，在可以预见的将来，核电和可再生能源还不可能取代化石燃料成为主要能源。

2. 中国是全球最大的煤炭生产和消费国，中国的能源以煤为主，中国的 CO_2 排放世界第一，中国在应对气候变化和 CO_2 减排方面面临巨大的压力和挑战。在以煤电为主的电力行业，必须发展清洁发电(CDM)技术和低 CO_2 排放技术。在碳捕获和储存(CCS)技术未能得到大规模应用前，应积极采用高效低排放的超临界、超超临界技术，这是当前最现实、可行、可靠而经济的燃煤发电技术，也是欧盟等国正大力研发更高蒸汽参数和更高效率的超超临界机组的原因。

3. 尽可能改变电源结构，大力发展可再生能源发电和核电，降低煤电容量比重。由于在相当长的时间内，可再生能源发电和核电容量还不可能取代煤电容量，因此必须大力研发和示范燃煤火电的碳捕获和储存技术(CCS)，把高效的火电技术和 CCS 技术相结合，以最终实现燃煤火电 CO_2 近零排放的目标。

4. 中国应对全球变暖温室气体猛增的严峻挑战的另一项有效而最现实的措施是应积极发展热、电(冷)联产、分布式能源及大力研发洁净煤 IGCC 技术和煤气化为核心的多联产技术。洁净煤 IGCC 和多联产应积极开展示模项目，取得经验后再行推广。

参 考 文 献

[1] 能源政策研究[Z]. 2008 年 6 月

[2] 联合国政府间气候变化专门委员会(IPCC)的第四次评估报告[Z]. 2007

[3] 中电联产中国电力行业年度发展报告[Z]. 2009，2010，2011

[4] 中国电力工业统计[Z]. 2009，2010，2011

[5] 中国电力报，2011-11-17，工信部 2011 年 11 月 15 日消息

[6] 毛健雄. 中国火电技术的发展方向和世界超超临界技术的最新发展[J]. 热电技术，2011(4)

[7] 钟史明. 积极应对低碳经济[J]. 区域供热，2011(6)

[8] 钟史明. 低碳经济与电力能源[C]. 中国电机工程学会热电专委会 2011 年度学术交流会论文集. 2011

智能电网与低碳之路

钟史明

（东南大学能源与环境学院　210096）

摘　要：阐述智能电网的内涵和电网智能化的重要内容，介绍中国国网公司智能电网开发现况。我国低碳之路，近期必须调整能源结构，煤的高效、清洁利用和天然气的高效利用，大力发展可再生能源分布式能源系统，加快核电建设，向以化石能源为主，转为以可再生能源为主的低碳、无碳能源发展之路。

关键词：智能电网　低碳　化石能源　可再生能源　分布式能源

1. 引言

随着世界经济社会的不断发展，能源需求日益增长，常规化石能源恶性开发利用，储量日益枯竭，预测可供经济开采的储量石油、天然气不足百年，煤炭使用已达数百年之久，更严重的是带来的环境污染，气候变暖，雾霾严重，恶劣天气频发凸显，导致经济社会发展与能源环境的矛盾难以调和，一场渐进式的能源革命（变革）已悄然到来，世界能源发展的格局已发生了重大而深刻的变化。新一轮世界能源变革的目标是通过科技创新，加快转变以化石能源为主转向以低碳能源、可再生能源为主，实现以低碳能源为核心的低碳经济——低碳之路，最终实现能源利用无碳化。

当今能源变革的科技创新之一是以智能电网为中心展开的。以信息化、数字化、自动化、互动化为特征（四化）的统一，协调、安全、经济、可靠、灵活、易用、坚强的智能电网。本文对其作些介绍，以供参考。

2. 智能电网、智能化重点内容

（1）发电智能化：强化厂网协调，提高电力系统安全运行水平；提高常规电源利用效率；采用多能互补，优化电力结构，综合利用太阳能、风能、空气能、地水源热泵等可再生能源作为补充，促进新能源发电和分布式能源系统的科学合理利用。

（2）输电智能化：实现勘测数字化，设计可视化，移交电子化，运行状态化，信息标准化和应用网络化；建设输电线路状态监测中心，全面实施输电线路状态和环境集中监测、灾害预警。状态检修和全寿命周期管理；广泛采用柔性交流输电技术，技术和装备全面达到国际领先水平。

（3）变电智能化：枢纽及中心变电站全面建成智能变电站；实现变电设备状态和电网运行数据的全面采集和实时共享，支持电网实时控制，智能调节和各类高级应用，保障各级电网安全稳定运行，全面实现全寿命周期管理。

（4）配电智能化：建成高效、灵活、合理的配电网络，具备灵活重构、潮流优化、可再生能源接纳能力，实现集中分散，储能装置分布式能源系统的兼容接入与控制；接入微网平抑可再生能源负面影响与最大化接纳分布式电源；完成配电自动化工程的全面建设，全面推广智能电网示范工程应用成果，供电可靠性、经济性和配网主要技术装备达到国际先进水平。

（5）用电智能化：构建智能用电服务体系；实现营销管理的现代化运行和营销业务的智能化应用；推广应用智能化：智能电能表、智能用电交换终端等智能用电设备；开展双向互动用电服务，实现电网与用户的双向互动，提升用户服务质量，满足用户多元化需求；推动家电、智能用电小区和电动汽车等领域的技术创新和应用；改善终端用户用能模式，提高用电效率。

（6）调度智能化：以服务大电网安全运行为目标，开发建设新一代智能电网调度技术支持系统，形成一体化的智能调度体系，确保电网安全可靠、灵活高效运行。

（7）信息通信智能化：全面建成涵盖公司所有业务应用，国际领先的国家电网资源计划系统（SG-ERP），达到公司电力流、信息流、业务流三合一，实现信息化与电网的高度融合，全面支撑智能电网发展。

3. 中国国网公司积极开发应用智能电网简况

智能电网的概念（理念）在全球范围内升温，中国国网公司积极应对将其上升为战略层面，于2009年5月提出了全面建设以特高压电网（100万V及以上）为骨干网架，各级电网协调发展的坚强电网为基础，以信息化、数字化、自动化、互动化“四化”为特征的统一坚强智能电网计划。做“三步走”规划：2009—2010年为规划试点阶段；2011—2015年为全面建设阶段；2016—2020年为引领提升阶段。

4. 低碳之路

2013年，我国由于环境质量恶化，全国平均雾霾天数为52年之最，当年12月来临的雾霾，不仅影响京、津、冀地区，还波及25个省份、100多个大中型城市，长三角已出现严重雾霾天气，甚至珠三角也出现了雾霾……据报道，2013年1月，北京有20天的雾霾天气，达到六级严重污染，数据显示为1954年以来同期雾霾天气最多，首都北京成为了名副其实的“雾都”。中国工程学院院士钟南山认为：“大气污染跟整个环境密切相关，比非典可怕得多，必需想办法改变环境。”防治雾霾，需重点降低环境空气中的PM2.5和PM100浓度，而重中之重是改变能源开发利用的结构。以京、津、冀地区为例，相关研究表明，京、津、冀地区PM2.5来源：燃煤35%，机动车燃油10%，工业生产15%，扬尘（建筑）7%，餐饮6%，其他17%。初步估计，该地区与能源利用相关的PM2.5排放至少占70%左右，因而改革能源生产与消费模式刻不容缓，必须走低碳化之路。

4.1 我国的能源形势严峻

（1）能源结构必须调整

改革开放以来，能源发展迅速，主要是以常规化石能源煤炭为主，无碳能源（水电、核电、风电等)占比很少,见表 1 所示。

表 1　中国能源消费结构

年份	能源消费总量(万吨标准煤)	各种类型能源消费量占能源消费总量的比重(%)			
		煤炭	石油	天然气	水电、核电、风电
2005	223 319	68.9	21.0	2.9	7.2
2008	285 000	68.7	18.0	3.4	9.9
2011	348 000	68.7	19.18	5.2	8.6

表 2 为 2010 年中美两国能源消费结构对比。

表 2　中美两国能源消费结构对比(2010 年)

国别	各行业能源消费量占全国总能源消费量的比重(%)					
	工业	交通	商业及服务业	居民生活	农业	其他
中国	70	10	2	11	2	5
美国	28	39	14	17	1	1

我国一次能源人均消费量不高,能效较低,经济发展粗放、能源“以需定供”模式必须改变。

2008 年,世界几个知名国家一次能源人均年(t/人)消费量:加拿大 8.01,美国 7.5,俄罗斯 4.75,法国 4.28,德国 4.08,日本 3.88,世界平均 1.69,而我国 2011 年仅 1.8,与世界平均水平接近。我国人均能源占有量为世界平均水平的百分数:煤炭占 67%,石油占 5.4%,天然气占 7.5%。我国的能源效率总体仍偏低:我国国内产业总值占世界 8.6%,但能源消耗占世界的 19.3%。我国单位 GDP 能耗为世界平均水平的 2.5 倍,美国的 3.3 倍,日本的 7 倍,也高于巴西、墨西哥等发展中国家。我们的人均 GDP 超过 5 500 美元,尚不到世界平均水平的一半,只有高收入国家的 20%。改革开放以来经济较快发展,但粗放的发展方式和“以需定供”的能源供应模式导致国内能源开发利用规模急剧扩大,由此带来了一系列问题:能源资源短缺,安全形势恶化,生态破坏,温室气体增加,雾霾恶劣天气增多,为经济社会发展带来了“不平衡、不协调和不可持续”。为此,党中央英明决策“推动能源生产和消费革命,控制能源消费总量”。

(2) 能源结构必须以新能源、可再生能源为主顶替常规化石能源为主的格局

我国国情既是煤炭生产大国亦是煤炭消费大国,而且煤炭资源分布在西北山西、陕甘和内蒙古等经济欠发达地区,而中东、中南、经济较发达沿海地区缺乏能源,但在此次能源变革中,在相当长一段时间内化石能源仍占很大比重,因此必须继续抓常规化石能源的低碳化——提高能源效率,减少消耗量,继续贯彻节能减排的方针;另外,必须大力推进新能源和可再生能源的开发利用,增加其比重,逐渐以它们顶替常规化石能源为主的格局,最终达到低碳化,以无碳为目的。

4.2　近期低碳之路的核心——煤的高效、清洁利用

(1) 整体煤气(液)化(IGCC)多联产

在近期建成 1～3 个 IGCC 不同气化路线的示范电厂,从中吸取经验与教训,人们接纳

与认可取决于投资造价的高低和节能减排的效益；进一步提高效率，降低造价，控制 CO_2 排放；重点是研发降低开发成本的关键技术，打破技术垄断；适当引进关键技术，走自主创新发展路线；在有条件的领域加大创新技术及工程实践力度，实现大型化、商业化。

(2) 提高煤电热力循环初参数，研发 35 MPa，700℃二次中间再热超临界大型机组，1 000 MW级，使供电效率达到不低于 50%。

(3) 积极开发 300 MW 及以上超临界供热机组，进一步提高能源利用率。

(4) 继续"上大压小"建设燃煤空冷热电机组，满足热、电用户需求和大型高效、低污染(供电煤耗率≤300 g_{ce} 污染排放达燃机标准)机组。

4.3 推广天然气热电联产机组(9E、9F 机组)和小型分布式燃气 CCHP 热电冷三联供机组

燃用天然气(NG)比燃煤电厂，不但可提高供电效率达到≥45%，而且可大大降低污染物的排放，表 3 为装机容量 500 MW，燃煤与燃用 NG 在污染物排放、用水量和占地面积比较。

表 3 燃煤与燃用 NG(500 MW 机组)污染物排放、用水量和占地面积比较

燃料	污染物年排放量(t/a)				用水量(%)	占地(%)
	SO_2	NO_x	CO_2	灰渣(粉尘)		
燃煤	28 000	5 056	2 160 000	400 000	100	100
NG	7	971	1 241 292	0	33	54

注：原煤低位热值：4 700 kcal/kg，含硫 1.1%，含灰 27%，年耗原煤 150 万 t，除尘效率 98.5%。

燃用 NG 排放量占燃煤百分比为：

SO_2：0.025%；NO_x：19.2%；CO_2：57.47%；灰渣(粉尘)0%。所以燃用 NG 或 LNG 接近清洁燃料，可大大减少 SO_2、NO_x 和粉尘排放，可降低 CO_2 等温室气体一半左右，是遏制雾霾天气有效途径之一，有很好的环境效益。

天然气分布式能源 CCHP 冷、热、电三联供，天然气被梯级利用，1 000℃以上的高温热能用来发电，所产生的 300～500℃的中温热能驱动吸收式制冷机用于空调和制冷，而 200℃以下的热能用来供热和提供生活热水，经过梯级利用，与传统能源供应方式相比，能源利用率可达 80%左右，能耗最低。

4.4 大力发展可再生能源太阳能、风能、水能分布式清洁能源

提高可再生能源开发利用比重，至 2015 年使之提高至占能源总量的 30%以上，而燃煤比重降低到 60%以下。到 2015 年太阳能发电累计装机容量目标为 35.0 GW，2020 年为 100.0 GW，而分布式光伏比例分别为 51.4%、54.0%。风电目标：2015 年 1 040 GW，2020 年 2 亿 kW。

4.5 加快发展核电

核电是无碳清洁能源，能源密度高，比原煤高数百倍，利于储运，可在无氧环境地下、水下使用等优点，且当今裂变电站发电成本已与燃机相当，甚至更低。应积极参与国际合作研发核聚变发电技术，彻底解决能源永续无污染问题。近期应积极研发压水堆第三代 100 万 kW 级机组提高能源效率，加快大型核电基地建设。核电是安全的，中科院院士陈达说："中国在建、已建核电站，据我所知，都没有建在地震带上。"已建核电站分布于辽宁、山

东、江苏、浙江、福建、广东、广西、海南等地，在沿海地区已经排满，目前一些反应堆深入内陆地区，各界对我国核电站是否建在地震带上存在担忧。对此，陈达认为："核电站在选址时，必须考虑到以该地为圆心、300 km 为半径的区域内历史上是否有地震。如果有，核电站在建设时，必须考虑设防措施。"对于选址，向前必须核查该地 2 000 年前发生地震的历史记录，向后必须预测 50 年一遇地震的发生概率。中国核电站都打在岩脊上。核电选址有相当复杂的指标系统，指标加起来有好几个，其中包括当地地质、水文、气象、人口条件等，例如当地常年风向、空气指标，附近有无武器库，人口不能过于密集，交通必须便利，当地 80 km 范围内居民文化素质、出生情况等等都列为考察因素，所以核电站选址是十分严谨复杂的工程。

我国核电"十二五"计划：在全国 2010 年 6 月已有 23 台运行机组总容量 2 540 万 kW。计划目标：2015 年达到 4 000 万 kW，2020 年达到 7 000 万 kW。比"十二五"增加了 3 000 万 kW。

4.6 加高加大电网建设

建设大型煤电基地，加大"西电东送""北电南送"，跨区输电，高压、超高压、骨干电网。把西南和中西部地区大水电和煤电基地的电力向缺电的经济较发达中东、东南沿海地区送电。

4.7 大力研发"智能电网"

提升输电效率，保证安全供应，促进能源转型和接纳分布式能源系统。国网公司提出："全面建设以特高压大型电网(100 万 V 及以上)为骨干网架，与高、中、低压各级电网协调发展的'集中式'坚强电网加'分布式'微型电网互补集成发展为基础，以信息化、数字化、自动化、互动化为基础四化特征的统一智能电网计划，实现'可观察'与'可调控'，提高安全、经济、方便充分接纳分布式能源系统。"

5. 结语

"智能电网"是当今世界能源革命研发的热点问题之一，也是实现能源革命主要措施之一。结合我国国情：能源资源情况消费模式，粗放发展方式和"以需定供"的能源供应模式导致国内能源开发利用规模日益扩大，由此带来一系列问题，能源资源短缺，安全形势恶化，生态环境质量下降，雾霾天气严重，温室气体排放加大……在经济社会发展方面突出表现为"不平衡、不协调和不可持续"。为此，党中央十八大英明决策"推动能源生产和消费革命，控制能源消费总量"，能源转型革命已经到来，为能源结构调整抑制化石能源，推进可再生能源，以清洁、安全、经济为特征的新型能源体系，走低碳之路，已成为国民经济可持续发展的必然选择。

结合国情，国网公司全面建设以特高压大型骨干电网、各级电网协调发展为基础的，开展以信息化、数字化、自动化、互动化、四化为特征的，接纳分布式发电系统，"智能电网"的开发建设是走低碳之路的必然。

参 考 文 献

[1] 中国电机工程学会. 热电联产动态，2013，11(240)
[2] 吴纶卿. 蓝天为"奢侈品"背后的反思. 光明日报，2013-12-10

浅析新一轮能源革命

钟史明

（东南大学能源与环境学院　210096）

摘　要：浅析新一轮能源革命的内涵、特点，世界发达国家和地区能源革命简况，我国积极应对气候变化加快能源生产与消费模式的转型。

关键词：能源革命　内涵　特点　化石能源　新能源与可再生能源　低碳

1. 前言

能源是人类生存发展的物质基础。人类发展的历史也是能源革命的历史；原始人从生吃到熟吃，利用自然火到利用人工火（如钻木取火等），导致了以柴薪作为主要能源时代的到来，从而进入了刀耕火种人力畜力以农业为主的奴隶社会、封建社会。英国瓦特蒸汽机的发明，奠定了工业革命的到来，人类从此逐步以机械动力大规模代替人力和畜力，从而导致了第二次能源革命——工业革命。生产力日益发展，工业经济逐步提高，进入了资本主义经济社会。随后，以电力的发明和推广使用，拉开了人类第三次能源革命（第二次工业革命），进一步推动社会生产力的发展。人类对能源资源高度开发与利用，伴随着生态环境的破坏和化石能源不可持续（会枯竭）等忧患，随着人类对能源安全可持续与清洁需求的日益增加，以新能源、可再生能源为代表的能源革命（第三次工业革命）开始受到人们的高度关注。新一轮能源革命正日益形成，以新能源（如核能）和可再生能源（包括太阳能、水能、生物质能、风能等）逐步代替传统的化石能源（煤、石油、天然气），以达到低碳、清洁、经济、安全、方便的新一轮能源革命（生产与消费的变革），促进经济社会文明发展。

2. 新一轮能源革命的内涵

新一轮能源革命是能源生产（转换）和消费方式的根本变革，是能源科技的根本变革，是能源体制机制的根本变革，也是人们对能源认识的根本变革。它是发生在原有的、传统的能源生产与消费方式以及人口、资源和环境之间矛盾彻底激化的结果。这次能源革命的目标是最终实现以绿色、低碳、清洁能源代替化石能源。

3. 新一轮能源革命的特征

3.1　将以清洁、低碳、可再生能源开发和利用为主

杰里米·里夫金在《第三次工业革命》（中信出版社，2012）中指出："化石能源不可持续

必将导致第二次工业革命的终结。"化石能源支撑了第一次和第二次工业革命以来人类文明的进步和经济社会的发展。然而,曾经支撑起工业化生活方式的石油和其他化石能源资源正日益枯竭。据估算,原煤最多可开采储量支撑约300年,而石油可采储量仅可支撑约百年,以化石燃料为基础的整个产业结构运转乏力而导致全球出现严重的失业问题。以化石燃料为能源开展的工业活动导致的气候变化,威胁着人类的生存和发展。从长远看,人类需要一种以可再生能源为推动力的新的经济发展模式,即要系统性地改变经济生活组织方式,以超越化石能源的约束。同时,可再生能源成本下降将催生新的经济发展模式。

3.2　注定会发生一场围绕能源的科技变革,推动社会经济的发展

2013年3月,英国石油公司高管(BP)在中国发展高层论坛发表的《拓宽中国的能源变革之路——通过创新促进能源革命》报告中指出,为推动此次革命,需要史无前例的创新规模,需要调动各方面的人力和研究设施并促进知识分享,营造一个孕育更多创新的环境。创新不仅包括技术创新,还需在政策、监管、商业和社会的多个领域进行创新来促进现有技术的大规模应用,并鼓励新的颠覆性技术的开发。

2009年,中国科学院能源领域战略研究组发表的《中国至2050年能源科技发展路线图》中提出,科学和技术对能源和动力技术的改进具有至关重要的作用。能源和动力技术每一次重大改进,都在当时引发了整个技术体系的革命性变革,推动了经济社会发展。能源的改进和替代是人类社会不断发展进步的标志,每一次变革都促进人类社会产生制度的飞跃。今后,随着新能源和可再生能源的技术突破和大规模应用,必将使人类社会进步产生新的飞跃。

3.3　从发生伊始就带有全球性特征

新一轮能源革命比之前的能源革命更具全球化的特征,而不会仅仅局限于某个国家和地区。成思危指出,发展新能源,应从三个层面上解决问题:一是技术层次,一定要通过自主创新和引进相结合,在技术上取得突破;二是经济层次,主要是解决新能源成本高的问题;三是政治层次,发展低碳经济,发展新能源,应对气候变化,绝不是一个国家自己就可以做到的,这是世界性问题。这里所说的政治问题其实就是从全球化角度推进新能源发展。

罗伯特·B.马克斯提出,历史地看,工业革命是由全球性的力量决定的。如果没有煤和殖民地,旧生态体系的局限会迫使不列颠人把越来越多的土地用于食物的生产,从而进一步减少工业生产的资源,使关于革命的任何希望破灭,就像19世纪中国的遭遇一样。罗伯特的观点证明了即便是前两次工业革命,也突破了发源国的国界。也就是说,伴随工业革命而发生的能源革命也从来不是一两个国家的事情。每个国家都不是独立存在的,国与国之间互为发展条件,相互之间的竞争、交融、碰撞以及国力的此消彼长都是影响全球能源形势发生变化的动力。

3.4　必然与新型城镇化同步推进

在能源革命的背景下,一个集中有度、分散有致、集中与分散相协调的宜人居住和聚集环境必将成为现实。也就是说,新一轮能源革命的核心是新能源的开发利用,新能源的小型分散性(分布式能源)将深刻影响居住和聚集的形态。当今,城镇化与能源革命成了新的经济增长模式的两翼,且相辅相成,密切相关。在当前严峻的能源环境形势下,需要通过能源革命为城市经济社会的平稳较快发展提供有效的能源供应保障。农民的市民化是以中心城镇实现能源革命为前提。由此可见,从区域角度分析,能源革命既是推动城市的能源革命,也是推动乡村的能源革命,同时促进城镇能源革命与乡村能源革命的互动。

4. 当今世界主要发达国家和地区能源革命简况

4.1 美国

美国是能源生产和消费大国,能源安全可持续对于美国和社会经济的繁荣发展和国家安全意义重大。自1973年中东石油危机以来,历届美国总统都把保证“能源安全”作为国家战略,强调节能和实现能源供应渠道的多元化,降低对中东油气资源的过分依赖。回顾美国的能源政策可以发现,其政策制定基本围绕以“能源独立”展开。2005年政府颁布了《能源政策法案》,强化了能源供应多元化的重要性。由于美国石油资源储量仅占世界的2%,其消费量却占世界的20%以上,保障石油供应便构成了美国国家安全战略的重要基石。2006年,布什在《国情咨文》中提出“先进的能源倡议”,要求通过开发新技术寻找更清洁、低廉、可靠的替代能源,争取到2025年,从中东地区进口的石油量减少75%。2007年,美国政府发布《能源独立与安全法案》,意在保证能源的安全稳定,使其不受国际形势和地区局势的影响,旨在通过降低对本国石油工业的补贴,鼓励替代能源规模化利用。近来,美国“页岩气革命”成功,几乎改变了依赖中东石油进口转为出口的巨大变化,是“能源独立”政策的结果。

4.2 欧盟

欧盟在发展低碳经济方面一直走在世界前列,陆续出台了多项有利于发展低碳经济的政策措施,早在2005年欧盟就开始了碳排放交易制(ETS),参与ETS各成员国必须履行《京都议定书》减排承诺,执行各国所辖温室气体排放配额工作,几乎占欧盟二氧化碳排放总量的一半,是全球最大的碳排放总量控制的交易体系。为实现低碳经济与能源转型,欧盟提出较高的温室气体减排目标,通过发展低碳能源,欧盟提出了到2050年将温室气体的排放量在1990年的基础上减少80%。此外,欧盟低碳能源战略的中期目标要求欧盟到2020年温室气体排放量要在1990年的基础上逐年下降1%;从2020年到2030年,要在1990年的基础上逐年下降1.5%,从2030年到2050年要在1990年的基础上逐年下降2%。

4.3 日本

日本是一个能源资源非常匮乏的国家,长期以来日本的能源供应严重依靠海外进口。为加强能源安全,日本自20世纪90年代以来出台多部《能源白皮书》,早期的《能源政策基本法》《能源基本计划》《新国家能源战略》和《能源基本计划修改案》等,这些政策核心是强调节能,减少对化石能源的依赖等。在能源供应领域,日本也进一步提高石油及天然气资源的自主开采率,提出将现在的26%提高到2030年的40%。在能源消费领域,日本能源利用率全球领先,2010年日本能源消费强度仅为0.1 t_{oe}/千美元,约为我国的八分之一,世界平均水平的三分之一。2009年4月,《绿色经济与社会变革》提出对高碳产业如钢铁、水泥、水电等工业部门进行低碳工业改造,提高生产流程效率,以实现产业结构升级,并提高发电及城市燃气制造部门等能源转换部门的能效。

4.4 新型能源体系日益成型

世界各国特别是发达国家能源转型(革命)基本趋势是实现以化石能源为主向以清洁低碳为主的可持续发展能源体系转型,发达国家的能源供应中可再生能源等低碳能源的比例不断提高。可再生能源国际研究机构(REN21)在2012年《全球可再生能源发展报告》中指出,2011 年,欧盟电力新增装机中,可再生能源已占 70%。最近几年,欧美国家通过采取“目标导向和系统视角”,率先提出了面向 2050 年以可再生能源为主的能源转型发展战略。例如,欧盟在《2050 年能源战略路线图》中提出到 2050 年可再生能源占到全部能源消费的 55%以上。美国能源部在《可再生能源电力未来研究》中,认为可再生能源可满足 2050 年 80%的电力需求。推动以清洁能源系统,特别是电力系统以清洁、低碳的分布式能源为主的重大变革将成为全球能源发展的大趋势。

5. 我国应对气候变化应加快能源生产与消费方式的转型

最近,媒体报道:蓝天成为“奢侈品”的现实告诉人们,中国既有的唯 GDP 是举,不计资源消耗数量,不顾环境破坏代价的发展模式已经走到了尽头。如仍不加以反思、不改弦易辙,则经济增长必至绝路。

“今年以来,全国平均雾霾天数为 52 年之最,安徽、湖南、湖北、浙江、江苏等 13 个地区均创下历史纪录。”“2013 年 12 月份出现的这场雾霾,已波及 25 个省份,100 多个大中城市。”“长三角出现这么严重的雾霾比较少见,说明大气污染不仅仅是京津冀地区,长三角也很厉害……”

由上述媒体报道来看,被雾霾遮蔽的地区,就在几年前,对于许多人来说,雾霾还是从未见识过的现象。雾霾的频繁出现,实际上是中国的空气污染 PM2.5 超标和水体及土壤被严重污染后环境继续恶化的大气表征。今年以来,在部分经济相对发达地区,一段时间内,雾霾天数已超过可见蓝天天数。毫无疑问,粉尘、水体、土壤污染和大气雾霾与超高能源资源为代价的经济增长模式密切相关。

我国超高能耗的经济增长模式必须改变。以日本为参照,就清楚了:以 2009 年中日两国 GDP 数值最接近,两国能耗差距巨大。2009 年,中国的 GDP 总量占世界 GDP 总量的 8.6%,日本的 DGP 总量占世界 GDP 总量的 8.7%。但是,实现几乎同等数量的 DGP(日本略高于中国),中国在当年消耗了世界煤炭耗量的 47%、石油耗量的 11%,而日本则只消耗了世界煤炭耗量的 3.3%、石油耗量的 5.1%。当然,中日两国发展阶段不同,能效高低自有差异。但这并不是说中国经济增长要采取导致今日雾霾蔽日的发展模式,必须加大科技投入、提高能效是当务之急。转变能源发展模式,增加清洁、安全、经济的能源转型,不要以“发展是硬道理”为旗号,搞破坏性开发、盲目性增长、不管环境、不管子孙后代的幸福、破坏人类生存的自然环境的绝路上去。必须加快从以传统化石能源为主转变为以新能源、可再生能源为主低碳、无碳能源的能源发展道路,为早日建成蓝天白云、碧水青山、宜居环境、经济发达、人民安康的美丽中国而努力。

参考文献

[1] 国家发改委能源研究所. 中国低碳发展之路 2030/2050 情景分析[Z]. 北京:科学出版社,2009
[2] 国务院新闻办公室. 中国的能源政策(2012)白皮书[Z]. 2012
[3] 杰里米·里夫金. 第三次工业革命[Z]. 北京:中信出版社,2012
[4] 成思危. 新能源发展还缺乏细致规划. 人民日报,2010-4-8
[5] 罗伯特·B. 马克斯. 现代世界的起源,全球的、生态的述说[Z]. 北京:商务印书馆,2006
[6] 任东明等. 推动我国能源生产和消费革命初析[J]. 中国能源,2013,35(10)
[7] 吴纶卿. 蓝天成为“奢侈品”背后的反思. 光明日报,2013-12-10

学习我国"能源生产和消费革命"

钟史明

（东南大学能源与环境学院　210096）

摘　要：对党的十八大提出"能源生产和消费革命"的国策能源形势的认识，分析了新一轮能源革命的重要特点、内涵，推动能源革命主要制约因素和提出了几条粗见。

关键词：能源　能源生产与消费革命　低碳　化石能源　可再生能源　新能源

1. 前言

能源是经济社会发展的基础，人类生存与发展与能源的变革密不可分，人类发展的历史，也是能源变革（革命）的历史。当前我国经济社会已经进入稳步发展、深入变革转型的关键时期。改革开放 30 多年来，我国经济保持了长期快速发展。但粗放型的发展方式和"以需定供"的能源供应模式导致国内能源开发利用规模日益扩大，由此带来了一系列问题，包括能源资源短缺、能源安全形势恶化、生态环境质量下降，来自国际方面的温室气体减排压力凸显；在经济社会发展方面突出表现为"不平衡、不协调和不可持续"。为此，党的十八大报告中明确提出要"推动能源生产和消费革命，控制能源消费总量"，将生态文明建设放在突出地位，并使之融入我国经济建设、政治建设、文化建设、社会建设的全过程中。去年（2013 年）我国由于环境质量恶化，全国平均雾霾天数为 52 年之最，当年 12 月来临的雾霾，已波及 25 省份，100 多个大中型城市，长三角、珠三角地区也出现严重雾霾天气，蓝天成为"奢侈品"的现实告诉我们，中央的决策非常正确，必须加快经济社会发展的转型，推动能源革命，促进生态文明建设。

2. 能源革命的历史简况

人类社会的进步是伴随着能源革命而进步。第一次能源革命是人类从生吃到熟食开始，利用自然火到利用人工火如钻木取火等后，导致了以柴薪作为主要能源时代的到来，从而进入了刀耕火种农业为主的自然经济社会，这是人类的第一次能源革命。蒸汽机的发明奠定了工业时代的到来，是人类利用能量的又一里程碑，人类从此逐步以机械动力大规模代替人力和畜力，从而直接导致了第二次能源革命（第一次工业革命），生产力日益发展，工业经济逐步提高，进入了资本主义经济。以电力的发明和推广为特征，拉开了人类第三次能源革命（第二次工业革命），进一步推动社会生产力的发展。然而，在开发与利用能源时伴随着环境的恶化与生态的破坏。随着人类对能源安全可持续与清洁需求日益增加，以新能源为代表的能源革命开始受到人们的关注，拉开了新一轮能源革命（第三次工业革命），能源革命的目标是以新能源(如核能)和可再生能源(包括水能、生物质能、太阳能、风能等)逐步代替传统的化石能源,以达到与低碳、清洁、安全、经济、方便和可持续能源开发利用为目的新的能源生产利用的模式,促进经济社会更高度发展。

3. 建设美丽中国为何必须转变能源发展方式

3.1 我国是全球煤炭生产大国,也是消费大国,造成环境污染、生态破坏

我国一次能源生产主要来自煤炭。2012 年年底我国煤炭产量占一次能源产量的 76.6%,约占全球产量一半,同年我国煤炭消费量达到 39.2 亿 t,年消费量也占全球一半左右。

近来,我国环境质量很差,全国遭受严重雾霾天气,深度影响人们健康和经济社会发展,为防治雾霾,需重点降低环境空气中的 PM2.5 浓度,重中之重是改变能源开发利用模式。以京、津、冀地区为例,相关研究表明,京津冀地区 PM2.5 来源主要是:燃煤 35%,机动车燃油 10%,工业生产 15%,扬尘 7%,餐饮 6%,以及其他来源 17%。初步估算,京津冀地区与能源利用相关的 PM2.5 排放量占比达到约 70%。因此,改革能源生产与消费模式刻不容缓。

众所周知,燃煤造成严重的环境污染,产生粉尘、二氧化碳、二氧化硫和氮氧化物(NO_x)等污染气体和温室气体,使地球变暖,造成极端恶劣天气。2013 年年底(北极环旋气流)使美加、北欧等地大雪低温,冻死人,而南美巴西、澳大利亚天气酷热热死人,而我国 20 多个省市出现雾霾天气,严重危害人们身心健康与生产、生活秩序。

最近,我国社科院、中国气象局联合发布的《气候变化绿皮书》,应对气候变化报告(2013)指出,近 50 年来中国雾霾天气总体呈增加趋势,今年以来,全国平均雾霾日数为 4.7 天,较常年平均 2.4 天多 2.3 天,是 52 年(1961—2013 年)以来最多的一年。安徽、湖南、湖北、浙江、江苏等 13 省市均创下历史之最。2013 年 12 月来临出现的这场雾霾,已波及 25 个省份,100 多个大中城市,雾霾之害不单是京津冀地区,连长三角、珠三角沿海地区也很厉害。这样大范围的严重雾霾实在令人震惊。它不但直接影响交通、飞机停飞、道路封闭,造成事故频发,而且严重损害人体健康,影响生殖功能、免疫结构等,因而亟须改变以燃煤为主的能源消费结构。

我国 15%的江河湖海受到水污染,造成水质酸化、富氧化和铅、汞、铬等重金属污染超标,所以建设生态文明美丽中国,必须转变末端治污的控制策略,从源头上改变以煤为主的能源结构,控制和削减煤炭和化石能源消费量,大力发展清洁能源。

3.2 大量燃烧化石能源,CO_2 排放量急增,来自国际上应对气候变化压力增大

由于我国是煤炭消耗和燃油消耗最大的国家,造成是全球温室气体排放量最大的国家。哥本哈根气候大会提出要将 2050 年全球温升控制在 2℃以内,为此,全球温室气体排放量要求减少需在 2020 年左右达到峰值后,2050 年与 1990 年相比应减少 50%,届时,发达国家需减排 80%,发展中国家可在自愿的基础上采取积极行动。2012 年多哈气候大会决定,在 2015 年制定新一轮具有法律约束力的全球减排协议,届时包括发达国家和发展中国家在内都要确定更强有力的温室气体减排目标和措施。我国是受气候变化不利影响最显著的国家之一,我国已提出 2020 年单位 GDP(国内生产总值)CO_2 排放量比 2050 年下降 40%~

45%，未来减排压力巨大，必须加快构建以低碳能源为主的能源结构。

3.3 我国化石能源资源供应能力和约束加剧，能源安全形势严峻

2012年发布的《中国能源政策白皮书》中指出，我国人均能源资源拥有量在世界上处于较低水平，煤炭、石油和天然气的人均占有量仅为世界平均水平的67%、5.4%和7.5%。而且能源资源分布不均，勘探、开采、运输难度与世界相比也较大，煤炭资源地质条件复杂、埋藏深，勘探、开发技术要求较高，非常规能源资源勘探程度低、经济性差。中国工程院研究成果表明，在各区域水资源和生态环境约束条件下，我国煤炭安全生产能力为35亿t左右。随着经济发展和人民生活水平的提高，未来能源消费还将大幅增长，化石能源供应压力和约束不断加剧。石油等常规能源进口依存度大幅增加，能源供应安全风险日益加大。我国石油对外依存度已从21世纪初的32%升至57%。80%的石油进口量海运经过马六甲海峡，18%经过霍尔木兹海峡，海上运输安全风险加大。随着全球政治环境变化，国际能源需求增加和资源争夺加剧，未来能源安全形势十分严峻。

总之，我国能源结构是以煤炭化石能源为主的国家，造成环境生态破坏、气候变暖且化石能源逐步枯竭不可持续的困境，必须改变为清洁、可再生、新能源为主的与环境相协调、宜人居住、绿色、低碳、可持续的能源发展决策，促进美丽中国早日实现。

4. 新一轮能源革命的主要特征与内涵

4.1 新一轮能源革命主要特征——低碳化

新一轮能源革命的主要特征是低碳化，因此，必须始终抓住这个特征，逐步达到无碳为终极目标。因而，在漫长的能源变革过渡时期，必须做好两大方面：

其一为加快低碳无碳能源资源的开发利用。大力发展可再生能源，加快天然气开发，加快水电、核电建设，发展风电、太阳能发电……为实现2020年以绿色清洁可再生能源为主能源结构调整和温室气体减排目标打下坚实基础。

其二为洁净煤燃烧和煤基多联产。煤基多联产是煤炭最佳利用形式，其龙头是煤气化(液化)，依据市场需求和综合效益最大化原则，可同时生产化工产品、液体燃料、电力和供热等。它具有产品结构灵活、生产成本低和转换效率高等优点。在多联产中，煤炭中的污染物可被最大限度地处理或资源化利用，如硫可回收利用，高纯度CO_2便于利用或封存，从而实现包括温室气体在内的污染物近零排放。

4.2 新一轮能源革命的内涵

能源革命是能源生产与消费方式的根本变革，是能源科技、体制机制的根本变革，也是人们对能源理念认识的根本变革。此次能源革命的发生是在原有能源生产与消费方式与人口、资源和环境间矛盾彻底激化的结果。能源革命最终目标是绿色能源代替传统的化石能源，主要途径是推动能源生产和消费方式的创新，能源科技、管理体制机制和人们的理念认识的革新。与社会、政治革命不同，能源革命是一个渐进式变化过程，逐步由化石能源向低碳无碳能源转型，最终实现能源开发利用的无碳化。

5. 当今推动我国能源革命的几个主要制约因素

我国虽已明确提出了推动能源生产和消费革命，但推进过程中面临着诸多制约，主要因素有：

5.1 对能源革命的认识尚未取得一致

从十七届五中全会提出“能源生产和利用方式变革”到十八大提出“能源生产和消费革命”，显露出国家能源发展思路的重大变化。然而，对能源生产和消费革命的认识却不一致。有人认为（吴吟，2012），化石能源的先进开采方式也是我国能源革命的重要组成部分，煤炭工业切实转变观念，按照低伤亡、低消耗、低排放、低损害的要求，积极发展煤矿充填开采，建设煤炭地下气化示范工程。还有人认为（李润生，2013），推动能源生产和消费革命的着力点之一就是推动能源绿色发展，包括非常规天然气的发展。应控制油气消费过快增长，切实提高能源利用效率。十八大之后，我国政府和学术界纷纷表达了对能源革命的见解，有的认为其主要指能源生产和消费领域技术的推广和应用；有的认为革命应是一种比较彻底、激烈的变化；有的认为革命的内涵仅仅是在能源结构调整、能源生产和利用方式变革的基础上进一步深化等。而《推动我国能源生产和消费革命初析》认为：它推动低碳、绿色和可再生能源生产和消费革命是一个渐进的、逐步深化的过程，只能从依靠量变的积累而逐步发生革命性的质变（任东明，2013）。我认为比较全面，但明朗不够，是否可指出，近期以化石能源为主向低碳、清洁、高效转变，同时，积极增加以无碳、新能源可再生能源为主能源发展模式，营造清洁、安全、经济、方便的能源革命，是量变到质变渐进式过程，最终实现无碳化。

5.2 能源科技自主创新能力有待提高

与发达国家相比，我国能源科技水平仍存在较大差距，自主创新基础比较薄弱，核心和关键技术落后于世界先进水平，一些关键技术装备仍依赖于国外引进。我国能源科技创新投入不足，研发力量较为分散，领军人才稀缺，自主创新基础薄弱，能源装备制造整体水平与国际先进水平相比仍有较大差距，关键核心技术和先进大型装备对外依存度较高，能源产业总体上大而不强，迫切需要进一步深化能源科技体制改革，大力提升能源科技自主创新能力。

5.3 体制机制深层次矛盾不断积累

能源管理体制机制问题是制约推动我国能源生产和消费革命的深层次原因。

一是能源市场体制有待完善。表现为能源产业行业垄断、市场垄断和无序竞争现象并存，能源市场主体不健全，能源市场竞争不充分，能源行政管理和监管仍较薄弱，能源普遍服务水平亟待提高等。

二是能源管理体制尚待理顺。表现为能源管理体制约束日益显现，煤电矛盾突出；风电、太阳能发电、小水电和分布式发电上网仍受到电力系统及运行机制的一些制约；能源行业管理薄弱，缺位与错位现象并存，造成综合协调能力不强、管理政策不连贯等问题。

三是能源价格机制不完善，表现为现有能源产品定价机制没有充分包括生产成本之外的社会成本，能源价格未理顺，激励清洁能源开发利用的长效机制有待建立等。

6. 推进我国能源革命主要举措的几条粗见

6.1 加快电力工业结构调整力度和煤电技术升级

为了保障我国经济社会的稳步较快发展，实现美丽中国梦，电力（二次）能源必须持续先行发展，首先应加快电力工业结构调整力度，加大非化石能源发电容量比重。至2050年，将目前占总容量的25%以上提高到50%以上。发电设备的类别向新能源和可再生能源多样化发展，逐步缩小燃煤发电的比重。依据我国国家规划，到2020年，水电、风电、太阳能发电及生物质能发电装机容量将分别达到3.5亿kW、2亿kW、5 000万kW与3 000万kW。水电主要集中在西南地区，风电和太阳能发电主要集中在西部和北部地区。这些清洁可再生能源绝大部分需要大规模远距离外送。但当前，风电等清洁能源受当地市场规模小、调峰资源有限、跨区输电能力不足的制约、消纳问题已成为进一步发展的最大瓶颈。所以，应加大高压、超高压跨区输电通道建设和增加本地分布式能源消纳力度，才可提高清洁能源的高效利用和开发规模，有效替代煤电发电量，减少污染物排放。但在相当长时间内，煤炭仍然是我国主要能源资源。因此，必须十分重视煤的低碳利用，以及提高洁净煤发电技术的效率并降低其污染排放。同时，应加快火电技术升级，积极研发超临界大容量高效机组，大力发展600 MW级及以上超超临界机组、低NO_x燃烧技术、300～600 MW热联产机组、IGCC发电技术、超临界(超超胎界)CFB、空冷发电技术等，积极推进热电联产、热电冷联产和热电煤气多联产。

提高火电初参数，始终是提高发电效率的最佳途径，高超超临界(先进超超临界)≥35 MPa，≥700℃，η_t≥50%，发电标煤耗240～245 g/kWh，如η_t=56%，发电标煤耗约210 g/kWh，这是当今化石能源火电追求节能高效的目标。

6.2 调控燃煤总量，加速增加非化石能源耗量

2012年，我国一次能源产量的76.6%来自煤炭，当年煤炭消费量占世界煤炭总消耗量的47.5%。建国以来，煤炭产量不断增长，特别是近十多年，年均产量增长2亿t左右。1949年我国煤炭产量仅为3 243万t，1990年达到10.79亿t，2005年达到22.05亿t，全国煤炭年产量超过第二个10亿t仅仅经历了15年时间；2012年达到36.5亿t，全国煤炭年产量超越第三个10亿t的时间缩短为4年。所以，我国早已成为全球煤炭生产大国，而且又是煤炭消费大国。

化石能源是碳的载体，煤是碳的最主要载体，煤炭利用是我国碳排放最主要来源。因此，这次能源革命近期对于化石能源消费总量控制工作，可以从煤炭消费总量加以控制，对PM2.5污染尤为严重的地区——京津冀、长三角和珠三角区域开展煤炭消费总量控制试点，不再建大型煤电和燃煤锅炉，转向新能源、可再生能源发电和天然气冷热电CCHP三联供。

6.3 提高油气安全保障能力

在能源转型时，因我国能源资源状况是“煤多、油少、缺气”，随着经济社会发展，油气依赖进口日益增加，为应对国际风云变幻，保障油气海上通道安全，减少进口依存度，建议推进页岩气、海底可燃冰的勘探开发，种植快长油料植物生产生物油燃料；同时，快速推进城市公交电气化，增加电动汽车，一方面节省汽油，减少进口依存度，另一方面减少PM2.5排放，减少雾霾天气，造福于人民。

6.4 逐步提高认识，转变观点理念

从严重依赖煤炭资源向大力发展绿色、可再生、低碳化多元化能源发展；从偏重保障供给为主，转变为调控能源生产和消费总量；从过度依赖国内能源供应，转变为立足国内和加强国际合作；从先能源发展后治理污染，转变为生态环境保护与能源发展相协调；从资源依赖型的发展模式，转变为科技创新驱动型发展模式；从各种能源品种独立发展，转变为每种

能源互补与系统融合协调发展。总之，要以能源的消费调控倒逼转变能源粗放发展模式。

7. 结语

学习了党中央英明决策“推动能源生产和消费革命，控制能源消费总量”后，进一步领会中央决策的背景，新一轮能源革命内涵、特点，提出了几条粗见和观点，供参考，为营造“蓝天白云，碧水青山”、遏制雾霾天气，为能源可持续发展、实现美丽中国而奋斗。

参考文献

[1] 吴纶卿. 蓝天成为“奢侈品”背后的反思. 光明日报，2013-12-10
[2] 任东明等. 推动我国能源生产和消费革命初析[J]. 中国能源，2013，35(10)
[3] 中国社会科学院，中国气象局. 气候变化绿皮书，应对气候变化报告[Z]. 2013
[4] 国务院新闻办公室. 中国的能源政策(2012)白皮书[Z]. 2012

认知我国的能源形势,浅谈应对新的挑战

刘龙海[1]　钟史明[2]

(1. 中国大唐南京发电厂　210059　2. 东南大学能源与环境学院　210096)

摘　要: 首先阐明我国能源消费形势:消费总量、强度、能耗、结构和问题;其次认知经济发展转入新常态,经济增速转入中高速,能源供需增速缓慢,国内能源资源禀赋,燃煤仍占能源消费一半左右,造成环境、生态和大气治理任务突显;国家出台能源政策方针:绿色发展、低碳发展;最后提出在经济发展新常态时期,电力能源过剩已经到来,在我国电力技术水平已赶上或部分超过国际先进水平的条件下能源电力必须"走出去",像"高铁"一样进入国际竞争大市场;同时,必须加快推进洁净煤发电、加快现役煤电节能减排改造升级和推进优化运行等措施,为激发、拉动、提升综合国力,增加国际竞争力,为国际经济衰退的回暖复苏增加动力。

关键词: 能源消费形势　认知　机遇与挑战　走出去　一带一路　化石能源　新能源—核电

0. 引言

能源是工业发展的基础,是国计民生的战略保障,是国民经济的柱石,对国家的社会经济发展具有决定性影响。我国已进入工业化、城镇化快速发展阶段,能源消耗偏高,消费规模不断扩大,供需矛盾有新的变化。2012 年全国能源总量为 36.2 亿 t_{ce},较 2011 年增长 1.4 亿 t_{ce}。"十二五"后期和"十三五"期间经济发展保持平稳较快增长,进入新常态发展,基础建设投资西移,能源对外依存度仍较高,能源传输安全度不高,我国能源形势前景不容乐观。即使经济放缓,但仍处于中高速发展阶段,能源问题仍将是制约我国实现全面建成小康社会的最紧约束,是绕不过去的坎。因此,对我国在新常态下的能源需求和近期国内外能源形势的变化应有一个认知,才能领会新常态下对能源变革的新要求:优化能源结构,推动能源发展从高消耗、高污染和粗放型向高效、清洁和集约型的增长方式转变,维护国家能源安全,提高能效和清洁化水平,提升能源领域的国际竞争力。

2014 年,中央经济工作会议指出:2015 年将坚持稳中求进工作基调,坚持以提高经济发展质量和效益为中心,主动适应经济发展新常态,保持经济运行在合理区间(GDP 在 6%～7%之间)。2030 年之后 GDP 的主要支持因素将变为以内需增长为主,经济结构不断改善,产业结构逐步升级,先进产业的国际竞争力日益增强,使中国经济仍能在不断调整中以较为稳定的中高速度发展。

1. 能源消费形势

(1) 能源消耗总量 2013 年已位居世界第一

改革开放 30 多年来,我国经济持续高速增长,综合国力显著提升。GDP 总量由 1980 年的 4 546 亿元增长到 2013 年的 56.9 万亿元,年均增长约为 10%。

能源是社会经济发展的基础。随着我国经济飞速发展,能源消费也在高速增长。我国能源消费的总体特征(点)是:增速快,总量大,效率低,煤为主。从 1981 年到 2000 年能源消费总量增长了 8.6 亿 t_{ce},20 年翻了一番多。特别是进入新世纪,能源消费总量加速增长。从 2001 年到 2010 年,能源总量增长了 17.9 亿 t_{ce},达到 32.5 亿 t_{ce},再次翻了一番多,年均增速为 8.4%,年增速是 1980—2000 年的 1.9 倍。2013 年我国能源消费总量已达到 37.5 亿 t_{ce},2014 年位居世界第一,为全球前 21 国,一次能源消费总量占比 22.6%。

(2) 能源强度单位 CDP 能耗

从能源强度看,我国单位 GDP 能耗已高于世界和发达国家的平均水平,是世界平均水平的 2.1 倍,OECD 国家平均水平的 3.2 倍。即使与同样尚处于工业化进程的发展中国家相比也相对较高,是印度的 1.2 倍,巴西的 4.1 倍。

(3) 能源消费结构

我国能源消费结构不合理,以煤炭为主,2013 年占一次能源消费总量的 61%以上,优质能源占比少。能源消费总量较快增长,特别是高污染的煤炭的大量消费,是导致我国大范围雾霾频发、大气污染形势严峻的主要原因。这是由我国能源资源禀赋决定的,能源资源特征“煤多、油少、缺气”,而且分布与需求地区矛盾突出,如煤炭、石油主要分布在华北、西北和西南,而能源消费则集中在东部,在能源传输使用方面要西电东输、西煤东送,形成了能源长距离、大范围运输。在资源能源丰富的地区,生态脆弱,环境容量小,特别是水资源匮乏,能源的高强度开采对很多地区的生态环境造成了恶劣影响。

(4) 能源消费仍是发展中的严峻问题

目前,我国经济总量已位居世界第二,但经济发展的总体水平不高,2013 年人均 GDP 4 100元,人均 GDP 还不到世界平均水平的 80%、高收入国家的 20%。现在我国的城镇化率是 53.7%,2020 年要达到 60%。据有关研究,城镇化率每提高 1%,大约要多消耗6 000万 t_{ce}。未来比较长的时间内,我国经济仍将处于中高速发展阶段,能源问题已经成为我国全面建成小康社会最紧约束、最矮的短板,是绕不过去的坎。

2. 对我国能源形势的认知

(1) 未来的能源结构

在 2030 年前甚至更长时期内,尽管能源消费结构将逐步优化,但是煤炭依然是中国的主导能源,“以煤为主”是现阶段中国能源供应的基本国情,仍将发挥着基础性作用,未来的能源结构不是哪一种主导能源取代煤炭的主导地位,而是早已进入非化石能源与化石能源(煤、油、气)多能并存的结构。非化石能源(可再生能源、核能等新能源)的占比由小变大逐年上升,而化石能源占比则逐年下降到一半以下,这是中国能源结构优化和发展的基本方向。因此，如何综合开发和清洁高效开发与利用所有的能源资源，是我国小康社会能源战略政策的基本内容。

应特别指出，中国能源清洁化不是简单的非化石能源化，相反，化石能源的清洁高效开发利用是可见近期能源清洁化、高效化的重点和难点。

(2) 经济转型转折期

预计2020年是中国经济转型和改革发展的重要转折期，在此时期，经济模型从粗放到集约转变，GDP增长速度可能减缓到6%～7%左右，更为突出追求可持续发展和绿色清洁化增长。由于各种技术和能效提高，2020年后能源供需进入缓增趋势。

(3) 目前能源政策与今后节能减排的方针

目前能源政策的重点在于控制煤炭消费增长速度和控制总量。预计煤炭消费总量在2025年左右见顶，然后，占比下降至60%以下，从而留出空间，增加可再生能源，核电、气电的发展增加占比成为重点方向。

预测在2020年前后，中国在推进新型工业化、城镇化、信息化、农业现代化、环境清洁化的过程中，能否找到能源清洁高效利用革命性的解决方案，走出一条节能、降耗、减排和绿色的发展道路，具有一定的挑战性。建立具有中国特色的能源消费结构和消费方式，既要开源更要节流。节能的目的在于控制总量、提高能效，而减排则重在清洁化利用。

(4) 可再生能源和新能源发展迅速，但近期还不能代替化石能源

近期我国因雾霾天气环保问题突出，能源结构优化调整，大力发展可再生能源与新能源，其中风能、核能与太阳能等的开发利用增长迅速。在风能、太阳能丰富地区，已安装大型风电场。近年来风电发展连续五年每年新增1 500万kW左右。至2014年年底，累计装机容量达到9 500万kW。按“十三五”规划，2020年累计将达到装机容量200 GW。2013年风电发电量在全国总发电量占比2.6%，成为第三大电源。核电近年发展较快，2015年装机容量255 GW，在建27.51 GW，占全球运行核电第五位。“十三五”规划纲要，拟建于2020年达约100 GW。太阳能发电2014年年底累计装机容量达2.1 GW，按“十三五”规划，2020年光伏发电累计装机达到150 GW，风电与太阳能发电总量居世界首位。

这些可再生能源与新能源的开发利用，不仅是为了满足消费者不断变化的需求，更重要的是缓解能源消费带来的环境污染问题。但其开发利用目前仍依靠政府政策支持和补助推动，牵涉到开发技术成本以及普及推广成本，因此，我国可再生能源与新能源的开发利用迅速推进将成为未来经济增长的一个关键点，但近期还不能实现对煤炭化石能源的替代。

3. 我国发电设备水平跨上了新台阶，赶上或超过世界水平

(1) 我国发电设备发展经过三个阶段

① 改革开放前。引进前苏联和捷克生产技术，生产中小机组，从中压到高压、超高压中间再热火电机组，单机容量从6 MW到125 MW到200 MW。

② 改革开放后到20世纪末期。引进发达国家德国、日本、英国和美国等先进技术，生产亚临界火电机组，单机容量300～600 MW中间再热机组。

③ 进入21世纪至今。与国际跨国公司如美国西屋、通用(奇异)，德国西门子，日本三菱、日立等合作生产超临界，超超临界，中国再热大型火电机组从600～1 000 MW机组，及

大型水电和大型燃气—蒸汽联合循环等机组。

(2) 火电技术

目前发电设备的总体生产能力与产量处于世界第一，自上世纪 80 年代引进美国 300 MW和 600 MW 火电机组技术，由上海三大动力厂和哈尔滨三大动力厂承制。首台 300 MW于 1987 年在安徽石横电厂投产，600 MW 于 1989 年在平圩电厂投运。亚临界 300～600 MW 机组已是成熟产品，技术水平已超出引进时水平。辅机全部配套。1 000 t/h 级亚临界中间再热煤粉锅炉全部是国产配套。2000 年后引进 CFB 燃煤锅炉配 100 MW、135 MW和 200 MW 机组，经消化、吸收，合作生产 CFB 锅炉。

自 2002 年陆续与国际合作、签署了多台以国内为主，引进技术合作，由三大动力基地（上海、哈尔滨、四川东方）承制，生产超临界、超超临界 600～1 000 MW 火电机组。

(3) 大型先进燃气轮发电机组

2003 年前后引进合作生产，E 级（200 MW）、F 级（300 MW）燃气—蒸汽联合循环发电机组，东方汽轮机厂与日本三菱电机合作，上海汽轮机厂与德国西门子公司以及哈尔滨汽轮机厂与美国奇异公司合作生产大型 E、F 级燃机（单发电与热电联产）。10 个项目 23 台 F 级机组已先后建设投运。

(4) 水电

我国能自主生产单机容量 700 MW 及以下各类机组，研发百万 kW 级水电机组，700 MW安装在三峡水电站。

(5) 核电

20 世纪 80 年代开始建造核电站，通过自主开发，学习和引进先进技术，不断提高技术水平与积累经验，现已走上了从自主开发原型堆核电站到自主创新设计制造商用核电站的道路。全部自主设计、制造、安装、运行，全套技术首台于 1985 年开始建造秦山核电站（300 MW），经过 10 年，同时与大亚湾核电站 2 台机组（2×900 MW）于 1994 年投运，为核电建造第一阶段。经过第二阶段共建 4 个核电站 8 台机组，总装机容量 7 000 MW。加上江苏田湾核电站 2 台机组总容量达 9 130 MW。从 2005 年开始，核电建设进入第三阶段，启动自主化依托项目的建设，并进行大型压水堆核电厂自主设计技术研发建造，据悉“华龙一号”将在福建福清、广西防城港建设示范工程，并已与巴基斯坦核电公司在巴基斯坦合作建设中。

(6) 进入“新常态”时期电力需求增长放缓，电力过剩时代即将到来

我国经济已进入以“中高速，优结构”为特征的新常态发展时期，经济增长速度放缓必然使能源（电力）需求增长放缓。2014 年，我国全社会用电量 55 233 亿 kWh，同比增长 3.8%，比 2013 年回落 3.8%，电力需求增速为 2.8%，是 1998 年以来最低水平。全国总发电量 55 459亿 kWh，同比增长 3.6%，比 2013 年回落 4.1%。截至 2014 年底，全国发电装机容量 13.6 亿 kW，比 2013 年增长 8.7%。火电发电量自 1974 年以来首次出现负增长。全国 6 MW以上机组，年发电设备平均利用小时数为 4 286 h，为 1978 年以来的年度最低水平，同比下降 235 h；受电力消费增速放慢和水电发电量快速增长等因素影响，全年火电装机 9.2 亿 kW，设备年利用小时数同比下降 314 h，为上一轮低谷期 1999 年（4 719 h）以来的年度最低值。火电发电量负增长，设备利用小时创新低。第三产业、四大重点行业和居民生活用电量增速同比回落 3.4%。第二产业用电量同比增长 3.7%，增速同比回落 3.4%。第三产业用电量同比增长 6.4%，增速同比回落 3.8%。城乡居民生活用电量同比增长 2.2%，同比回落6.7%。从中长期看，我国电力需求将放缓，电力过剩时代将到来。

4. 电力能源过剩，必须“走出去”

如前所述，“十三五”期间我国经济发展已进入新常态，电力能源在2014年全社会用电量、发电量增速首次出现负增长，装机容量已经过剩。而且国家为了“大气污染防治”，减少“雾霾”，大力发展可再生能源(风电、太阳能等)和积极发展新能源(核能、氢能)，所以火电特别是煤电必然要受到压制，发电量竟然首次出现负增长。为了电力能源可持续发展，进一步提升综合国力，必须“走出去”。

(1) 火电(煤电、气电)“走出去”

我国火电技术从设计、制造到安装、运行都达到或超过国际先进水平，容量大小、各类机组(单发电、热电(冷)联产)均能“走出去”，参加国际合作竞争，互利共赢。目前正值我国建设“一带一路”启动发展时期，“一带一路”周边发达和欠发达国家对电力能源的需求是十分迫切的。发达国家为摆脱经济衰退，提高就业岗位，恢复繁荣发展道路；欠发达国家为了甩掉穷困，改善人民生活，急需开展基础建设，而电力能源是脱贫致富的动力。所以“电力走出去”是我国积极建设“一带一路”的重要内容和亮点工程。

常规电力“走出去”，参加国际合作，造福“一带一路”周边国家人民，增进友谊，提高生产和生活水平。我国经济增速放缓，电力过剩，常规火电“走出去”是个难得的机会，参加国际竞争，带动国内生产厂家和整个产业链的生产，增加GDP产值。

(2) 核电“走出去”

① 一方面启动国内项目巩固国内市场，同时积极向海外市场拓展，形成良好的国际业绩和口碑。在核电厂址选择方面，选址要求严格，且沿海厂址接近饱和，内陆厂址存在争议之时，核电“走出去”正值良机。而我国核电三代技术“华龙一号”国内正在示范阶段，“走出去”可资借鉴。

② 核电“走出去”已成为我国外交名片，更是“一带一路”的重要内容与亮点工程。推动核电“走出去”，完善我国产业布局，完全契合“一带一路”战略目标与意图。抓住“一带一路”重大战略机遇，发挥核电出口龙头带动作用，是新时期我国核电“走出去”的重要使命与任务。“一带一路”区域内庞大的人口规模，广阔的地理空间，巨大的经济发展潜力，为我国核电“走出去”提供了重大的历史机遇。

③ 近期核电“走出去”，国际上竞争与机遇并存

2013年10月17日，与法国电力公司合作投资建设英国核电项目签署战略合作协议；同年11月25日，中广核在罗马尼亚与该国国家核电公司签署关于开发建设核电项目的第二份合作协议。

从中广核公布的资料中可见，该公司近年来已与南非、白俄罗斯、泰国、越南、乌克兰等国签署了相关核电合作谅解备忘录，并与泰国培养了第一批核电中高级管理人员，与土耳其、马来西亚等国建立了多方合作、沟通、交流渠道，也在探索与国际主要核电供应商建立战略合作关系，一同开发国际核电市场。

2013年，在9月和10月与法国电力公司合作投资英国核电项目签署战略合作协议后，接着也与沙特共同签署了《关于加强和平利用核能合作的谅解备忘录》，一致同意建立合作

机制，在联合研究核电项目、装备制造、人员培训等 12 个方面开展合作，这是中核集团公司在中国能源局局长吴新雄访沙期间取得的国际核电合作在沙特的竞标项目。

5. 电力能源过剩，必须加快推进洁净煤发电

(1) 控制煤电增速减缓，发展节煤高效机组

为满足全社会用电量日益增速的需要，首先增加无碳、低碳绿色电力，配套减缓增加燃煤发电。

而增加燃煤发电，应积极发展超(超)临界、大容量、高效燃煤发电和超低排放燃煤发电，开始研发 700℃超超临界燃煤发电，淘汰和改造落后燃煤机组，到 2020 年现役使燃煤机组改造后平均供电标煤耗在 310 g/kWh，而新建燃煤发电机组平均供电标煤耗在 300 g/kWh。发展热电联产和纯背压热电联产机组，发展热、电、冷多联供燃煤机组。到 2020 年，燃煤热电机组装机容量占煤电总装机容量比重力争达到 28%。

(2) 推进煤炭由燃料向原料和发电转变，积极发展 IGCC

发展煤炭基地，煤电联营，就地高效低排转变为电力，经高压输电送入经济发达地区，减少煤炭运输能源损耗与运输压力。

开展 IGCC 及多联产、CO_2 捕集封存和利用技术的研发，真正实现零排放。

(3) 开发节能减排、大型高效循环流化床锅炉燃煤发电技术

开发应用大型化、节能型和低排放型超临界循环流化床(CFB)锅炉燃煤发电技术，高效利用劣质煤。

(4) 实施《煤电节能减排升级改造行动计划(2014—2020 年)》

煤电应加快实施 2014 年 9 月 12 日国家发改委、环境保护部和能源局联合印发的《煤电节能减排升级与改造行动计划(2014—2020 年)》，改造后节能要求平均供电标煤耗达到 310 g/kWh，新建机组达到 300 g/kWh。减排要求东部地区、中部地区、西部地区新建和在役燃煤发电机组大气污染物排放浓度分别要求基本达到、原则上接近达到和鼓励接近或达到燃气轮机组排放限值(即在基准氧含量 6%的条件下，NO_x、SO_2 和烟尘浓度分别不高于 50 mg/Nm^3、35 mg/Nm^3、10 mg/Nm^3)，并逐步推广到全国。达标期限上，东部、中部地区要提前到 2017 年和 2018 年达标。

6. 电力能源过剩，必须加快现役煤电机组节能减排改造升级计划

(1) 加快淘汰落后产能小型煤电机组

淘汰项目为：单机容量 50 MW 及以下的常规小火电机组；以发电为主的燃油锅炉及发电机组；大电网覆盖范围内，单机容量 100 MW 级及以下的常规燃煤机组、单机容量200 MW 级及以下设计寿命期满和不实施供热改造的常规燃煤机组；污染物排放不符合国家最新环保标准且不实施环保改造的燃煤机组。鼓励具备条件的地区通过建设背压式热电机组、高效清洁大型热电机组等方式，对能耗高、污染重的落后燃煤小热电机组实施替代。在 2020 年前，力争淘汰火电机组 1 000 万 kW 以上。

(2) 实施综合节能改造

因厂制宜，采用汽轮机通流部分改造、锅炉烟气余热回收利用、电机变频、供热改造等成熟适用的节能改造技术，重点对 300 MW 和 600 MW 等级亚临界、超临界机组实施综合性、系统性节能改造，改造后供电标煤耗力争达到同类型机组先进水平。200 MW 级及以下纯凝机组重点实施供热改造，优先改造为背压式供热机组，力争在 2020 年内完成 3.5 亿 kW。

(3) 推进环保设施改造

重点推进现役燃煤发电机组大气污染达标排放环保改造。燃煤发电机组必须安装高效脱硫、脱硝和除尘设施。未达标排放的要加快环保设施改造升级，确保满足最低技术出力以上全负荷、全时段稳定达标排放要求。稳步推进东部地区现役 300 MW 及以上公用燃煤发电机组和有条件的 300 MW 以下公用燃煤发电机组实施大气污染物排放浓度基本上达到燃气轮机组排放限值的环保改造。2020 年内力争完成改造容量 1.5 亿 kW 以上。

(4) 自备燃煤机组节能减排

对企业自备电厂燃煤火电机组，符合第(1)条淘汰条件的企业应实施自主淘汰；供电标煤耗高于同类型机组平均水平 5 g/kWh 及以上的自备燃煤发电机组，应加快实施节能改造；未实现大气污染物达标排放的自备燃煤发电机组，要加快实施环保设施改造升级；东部地区 100 MW 及以上自备燃煤发电机组要逐步实施大气污染物排放浓度基本达到燃气轮机组排放限值的环保改造。

在气源有保障的条件下，如京津冀区域市建成区、长三角城市区、珠三角区域于 2017 年前后基本完成公有或自备燃煤电厂以天然气机组改造替代。

7. 在电力能源过剩推进优化运行

(1) 优化电力运行调度

完善调度规程规范，加强调峰调质管理，优先采用有调节能力的水电调峰，充分发挥抽水蓄能电站、天然气发电等调峰电源作用。探索应用储能调峰等技术。

合理确定煤电机组调峰顺序和深度，积极推行轮停调峰，探索应用启停调峰方式，提高高效环保燃煤发电机组负荷率。完善调峰调频辅助服务补偿机制；开展辅助服务市场交易，对承担调峰任务的煤电机组适当给予补偿。完善电网备用容量管理办法，在区域电网内统筹系统备用容量，充分发挥电力跨省区互济互补，合理安排各类发电机组开停方式。

(2) 推进机组运行优化

加强煤电机组综合诊断，积极开展运行优化试验，科学制定优化运行方案，合理确定运行方式和参数，使机组在各种负荷范围内保持最佳运行状态，扎实做好燃煤发电机组设备和环保设备运行维护，提高机组安全健康水平和设备可用率，确保环保设施正常运行。

8. 结语

我国能源消费形势，在进入经济发展增速减缓处于中高速阶段的历史时期，能源仍将是建设小康社会最紧的约束，能源消费量、强度虽有减缓，但煤炭仍占重要位置，预计其消费总量到 2030 年前后才能见顶，此后，占比才会下降 50%以下，从而留出空间，增加可再生能源，新能源低碳能源(风电、太阳能发电、气电和核电等),优化与改变能源结构。

经过半个多世纪,特别是经过改革开放30多年的发展,我国能源技术水平有了长足进步,一些项目赶上或超过世界先进水平,经济发展进入新常态,电力能源终将过剩。从长远看,我国全社会电力需求量虽呈增长趋势,但增长率呈下降趋势。除了加快实施在役煤电节能减排升级改造计划和加快推进洁净煤发电技术外,还要加快发展可再生能源和新能源发电。在满足国内市场需求外,必须"走出去"参加国际合作竞争,特别是核电"走出去",像"高铁"一样,抓住在"一带一路"积极启动的契机,拓展国际市场,为激发、拉动、提升国际竞争力,同时为当前国际经济衰退的回暖增加动力。

参考文献

[1] 周大地. 2020年中国可持续能源情景[M]. 北京:中国环境科学出版社,2003

[2] 王震. 新常态下煤炭产业发展战略思考[J]. 中国能源,2015,37(3):30-33

[3] 蔡立亚等. 中国未来核电发展空间研究[J]. 中国能源,2016,38(1):25-31

[4] 关于印发《煤电节能减排升级与改造行动计划》(2014—2020年). 发改能源〔2014〕2093号

[5] [英]BP公司. 世界能源统计报告2014年. 莫斯科21届世界石油大会. 2014-6-16

Understand Energy Situation of China Simple Analysis Answer New Challenge

Liu Long-hai[1] **Zhong Shi-ming**[2]

(1. Datang Nanjing Power, Nanjing, 210059, China 2. College of Energy and Environment, Southeast University, Nanjing, 210096, China)

Abstract: This Paper firsty introduces energy consume situation; Secondary understand evonomic development has entered the new normal China's economic growth slowed down. China's electricity demance will slow down in the medium and long term, Surplus electricity ear is coming. So that is chance and challenge. China's electricity Power must be "Going Out" & Speed up Clean Coal-fired Power, For heighien Sun up Coantry state and International Competitive Power, Revive strength for the Infemational economy developing weakening.

Key Words: Energy Consume Situation; Understand; Chance & Challenge; "Going Out"; "One Belt One Road"; Fossil Energy; New Energy-Nuclear Power.

能源革命——领悟“四个革命”与“一个合作”

刘龙海[1]　钟史明[2]

（1. 中国大唐南京发电厂　210059　2. 东南大学能源与环境学院　210096）

摘　要： 学习与领悟习总书记提出的“四个革命”与“一个合作”能源革命的实质与内涵，能源革命的主要对象是“煤炭”，革命的目的是要建立一个与现代信息技术相融合的新能源，可再生能源，低碳、无碳新能源体系，逐渐替代化石能源的革命。为何“革”煤炭的命？如何“革”煤炭的命？同时亦阐明为何、如何发展新能源、可再生能源，逐步建成多元化、低碳化、无碳化的智能、安全、清洁、高效的新能源系统，保障经济社会发展需求的能源供给，为实现两个一百年的“中国梦”，建成美丽中国而努力。

关键词： 能源革命实质与内涵　煤炭革命　化石能源　新能源　可再生能源

1. 能源革命的本质

1.1　人类经过三次能源革命

能源革命是对人类生产和生产方式产生深远影响的根本性变革。当今，多数学者认为人类经过三次能源革命：第一次能源革命是人工火的发明使人类从生食到熟食才开始真正从动物超脱而出，是人类文明开始的标志之一，从而使人类进入柴薪时代；第二次能源革命是蒸汽机的发明催生了第一次工业革命，轻工业开始发展，人类由柴薪时代进入煤炭时代；第三次能源革命是内燃机和电力的发明催生了第二次工业革命，重工业加快发展，人类由煤炭时代进入油气和电力时代。然而，在开发与利用能源时伴随着环境恶化与生态的破坏；随着人类对能源安全可持续与清洁、方便需求日益增加，以新能源为代表的能源革命受到人们的关注，拉开了新一轮能源革命（第三次工业革命）新时代的到来。

1.2　进入第四次能源革命

历次的能源革命都经过较长时间的酝酿、发展，从量变到质变，不可能一蹴而就。经过几十年的发展，近年来互联网、物联网、大数据、云计算等信息技术革命影响广泛深远，核能、风能、太阳能等新能源和可再生能源技术进步及成熟加快，两者深度融合，不仅使能源供需结构发生重大变革，而且在一定程度上颠覆了能源系统组织方式，正催生新一轮工业革命和能源革命。所以，本次能源革命本质上是运用新一代信息技术，利用新能源可持续、可再生的低碳清洁能源革命。它具有两大特点：一是能源供应结构由高碳能源转向低碳能源，人类从后油气时代进入到安全、清洁、智能、高效可持续的新能源时代；二是能源供给组织系统方式由大规模、集中式转向小规模、分布式，供求关系由供应单项、单向响应需求转变为供需多项（如电、气、热、冷等）双向互动平衡、智能供需系统转变。

2. 能源革命的内涵

自2010年党的十七届五中全会提出“推进能源生产和利用方式变革”，到2012年党的十八大提出“推动能源生产和消费革命”，由“变革”到“革命”是党中央站在全球视野和历史高度对能源发展问题的认识不断深化的结果。自2015年6月习总书记在中央财经领导小组的第六次会议上精辟提出我国能源安全发展的“四个革命”和“一个合作”战略思想，明确了能源革命的发展方向，深化了能源革命的内涵。

2.1 生产革命是能源革命的重要基础

历次的能源革命都以能源种类的转变为基础，生产革命是能源革命的重要支撑。生产革命的主要内容包括：在核能、风能、太阳能、水能、生物质能等新能源和可再生清洁能源（无碳或少碳）上做增产革命，而在煤炭、石油等常规化石能源上做减量革命；运用新一代信息技术互联网、云计算、大数据等技术提高能源系统灵活性、接纳和供应能力，最大限度上利用间歇性、分布式能源，构建多元化的可持续能源供应体系，从根本上解决能源资源难以为继和生态环境不堪重负问题，实现绿色低碳和安全可靠的能源供给。

2.2 消费革命是能源革命的基本要求

全球气候变暖，极端气候事件增多，大气雾霾频发，生态环境日益破坏，化石能源日趋枯竭，迫使人类必须反思自己利用能源的方式，应降低温室气体和污染物的排放强度，最大限度地减少对环境的破坏。因此消费革命主要是减量革命。节能减排主要内容包括：控制化石能源消费总量，其中特别是煤炭能源，抑制不合理消费，提高能源利用率，减少能源利用路径依赖，用户决定生产消费，参与市场平衡，改变人们不良用能习惯，加快形成能源节约型社会，构建更加高效的能源消费体系，从而使能源消费控制在人口、资源、环境可承受的合理范围内。

2.3 体制革命是能源革命的制度保障

经济基础决定上层建筑，上层建筑反作用于经济基础。体制机制既能成为能源革命的动力，也能阻碍革命。新的能源生产和利用方式的形成，要求有与其相适应的体制机制作保证。体制革命主要包括：在能源管理、产业组织和市场运行等机制上破旧立新，厘清政府与市场边界，还原能源商品属性。构建完善的法治保障体系、合理的能源监管体系、高效的市场竞争体系、完整的科技创新体系和健全的绿色财税体系“五大体系”，保障打通能源发展快车道。

2.4 技术革命是能源革命的根本动力

科学技术是第一生产力，具有乘法效应，一旦渗透和作用于生产过程中，便能成倍推动生产力的发展。能源技术革命为工业革命提供有力支撑和不竭动力，将激发新一轮工业革命。技术革命主要内容包括：以绿色、低碳、智能发展理念和方向，推动煤炭安全绿色开采技术、清洁利用和转化技术，非常规油气规模化开采利用技术，深海油气勘探开发技术，新一代核电和核聚变技术，低速风机制造技术，高效太阳能发电技术，生物燃料技术，智能电网技术，储能和节能技术，碳捕集、封存和利用技术等研究和推广，促进能源产业升级。

2.5 国际能源合作是确保能源安全的重要战略

在2014年12月全国能源工作会议上，国家发改委副主任、国家能源局局长吴新雄作了

“适应新常态落实新举措，努力推动能源生产和消费革命”的报告，其中对能源国际合作“一个合作”作了明确指示：保障能源安全的战略思想，要求全面落实高访成果。近来，能源国际合作取得了重大进展：中俄能源合作取得了重大突破，中亚能源合作深入推进，中巴、中缅能源合作取得了积极进展，核电“走出去”取得实质性进展。我国能源资源赋存条件不同，是“多煤、缺油、少气”，为了满足经济社会发展需求，从战略上要全方位加强能源国际合作，保障能源供需安全，走“合作共赢”共同发展道路。

当今世界经济社会发展到“你中有我，我中有你”的经济全球化。日益加快国际能源合作是国家能源供需安全的重要保障，在坚持“和平共处五项原则”的基础上，在能源革命的合作上，2015 年 3 月 28 日，国务院授权三部委联合下发的《推动共建丝绸之路经济带和 21 世纪海上丝绸之路的愿景与行动》中提出：“必须以政策沟通、设施联通、贸易畅通、资金融通、民心相通为主要内容做好与沿线各国加强能源合作。”其中基础设施互联互通是“一带一路”能源建设的优先领域，强调“加强能源基础设施互联互通合作，维护输油、输气管道等运输通道安全，推进跨境电力与输电通道建设，积极开展区域电网升级改造合作”。在贸易畅通方面，提出：“积极推动水电、核电、风电、太阳能等清洁与可再生能源合作，推进能源资源就地就近加工转化合作，形成能源资源合作上下游一体化产业链，加强能源深加工技术、装备与工程服务合作。”习主席于 2015 年 9 月 26 日在纽约联合国总部出席联合国发展峰会并发表题为《谋共同永续发展做合作共赢伙伴》的重要讲话，提出“中国倡议探讨构建全球互联网，推动以清洁和绿色方式满足全球电力需求”，这也为电力行业“走出去”与世界各国能源电力合作指明了一条新的道路。

3. 革命要“破旧立新”

新一轮能源革命的对象主要是煤炭，对煤炭能源改造利用直到替代为止。建立以新能源(如核能、氢能)和可再生能源(包括水能、生物质能、太阳能、风能等)逐步代替传统的化石能源，以达到绿色低碳、清洁、安全、经济、方便和可持续能源开发利用模式，促进经济社会更高度发展的能源革命。

3.1 为何要“革”煤炭的命

3.1.1 为减少 CO_2 等温室气体对地球气候变化的影响

气候变化已成为全球各国共同关注的热点问题。二氧化碳等温室气体排放是全球变暖的主因已基本形成共识。2015 年世界气候变化巴黎大会全球近 200 个国家参加，形成了有约束力的气候变化《巴黎协定》，要求全球大气温升于 2020 年力争 1.5℃，$\ngtr$2℃，并希望碳排放目标到 2050 年和 2100 年要分别实现排放减半和零排放。所以，大气环境留给人类的碳排放空间已经很少了，排放空间已日益成为各国争夺的稀缺战略资源。

从全球看，当今化石能源产生的二氧化碳排放量：煤炭占 44.4%，石油占 35.3%，天然气占 20.3%。而我国能源消费以煤为主，燃煤二氧化碳占比高达 82.6%，石油、天然气分别占比 14.1%和 3.3%。我国是煤炭大国，亦是消费大国，煤炭消费占比很大，约占世界一半左右，二氧化碳排放量约占世界四分之一。为了使大气环境宜人生存，具有可持续发展空间，必须“革”煤炭的命。

3.1.2 煤炭开采和利用过程对生态环境造成破坏的负面影响

① 煤炭开采过程中造成破坏负面影响

煤炭开采造成地表沉陷、地下水破坏、地表水和大气污染等问题。经测算，平均每天采万吨煤炭造成地表沉陷 0.2 hm^2，每开采 1 t 煤排水量达 1.75～2.15 t；全国已累计堆放煤矸石约 45 亿 t，导致土地破坏和污染，地下水位下降，加快地表植被退化、水土流失和土地荒漠化。

② 利用过程中产生污染物排放

煤炭燃烧过程中产生大量二氧化碳、二氧化硫、氮氧化物、有毒微量元素及细微颗粒物，严重污染大气环境。燃煤是大气中二氧化碳主要来源，是雾霾天气的主要成因。北京市环保局研究查明北京市 PM2.5 来源中燃煤贡献 22.4%。而且煤炭中含有砷、汞等有害微量元素，尽管含量很低，但耗煤量大，实际产量相当可观，目前还没有有效的治理办法，长期排放和积累对人体健康和环境破坏危害极大。

③ 化石能源不可再生，不可持续

全球社会经济不断发展，能源供需矛盾日趋加剧。化石能源探明储量和可开采储量，2013 年世界能源消费量与化石能源可采储量(表 1)指出，煤炭最多只够开采 100 多年，石油可采储量 16 879 亿桶，天然气可采储量为 185.7 万亿 m^3，化石能源能量有限，不可再生，不可持续，所以，必须大力推进新能源和可再生能源发展，逐步替代化石能源，特别是要"革"煤炭的命。

表 1　2013 年世界能源消费量与化石能源可采储量*

项目＼各类能源	化石能源			核能	水电	可再生	备注
	煤炭	石油	天然气				
可采储量		16 879 亿桶	185.7 万亿 m^3				
可采年限	100 多	54	64				
消费量占比(%)	30.1 (29.8)	32.9 (33.1)	23.7 (23.9)	4.4 (4.5)	6.7 (6.7)	2.2 (1.9)	括号内数字为 2012 年数据

注：BP 公司 2013 年统计报告。但有其他资料称：煤可供 200 余年，油、气可开采 60～70 年。

3.2 如何"革"煤炭的命

3.2.1 结合能源资源条件走中国的路

马克思主义认为革命是暴风骤雨式的一个阶级推翻另一个阶级的暴力革命。而能源革命是缓慢渐进式，不宜简单粗暴，而且我国能源革命必须结合国情，走中国特色的革命道路。

我国资源赋存条件、特点不同，是"少油、缺气、多煤"，而且供需地区错位远达 1 000 km 以上。全球范围内煤炭探明储量占化石能源 55%，而我国煤炭占化石能源 94%，油气资源仅占 6%左右。尽管近年来国家着力优化能源结构，但煤炭占一次能源的比重下降不明显。2014 年，全国煤炭消费量 40.2 亿 t_{ce}，占一次能源比重的 66%，比 2010 年仅下降 3.2 个百分点。从中长期看，煤炭在我国能源供应中仍将占较大比重，煤炭革命改造利用时间会较长，任务很艰巨。所以，应结合能源资源赋存条件进行改造利用。

3.2.2 改造利用道路

在当今煤炭产量严重过剩，价格持续下滑的情况下，减量煤炭的目标对煤炭行业改造发展影响巨大，必须立足自我革命，改变落后观念、生产和利用方式，以适应社会发展的需要和能源革命的需要，应深入贯彻“四个革命，一个合作”的战略思想，按照控制总量、优化布局的总体要求，大力推动煤炭工业“互联网”＋升级改造，大力发展煤炭清洁高效利用，努力构建智能、安全、清洁、高效的煤炭生产和利用体系。

① 煤炭生产的革命改造

• 调布局、控总量。以“资源、安全、环境”三个约束条件，科学确定煤炭发展布局和规模。煤炭在我国一次能源生产和消费结构中的比重一直保持在75%～70%左右，据相关机构预测，到2020年，这一比重依然占60%左右，有资料预测应控制产量在2025年前全国煤炭产量控制在43亿t标准煤以内，其中安全绿色产量35亿t标准煤以上。在2020年到2025年之间的布局：东部地区要压缩煤炭生产规模，东北、河北、山东要加快淘汰资源枯竭和灾害严重煤矿，2020年前淘汰所有产能30万t以下的小煤矿，北京、福建、浙江要退出煤炭生产领域。中部地区要控制煤炭开发强度，山西、河南、安徽按照“建一退一”适度建设接续项目。2025年，湖南、湖北、江西逐步退出煤炭生产。西部地区要控制项目建设节奏，新建项目主要围绕9个千万吨级大型煤电基地布局，四川、重庆逐步退出煤炭生产，云南、贵州、广西要提高准入标准，加快淘汰小煤矿和灾害严重煤矿。

• 调结构，促提升。按照“安全、科学、经济、绿色”的理念，以建设智能煤矿和淘汰落后煤矿为核心，全面改善煤炭生产，推动煤炭工业安全发展、绿色发展、可持续发展。在数字化、物联网、云计算等新一代信息技术基础上建设智能煤矿，将现代采矿技术与感知技术、控制技术、管理模式和可持续发展理念相融合，实现生产运行智能化、安全生产本质化、运营模式科学化、生态环境友好化、社会关系和谐化。加快生产煤矿信息化改造，采掘工作面实现少人或无人，主要部位实现无人值守、有人巡检，经营管理实现精益化。研究制定淘汰落后产能规划，提高新建煤矿准入门槛，逐步淘汰小煤矿和资源枯竭、灾害严重、煤质差的煤矿，促进生产结构进一步优化，力争在2030年关闭所有瓦斯问题突出的矿井和产能30万t以下煤矿，煤矿数量减少到3 000处左右。

② 煤炭利用改造方向

• 转方式，提升级。推进煤炭由燃料向原料和燃料转变，稳步发展新型煤化工。根据水资源、环境容量等制约因素，科学确定新型煤化工发展规模，根据污水和废渣处理技术，碳捕集和封存技术，把握发展节奏，做到资源吃干榨净、污水零排放、碳集中捕集、封存和利用，利用废渣无害化处理。按照规模化、一体化、园区化的原则，有序布局现代煤化工升级示范项目。改造提升传统煤化工产业，大力发展高端精细化工，避免低水平重复建设，以规模化、集群化循环经济模式，发展煤化工副产品高级利用，以气化技术促进煤制合成氨升级，不断提高煤化工发展水平。2025年，现代煤化工达到产业化发展规模，转化煤炭规模3亿t以上。

• 提效率，降污染。把燃煤发电作为煤炭利用主要方式定位为第二主业。发展超(超)临界、大容量、高效燃煤发电和超低排放燃煤发电，淘汰和改造落后燃煤机组，发展热电联产和纯背压的热电燃煤机组，实行集中供热，减少分散中小燃煤锅炉，提高燃煤发电效率。使用高效煤粉锅炉和清洁燃料锅炉，加快现有燃煤工业锅炉更新和改造。

煤炭企业在推进产业结构调整时应扩大经营范围，延伸上下游产业链，提升煤炭附加值，推进循环经济实现“高碳资源、低碳利用”“黑色煤炭、绿色发展”。

按照减量化、资源化、再利用原则，充分利用高岭土、铝矾土、膨胀土、稀有金属等煤系共生伴生资源，科学利用矿井水、煤矸石、煤泥、粉煤灰等副产品，高铝煤要定向供应，集中燃烧，最大限度地实现废弃物资源化。坚持煤层气地面开采与煤瓦斯抽采并举，以煤层气产业化基地和煤矿瓦斯规模化矿区建设为重点，推动煤层气跨越式发展，进行勘探与开发页岩气，积极开展规模化示范开采项目。

3.2.3 科技创新改造

① 开采技术创新。

• 加大智能煤矿相关技术及装备科技攻关力度，重点加快物联网技术、虚拟现实技术、三维可视技术、煤炭识别技术等信息技术的融合开发，为井下无人开采提供强大科技支撑。

• 加强安全预控系统相关技术装备研发，通过“风险预制、隐患预治、安全预控”三位一体，为矿工提供绝对安全可靠的作业环境。

• 加强地质构造、矿山压力、采煤沉陷等基础理论研究，完善保水开采、煤与瓦斯共采、充填开采等绿色开采技术体系，为实现环境影响最小化提供科技支撑，积极开展精细勘探和多源地质灾害探测技术、快速建井技术、高效辅助运输技术、井下人员精确定位技术等方面科技攻关。

② 利用技术创新。

• 开展 600℃/120 万 kW 机组超超临界燃煤发电关键技术及成套设备工程示范，通过 620℃二次再热作为过渡，开发 700℃机组技术。

• 开发应用大型化、节能型和低排放型超临界循环流化床燃烧发电技术，高效利用劣质煤。

• 研发新型材料和新工艺，开发超（超）临界机组所需的锅炉和燃气轮机高温部件，达到持久强度，抗蒸汽腐蚀和抗多种煤灰腐蚀的性能要求。

• 开展 PM2.5 研究，推进超细颗粒物及硫、汞、砷等多种污染物协同控制和资源化利用技术。

• 开展 IGCC 及多联产、CO_2 捕集封存和利用技术研究，真正实现零排放研究。

• 推进新型煤化工示范工程建设，加大关键技术和装备自主研发力度。

• 积极开展废水、废渣的无害化处理技术研究。

3.2.4 管理体制创新改造

转变政府职能，加快构建完善与行业可持续发展相适应的宏观管理体制和运行体制。贯彻落实党的“十八大”报告提出的“稳步推进大部门制度改革，健全部分职责体系”，在统一的能源行业管理构架内，建立集中统一、责任落实、权责一致的煤炭行业管理机构。整合煤炭管理职能和煤炭相关许可证制度，简化行政审批，提高行政效率，严防行业管理越位、错位、不到位问题。妥善处理煤炭行业管理部门与综合管理部门的职责，科学划分相关管理部门责任，彻底解决行业长期存在的“九龙治水”问题，强化行业协调与配合，发挥国家能源委员会的作用，提高行业管理的协调性和有效性。

3.2.5 深化市场化改革

坚持资源配置市场化方向，健全煤炭资源配置，健全煤层气（煤矿瓦斯）开采机制、落实优惠政策，引导市场加大煤层气开发力度和页岩气扶持示范开发项目等非常规天然气开采。加快建立健全全区域煤炭市场。逐步培育和建立全国煤炭交易中心，形成以全国煤炭交易中心为核心，区域煤炭市场为补充的煤炭交易市场体系。深化煤炭资源税费改革，构建由市场决定的煤炭价格机制，使煤炭价格更加能够反映煤炭生产成本和环境成本。充分利用市场宽松环境，深入推进煤矿企业兼并重组，提高煤炭产业集中度，努力构建完全竞争市场。深入企业经营体制改革，提高市场竞争意识和服务意识，用大数据改造产业链全流程各环节，分析感知用户需求，提升产品附加值，打造智能煤矿。

3.3 发展建立非化石能源(新能源)革命

非化石能源是指非煤炭、石油、天然气等经长久地质变化形成，只能供一次性使用，不能再生的能源类型外的能源。包括当前的新能源及可再生能源，含核能、风能、水能、太阳能、生物质能、地热能、海洋能等可再生能源。发展建立非化石能源，提高其在总能源消费中的比重，逐步替代化石能源，特别是煤炭，是新一轮能源革命的主要目标，这样才能够有效降低温室气体排放，保护生态环境，降低能源可持续供应的风险。

3.3.1 为何要发展建立非化石能源(新能源及再生能源)革命

① 降低全球温升≯2℃

为了经济社会可持续发展的需要，人们迫切呼唤建立非化石能源(新能源)革命，以清洁、可再生能源新能源为主的能源结构逐渐取代以污染严重、资源有限的化石能源(特别是煤炭)为主的能源结构。

2013 年 11 月 5 日，联合国环境规划署发布了《2013 年排放差距报告》。报告警告说，到 2020 年，如果排放“差距”没有得到“弥合或大幅收窄”，将全球温度上升幅度控制在 1.5℃以内的大门将被关闭。报告说，在当前的高排放背景下，虽然 2020 年之前全球升温≯2℃的目标依然有望实现，但在此之后，若不能显著降低 CO_2 等温室气体排放，将会加大人类适应气候变化的难度。要避免出现这种情况，报告建议，全球碳排放量到 2020 年应达到 440 亿 t 的峰值，到 2025 年降至 400 亿 t，到 2050 年进一步削减到 220 亿 t。为实现这个目标，我国政府承诺 2020 年排放强度在 2005 年水平上降低 40%～45%。2030 年，我国承诺碳排放量达峰值，而后逐年下降。因此，为了减缓对储量有限的化石能源消耗，为了实现人类可持续发展，减少 CO_2 及其他有害气体的排放，放慢地球升温变暖，我们应该积极寻找新能源与可再生能源，替代化石能源，特别是煤炭能源，创建一个绿色美好家园。

② 降低污染物排放，维护宜人的生态环境

新能源如核能、核电具有安全、清洁、高效的特点。经测算，如在京津冀、长三角、珠三角周边地区分别建设 1 000 万 kW 的核电机组替代 1 000 万 kW 煤电机组，可年均少燃标煤 2 500万 t，可将这些地区的 PM2.5 年均浓度分别下降 3.4 $\mu g/m^3$、1.7 $\mu g/m^3$、4.0 $\mu g/m^3$。

由于核电都带基本负荷，年运行小时数高达 7 500 h 左右，比水电、火电机组多 3 750 h、3 000 h 左右，比风电多 5 000 h 以上，比光伏发电多 6 000 h 左右，所以每 100 万 kW 核电对标煤的替代效应分别相当于 200 万 kW 水电、250 万 kW 火电、360 万 kW 风电、470 万 kW 光伏发电，是能源密集型，替代煤电作用很大，可称“清洁绿色”机组，对气候治理、防止大气污染效果明显。

③ 支撑经济社会高度发展能源供给永续的需要

可再生能源是无碳能源，是不污染的清洁能源，是取之不尽、用之不竭的永续能源，能支撑人类经济社会高度发展的需要。而化石能源按现今社会发展需求，煤炭最多再开采一二百年，油、气资源储存只有 60～70 年。

④ 控制温室气体排放总量，实现碳减排的目标

近期要大力发展天然气的使用，将天然气培育成我国的主力能源。中远期发展核电和

可再生能源,逐步实现能源利用的低碳和无碳目标。

3.3.2 如何发展新能源(核能与可再生能源)

① 稳步发展核电

核电虽然走出了福岛核危机带来的阴影,但难以摆脱福岛核危机的影响。内陆核电的争议很大,只能争取更多沿海核电的建设。

• 适时启动核电重点项目审批

国家能源局2014年4月下发了《2014年能源工作指导意见》。《意见》明确指出,2014年新增核电装机864万kW,适时启动核电重点项目审批,稳步推进沿海地区核电建设,做好内陆核电厂址保护。

在业内人士看来,这意味着2014年沿海核电建设将进一步提速,内陆核电则仍难有实质性破冰。而要达到2017年5 000万kW的装机目标,2014年至少要开工建设4台百万千瓦级的工程,以目前国内百万千瓦核电机组综合造价150亿元计算,投资将达到600亿元。

• 应继续推动核电规模化发展

按照我国2050年步入中等发达国家行列的战略目标(第二个100年)考虑,到那时我国人均用电量应达到目前经济合作与发展组织国家年均8 000度/人的平均水平。按中国人口发展中心预测我国人口总数14.5亿计算,届时全社会用电量约12万亿度,约为2013年全社会用电量5.32万亿度的2.2倍。

然而,以煤炭、火电为主的电力能源结构是造成我国生态环境持续恶化的元凶,这么大的电力需求必然会给生态环境和资源带来极大的挑战。相比较而言,核电对环保减排有较大正面贡献,与同等规模的燃煤火电相比,4 000万kW的核电站运行一年相比可减少标煤消费约1亿t,减少CO_2排放约2.3亿t,减少SO_2约230万t,减少NO_x150万t,相当于60万公顷森林一年CO_2吸收量。所以,面对资源约束趋紧、环境污染严重、生态环境退化的严峻形势,要把生态文明建设放在更加突出的地位,融入经济建设、政治建设、文化建设、社会建设各方面的全过程,努力建设美丽中国,实现中国永续发展。应继续大力推动我国核电规模化发展,用更多安全、清洁的核电替代煤电,突破严重的雾霾困扰,守护生态文明的美好家园。

• "走出去"

由中广核和中核共同研发自主三代核电技术"华龙一号"2014年已完成初步设计并启动施工设计。该技术融合了国际最先进的"能动与非能动相结合"设计理念,各项技术指标全面达到全球最新安全要求,满足美国、欧洲三代技术标准,是我国目前具有完全自主知识权的核电技术,具备批量化开工建设的条件。

"华龙一号"可使国内成熟的工业基础、工程优势和运营经验得到充分利用和全面提升。首台套国产化率即可达到90%,基础造价2 800～3 000美元/kW,与当前国际订单最多的俄罗斯核电技术相比有竞争力,能够在较短时间内完成工程实践,还可快速带动国内技术、工程、装备和队伍"走出去"。其商业应用和技术出口将有效推动高端装备制造产能的释放,有利于我国核电发展规划目标的顺利实现。

目前,中国企业推进中的英国、罗马尼亚、巴基斯坦、阿根廷等多国核电项目呈现积极态势。

据国际原子能机构预测,未来10年内,除中国外全球约有60～70台百万kW级核电机组开工建设，美、俄、法、日、韩等核电大国纷纷瞄准国际市场，将其出口作为国家战略，可进一步带动国内技术进步和产业升级。

作为战略新兴产业，推动核电“走出去”不但有利于实施创新驱动战略，培养国际竞争新形势，提高经济增长的质量效益，而且能有效推动高端装备制造产能的释放。日本福岛核电事故后，我国国内核电发展节奏放缓，导致我国已形成年产 10～12 台套核电装备制造能力部分放空，产能过剩矛盾将较为突出。加快实现核电“走出去”，有利于核电产业快速实现由大变强，实现从“中国制造”到“中国创造”的跨越，托起核电“强国梦”。

最近，国家早已在福建福清开工建设“华龙一号”示范核电站，可增强国外客户的信心，加速“走出去”的步伐。同时，在三代引进技术的关键设备制造和设计固化完成之前，在国内批量建设“华龙一号”，确保国务院批准的 2020 年核电装机 5 800 万 kW 目标顺利实现。另外，建议国家继续加大“核电外交”力度，加强组织领导，在对外推广、品牌塑造和政策支持上形成“华龙一号”产业联盟，建立目标市场的“国家团队”和企业联盟立体联动，统一协调，优势互补，共同推动，增强国际竞争力。

② 加快发展可再生能源

坚持集中与分散开发利用并举，以太阳能、风能、生物质能利用为重点，大力发展可再生能源。

• 太阳能

加快太阳能多元化利用，推进光伏产业兼并重组和优化升级，大力推广与建筑结合的光伏发电，提高分布式利用规模，立足于就地消纳建设大型光伏电站，积极开展太阳能热发电示范。加快建筑一体化太阳能应用，鼓励太阳能发电采暖和制冷、太阳能中高温工业应用。

• 发展重点　以民用建筑为重点，在城镇推进太阳能热水、太阳能发电，地热能、垃圾发电等新能源技术应用，在城市社区、工业园区、企业等能源消费中心，积极开展分布式风电、太阳能发电、地热能等资源综合利用，在条件适宜地区，大力推进新建筑应用太阳能热水系统，实现光伏建筑一体化工程在重点风景名胜区周边、林区、边远和农村地区的实施，合理布局离网式风电、太阳能发电、水电和生物质发电等可再生能源项目。

• 发展目标　到 2015 年，太阳能发电装机规模 2 100 万 kW，其中分布式发电达 1 000 万 kW。

• 光伏电站　按照就近消纳、有序开发的原则，重点在西藏、内蒙古、甘肃、宁夏、青海、新疆、云南等太阳能资源丰富地区，利用沙漠、戈壁及无耕种价值的闲置土地，建设若干座大型光伏发电站，结合资源和电网条件，探索试点、推进水光互补、风光互补和农光结合、渔光结合扶贫、开发等分布式光伏发电利用的新模式。

国家制定完善光伏政策，《关于下达 2015 年光伏发电建设实施方案的通知》(国能新能〔2015〕73 号)和政府专项光伏计划，如“领跑者计划”、“微电网示范工程”和“光伏扶贫计划”等等利好政策，积极、稳妥、健康地发展光伏电站。

• 风电　优化风电开发布局，有序推进东北、华北和西北等陆地和山东与江苏沿海等资源丰富地区风电建设，加快风电资源的分散开发利用。协调配套电网与风电开发建设，合理布局储能设施，建立保障风电并网运行的电力调度体系。积极开展海上风电项目示范，促进海上风电规模化发展。

• 规划发展目标　2015 年风电装机规模达到 1 亿 kW。

• 其中重点建设大型风电基地　建设河北、蒙西、蒙东、吉林、甘肃、新疆、黑龙江以及山东、江苏沿海风电基地，到2015年大型风电基地规模达到7 900万kW。

• 生物质能　有序开发生物质能，以非粮燃料乙醇和生物柴油为重点，加快发展生物液体燃料。鼓励利用城市垃圾、大型养殖场废弃物建设沼气或发电项目。因地制宜利用农作物秸秆、林业剩余物发展生物质能发电、气化和固体成型燃料。

2015年生物质能发电装机规模达1 300万kW，其中城市生活垃圾发电装机规模为300万kW。

• 其他　稳步推进地热能、海洋能等可再生能源开发利用。

4. 能源供应方式变革——大力发展分布式能源

根据新能源的技术发展基础、发展潜力和相关产业，特别是信息革命发展态势，以分布式能源、智能电网、新能源汽车供能设施及系统为重点，大力推广新能源供能方式，提高能源综合利用率，促进战略性新兴产业发展，推动能源生产和利用方式变革。

统筹传统能源、新能源和可再生能源的综合利用，按照自用为主、富余上网、因地制宜、有序推进的原则，积极发展分布式能源。由于我国能源资源赋存条件，供需错位达1 000 km以上，大型水电站、大型油气田、大型煤电基地等客观因素，将集中供能以高压、特高压输电、长距离输油、气、管道等原因，所以，应实现分布式能源与集中供能协调发展。

4.1　大力发展分布式可再生能源

根据资源特性和用能需求，加快风能、太阳能、小水电、生物质能、海洋能、地热能等可再生能源的分布式开发利用，以城市、工业园区等能源消费中心为重点，完善相关配套设施，大力推进屋顶光伏等分布式可再生能源技术应用，尽快提高分布式供能比重。因地制宜在农村、林区、牧区、海岛、军营、医院等积极推进分布式上网或离网可再生能源建设，解决偏远地区生活用能问题。

4.2　发展天然气热电冷三联产分布式能源

在有天然气的城镇，为了解决园区、工厂、企业、校园、医院、社区管所、公共建筑和公共地所、大型商厦等生活、服务、商务用能，发展天然气热电冷三联产分布式能源，尽快替代分散供热小型燃煤供热锅炉。

4.3　营造有利于分布式能源系统发展的体制政策环境

将分布式能源纳入电力和热力规划范畴，加强配套电网和热力网建设。创新体制机制，研究制定分布式能源标准，完善分布式能源价格体制和产业政策，努力实现分布式发电直供及无歧视、无障碍接入电网。

5. 强化能源战略通道和骨干网络建设

能源革命过程中，结合国情能源资源赋存条件，除了大力发展分布式能源外，大型集中式能源亦要科学合理建设，加快能源运输设施建设，拓宽建设海外国际合作运输通道。

按照海陆并举、内外衔接、安全畅通、适度超前的原则，统筹境外能源进口和国内产需衔接，统筹各种能源运输方式，优化能源流向，扩大北煤南运、北油南运、西气东输和西电东送、西南电东南送规模。加强能源储备和调峰建设，全面提升能源应急保障能力。

电力坚持输煤输电并举，逐步提高输电比重。结合大型煤电基地建设，采用高压、特高压等大容量、高效率、远距离先进输电技术，稳步推进西南能源基地向华东、华中地区和广东省输电通道，鄂尔多斯盆地、山西、锡林郭勒盟能源基地向华北、华中、华东地区输电通道。加快区域和省级超高压骨干网架及省域间联网工程，完善输、配电结构，提高分区、分层供电能力。加快实施城乡配电网建设和改造工程，推进配电智能化改造，全面提高综合供电能力和可靠性。到 2015 年，建成 330 kV 及以上输电线路 20 万 km，跨省区输电容量达到 2 亿 kW。

6. 新一轮能源革命的新时代的到来需经艰苦发展过程

新能源的产生、推广，又大力推动了经济的发展，推动了一次又一次工业革命，这是客观的历史发展规律。

人们对更好生活的向往，特别是气候、环境问题日益突出使之希望加快这一过程，希望低碳，甚至无碳后石油时代早日到来，这是可以理解的，也是积极的，有推动作用的，但新能源替代化石传统能源是以经济和科技相当发展为前提的。新能源的成本优势（至少与被替代能源成本大致相当），以促进经济发展为结果，而使其在能源构成上能与传统能源平起平坐。这基本上是一个市场行为，而不仅仅是人们的主观愿望。从经济上看，总是有巨大的不平衡性，有曲折反复而不是一帆风顺的。当欧美等发达国家还没有完全走出这次经济衰退的阴影时，许多发展中国家却面临着新一轮衰退的威胁。从科技发展上看也有一个逐步积累、逐步加快的过程而不可一蹴而就。显然，我们不能以主观愿望代替客观实际，要求近期内大幅降低煤炭甚至石油所占比例，而使新能源和相对清洁的天然气居绝对优势。

2013 年 10 月，在第 22 届世界能源大会上，世界能源理事会（WEC）提出对 2050 年前的能源预测，按文献[8]作者计算，可能性较大的方案为：2030 年新能源占 10%，化石能源占 83%，其中煤炭占 27%；2050 年，以上三者依次为 17%、77%和 25%。可能性较小的方案为：2050 年新能源占 25%。可以认为，直到本世纪中期仍以化石能源为主体且煤炭仍居重要地位。看来，我们应做好思想准备，以持续发展经济、大力提高科技水平的艰苦工作，以较长时期的努力去争取能源新时代——能源革命低碳、无碳时代的到来。

参 考 文 献

[1] 国家发展改革委员会. 国家应对气候变化规划(2014—2020 年)[Z]

[2] 朱彤. 能源革命的概念内涵、国际经验及应注意的问题[J]. 煤炭经济研究，2014，34(5)：10 - 16

[3] 王震. 新常态下煤炭产业发展战略思考[J]. 中国能源，2015，37(3)：30 - 33

[4] 李凯，闫鹏. 发展现代煤化工产业　提升我国能源安全[J]. 中国能源，2014，30(1)：14 - 17

[5] 周大地. 实施能源革命战略三大路径[J]. 中国石油企业，2014(7)：44 - 17

[6] 王震. 深刻理解能源革命　坚定不移推动煤炭革命[J]. 中国能源，2015(10)：5 - 8

[7] 钟史明. 再论“低碳经济”与电力工业[J]. 区域供热，2013(5)：1 - 6

[8] 张杭. 能源构成逆行变化的启示[J]. 中国国家能源，2014(4)：68 - 72

Energy Revolution—Grasp study "Forth Revolution" & "One Cooperative" For Energy Revolution

Liu Long-hai[1] **Zhong Shi-ming**[2]

(1. Datang Nanjing Power Plant, Nanjing, 210059, China 2. College of Energy and Environment Southeast University, Nanjing,210096, China)

Abstract: Study and Grasp Essence & connotation of Energy Revolution for Advanced "Forth Revolution & one cooperative" SI general secretary of CPC. Energy Revolution Objective is "Coal Industry". Why "Revolution" Coal Industry? How "Revolution" Coal Industry? Also xplained Why and How the New energy. Reprocess energy system, Progressively build Ingenious, Pluralism, Low Carbon, No Carbon, Safety, Clean, high efficiency etc. New energy system, Secure economice society development supply energy, To achieve two handred years "China Dream", Work hard realize BEAUTIFY CHINA.

Kew Word: Essence & Connotation of Energy Revolution; Coal Industry Revolution; Neurochemistry; New Energy; Reprocess Energy.

二、热 电 联 产

评价制冷机的性能指标与选用溴化锂制冷机的热源顺序

钟史明

（东南大学热能工程设计研究院）

摘　要：评述制冷机常用性能指标，提出当量电能制冷系数，物理概念清晰，计算简单，建议作为性能指标，并论述了溴化锂制冷机的热源选择，供参考。

关键词：制冷机　溴化锂　性能指标　热源

1. 前言

随着生产的发展和人民生活水平的不断提高，采暖空调日益扩大。采暖空调是耗能设施，在某些工矿企业和人民生活用能中，它所耗的能量往往在全企业和家庭中占着很大的比重，同时，对采暖空调的质量，不同的方式不尽相同，有的对环境造成不好的影响，因此从节能、环保和舒适角度，合理地选用采暖空调方式，以及利用工业中的余热或其他低位热能作为制冷机的动力来源和采暖的热源是能源工作者应予重视的问题。本文对评价制冷机的能量性能指标与如何选用溴化锂制冷机的热源作些探讨，供同行同仁参考。

2. 评价制冷机的能量性能指标

2.1　能量性能指标应遵循的主要原则

(1) 符合热力学定律；

(2) 物理概念清晰；

(3) 便于计算、比较；

(4) 公众易于接受。

2.2　常用的几种能量性能指标的分析与比较

制冷机的能量性能指标是指在耗用单位能量时可产生的多少制冷量的指标，是衡量制冷机经济性能的最主要标志之一。

能量性能指标有数种，常用的有三：

- 制冷系数(性能系数 C、O、P)

这是评价制冷机性能最常用的指标，有时称性能系数(C、O、P)。对于压缩式制冷机常称为制冷系数，对于吸收式制冷机有时称为热力制冷系数，它们的定义分别为：

$$\varepsilon = \frac{\text{循环制冷量}}{\text{循环中的耗功量}} = \frac{Q_0}{3\ 600W} \tag{1}$$

• 热力制冷系数

$$\zeta = \frac{\text{循环制冷量}}{\text{循环中的耗功量}} = \frac{Q_0}{Q_H + 3\,600 W_P} \approx \frac{Q_0}{Q_H} \tag{2}$$

式中 Q_0、Q_H、W 和 W_P 分别为制冷量、耗热量、耗功量和溶液泵的耗功量。

以 FLZ－100 型离心压缩式制冷机为例，在空调工况下的制冷量 Q_0 为 1 150 kW(折合为 100×10^4 kcal/h)，耗功为 300 kW，这时制冷系数为：

$$\varepsilon = \frac{100\times10^4}{300\times860} = 3.876$$

而制冷量相同的 SXZ4－115Z 型双效溴化锂吸收式制冷机，在空调工况下，耗用蒸汽(0.4 MPa(表)饱和汽)1 560 kg/h，制冷量相同 100×10^4 kcal/h，它的热力制冷系数为

$$\zeta = \frac{100\times10^4\times4.181\,6}{1\,560\times(2\,747.5-640.12)} = 1.273\,5$$

乍一看来，压缩式制冷机的制冷系数为溴化锂吸收式制冷机热力制冷系数的 4 倍，但这样比较显然是不公正、不恰当的，因为前者所消耗的是高品位的电能，而后者消耗的是低品位的热能，两者的价值不同，所以近年来许多学者采用另一种能量指标来比较其性能，即：

• **炯**效率

对制冷机而言，**炯**效率的定义为

$$\eta_{ex} = \frac{\text{系统中收益的炯}}{\text{系统中消耗的炯}} = \frac{E_{XO}}{E_{XW}} \tag{3}$$

如果仍以上两种型号的制冷机为例进行计算，则压缩式制冷机的**炯**效率为

$$\eta_{exw} = \frac{E_{XO}}{E_{XW}} = \frac{\left(\frac{T_W}{T_O}-1\right)Q_0}{W} = \frac{\left(\frac{313}{278}-1\right)\times100\times10^4}{300\times860} = 0.488$$

式中 T_W、T_O 分别为环境温度和制冷温度。而双效溴化锂的**炯**效率 0.4 MPa(表)的饱和水蒸气温度为 151.85℃≈152℃，884.8 kJ **炯**值，饱和水**炯** 131.94 kJ/kg。

$$\eta_{exH} = \frac{E_{XO}}{E_{xH}} = \frac{\left(\frac{313}{278}-1\right)\times100\times10^4\times4.181\,6}{\left[1-\frac{313}{(273+152)}\right]\times1\,560\times2\,747.5} = 0.467$$

两者的比值

$$\eta_{exW} \div \eta_{exH} = \frac{0.488}{0.467} = 1.045$$

可见它们的**炯**效率近乎相等了。

2.3　当量热力制冷系数

热力制冷系数对吸收式制冷机而言，仅仅表明为产生一定的冷量时需要消耗多少热量，它没有反映这些热量是怎样来的，产生这些热量的过程的效率怎样。**炯**效率则考虑了所耗能量的品位，因而可用来判断系统或设备内有效能利用的程度和不可逆性的程度，但也没有反映出所耗**炯**量的来源和经历及其已经利用的程度。所以用作评价不同种类制冷机的经济指标都存在着缺陷，没有从根本上来公平合理地进行比较。

实际上，目前利用的热能都来源于燃料，而电能绝大部分也都由火电厂产生，也由燃料转换得来的。因而生产一定量的冷量时，研究它最终究竟消耗多少一次能源燃料才是一种合理的评价方法。或者说以消耗一定量的燃料热能后能产生多少冷量作为制冷机的能量性能指标，称之为当量热力制冷系数，或折合热力制冷系数。以 ζ' 表示，它是消耗 1 kJ 燃料热能所得到的制冷量 kJ 数，即：

$$\zeta' = \frac{Q_0}{BQ_{dw}} \quad \text{kJ 冷量 /kJ 燃料热} \tag{4}$$

式中，B 为每小时燃料消耗量，Q_{dw} 为燃料低位热值，单位为 kJ/kg。

2.3.1　对于电压缩式制冷机当量热力制冷系数

$$\zeta'_W = \frac{Q_0}{\dfrac{3\,600W}{\eta_c \eta_n \eta_m}} = \frac{\eta_c \eta_n \eta_m Q_0}{3\,600W} \tag{4a}$$

式中 η_c、η_n 和 η_m 分别为发电厂效率、电网效率和拖动压缩机的电动机的总效益。设现今高压火电厂的 $\eta_c = 0.34$（361 g/kWh），$\eta_n = 0.9$ 及 $\eta_n = 0.9$，则上述 FLZ－1000 型压缩式制冷机的当量热力制冷系数为：

$$\zeta'_W = \frac{0.34 \times 0.9 \times 0.9 \times 100 \times 10^4}{300 \times 860} = 1.067$$

2.3.2　不同热源当量热力制冷系数

对于溴化锂吸收式制冷机，在采用不同的热源时有不同的结果，今分述如下。

- 锅炉新汽作为热源

如取锅炉效率 $\eta_{ky} = 0.75$，管道效率 $\eta_P = 0.95$，则上述 SXZ4－115Z 型双效溴化锂式制冷机的当量热力制冷系数为：

$$\zeta'_H = \frac{\eta_{ky} \eta_P Q_0}{Q_H} = 0.977 \times 0.75 \times 0.95 = 0.696 \tag{5a}$$

- 热电联产抽汽作为热源

因新汽热能已经在汽轮机中做了部分功，然后抽汽（或背压汽）作吸收式制冷机的热源，设由汽机抽汽口得到 1 kJ 的热能所消耗燃料热能本应为 a kJ，由于该蒸汽在抽汽口前已做功 W kWh，而 1 kWh 在凝汽式机组中所耗热能（单位热耗）为 b kJ，所以由汽机抽汽得到1 kJ 热能真正耗用燃料热能数为：

$$V = a - Wb \quad \text{kJ 燃料热/kJ 抽汽热或其倒数：}$$

$$U = \frac{1}{V} = \frac{1}{a - Wb} \quad \text{kJ 抽汽热/kJ 燃料热}$$

U 表示 1 kJ 燃料燃烧产生的高位热能相当于抽汽口处低位热能的 kJ 数，因而上述吸收式制冷机的当量热力制冷系数为：

$$\zeta'_H = \frac{Q_0}{\dfrac{Q_H}{U}} = \zeta_H U \eta_P \tag{5b}$$

U 的数值大于 1，视汽机入口和抽汽（或背压）口的蒸汽参数及锅炉效率等因素而定。据巴窦尔克斯的计算，高压供热机组，当抽汽压力不超过 0.6 MPa（绝压）时，其 U 值可达 2.65。这样上述 SXZ4 - 115Z 型双效溴化锂吸收式制冷机的 ξ_H 值为：

$$\zeta'_H = \zeta_H U \eta_P = 1.273\,5 \times 2.65 \times 0.95 = 3.406$$

这就大大超过 FLZ - 1000 型压缩式制冷机了，此时溴化锂的当量热力制冷系数为其压缩式的约 3 倍。

如果汽机的新汽参数降低，抽汽参数提高，则 U 值和 ξ_H 相应下降；反之，新汽参数提高，抽汽参数降低（溴化锂使用低压蒸汽），则 U 值提高，当量热力制冷系数则提高，热经济性变好。

文献[2]（表 1）提出了不同蒸汽参数 ξ_H 的相对值：

表 1　不同蒸汽参数 ξ_H 的相对值

进入汽机的新汽参数	当量热力制冷系数的相对值	SXZX - 115Z 型溴化锂的 ζ_H	FLZ - 1000 型压缩式的 ζ_H
t=565℃　13.73 MPa	100	3.206	
t=480℃　8.926 MPa	89	2.850	1.067
t=400℃　2.944 MPa	70	2.241	

从表 1 中可见，即使采用次中压参数，其当量热力制冷系数仍较压缩式的高出 2 倍多。我国现有火电厂蒸汽初参数系列与表 1 数据不尽相同，但仍大致相近，故可供参考。

2.4　当量电能制冷系数

此法系由作者提出的。吸收式制冷机所耗的汽机抽汽（或背压机排汽）热能在汽机中继续转化为电能，称当量电能，加上其溶液泵所耗电能与压缩式制冷机所耗电能进行对比，因此品位完全相同，则求得的制冷系数便具有可比性，即吸收式制冷机所耗汽机抽汽的热能，如继续在汽机中膨胀做功发电为 W_h，加上其溶液泵所耗电能 W_p，即为吸收式制冷却当量电能，其当量电能制冷系数为：

$$\zeta_D = \frac{Q_0}{W_h + W_p} \tag{6}$$

式中 W_h 为抽汽继续在汽机中膨胀所做的电功，W_p 为溶液泵的所耗电能。此法物理概念清晰，计算简单。如抽汽热能由国产 C50 - 8.82/1.274 机组第三级抽汽（供 0.59 MPa 除氧器汽源，h_3=2 924 kJ/kg，而 0.5 MPa 饱和汽焓为 2 747.5 kJ/kg）。该汽机凝汽焓 h_c=2 392 kJ/kg，如仍耗汽量为 1 560 kg/h，W_p=3.85 kW，则上述 SXZ4 - 115Z 双效吸收式的当量电能制冷系数为：

$$\zeta_D = \frac{100 \times 10^4 \times 4.181\,6}{(2\,924 - 2\,392) \times 1\,560 + 3.85 \times 3\,600} = 4.96$$

而 FLZ - 1000 型离心压缩制冷机压缩制冷系数 $\xi=\varepsilon=3.876$ 比抽汽热吸收式 $\xi_D=4.96$ 小 1.1，相对压缩式制冷系数提高 28%，所以是节能。

当然，还可以用其他方法来计算吸收式制冷机是否节能，如用等效热降法、循环函数法都可算出吸收式制冷机采用汽机抽汽作热源都是可节能的，但计算繁杂。如文献[4]采用等效热降法计算邢台发电厂（大型凝汽式发电厂）采用一台 580 kWh（50 万大卡/时）制冷量溴化锂制冷机主机每小时耗电 6.6 kW，另外耗蒸汽 830 kg/h，由高压高温汽机第四级抽汽供应，与相同制冷量螺杆式压缩制冷机耗电 220 kW，不另耗蒸汽作比较。从汽机第四级抽汽 830 kg/h 蒸汽，经计算少发电 143.6 kW，加上主机耗电 6.6 kW，共耗电 150.2 kW。因此每小时溴化锂制冷机较电压缩制冷机少耗电 70 kW，按年运行 100 天，年节电 $70\times100\times24=16\,800$ kWh。每度电按 0.3 元计，每年节约电费 5 万元。

如果计算燃料量，邢台电厂供电煤耗按 0.385 kg/kWh 计，则每小时节煤：

$$70\times0.385=27\ \text{kg/h}$$

年节标煤：

$$27\times100\times24=64\,800\ \text{kg/a}=64.8\ \text{t/a}$$

所以采用溴化锂制冷既节电又节煤。

如果由供热机组供汽，尤其是背压机供汽时供汽量更大，发电供热（冷）多，节电节煤更显著，而且还有夏季填补热负荷低谷的作用，使节能效益更高。

3. 吸收式制冷机热源的合理选用

由上述分析可知，吸收式制冷机热源和热源参数的选用对当量热能制冷系数、当量电能制冷系数影响极大。所以，热源合理选用次序如下：

① 热源是工厂中的中低温余热。对于本应排放或难以利用的废气、废汽、废液、废水等携带的热量可回收利用，特别是那些温度在 100～200℃ 的余热，正适合吸收式制冷机所需热源。

② 选用热电厂的抽汽或背压机背压蒸汽采作热源。

如上述 SXZ4－115Z 双效吸收式当量电能为：

$$W_{\text{D}}=\frac{(2\,924-2\,392)\times1\,560}{3\,600}+3.85=234.4\ \text{kW}$$

比压缩式 FLZ－1000 型需 300 kW，少 65.6 kW，如年运行 100 天，则节电：

$$65.6\times100\times24=157\,440\ \text{kWh/a}$$

江苏省按当时上网每度电价 0.4 元/kWh 计，则：

$$157\,440\times0.4=6.297\,6\ \text{万元/a}$$

节标煤：按当时江苏省平均供电煤耗 400 g/kWh，则年节标煤量为：

$$0.4\times157\,440=62.976\ \text{t/a}$$

如果全国有 3 000 台制冷量相当于 SXZ4115 Z 型机组，则每年每台空调就可节约 $3\,000\times6.297\,6=18\,892.83$ 万元，节标煤为 $3\,000\times62.976=18.89$ 万 t/a。

③ 小锅炉（工业锅炉）蒸汽，只有在上述热源无法得到时才考虑选用。虽然从当量热力制冷系数小于压缩式制冷机，但在城市或企业中已有供热小锅炉时，锅炉蒸汽有富裕时，或夏季热荷低时，如平衡全年热负荷，采用小锅炉新汽作为溴化锂热源也是可以的。

4. 结束语

① 为了均衡热电厂的热负荷和节电等优势，建议具有条件的地方应大力推广采用吸收式制冷机，发展热、电、冷三联产，以提高能源利用率。

② 几种制冷机的能量利用的评价，作者认为当量热力制冷系数可作为比较指标，但在热、电、冷三联产中要计算抽汽得到的热能要扣除其已发电的热能，计算比较复杂些，而作者提出的“当量电力制冷系数”则物理概念清楚，计算简便，可作为制冷机能量利用合理性的指标。

③ 吸收式制冷机，设计单位及用户应认真注意选择热源，其顺序是：余热利用，热电站抽汽（背压汽），无上述两种热源时才可考虑小锅炉蒸汽，热冷并供。选择抽汽时，宜选低参数，以利节能。

参考文献

[1] 钟史明. 推广溴化锂制冷装置发展热电冷三联产[J]. 热电技术，1996(2)
[2] И. С. БАДЫЛЬКЕС. Р. А. ДАМИКОВ，А БСОРЫЗИННЫЕХОЛОДЙЛЬНЫЕ МАИЗИИЫ
[3] 杨思文. 大力推广吸收式制冷机，发展热电联合生产. 东南大学，1994
[4] 张家驹. 探讨将溴化锂吸收式制冷技术引进电力系统. 工厂供热系统节能与环保学术会议论文集[C]. 1993

界定热电联产抽凝机组节能指标的建议

钟史明[1]　刘龙海[2]

(1. 东南大学　江苏　南京　210096

2. 中国大唐发电公司南京下关电厂　江苏　南京　210011)

摘　要: 我国以热电比、全厂总热效率作为界定热电联产节能指标。经过十几年,我国火电机组经济指标逐年提高,原制定的指标已偏离当前国内水平,故本文再次提出建议修改(1268)号文中的热电联厂界定节能指标,供讨论。

关键词: 热电联产　热电比　节能界定

1. 前言

原国家计委、国家经贸委、国家环保总局、建设部以急计交能(1998)220号文《关于发展热电联产的若干规定》发布后,起到了推动我国热电事业发展带来的作用。为实现两个根本性转变,实施可持续发展战略,促进热电联产事业的进一步健康发展,2000年原国家四部委又以急计基础1268号文下达了《关于发展热电联产的规定》(以下简称《规定》,再次重申热电联产节能界定指标。通知发布后,经过宣传、学习、贯彻至今起到了推动我国热电事业又进一步发展的作用。至2006年底热电联产单机6 MW及以上机组总容量8 048.69万kW,占火电同容量的18%,全国总发电容量的14.6%;年供热量227 565万GJ,比2005年增加了18.18%,装机容量已居世界第三。随着我国经济建设的飞跃,电力工业有了飞速的发展。全国装机容量和发电量早居世界第二。2000年,全国装机容量31 932万kW,年发电量13 685亿kWh;2006年,全国装机容量为62 200万kW,发电量28 344亿kWh;2007年,全国装机容量为71 329亿kW,发电量为32 559亿kWh。安全、经济指标逐年提高,全国平均供电标煤耗6MW及以上机组电厂:1990年为427 g/kWh,1998年为404 g/kWh,2000年为392 g/kWh,2002年为383 g/kWh,2004年为378 g/kWh,2005年为371 g/kWh,2006年为367 g/kWh,2007年为356 g/kWh,2008年为349 g/kWh,这是由于火电机组、大型、超高参数高效发电机组容量的比重逐年迅速提高,中、大型热电两用机组的比重也在增加。

在新的形势下,国家发改委建设部〔2007〕141号文《热电联产和煤矸石综合利用发电项目建设管理暂行规定》中只提出安装背压机和大型供热机组,对中、小机组没有表述,对以前的《规定》如何修改完善也未提及。近来,国家发改委能源局希望中国电机工程学会热电专委会组织提出《不同类型城市和地区热电联产装机选型方案》,为此,热电专委会提出初稿,广泛征求意见。所以,本文重新对界定不同供热机组节能指标再作测算,以资补充,供讨论。

注:本文为协助修改完善中国电机工程学会热电专委会以热专委〔2008〕05号文提出《不同类型城市和地区热电联产装机选型方案》初稿的通知而进行的测算与建议,供讨论。

2.《规定》对热电联产界定节能指标

220号文和1268号文对热电联产作了定义。热电联产是指由供热式汽轮发电机组的蒸汽流既发电又供热的生产方式，热电联产应符合下列指标：

(1) 总热效率年平均大于45%。

总热效率=(供热量+供电量×3 600 kJ/kWh)/(燃料总消耗量×燃料单位低热值)×100%

(2) 热电联产的热电比：单机容量在50 MW以下的热电机组，其热电比年平均应大于100；单机容量在50～200 MW以下的热电机组，其热电比年平均应大于50%；单机容量200 MW及以上抽汽凝汽两用机，采暖期热电比应大于50%。

$$热电比 = 供热量/(供电量 \times 3\ 600\ kJ/kWh) \times 100\%$$

供热量单位为kJ，发电量单位为kWh，燃料总消耗量单位为kg，燃料低位热值单位为kJ/kg。

3. 界定指标的数学模型

令：η：总热效率(燃料利用率)，%；Q_c：年供热量，kJ/a；W：年供电量，kWh/a；B：年耗标煤量，kg/a；Q_{dw}：标煤低位热值，kJ/kg；β：热电比，%。

$$\eta = (Q_c + W3\ 600)/BQ_{dw} \tag{1}$$

$$\beta = Q_c/W3\ 600 \tag{2}$$

$$\eta_{cr} = Q_c/B_cQ_{dw} \tag{3}$$

$$\eta_{td} = 3\ 600W/B_dQ_{dw} \tag{4}$$

$$B = B_c + B_d \tag{5}$$

式中：B_c——年供热耗标煤量，t/a；

B_d——年供电耗标煤量，t/a；

η_{cr}——年平均供热效率；

η_{td}——年平均机组综合供电效率。

由式(1)将$B=B_c+B_e$和式(2)、(3)、(4)代入化简可得：

$$\eta = (\beta+1)/(\beta/\eta_{cr} + 1/\eta_{td}) \tag{6}$$

$$\beta = (\eta_{td} - 1)/(1 - \eta_{cr}) \tag{7}$$

$$\eta_{td} = \eta[\beta(1 - \eta_{cr}) + 1] \tag{8}$$

4. 热电联产的节能条件(判据)

依据国家发改委建设部发改能源〔2007〕141号文第十三条“热电联产项目中，优先安排背压型热电联产机组。背压型机组的发电装机容量不计入电力建设控制规模。背压型机组不能满足供热需要的，鼓励建设单机 20 万 kW 及以上的大型高效供热机组”。而 20 万 kW 以下抽凝机组在什么条件下能与全国 6 MW 及以上机组发电（供电）标煤耗相当，如果是相当，发电一块我们认为全厂是节能的，因为还有一大块“集中节能——供热节能”。

所以，如何寻找不同调整抽汽凝汽机组发电（供电）标煤耗率的水平与全国 6 MW 及以上近期平均发电（供电）标煤耗率进行比较，从而确定抽凝机组在发电这一块上的节能条件是必要的。

显然，$\Delta B_d \geqslant 0$，是节能的。

$$\Delta B_d = W(b_d^p - b_{cd}) \geqslant 0 \tag{9}$$

式中：W——机组总发电量(kWh)；

b_d^p——6 000 kW 机组及以上全国平均的发电标煤耗率（计及锅炉效率）(kg/kWh)；

b_{cd}——热电机组（计及锅炉效率）的综合发电标煤耗率(kg/kWh)；

$$b_{cd} = [W_g b_c + (W—W_c) b_k]/W \tag{10}$$

式中：W_c——抽汽供热汽流的发电量(kWh)；

b_c——抽汽供热汽流的发电标煤耗率(kg/kWh)；

b_k——凝汽汽流的发电标煤耗率(kg/kWh)。

由于要求 $\Delta B_d \geqslant 0$，可以从式(9)和 $W=W_c+W_k$ 推导得：

$$W_c/W \geqslant (b_k - b_d^p)/(b_K - b_c) \tag{11}$$

式(11)的物理意义就是热电联产（抽凝机组）在发电这一块上的节能判据表征为抽汽供热汽流的发电量必须占总发电量中的一定份额$\geqslant (b_k - b_d^p)/(b_k - b_c)$，才能节能。

而对于抽汽供热汽流而言，其发电量（以 kJ 计）与供热量之比可推导为：

$$W_c \times 3\,600/Q_c = D_c(i_0 - i_c)/D_c(i_c - t_c) = (i_0 - i_c)/(i_c - t_k)$$

即热化发电量：

$$W_c = Q_c/3\,600 \times (i_0 - i_c)/(i_c - t_c)$$

代入式(9)得热电比 β 为：

$$\beta = Q_c/W \times 3\,600 \geqslant (i_c - t_c)/(i_0 - i_c) \times (b_k - b_d^p)/(b_k - b_c) \tag{12}$$

式(12)也可表示为：

$$\beta = Q_c/W \times 3\,600 \geqslant (i_c - t_c)/(i_0 - i_c) \times (q_k - b_d^p)/(q_k - q_c) \tag{12a}$$

式中，i_0、i_c、t_c 分别为新汽、抽汽和热网返回凝结水的焓值，它们可以根据制造厂提供的参数从蒸汽热力性质表中查得，其中热网返回凝结水焓如无回水可按 20℃ 考虑。式(12)、(12a)就是以热电比 β 的形式来表示热电联产在发电这一块上的节能判据（临界值）。

由于汽轮机厂方提供的性能参数，常常给出汽轮发电机组热耗率 q_d(kJ/kWh)，它尚未考虑锅炉效率，因此热电厂的发电热耗率 q_d 应除以锅炉效率：

$$q_d = b_d Q_{dw}/\eta_{gl}$$

式中：Q_{dw}——标准煤低位热值为 7 000×4.186 8=2 930 7 kJ/kg；

η_{gl}——锅炉效率（链条炉 75%，煤粉炉 90%，CFB 85%）；

b_d——机组发电标煤耗率。

5. 计算示例

(1) 比较条件

最近国家指出今后单发电燃煤火电机组，单机容量 300 MW 都不建设了。今后都推荐采用超临界，超超临界 600 MW，1 000 MW 机组，热电机组也推荐优先采用 200 MW 及以上高效机组和背压机组。按 2008 年全国 6 MW 及以上机组平均供电标煤耗率349 g/kWh，因热电机组几乎安装在热电负荷附近(中心)，考虑全国平均线损 6.64%(2008 年)的一半(3.32%)作为热电机组供电标煤耗的比较标准，应为 349×1.033 2=360.59 g/kWh。再考虑热电厂供电厂用电率 6%，则全国平均热电厂发电标煤耗为360.59×0.94=338.95 g/kWh，取整为 339 g/kWh，作为抽凝机组界定发电是否节能指标的比较条件。今对中压、次高压，主要对高压、高温和超高压中间再热 200 MW 以下主要抽凝供热机组进行具体测算：求出 β_{min}、D_{cmin} 和 η_{tmin}，供修订时讨论参考。

从式(12a)：$\beta_{min}=(i_c-t_c)/(i_o-i_c)\times(q_k-q_d^p)/(q_k-q_c)$，求出 β_{min}。

式中：i_c——抽汽焓，kJ/kg；

t_c——供热回水焓；

i_o——新汽焓，kJ/kg；

q_k——抽汽机组凝汽工况发电热耗率，kJ/kWh；

q_c——抽汽机组抽汽流发电热耗率，kJ/kWh；

q_d^p——全国 6 000 MW 及以上机组供平均发电热耗率，kJ/kWh。

再求出 D_{min} 和 η_{tmin}。

(2) 例如 C25－8.83/0.981(南汽厂 Z073 机型)

i_o(8.83 MPa，535℃)，3 974.98 kJ/kg

i_c(0.981 MPa，275.5℃)，2 992.64 kJ/kg

t_c(无回水，补水入凝汽器)，124.64 kJ/kg

$q_d^p=7\,000\times4.186\,8\times0.339=9\,935.28$ kJ/kWh(扣除部分线损，2008 年抽凝机组界定是否节能的全国平均发电热耗)

$q_c=3\,600/\eta_{gl}\cdot\eta_{gd}\cdot\eta_{id}=3\,600/(0.90\times0.98\times0.95)=4\,296$ kJ/kWh(供热汽流发电热耗)

$q_k=10\,011/0.9=11\,123.3$ kJ/kWh(凝汽流发电热耗)(制造厂提供机组纯凝发电热耗除锅炉效率便为发电热耗率)。

$\eta_d^p=3\,600/q_d^p=3\,600/9\,935.28=0.362\,35\approx0.362=36.2\%$(扣除部分线损，2008 年抽凝机组界定是否节能的全国平均发电效率)

$\eta_c=\eta_{gl}\cdot\eta_{gd}\cdot\eta_{id}=0.9\times0.98\times0.95=0.838$(即抽汽汽流部分的发电效率)

从式(12a)：

$$\beta_{min}=(i_c-t_c)/(i_o-i_c)\times(q_k-q_d^p)/(q_k-q_c)$$

$$=(2\,992.64-124.64)/(3\,474.98-2\,992.64)\times(11\,123.3-9\,935.28)/(11\,123.3-4\,296)$$

$$=(2\,868/482.34)\times(1\,188.02/6\,827.3)$$

$=5.946\ 013\ 186\times 0.174\ 010\ 223$

$=1.034\ 466\ 708\ 4\approx 1.035=103.5\%$

$D_{min}=\beta_{min}\times 3\ 600/(i_c-t_c)=1.035\times 3\ 600\times 25\ 000/(2\ 992.64-124.64)$

$=1.035\times 3\ 600\times 25\ 000/2\ 868=32.479\approx 32.5$ t/h

$\eta_{min}=(\beta_{min}+1)/(\beta_{min}/\eta_c+1/\eta_d^p)=(1.035+1)/(1.035/0.838+1/0.362)$

$=2.035/(1.235\ 083\ 532+2.762\ 430\ 939)=0.509\ 066\ 324\ 8\approx 0.509=50.9\%$

计算结果可见：$\beta_{min}=103.5\%$，$D_{min}=32.5$ t/h，$\eta_{min}=50.9\%$时，才能与2008年全国6 MW及以上机组发电煤耗相当。也就是说C-25-8.83/0.981机组，此时(工况)发电部分热经济与全国平均水平相当，不节煤也不费煤；而供热部分大大节能，计算如后。

分散供热锅炉热效率平均按70%、热网效率98%计，分产供热单位吉焦耗标煤 $b_{fc}=34.12/\eta_{gl}\eta_{gd}$(GJ)。

$b_{fc}=34.12/0.7\times 0.98=49.7$ kg/GJ，而联产供热 $b_{gc}=34.12/0.9\times 0.95=38.7$ kg/GJ。所以每GJ节标煤为：

$$\Delta_{bgc}=49.7-38.7=11\ \text{kg/GJ}$$

供32.5 t/h汽，每吨汽供热量3 GJ，所以供热量 $q_{gc}=32.5\times 3=97.5$ GJ/h

供热节能：

$$\Delta B_{gc}=q_{gc}\times\Delta b_{gc}=97.5\times 11=1\ 072.5\ \text{kg/h}$$

年节标煤　　　6 500×1 072.5=6 971 250 kg/a≈6 970 t/a

(3) 其余各型机组计算步骤从略，其结果汇总如表1。

(4) 上汽厂C135-13.24/1.3超高压，中间再再热4.7(3.88)/4.2/(535)抽凝机组，哈汽厂生产135 MW单抽与双抽超高压，中间再热机组。

查上汽厂该机组纯凝工况机组热耗率 $q_k=7\ 885.4/0.9=8\ 761.7$ kJ/kWh<9 935.28 kJ/kWh。查哈汽厂生产的135 MW单抽与双抽超高压再热供热机组技术规格共26台，其中单抽凝汽工况机组热耗为8 200～8 252 kJ/kWh，$q_k=8\ 252/0.9=9\ 168.9$ kJ/kWh<9 935.28 kJ/kWh；双抽供热机组，纯凝工况热耗为8 162.9(大连泰山热电)～8 229.7 kJ/kWh，$q_k=8\ 229.7/0.9=9\ 144.11$ kJ/kWh<9 935.28 kJ/kWh。这些机组热耗率都小于2008年全国6 MW及以上机组发电热耗率(9 935.28 kJ/kWh)，发电标煤耗率298.95 g/kWh<339 g/kWh。因而，这类机组即使不抽汽供热目前也是节能的，若再抽汽供热则节能效果更好。

6. 计算结果分析

从南汽厂四种型号和上汽厂两种型号六种抽汽供热机组计算结果汇总如表1中可看出：

表 1　一级调整抽汽供热机组与 2008 年全国 6 MW 及以上机组平均发电标煤 339 g/kWh(考虑线损补贴 50%)相比的节能条件 β_{min}、D_{min} 和 η_{min}

工厂代号	南汽厂 Z030	南汽厂 Z046	南汽厂 Z073	南汽厂 Z083	上汽厂	上汽厂		上汽厂	
型号	C6－3.43/0.981	C12－4.9/0.981	C25－8.83/0.981	C50－8.83/0.981	C50－8.83/0.648	CC100－8.83/3.8/1.47		CC125－8.83/3.8/1.47	
额定进汽 功率 kW	6 000	12 000	25 000	50 000	50 000	100 000		125 000	
额定进汽 流量 t/h	47.1	87.94	151.3	294.85	277	570.806		574.147	
额定进汽 压力 MPa	3.43	4.90	8.83	8.83	8.826	8.83		8.83	
额定进汽 温度 ℃	435	470	535	535	535	535		535	
额定进汽 焓 kJ/kg	3 305.07	3 313	3 474.98	3 474.98	3 474.4	3 475		3 475	
额定抽汽 流量 t/h	20	50	80	160	150	100/150		100/150	
额定抽汽 压力 MPa	0.981	0.981	0.981	0.981	0.648	3.8/1.47		3.8/1.47	
额定抽汽 温度 ℃	313	302	275.5	267		419.8/301.4		420.8/305	
额定抽汽 焓 kJ/kg	3 080.39	3 051.7	2 992.64	2 981.23	2 896	3 265/304 26		3 268.8/3 050.8	
最大抽汽量 t/h	40	80	130	160	200				
排汽压力 kPa	5.08	5.12	3.5	4.0	3.653	3.47		3.34	
热耗 设计工况 kJ/kWh	11 526	8 606	7 093	6 662	6 130	6 712.7		6 761.3	
热耗 纯凝工况 kJ/kWh	13 121	11 023	10 011	9 832	9 666.6	9 098.5		9 036.1	
给水温度 ℃	150	172	221	220	219.4	223.7		224.2	
						* Dc=0	Dcc=0	Dc=0	Dcc=0
最小热电比 β_{min}	5.94	3.26	1.035	0.86	0.6	0.2	0.45	0.13	0.28
最小抽汽量 D_{min} t/h	43.4	48	32.5	54	39	24.8	52	20	40
全厂临界热效率 η_{min} %(燃料利用率)	70.5	64	50.9	49.1	50	40	44	39	41

注：“*”为两级调整抽汽供热机组 CC100－8.83/3.8/1.47 和 CC125－8.83/3.8/1.47 计算了三个工况：双抽额定抽汽量、Dc(3.8MPa)=0 和 Dcc(1.47MPa)=0。

(1) 要使抽凝机组的发电部分节能，首先应尽量选用进汽参数高的高效机组，如选用C135－13.24/535/535/1.3，C155－13.24/535/535/1.3 超高压中间再热新汽参数，以及高压高温(CC100－8.83/3.8/1.49，CC125－8.83/3.8/1.49，C100，C50)机组；其次应根据热负荷要求，选择合适的供热参数。可看出降低供热参数(抽汽参数，都可以提高热化发电率，供热汽流发电增加)，从而提高发电热效率，即节能的最小热电比 β 和临界总的热效率 η(燃料利用率)也可降低，即低参数小机组要求 β 和 η 都要提高，而高参数大机组则相反。

(2) 中参数小机组(如 C6－3.43/0.981)，要达到 2008 年全国 6 MW 及以上机组的发电标煤耗相当。$\beta_{min}=5.94$，$\eta_{tmin}=70.5\%$，次高压次高温机组(如 C12－4.9/0.981)，则要$\beta_{min}=3.62$，$\eta_{tmin}=64\%$。高压高温机组(C50－9.831/0.981，C50－8.83/0.648)则要 $\beta_{min}=0.86$ 和 0.6，$\eta_{tmin}=49.1\%$和 50%。所以，都与(1268)号文规定有差别($\beta>50\sim100\%$，$\eta_t>45\%$)。

(3) 抽凝机组型号容量一定时，热电比 β 与综合热效率 η_t 互为函数关系。如 C25－8.83/0.981 机组，当 $\beta=103.5\%$时，η_t 必等于 50.9%，发电标煤耗为 339 g/kWh。

(4) 中参数、次高参数小型抽凝机，我们认为仍会有一定市场。因为工业开发区(新区)、自备热电厂和兼供附近热用户的自备热电厂，其热负荷不够大，常常选用中、小型背压机组。其新汽参数可能是中参数和次高参数，为了设计及运行方便及厂区条件等因素，配置一台这类小型抽凝机是有必要的，所以，做了以上(2)中的模拟计算。

7. 热电厂的全厂热效率与凝汽式电厂热效率

热电厂全厂热效率，实质是燃料利用系数(利用率)，分子是不同能位的电能与热能，分母是投入的燃料低位热值。不能笼统地说热电厂的全厂热效率 45%，已超出了现代燃煤火电厂(超临界机组)的热效率 43%(供电标煤耗 286 g/kWh)。凝汽式电厂的热效率，分子是电能，分母是燃料的低位热值，它是真正的热力循环的热效率。热电厂与凝汽式发电厂的可比条件是供应相同热能与电能时看谁花费较多的燃料，就是不节能。《规定》界定节能指标 50 MW 以下机组的热电比 $\beta\geqslant100\%$是热电厂该机组的界定节能指标；$\eta_t\geqslant45\%$。热电分产的燃料利用系数应该是：发电厂循环热效率 $\eta_t=35\%\sim40\%$，而锅炉房供热效率为 $\eta_{gt}=65\%\sim85\%$(新锅炉热效率为 85%，旧锅炉为 65%)，所以热电分产燃料利用系数 η_t 可加权计算如下：

$$\eta_t=(0.35+0.65)/2=0.5=50\%$$

或

$$\eta_t=(0.40+0.85)/2=0.625=62.5\%$$

也就是说，热电分产燃料综合利用系数从宏观估算 η_t 为 50%～62.5%>联产 45%，所以界定节能指标全厂热效率(燃料利用系数)45%是太低了，起不到引导节能作用。同时建议应改变“热电厂全厂热效率 45%比凝汽电厂高出 5～10 个百分点”这种不科学、不严谨和不全面的说法。

我们应借鉴台湾地区最近实行的“汽电供生”系统实施办法中提出的“合格汽电共生系统总热效率(燃料利用系数)由原来的 50%提高到 52%”，他们与我们热电联产的全厂总热效率(燃料利用系数)相差 5～7 个百分点，应与时俱进，该向上提了。

8. 结论

对《规定》抽凝机组界定指标的建议：

（1）以上工业热负荷为主的热电厂，如工业开发区（新区），特别是开发区初期热负荷较小，多数采用中参数、次高压次高温参数的背压机组，为了调节热电负荷可安装一台小型抽凝机，为此，测算了小型抽凝机组的节能条件，建议：C6－3.43/0.981 机组热电比 $\beta \geqslant 6$，热效率 $\eta_t \geqslant 70\%$；C12－4.9/0.981 机组，$\beta \geqslant 3.5$，$\eta_t \geqslant 65\%$。

（2）对新汽参数为高压高温抽凝机组建议：

C25－8.83/0.981　　$\beta \geqslant 100\%$，　$\eta_t \geqslant 50\%$

C50－8.83/0.981　　$\beta \geqslant 100\%$，　$\eta_t \geqslant 50\%$

C50－8.83/0.648　　$\beta \geqslant 60\%$，　$\eta_t \geqslant 50\%$

CC100－8.83/3.8/1.47　　$\beta \geqslant 50\%$，　$\eta_t \geqslant 45\%$

CC125－8.83/3.8/1.47　　$\beta \geqslant 50\%$，　$\eta_t \geqslant 45\%$

（3）对新汽参数为超高压、中间再热抽凝机组：

- C135－13.239/1.3(535/535)机组：纯凝工况：$q_n = 8\,222.4/0.9 = 9\,136$ kJ/kWh

因为 $q_n < q_d^p = 9\,935.28$ kJ/kWh，不抽汽供热纯凝热耗率，仍比 2008 年全国 6 MW 及以上机组平均发电热耗率低，所以是节能，当抽汽供热，发电热耗率更低，更节能。但 η_t 达到 45%，β 必须 $\geqslant 34\%$。

- C155－13.24/1.3(535/535)

纯凝工况：$q_n = 8\,146.5/0.9 = 9\,051.7 < q_d^p = 9\,788.7$ kJ/kWh

所以不抽汽也小于 2008 年全国发电热耗率，所以是节能的，当抽汽供热则更节能。但 η_t 达到 45%，β 仍要 $\geqslant 33\%$。

（4）为简化级差，可笼统归纳为：

- 次高压次高温（含中压中温）抽凝小机组　　$\beta \geqslant 6$，　$\eta_t \geqslant 70\%$
- 高压高温 50 MW 及以下抽凝机组　　$\beta \geqslant 1$，　$\eta_t \geqslant 50\%$
- 高压高温 125 MW 及以下抽凝机组　　$\beta \geqslant 0.5$，　$\eta_t \geqslant 45\%$
- 200 MW 以下超高压中间再热 135 MW、155 MW 等抽凝机组。

　　$\beta \geqslant 0.35$，　$\eta_t \geqslant 45\%$

参考文献

[1] 钟史明等. 热电联产的节能分析——对热电联产界定节能指标的探讨[C]. 中国电机工程学会年会论文集 2003 年年会优秀论文

[2] 钟史明等. 热电联产界定节能指标的建议[C]. 第五届国际热电联产分布式能源联盟年会 2004 年 10 月论文集

参考附录

附表摘取文献[2]

附表：

附表　一级调整抽汽供热机组与2003年全国6 000 kW及以上机组平均供电标煤耗(392 g/kWh)发电标煤耗383 g/kWh相比的节能条件β_{min}、D_{min}、η_{min}的计算结果汇总表

	工厂代号	南汽厂Z031	Z011	Z046	Z089	Z088	Z073	Z083
	型　号	C12－3.43/0.490	C12－3.43/0.981	C12－4.90/0.981	C15－4.90/0.981	C25－4.90/0.981	C25－8.83/0.981	C50－8.83/0.981
	功率　kW	12 000	12 000	12 000	15 000	25 000	25 000	50 000
额定进汽	流量　t/h	83.46	96.95	87.94	97.73	149.75	151.13	294.85
	压力　MPa	3.43	3.43	4.90	4.90	4.90	8.83	8.83
	温度　℃	435	435	470	470	470	535	535
	焓　kJ/kg	3 305.07	3 305.07	3 313	3 313	3 313	3 474.98	3 474.98
额定抽汽	流量　t/h	50	50	50	50	70	80	160
	压力　MPa	0.490	0.981	0.981	0.981	0.981	0.981	0.981
	温度　℃	235	313	302	303	297	275.5	267
	焓　kJ/kg	2 930	3 080.39	3 051.7	3 057.9	3 050.7	2 992.64	2 981.23
最大抽汽量　t/h		80	80	80	80	130	130	160
排汽压力　kPa		5.08	5.51	5.12	5.83	4.19	3.5	4.0
热耗	设计工况 kJ/kWh	7 926	9 366	8 206	8 640	8 688	7 093	6 662
	纯凝工况 kJ/kWh	12 063	11 836	11 023	11 336	10 840	10 011	9 832
给水温度　℃		170	172	172	153	153	221	220
最小热电比β_{min}		2.865(2.38)	4.80(3.92)	3.19(2.43)	3.7(2.87)	3.04(2.18)	1.024(0.51)	0.85(0.33)
最小抽汽量D_{min} t/h		43.5(36)	69(55)	47.6(35.4)	67.1(52)	92(66)	31.7(16)	52.8(20.5)
最小热效率η_t% (燃料利用率)		62.5(58)	68.32(64)	63.8(58.2)	65.5(60)	63.2(60)	50.8(42)	49.0(39.3)

注：括号内数字以发电标煤耗率360 g/kWh，即电网供电到电用户侧供电标煤耗率400g/kWh(2003年全国水平)与中小热电厂电用户侧的供电标煤耗率相同时，为合格热电厂(达到节能最低条件)。

The Suggestion of Targets Set in the Save Energy for Cogeneration in China

Zhong Shi-ming[1]　**Liu Long-hai**[2]

(1. Southeast University, 210096

2. Nanjing Xiaguan power plant of Da Tang GC China, 210011)

Abstract: Heat over electric ratio, Total heat effciency of plant set in the saving energy targets for cogeneration in china. A faw ten years economic index conditon to raise year by year at Heat power plant in our country, order set indexs diverged actuality internal levels. i. e. to raise a few suggestions about improve hrgets(1268) text seting saving energy for CHP.

Key Words: Cogeneration; Ratio Heat Over Electric; Save Energy Forum.

建议修订《关于发展热电联产的规定》和完善燃机热电厂的技术规定

钟史明

（东南大学　南京　210096）

摘　要：我国于2000年原国家四部委公布执行的《关于发展热电联产的规定》和2001年发布执行的《热电联产项目可行性研究技术规定》，已执行十几年了。十几年来，我国火电机组发展迅速，技术水平不断提高，大型、高效、安全、经济达到国际先进行列。热电联产，也逐年发展，近来大型超临界和燃气热电联产机组相继发展增快，分布式热、电、冷联供能源站正积极试点示范推进阶段，原拟订执行的《规定》已偏离国内实际水平，故本文建议修订〔1268〕号文中的发展热电联产的规定，特别对界定节能指标和燃气分布式能源站的节能计算进行研讨供讨论。

关键词：热电联产　节能界定　燃气分布式能源

1. 前言

原国家计委、国家经贸委、国家环保总局、建设部四部委以急计基础〔2000〕1268号《关于印发〈关于发展热电联产的规定〉》和原国家计委、经贸委和建设部于2001年1月11日计基础〔2001〕26号，关于印发《热电联产项目可行性研究技术规定》的通知（以下简称《规定》和《技术规定》），通知发布后，经过宣传、学习、贯彻至今起到了规范有序、健康推动了我国热电事业迅速发展，至2010年6 MW及以上机组电厂供热生产情况：供热设备容量16 655万kW、供热量280 759.99万GJ，供热标准煤耗率39.8 kg/GJ，比上年增加容量15.15%，供热量8.75%。而火电单机6 MW及以上机组，总容量69 349.28万kW，≥30万kW以上机组容量50 484.11万kW，占火电总容量的72.18%，“上大压小”建设了一批超临界、超超临界高效机组。全国发电装机总容量96 641.3万kW，比上年增加10.56%，居世界第二。技术经济指标逐年提高；6 MW及以上火电机组供电标煤耗率如表1。

表1　我国6 MW以上机组全国年均供电标煤耗率　　g/kWh

年	1990	2000	2004	2005	2006	2007	2008	2009	2010
标煤耗	427	392	378	370	367	357	347	340	333

我国年均供电标准煤耗率已达到世界发达国家的先进水平。而上海市外高桥第三发电公司270/600/600超超临界100万kW机组于2009年1月4日宣布供电标煤耗282 g/kWh，已超过国际先进水平创造了世界第一，这是由于火电机组大型高效，超临界、超超临界机组容量比重逐年迅速提高，大型热电机组和背压机组容量比重也在增加的缘故。

21世纪初，国家发改委、建设部〔2007〕141号文《热电联产和煤矸石综合利用发电机项目建设管理暂行规定》中对热电联产中只提出安装背压机和大型供热机组，对中、小热电和燃气热电机组没有表述，对以前的《规定》、《技术规定》有些条款已经过时了，如何修改完善也未提到。十几年前我国的技术水平已大有提高，火电的技术指标如供电标煤耗从2000年全国平均392 g/kWh已降到2010年的333 g/kWh，下降了49 g/kWh，是个十分鼓舞人心的数据，在十几年前订的条款、规定有些不适用了。因而对〔2000〕的《规定》和〔2001〕的《技术规定》建议应与时俱进，进行完善、修改，本文拟对它们的某些条款进行初改并进行分析计算。

同时，近来我国天然气供应加快，为了调整能源结构，节能减排，兴建了几十套燃机电厂和燃机热电厂；最近又积极推进燃气热电冷分布式能源站示范试点阶段。但热、电、冷分布式能源技术规程、规范，只见到上海市建设和交通委员会，沪建交〔2008〕318号关于批准DG/JJ08 - 115- 2008《分布式供能系统工程技术规程》为上海市工程建设规范的通知，通知自2008年7月1日起实施，单机容量≤6.0 MW，系统的年均总热效率≥70%。热电比年均≥75%，以及最近我国住房和城乡建设部批准JJ145 - 2010《燃气冷热电三联供工程技术规程》行业标准自2011年3月1日施行，发电机总容量≤15 MW，年均能源综合利用率>70%外，没有看到全国性的适用的规程，规范。因此，对其节能指标和节能计算方法进行探讨商榷，供讨论。

2. 《规定》对供热式汽轮机常规热电联产机组应符合下列指标

2.1 总热效率年平均大于45%

总热效率=(供热量+供电量×3 600 kJ/kWh)/(燃料总消耗量×燃料单位低位热值)×100%

2.2 热电联产的热电比

(1) 单机容量在50 ZW以下的热电机组，其热电比年平均应大于100%。

(2) 单机容量在50 ZW至200 ZW以下热电机组，其热电比年平均应大于50%。

(3) 单机容量在200 ZW及以上抽汽凝汽两用供热机组采暖期热电比平均应大于50%。

热电比=供热量/(供电量×3 600 kJ/kWh)×100%

3. 供热式汽轮发电机组常规热电联产节能指标的商榷

参照“界定热电联产抽凝机组节能指标的建议”，第六届海峡两岸热电联产汽电共生学术交流会论文集2010年6月，其中计算方法和结论建议：

	β: 热电比	η_t: 总热效率
• 次高压次高温(含中压中温)抽凝小机组	$\beta \geq 6$	$\eta_t \geq 70\%$
• 高压高温50 MW及以下抽凝机组	$\beta \geq 1$	$\eta_t \geq 50\%$
• 超高压高温125 MW及以下抽凝机组	$\beta \geq 0.5$	$\eta_t \geq 50\%$
• 超高压中间再热200 MW及以下抽凝机组	$\beta \geq 0.45$	$\eta_t \geq 55\%$
• 亚临界中间再热350 MW及以下抽凝机组	$\beta \geq 0.3$	$\eta_t \geq 55\%$

- 超临界中间再热 660 MW 及以下抽凝机组　$\beta \geqslant 0.2$　$\eta_t \geqslant 55\%$
- 超超临界中间再热 1 000 MW 及以下抽凝机组　$\beta \geqslant 0.1$　$\eta_t \geqslant 55\%$
- 背压机组，依据热负荷特性比较稳定，鼓励选用，以热定电。蒸汽参数，宜高则高，以提高㶲效率。

4.《技术规定》中对燃气—蒸汽联合循环热电联产的若干规定

总则中 1.2 条：本技术规定主要适用于以煤为燃料的区域性热电厂和企业的自备热电站，以及凝汽式，发电机组改造为供热式机组的工程项目。燃气热电厂以及利用余热、余气、城市垃圾等综合利用热电厂可参照本技术规定。

总则中 1.6 条：热电联产项目的建设中一般应遵循以下原则：

1.6.2　对大、中城市，特别是历代古都、重点旅游地区和沿海城市，在条件允许时，可适当考虑建设燃气—蒸汽联合循环热电厂和其他清洁能源热电厂。

1.6.2.1　建设燃气—蒸汽联合循环热电厂应坚持适度规模，要根据当地热力市场的实际情况，提高资源的综合利用率和季节的适应性，可采用余热锅炉补燃等措施调节供热，不宜片面扩大燃机容量。

1.6.2.2　以管道天然气为燃料的燃气—蒸汽联合循环热电厂，宜采用气体燃料和液体燃料的双燃料系统，扩大天然气管网的调峰能力，并保证连续供热。

1.6.2.3　燃气—蒸汽联合循环热电厂要采用燃气轮机—余热锅炉—供热的供热系统。

1.6.2.4　在天然气供应充足的城市，可考虑采用适用于厂矿企业、办公楼、宾馆、商场、医院、银行、学校等分散公用建筑的小型燃气轮机、余热锅炉、背压式供热汽轮机和溴化锂等设备组成小型全能系统，统一供应热、电、冷和生活热水。

5. 燃气—蒸汽联合循环热电联产节能指标的《规定》商榷与建议

5.1　〔2000〕1268 号第七条二款

燃气—蒸汽联合循环热电联产系统包括：燃气轮机＋余热锅炉，燃气轮机＋余热锅炉＋供热式汽轮机。燃气—蒸汽联合循环热电联产系统应符合下列指标：

(1) 总热效率年平均大于 55%。

(2) 各容量等级燃气—蒸汽联合循环热电联产的热电比年平均大于 30%。

5.2　回忆当时制定上述指标时，经过研讨测算的

(1) 关于燃气—蒸汽联合循环热电联产总热效率年平均大于 55%，比汽轮机热电联产年平均总热效率 45%高出 10%，是因为燃机燃料燃烧后的高温热源部分，先在燃气轮机膨胀做功发电，燃机排汽(余热)再产生蒸汽入汽轮机发电和供热，总热效率高出约 10%，燃机排气再产蒸汽入汽轮机供热发电似汽机热电联产，其热效率应≥45%，两者相加为≥55%。

(2) 关于各容量等级燃气—蒸汽联合循环热电联产的热电比年平均应大于 30%，是因为燃气—蒸汽联合循环机组的发电量比汽轮机供热机组多发电三分之一以上，汽轮机组单机容量 50 MW 至 200 MW 以下热电机组，其热电比年平均应大于 50%的规定，而燃气—蒸汽联合热电联产机组(在相当容量)一套时,年平均热电比自应减少至30%。

5.3 常规燃气—蒸汽联合循环热电联产节能指标的商榷与建议

经过十几年的燃气—蒸汽联合循环热电联产的建设发展,并随着天然气的增加,近年相继建设了大型燃机热电站,如北京的太阳宫燃机热电站是美国GE9F型(单机容量350 MW级)和苏州新加坡工业园区兰天燃机热电站也是GE9E型(单机容量180 MW级)等数个燃机热电站十几套机组,这些机组单套效率都很高,如$9P_A$联合循环(发电)热效率56.8%,9G将达到60%以上,9E联合循环(发电)热效率也达到50%,热电联产热效率(能源利用率)分别可达75%和68%。因此常规中大型燃气—蒸汽联合循环热电联产能源利用总效率η_t建议定为≥70%。

其年均源利用总效率(η_t):

$$\eta_t = (0.003\,6W + Q_r)/BQ_{dw} \times 100\% \geqslant 70\%$$

其年均热电比(β):

$$\beta = Q_r/0.036\,W \times 100\% \geqslant 30\%$$

$$\text{热电比} = \text{供热量}/(\text{供电量} \times 3\,600\ \text{kJ/kWh}) \times 100\%$$

式中:W——年供电量,kWh;

Q_r——年供热量,GJ;

B——年耗燃气量,m^3;

Q_{dw}——燃气低位热值,GJ/m^3。

5.4 燃气CCHP分布式能源站η_t、β两指标的建议

天然气分布式能源系统装机容量都比常规燃气—蒸汽联合循环热电站单套容量小,一般楼宇式分布式能源站,单套容量小于1.5 MW,小型燃机(或内燃机)+余热锅炉(余热利用设施)很少有供热汽轮机,直接由余热锅炉供热(制冷供冷);区域式分布式能源站,单套容量小于80 MW,一般是中小型燃气轮机+余热锅炉+汽轮机热电机组配置,供热、供冷、供电三联供。因此,对这两类机组CCHP应符合的年平均热效率η_t,热电比β,建议如下:

5.4.1 楼宇式燃气CCHP能源站

年均能源综合利用率η_t　$\eta_t \geqslant 70\%$

$$\eta_t = (Q_r + Q_l + 0.003\,6W)/(B \times Q_{dw}) \times 100\% \geqslant 70\%$$

式中:Q_L——年供冷量(GJ);

其余符号意义同上。

这是考虑分产供热锅炉全国年均热效率约65%,而小型燃机或内燃机热效率可达约35%。吸收式制冷机制冷系数2～3。所以能源综合利用效率初定为≥70%。

年均热(冷)电比(β):　　$\beta \geqslant 100\%$

$$\beta = (Q_L + Q_r)/0.003\,6W \times 100\% \geqslant 100\%$$

因楼宇式一般无蒸汽轮机,发电功率较小,而余热量较大,余热利用多。

5.4.2 区域式燃气CCHP能源站

年均能源综合利用率,(η_t):　$\eta_t \geqslant 70\%$

年均热(冷)电比(β):　　$\beta \geqslant 70\%$

因为区域式 CCHP 能源站，一般燃机容量稍大，≥30 MW，≤50 MW，单套机组≤80 MW，机组配置一般为：燃气轮机＋余热锅炉＋蒸汽轮机，发电量比汽轮机热电联产大。所以热电比较楼宇式低。

6.《规定》建议中有关节能分析计算

6.1 年节标煤 B_j

年节约标准煤量 B_j 等于年供热节约标准煤量加上年供电节约标准煤量。

$$B_j = \{[(34.12/\eta'_{gL}\eta_{gd} + b'_{gp} \times 5.73 - b_{rp})]Q_a + (b'_{gp} - b_{gp})(1-\xi_d)P_{(a)}\} \times 10^{-3} \quad (t/a)$$

6.2 年供热节标煤量 ΔB_r(t/a)

B_j 式中：$[(34.12/\eta'_{gL}\eta_{gd}+b'_{gp}\times 5.73)-b_{rp}]Q_a$ 为年供热节标煤量

其中：η'_{gL}——分散供热锅炉年平均热效率，燃煤小锅炉取 65%，大型热水锅炉取 80%。

η_{gd}——管道效率，一般取 95%～98%。

b'_{gp}——上一年度国家公布的年平均供电标煤耗率 kg/kWh，取略低于全国平均供电标煤耗率值。

5.73 是燃煤链条炉和容量≥75 t/h 供热锅炉供单位吉焦热的厂用电量 ε_r＝5.73 kWh/GJ。对于容量为 75 t/h 及以下循环流化床锅炉和煤粉炉，根据下式进行修正：

$$\varepsilon_r = 5.73[1+2(\eta_{gL}-0.8)]$$

· 供热厂用电率(ξ_r)：　$\xi_r=\varepsilon_r \cdot Q_r/P_{(a)}$　(%)

· 发电厂用电率(ξ_d)：　$\xi_d=\xi-\xi_r$　(%)

式中：$P_{(a)}$——热电厂年发电量，kWh/a；

Q_r——热电厂年供热量，GJ/a。

6.3 年供电节标煤量 ΔB_d(t/a)

$$\xi_d = \xi - \xi_r$$

B_j 式中第二项为供电节煤：$(b'_{gp}-b_{gp})(1-\xi_d)\times P_{(a)}$

其中：b_{gp}——热电厂年平均供电标煤耗率，kg/kWh；

ξ_d——发电厂用电率，%。

- 平均供热标准煤耗率　(b_{rp}) $b_{rp}=34.12/\eta_{gL}\eta_{gd}+\varepsilon_r \cdot b_{dp}$　(kg/GJ)
- 年平均供电标煤耗率　(b_{gd}) $b_{gd}=b_{dp}/(1-\xi_d)$　(kg/kWh)

7. 热、电、冷分布式能源站节能计算

主要因素：热、电、冷就地生产，就地消费，无能源传输配送损失(或很小，可不计)。

7.1 年节标煤量 B_j(t/a)

$$B_j = \Delta B_r + \Delta B_d + \Delta B_l \quad (1)$$

7.2 年供热节标煤量 ΔB_r(t/a)

$$\Delta B_r = [(34.12/\eta'_{gd} + b'_{gp} \times 5.73) - b_{rp}]Q_a \times 10^{-3} \quad (t/a) \quad (2)$$

- η'_{gl}——分产锅炉效率　%

ⅰ）顶替的是燃气（或燃油）小锅炉，其年均热效率以85%计；

ⅱ）顶替的是燃煤小锅炉，其年均热效率为65%；

ⅲ）顶替的是集中供热燃煤锅炉，其年均效率为80%。

- η_{gd}——供热管道效率　%

ⅰ）顶替的是热网（汽热网或水热网），其热网管道效率90%～95%；

ⅱ）顶替的是小锅炉直供（就地），其热网管道效率为98%。

- b'_{gp}——上年度全国年均供电标准煤耗率，kg/kWh；
- b_{rg}——年均供热标准煤耗率，kg/GJ；
- Q_a——分布式能源站年供热量，GJ/a。

7.3　年供电节标煤量 ΔB_d (t/a)

$$\Delta B_d = (b'_{gp}/\eta_{nd} - b_{gp}) P_{ag} \times 10^{-3} \quad \text{(t/a)} \tag{3}$$

- η_{rd}——上年度全国平均输变配电效率，%，一般取90%；
- b_{gp}——分布式能源站年均供电标煤耗，kg/kWh；
- P_{ag}——分布式能源站年供电量，kWh。

注意：与《规定》《技术规定》不同的是增加了一项输变配电效率 η_{rd}。因电网供电至用户要经过远距离输变配电的损失，而分布式能源站，就地（或小区）发电，就地（或小区）用电，无（很小）输变配电损失。

7.4　年供冷节标煤量 ΔB_L (t/a)

（1）溴化锂吸收式替代电压缩式制冷机

$$\Delta B_L = [34.12/\eta_{gt}\eta_{\Pi d}\eta_{dd}\xi_d - (34.12/\eta_{gt}\eta_{gd}\xi_r + b'_{gp}\omega)] Q_L \times 10^{-3} \quad \text{(t/a)} \tag{4}$$

注意：电压缩制冷，电能从一次能源燃料算起，溴化锂制冷也从一次能源燃料算起，才有可比性。

- η_{gt}——上年度全国年均供电热效率，即 $\eta_{gt} = 0.123/b'_{gp}$，如2010年 $b'_{gp}=$ 0.333 kg/kWh，$\eta_{gt}=0.123/0.333=0.369\approx 37\%$；
- η_{dd}——驱动压缩机电动机效率，一般取90%；
- ξ_d——电压缩制冷系数，视压缩机性能、效率，一般取4～5；
- ξ_r——吸收式制冷系数（澳化锂），一般取2～3；
- ω——吸收式制冷机制冷单位GJ耗电量，通常取3～4 kWh；
- Q_L——年总制冷量，GJ/a。

如把上述数据代入式(4)：

$$\begin{aligned}\Delta B_L &= [34.12/0.37\times 0.9\times 0.9\times 4.5 - (34.12/0.85\times 0.98\times 2.5 \\ &\quad + 0.333\times 3.5)] Q_L \times 10^{-3} \\ &= [25.3 - (16.4 + 1.2)] Q_L \times 10^{-3} = 7.7 Q_L \times 10^{-3} \quad \text{(t/a)}\end{aligned} \tag{4a}$$

（2）溴化锂吸收式替代原锅炉用热制冷机组

这种替代方式视能源站的余热锅炉效率（或余热利用效率）和原有分产锅炉效率不同，以及吸收式制冷系数不同，所消耗的一次能源（燃料）不同得出的节约的标煤燃料量。

$$\Delta B_L = (34.12/\eta'_{gl}\eta_{gd}\xi'_r - 34.12/\eta_{gl}\eta_{gd}\xi_r)Q_L \times 10^{-3} \quad (t/a)$$

- η'_{gl}——原有分产锅炉效率，%；
- η_{gd}——管道效率，%；
- ξ'_r——原有吸收式制冷系数；
- ξ_r——能源站吸收式制冷系数。

所以能源站年节标煤为：

$$\begin{aligned} B_j &= \Delta B_r + \Delta B_a + \Delta B_L \\ &= [(34.12/\eta'_{gl}\eta_{gd} + b'_{gp} \times 5.73) - b_{rp}]Q_a \times 10^{-3} + [b'_{gp}/\eta_{\Pi d} - b_{gp}]P_a \times 10^{-3} \\ &\quad + [34.12/\eta_{gt}\eta_{\Pi d}\eta_{dd}\xi_d - (34.12/\eta_{gl}\eta_{gd}\xi_r + b'_{gp}\omega)]Q_L \times 10^{-3} \quad (t/a) \end{aligned} \tag{5}$$

把2010年我国年均供电效率、电动机效率、输变配效率和制冷系数等代入上式，便得：

$$\begin{aligned} B_j &= [(34.12/\eta'_{gl} + b_{gd} + b'_{gp} \times 5.73) - b_{rp}]Q_a \times 10^{-3} + [b'_{gp}/\eta_{rd} - b_{gp}]P_a \times 10^{-3} \\ &\quad + 7.7Q_L \times 10^{-3} \quad (t/a) \end{aligned} \tag{5a}$$

8. 结语

（1）我国电力工业发展迅速，装机总容量早达世界第二，仅次于美国。火电技术经济指标已赶上世界先进国家，1 000 MW级，供电标煤耗282 g/kWh，2008年就跃居世界第一，热电联产机组≥6 MW。总容量2010年为16 655万kW，年供热量280 759.99万GJ，供热标煤耗率39.8 kg/GJ，居世界前茅。在十几年前制定《规范》《技术规范》，有的已经过时，应与时俱进，建议进行修改、补充、完善，以指导热电联产和热电冷分布式能源系统的顺利有序发展。

（2）常规燃煤热电联产热电机组节能指标建议：

- 依据热负荷特性，鼓励选用背压供热机组，进汽参数宜高则高
- 次高压次高温（含中压中温）抽凝机组　$\beta \geq 6$　$\eta_t \geq 70\%$
- 高压高温50 MW及以下抽凝机组　$\beta \geq 1$　$\eta_t \geq 50\%$
- 超高压高温125 MW及以下抽凝机组　$\beta \geq 0.5$　$\eta_t \geq 50\%$
- 超高压中间再热200 MW及以下抽凝机组　$\beta \geq 0.35$　$\eta_t \geq 55\%$
- 亚临界中间再热350 MW及以下抽凝机组　$\beta \geq 0.3$　$\eta_t \geq 55\%$
- 超临界中间再热660 MW及以下抽凝机组　$\beta \geq 0.2$　$\eta \geq 55\%$
- 超超临界中间再热1 000 MW及以下抽凝机组　$\beta \geq 0.1$　$\eta_t \geq 55\%$

（3）常规燃气—蒸汽联合循环热电厂节能指标建议：

中、大型≥80 MW级一套机组　$\beta \geq 0.3$　$\eta_t \geq 70\%$

（4）燃气热电冷分布式能源系统节能指标建议：

- 楼宇式：单套容量≤15 MW机组　$\beta \geq 1$　$\eta_t \geq 70\%$
- 区域式：单套容量≤80 MW，燃机—汽机—吸收式制冷机　$\beta \geq 0.7$　$\eta_t \geq 70\%$

（5）热、电、冷分布式能源站节能计算：

应结合实际考虑电力远距离输变配损失、大热网热网损失和电压缩电动机效率等因素，

以及替代分供锅炉效率进行计算；电压缩制冷与吸收式制冷能耗比较时，应从一次能源起点算起才有可比条件，其年节标煤量建议为：

$$B_{j}=[(34.12/\eta'_{gl}\eta_{gd}+b'_{gp}\times 5.73)-b_{rp}]Q_{a}\times 10^{-3}+[b'_{gp}/\eta_{nd}-b_{gp}]P_{a}\times 10^{-3}$$
$$+[34.12/\eta'_{gl}\eta_{nd}\eta_{dd}\times\xi_{d}-(34.12/\eta_{gl}\eta_{gd}\xi_{r}+b'_{gp}\omega)]Q_{L}\times 10^{-3}\quad (t/a)$$

参考文献

[1] 国家发展计划委员会，国家经济贸易委员会，建设部，国家环保总局，急计基础〔2001〕1268 号文“关于印发《关于发展热电联产的规定》的通知”[Z]，2000.8.22

[2] 国家发展计划委员会，国家经济贸易委员会，建设部，计基础〔2001〕26 号文“关于印发《热电联产户项目可行性研究技术规定》的通知”[Z].2001.1.11

[3] 国家发展改革委员会，建设部〔2001〕141 号文《热电联产和煤矸石综合利用发电项目建设管理暂行规定》[Z]，2007

[4] 上海市工程建设规范.分布式供能系统工程技术规程[Z].DG/TJ08 - 115 - 2008.2008

[5] 钟史明，刘龙海.界定热电联产抽凝机组节能指标的建议[C].中国电机工程学会，热电专委会，第三届海峡两岸热电联产汽电联产汽电共生学术交流会论文集.2010

[6] 中华人民共和国行业标准.燃气冷热电三联供工程技术规程[Z].CJJ145—2010.北京：中国建筑工业出版社，2010

领会“上大压小”电源建设政策

赵　劲[1]　钟史明[2]

（1. 东南大学建筑设计研究院热电工程设计研究所　2. 东南大学能源与环境学院）

摘　要：“上大压小”政策的提出原因，政策的规定和执行情况与效益，执行中某些问题的粗见，供参政。

关键词：电源结构　节能减排　供电标煤耗

1. 前言

能源、环境与人口是当今世界的三大热点。近半个世纪以来人口迅速增加，社会经济高速发展，能源开发、消费和利用也急剧增加，致使大气变暖等气候变化的环境问题日益严重。煤炭是造成 CO_2 排放最主要的化石燃料。我国是世界上最大的煤炭生产和消费国家，也是煤电占比最大的国家。现在，我国的 CO_2 排放量已是世界第一。节能减排是我国的国策，面对减缓气候变暖、降低 CO_2 排放的巨大挑战与压力，作为世界煤电容量最大的国家，火电必须提高节能效益、经济效益和社会效益。中国以煤为主的能源结构在近期（2050 年前）不可能改变以煤为主的能源结构和电源结构，转向建立以可再生能源等新能源为主的清洁能源的持久能源体系的情况下，国家发改委在 2006 年提出了火电必须“上大压小”的电源建设政策，大力发展大型高效率、低排放超临界/超超临界 600 MW 及以上机组，淘汰一大批容量≤100 MW 机组。经过几年的努力，取得了预期的效益。“十一五”期间，全国累计关停小火电机组 7 600 万 kW，单位电量 CO_2 排放比 2005 年减少 50%，节约原煤约 3.5 亿 t。

2. “上大压小”是优化我国火电容量结构的重大政策

据国家能源局统计，2005 年底，全国 100 MW 以下的小火电机组容量是 121 000 MW，占整个火电装机容量的 30%。表 1 为 2006 年中国燃煤火电机组的容量结构。

表 1　2006 年年底中国燃煤火电机组的容量结构

单机容量等级(MW)	安装容量数(MW)	占总容量的比例(%)
600	125 790	26.0
300	82 250	17.0
100～300	130 630	27.0
≤100	114 000	23.6

续表

单机容量等级(MW)	安装容量数(MW)	占总容量的比例(%)
≤50	91 300	18.8
≤25	51 600	10.7
≤6	21 300	4.4

从表1中可以看出，单机容量在300 MW以下的中小型机组的总容量，占当时全国燃煤火电总装机容量的57%，其中，单机容量小于100 MW的机组容量为114 000 MW，占燃煤火电总装机容量的23.6%。由此可见，要大幅度地提高全国火电平均热效率，必须抓两头，即关闭低效率高排放的小机组，代之以高效率低排放的大机组。低效率高排放的小火电机组，平均1度电的标准煤耗在450 g左右，比600 MW的超临界的火电机组超过了150 g。121 000 MW的小火电机组，一年将多消耗1亿多吨煤，多排放CO_2 2亿多吨，坚决关停这些低效高排放的小机组，代之以高效低排放超临界/超超临界机组，对于中国火电的节能减排具有十分重大的意义。因此，国家发改委于2006年出台了火电“上大压小”的政策，即任何电力公司要扩大其火电装机容量时，必须按规定首先关闭相应容量的小机组。

3. 关停我国小火电的规定

国家发展改革委员会于2006年出台的火电“上大压小”的政策，其主要内容为：

(1) 所有容量为50 MW和以下的常规小火电；

(2) 所有运行超过20年的容量为100 MW的常规火电机组；

(3) 所有运行年限超过设计年限的200 MW和以下的常规火电机组；

(4) 所有其2005年的标准煤耗超过全省平均煤耗10%，或超过全国平均煤耗15%的燃煤火电机组；

(5) 所有其排放不能达标的火电机组；

(6) 所有不符合法律、法规的火电机组。

4. “上大压小”提高了节能、环保和经济效益

为了实现“十一五”2010年节能20%的目标，要关停一半左右小火电机组，总容量50 000 MW。截止到2009年年底，全国累计关停小火电机组554 502 MW，提前一年半实现了“十一五”关停50 000 MW小机组代之以高效低排放大机组的任务。全国火电效率大幅度提高，全国火电平均供电标煤耗已下降到340 g/kWh，比“十一五”初期2005年年底的370 g/kWh降低了30 g/kWh。至2011年年底又下降了20 g/kWh(见表2)。每年可节约原煤6 404万t，减少CO_2排放1.28亿t，全年火电投资比重大幅缩减到原电源计划投资的42%，比上年下降7个百分点。在役火电机组中容量得到优化，600 MW及以上机组容量占33.4%，300 MW及以上机组占到67.6%，分别比上年提高2.1个百分点和2.4个百分点。这是由于蒸汽参数的提高热效率提高的缘故。表3是超临界/超超临界机组的供电热效率与供电标煤耗率。

表 2　2005—2011 年全国火电平均供电煤耗率

年份	平均供电效率(%)	全国平均供电煤耗(g/kWh)	同比降低(g/kWh)
2005	33.21	370	基准
2006	33.57	366	4
2007	34.71	354	12
2008	35.20	349	5
2009	36.14	340	9
2010	36.86	333	7
2011	37.23	320	13

表 3　超临界/超超临界机组的热效率

机组类型	蒸汽参数	再热次	给水温度(℃)	供电效率(%)	供电标煤耗(g/kWh)
亚临界	17 MPa/540℃/540℃	1	275	35	351
超临界	24 MPa/538℃/566℃	1	275	40	307.2
超超临界	25 MPa/600℃/600℃	1	275	45	273
超超临界	35 MPa/700℃/700℃	1	275	48.5	253
超超临界	30 MPa/600℃/600℃/600℃	2	310	51	241
超超临界	35 MPa/700℃/720℃/720℃	2	320	52.5	234
超超临界	37.5 MPa/700℃/720℃/720℃	2	335	53	232

在关停小火电的同时，每年新增大机组容量平均在 70 000 MW 左右，新建的火电机组，绝大多数单机容量为 600 MW 或更大的超临界和超超临界机组。如果中国在坚持“上大压小”政策的基础上不断用先进的超临界和超超临界机组替换亚临界及以下的小容量机组，这些先进的高效低排放火电机组将会大幅度地减少中国火电 CO_2 的总排放量。根据估算，到 2030 年，中国火电的 CO_2 排放量将会低于 2020 年时的排放量。届时，估计碳捕获和储存(CCS)技术能够在 2020 年以后得到商业化应用并逐步推广。相信到 2020 年时，由于超临界和超超临界机组的大规模应用，必将为那时 CCS 技术的应用和推广奠定坚实的基础。

5. “上大压小”，不宜一刀切关停热电联产中小机组

众所周知，热电联产是利用发了部分电能的蒸汽用来供热，因而节省了发电固有冷源损失(热力学第二定律)。其能源利用率可达 80%左右，比大型凝汽式机组(供电热效率不到 40%)高得多。另外，热电厂由于锅炉容量大、热效率高、除尘效果好、烟囱高，可实现炉内脱硫脱硝，相比供热小锅炉、小火电厂，其环境效益和社会效益都显著好得多。

改善城市供热结构，发展以热电联产、集中供热为主导的供热供能方式，提高热电联产集中供热在城市供热结构中的比重，不仅符合城市供热规划要求，也符合国家大力发展热电联产的产业政策。在国家发改委、科技部联合发布的《中国节能技术大纲》中明确指出：在热负荷集中的地方(地区)发展热电联产，热、电、冷三联产发电技术；在三北采暖地区大中城

市发展集中供热的热电联产，优先建设以热定电的背压供热机组和 20 万 kW 以上的抽汽供热机组。与此同时，国家有关部门对热电联产的科学发展也更为关注。有关部门正在着手制定热电联产发展规划和热、电、冷分布式能源发展规划。明确热电(冷)项目的核准要求，加大对热电项目的监督检查和在线监测力度，防止借热电联产之名盲目扩大火电建设规模。在“上大压小”政策贯彻中，某些地方错误地把小热电中小型背压供热机组(≤25 MW)都关停，盲目凑容量以扩大超临界和超超临界热电机组容量。另外，东南沿海地区和经济开发区，由于热电负荷逐年递增，开创期热负荷较小，只能先上以热定电≤25 MW 的小型背压机，但是立项后，做了几次科研，报上核准，经过几年，有的还未获准，为了满足工业热负荷的需求，开发区无奈，只好又把供热小锅炉再烧上。这样，不但浪费能源，而且污染环境，也阻碍了社会经济的发展。盲目的“上大压小”造成了不小的损失，建议“上大压小”不宜阻碍热电联产的发展，并顾及热电机组容量，随热负荷大小特性而定，不宜一刀切。小型背压供热机组能源利用率可达 80%左右，供电标煤耗率在 150～200 g/kWh，应在节能减排中的热电联产火电机组占有一席位置。

6. “上大压小”促进了大中型凝汽发电机组改造成热电机组

2006 年，我国燃煤火电单机容量 100～300 MW 的机组容量为 130 630 MW，占总容量的 27.8%，≤100 MW 机组容量为 114 000 MW，占总容量的 23.6%。这些机组在“上大压小”政策范围内，单机容量 100～200 MW 机组运行年限未超过 20 年，所有 2005 年的供电标煤耗超过全省年平均煤耗 10%，或超过全国平均煤耗 15%的燃煤火电机组，为了要继续发电，延长运行年限，在有热负荷地区或 10～15 km 半径范围内有较多热负荷城镇，经过可行性研究，有许多可改成发电、供热两用机组。三北地区有采暖、生活用热，把 200 MW 机组，在中压缸至低压缸过缸管上开孔，经蝶阀抽汽供热网提供采暖、生活用热，使纯发电机组变成热电两用机组，提高了能源利用率，延长了设备使用年限。在东南沿海经济较发达地区，靠近城镇或经济开发区的 100～135 MW 纯发电机组，有一定的热负荷，纷纷改造成抽凝供热发电机组，供热改造后，使其供电标煤耗小于 2006 年国家发改委公布的“上大压小”政策的规定，从而延长了设备使用年限，提高了节能、经济和社会效益。

但在中大机组改造过程中也出现了一些值得商讨的问题，如在长江、淮河地区，甚至东南沿海地区，一些热电厂原安装了中间再热 135(125)MW、200 MW、300 MW 机组，甚至超临界 660 MW 机组，为了挂上“热电联产”名称，延长机组运行年限，满足工业负荷0.8～1.5 MPa 蒸汽供热参数，在不改变主机、主炉及其结构的情况下，不担任何风险，不惜在中间再热后(一般 2.2～4.5 MPa，535～550℃)开孔改造，经减温减压器调节后向外供热，其结果是增加了节流减温损失，节能量大大减少。所以，认为只能作过渡措施，不宜大力推广。作者认为至少要采用蒸喷压缩热泵方案，供应工业热负荷。即用再过热前或后(冷、热)抽汽作引射汽，把中压缸回热抽汽或排汽作抽取汽，经喷射压缩成 0.8～1.5 MPa、300～350℃的供热蒸汽来进行供热。或采用小型背压机拖动给水泵供热方案，排汽 0.8～1.5 MPa，作供热汽，从而挽回节流减温损失。

7. “上大压小”使中小型热电厂淘汰了抽凝机

我国80年代初期由于当时热负荷不大，且开发区处于建设初期，许多用热企业尚未落户开发区，为了适应热负荷逐年增长需求，开始建了能适应热电负荷调整的抽凝机组1～2台、背压机1台的组合。经过几年的发展，一般中小型热电厂建了2台抽凝机和2台背压机，背压机担任不变热负荷(基荷)，抽凝机承担变动热负荷，一般蒸汽参数较低，多为中压、次高压机组。当“上大压小”政策出台后，这些热电厂都进行技术改造，提高参数甚至超高压抽背机，抽汽供背压机进汽，背压供热，提高了新汽参数㶲效率、供热发电率和供电供热效率。有的小型村镇热电站参数低，容量小，锅炉效率低，虽是以热定电背压机，按热量法计，供电标煤耗小于280 g/kWh；但供热发电率低，所以，在有大型超高参数200 MW、300 MW机组供热覆盖范围内，可以淘汰关停这些热电厂，热负荷划归大型热电厂供应。

8. 结束语

(1) “上大压小”煤电建设政策，是符合我国国情，淘汰落后低效率、高排放小机组，代之以最先进的高效率、低排放、大机组(超临界、超超临界机组)，尽可能提高供电热效率和降低CO_2排放，应积极推进落实。

(2) 在执行“上大压小”政策中，建议对小火电与小热电应有所区别。小热电以热定电的背压机组，虽是中小容量但供电标煤耗率在150～250 g/kWh之间，比超临界机组供电标煤耗还低，不宜淘汰，而其中小抽凝机组可视热负荷情况，改造成抽背或背压机或进行关停。

(3) “上大压小”政策促使单机容量在135(125)MW、200 MW、300 MW甚至600 MW机组，为了延长运行寿命，使供电标煤耗能达到“上大压小”政策要求，纷纷在其周边有热负荷的电厂，把它改造成供热、发电热电机组。建议在改造前做好可行性研究，不宜在再热后抽汽经减压减温器后再供热，这种改造是浪费能源，不够科学的技改。另外，改造方案应进行多方案比较，选取最优方案实行改造。

参 考 文 献

[1] “上大压小”政策. 国家发改委2006年发放能源〔2006〕号文件

[2] “十一五”关停小火电机组情况 2009年12月27日全国能源工作会，能源局介绍《经济参考报》，2009年12月28日

[3] 中国电力工业统计[C]. 2009，2010，2011

关于国产大型热电两用机组某些问题的探讨

刘龙海[1] 钟史明[2]

(1. 大唐南京下关发电厂 210011 2. 东南大学 210096)

摘 要：为了大力推进“节能减排”工作，近来国家启动了“十大重点节能工程”，其中区域热电联产工程进展迅速。国家大力倡导优选大型采暖、发电两用机组，三北地区有条件集中供热的大中城镇都在筹建或建设中，某些不采暖地区也将纯发电大型机组，改造成热电联产机组。本文探讨对优先选用 300 MW 及以上大型热电联产机组是有条件的，不宜过分强调；在大型火电机组再热器前(后)打孔抽汽改造，供热参数不匹配，不宜大力推广，这些机组改造仅作过渡措施，应积极开发新型大型高效热电联产机组。

关键词：节能减排 热电联产 改造 开发

1. 前言

“节能减排”是我国当前能源环保领域工作的重中之重，为此国家提出了“十一五”期间 GDP 能耗降低 20%，主要污染物排放减少 10%的约束指标，这是贯彻落实科学发展观，构建社会主义和谐型社会的重大举措；是建设资源节约型环境友好型社会的必然选择；是推进经济结构调整，转变增长方式的必由之路；是提高人民生活质量，维护中华民族长远利益的必然要求。2006 年没有完成节能减排目标。近来，国家出台了《节能中长期专项规划》，为了贯彻规划，国家发改委启动了“十大重点节能工程”，旨在“十一五”期间实现节约 2.4 亿 t 标准煤的节能目标。其中第二项重点节能工程“区域热电联产”工程，在三北地区城镇及工业企业中将分散的小供热锅炉改造为热电联产机组；分布式电热(冷)联产的示范和推广；对设备老化、技术落后陈旧的火电厂、热电厂进行技术改造等措施，到 2010 年要求实现城市集中供热普及率由 2002 年的 27%提高到 40%，新增供暖热电联产机组 4 000 万 kW，形成年节标煤能力 3 500 万 t，这是我国又一发展热电联产的大好时机。近来从中国电机工程学会热电专委会《热电建设动态》知，据不完全统计，国家核准新建大型热电两用机很多(11 450 MW)，有的原大型纯火电机组也改造成热电联产机组，有的把 125 MW、135 MW、200 MW、300 MW 甚至 600 MW 纯发电机组也改造成热电联产机组，真是犹如“雨后春笋”发展迅速。但发展中也带来一些问题，值得推敲，分析如下。

2. 国家提倡“上大压小”优先选用大型高效热电机组

2006 年，国家发改委、科技部、财政部等部门编制公布的《“十一五”十大重点节能工程实施意见》在“区域热电联产工程”中提出“燃煤热电厂要发展 200 MW 以上的大型供热机组”;在国家发改委、建设部关于印发《热电联产和煤矸石综合利用发电项目建设管理暂行规定》的通知中提出,优先安排背压热电联产机组,背压机组不能满足供热需要时,鼓励建设单机 20 万 kW 及以上的大型高效供热机组;在发改委〔2004〕864 号文中又提出:在热负荷比较集中或热负荷发展潜力较大的大中型城市……争取采用单机容量 30 万 kW 及以上的环保、高效发电机组,建设大型发电供热两用电站。

以上三份文件均一致提出优先发展“大型高效”供热机组,从节能方面看是完全正确的,符合当前我国的节能方针。但提法不够全面;热负荷不够大,就不能选用“大型”热电机组,否则忽视了因地制宜、以热定电的一贯方针。热电联产机组选型要深入调查研究,要科学论证,要符合我国热电事业发展实际。

3. 科学用能,优化配置

“科学用能”即科学优化配置能源,科学使用能源,科学管理能源。这是强调“科学技术是第一生产力”,鼓励采用先进的技术,提高包括能源在内的各种能源的综合利用效率,通过“优化配置,分配得当,各得其所,能级匹配,温度对口,梯级利用”的方式达到资源优化配置,能效最高。

在人类信息整合能力不足时,只有通过规模经济来降低成本,增加效益。实施“大生产、大工厂、大消费、大耗散”粗放型工业战略或称重化工战略。当信息技术发展之后,我们可以越发清楚地了解生产销售和最终使用的全过程,监控整个生产—消费链,从原料的开采到产品的制造,从消费者的使用到使用后的资源再利用。人们发现在大多数情况下规模大未必能带来真正的效益,反而增加更多的资源耗散、环境恶化与资金代价,加速了“熵”的增加。

电力工业就是最好的一个例子。传统上我们一贯认为“大电厂、大机组、大电网、超高压”是效益最高的方式,但是,这是从能源转换端来判断问题,在“电力”这单一行业条件下分析的结果,如果在需求侧进行综合资源对比分析,其结果就未必如此。大电厂与小电厂比较,当然发电效益是高的。但是由于燃料运输、排放限制,土地资源的制约,大电厂只能远离城市,首先发电之后余热利用困难,其次输变电和配电又要增加输变电和线路的损失,到了终端用户的实际资源利用效率必然大打折扣。建设输电走廊和发电厂也需要消耗大量土地、资源,发电之后的灰渣因为远离城市难以制成建筑材料再加以利用等缺陷日渐明显。

随着能源多元化和资源综合利用,大批的余热利用电厂、垃圾电厂、秸秆电厂等在建和待建,这些电厂的规划和建设应充分结合热电联产,以提高能源利用率和电厂经济性。

此外,城市不仅需要电力,同时还需要热力,为解决需求不得不再建热力厂,将宝贵的资源转换成为低品位的能量进行利用,增加了各种资源的耗散和浪费。因此,在需求侧建立能源梯级利用设施“分布式能源利用系统”被认为是解决问题的更有效的方法。

4. 我国幅员辽阔,应因地制宜

在三北严寒地区(在秦岭淮河以北、新疆、青海和西藏等),且具备集中供热条件的城市,主要是采暖热负荷(且采暖期较长),热负荷足够大,可优先选用大型采暖发电两用机,实现热电联产,集中供热,取代分散供热锅炉,以改善环境、节约能源。

在夏热冬冷地区(甚至在长江以南部分城镇),采暖制冷热负荷不会很大,根据开发区工业热负荷,就很难选用大型采暖发电两用机,按热负荷大小、特性可选用背压机与抽凝机相匹配机组为好。

在夏热冬暖和温和地区,无采暖需求,就不可能选用采暖供热机组,更不可能选用大型采暖发电两用供热机组。只有工业区用热需求时,应选用较高参数背压机与抽凝机,以背压机为主,有一台抽凝机组以调节热电负荷是合理的、节能的,如江苏吴江盛泽热电厂。

5. 当前我国热电联产机组概况

我国发展热电联产历来强调"以热定电",也就是根据热负荷的大小来决定供热机组的形式容量大小,由于供热半径不能太大,输送距离有限,汽热网供热半径一般为 8 km,不宜超过 10 km,水热网供热半径一般为 20 km,不宜超过 25 km,故一般热电机组容量不可能太大。最近 10 年来,随着长输热网技术进步,汽热网供热单线由 6～8 km 延伸至单线 18～40 km,水热网由 20～25 km 延伸至 30～40 km,机组容量可相应扩大。

(1) 据 2003 年中国电力企业联合会编制的《电力工业统计资料汇编》机组分类资料,2003 年我国平均 6 000 kW 及以上的供热机组共 2 121 台,总容量 4 369.18 万 kW。其中单机 5 kW 以下的中小供热机组共 1 859 台,占总台数 87.65%,容量 2 099 万 kW 占总容量的 48.04%。

(2) 根据近期的调查,我国江苏、浙江两省,每个热电厂的平均容量仅为 2.6 万 kW。

中小热电机组是目前我国中小城市和经济开发区的主要集中供热基础设施,承担着广泛的社会责任和义务,是发展地方工业经济和提高人民生活水平的重要物质基础,是我国热电事业的主力军,在"节能减排"方面起到了巨大作用,其功不可没。

6. 中小热电机组是否节能

有人提出中小热电机组供电标煤耗高于 200 MW(360 g/kWh)、300 MW(340 g/kWh)等大型火电机组,不节能。由于热电机组有热、电两种产品,不能只看发供电标煤耗。

据中电联编制的《2004 年电力工业统计资料提要》,我国 2004 年热电联产的情况为:

单机 6 000 kW 及以上供热机组总容量 4 819.68 万 kW,年供热量 165 736.5 万 GJ,年均供热标煤耗 40.22 kg/GJ。而集中供热锅炉的年均供热标煤耗率 55 kg/GJ(相当于锅炉效率的 61%)。

据《节能中长期专项规划》中确定的十大重点节能工程之一"燃煤工业锅炉改造工程"提出我国燃煤工业锅炉平均运行效率 60%～65%。

据此,我国 2004 年热电联产年节标煤量为:165 736.5 万 GJ × (55 − 40.22) = 2 449.59 万 t 标煤/年。热电机组供热节能巨大,功不可没。

在贯彻"节能减排"方针的今日,不应以机组大小论高低,而应坚持节能为本,效率为先。如江苏无锡荣成纸业有限公司热电厂安装的一台 6 000 kW 背压机,2004 年供电标煤耗仅为 184 g/kWh,比单机 600 MW 超临界大型机组的供电煤耗(300 g/kWh)还低,比 1 000 MW 超超临界机组的供电煤耗(292.9 g/kWh)还低得多。

7. 热电机组供电标煤耗的合理水平

我们认为中小热电机组供电标煤耗(按热量法分摊)只能与全国 6 000 kW 及以上机组年均供电标煤耗相比才是公平、合理的,不宜与 300 MW 及以上机组供电标煤耗相比;而 300 MW 及以上的供热发电两用机可与相同容量或下一档机组供电标煤耗相比才是合理的,即 300 MW 两用机组与 300 MW 凝汽发电机组或与 200 MW 凝汽机组相比。

8. 适度进行大型凝汽发电机组的供热改造

当今三北地区原 135 MW(125 MW)、200 MW、300 MW 凝汽机,当有较大采暖热负荷时,都可从中低缸连通管上打孔抽汽、装三通,蝶阀进行采暖发电两用机改造,是节能改造的有效途径,有条件的地区宜大力推广。

在长江淮河间一些电厂,甚至东南沿海地区原安装中间再热 135 MW、200 MW、300 MW机组,甚至 600 MW 机组为了挂上"热电联产"名字,延长机组发电年限,在为了满足工业热负荷 0.8～1.5 MPa 蒸汽供热参数,不改变主机、主炉及其主要结构的情况下,不惜在中间再热后(一般 2.2～4.5 MPa,535～550℃)开孔改造,经减温减压器调节后向外供热改造,其结果是增加节流减温损失,总节能是有限的,我们认为只能当作过渡措施,不宜大力推广。

我们认为至少要加以改进:采用蒸喷压缩热泵方案来供工业热负荷,即用再过热的前或后(冷、热)抽汽作引射汽,把中缸回热抽汽或中、低缸连通管作抽取汽后,经喷射压缩成 0.8～1.3 MPa、300～350℃供热蒸汽来进行供热是挽回部分节流损失的改进措施。或采用小型背压机拖动给水泵供热方案,排汽供 0.8～1.3 MPa 蒸汽作供热介质,彻底回收节流损失。应不用打孔抽汽,不用减压减温器,可大幅降低成本,提高能源利用率,选用辽宁飞鸿蒸汽节能设备有限公司发明推广应用的"蒸汽压力匹配器"。

9. 加快开发高效大型专用热电机组

凝汽采暖两用机组是在凝汽机组上改造发展起来的,几乎一致在中、低缸过缸联通管上装蝶阀三通管而成两用机,因而抽生产用汽受到很大限制。要成为真正的大型专用热电机组,必须新开发高效大型专用生产、生活双抽热电机组。我们认为应积极开发并建议采用以下主要措施:

(1) 采用最新(三元流)通流部分设计技术,提高机组内效率。

(2) 调整中、低缸的级数,改变分缸压力使之接近生产抽汽压力,可供选用。

(3) 做好机、炉、电容量匹配工作,以求最优配合,做到安全、节能、经济。

(4) 将蝶阀、减压阀调压方式改变为调节阀门或旋转隔板,确保安全、经济、灵活。

(5) 依据主汽流量与供热汽流量和机组容量优化排汽口个数,如 600 MW 供热机组,可能采用二排汽口结构,以节约投资,提高经济效益。

10. 结语

热电机组选型要依据热负荷实际，因地、因时制宜，科学比选：

（1）三北地区大中城市采暖负荷较大，而 200 MW 及以上两用机中、低缸联通管上的蒸汽压力基本上是 0.25～0.7 MPa，正好供采暖用热，热负荷大宜选用大型节能两用机组是完全正确的，以起到供热发电两不误，供热时节能效益显著，单发电也与同容量大机组发电煤耗相差很小，是应该大力发展的热电机组。

（2）东南沿海地区，甚至南方地区，冬天不采暖，夏天有些空调冷负荷，而工业热负荷较大且较均匀，宜主要选用背压机加一台可调热电负荷的中小型抽凝机。因热负荷是有波动的，背压机承担基本热负荷，而抽凝机担任尖峰波动负荷，比单纯清一色背压机加上减温减压器承担尖峰波动负荷热经济好得多，避免了节流损失，可多发电。

（3）大型凝汽机组改造成供生产用汽热电机组供热参数不匹配时，为节能，不宜从再热前（或后）经减温减压器后供热，应选用蒸汽喷射热泵式供热改造，以节约能源和多发电；或采用小型背压机拖动给水泵排汽供热方案来回收节流损失，多供电。这些改造，只作过渡措施。从长远看，应积极开发新型高效热电联产机组。

参考文献

[1] 王振铭. 在热电联产发展中严防出现新一轮的假热电[C]. 中国电机工程学会热电专委会 2007 年 5 月会员大会论文集

[2]江苏省电力行业统计资料汇编（2004 年度）[C]. 2005

[3] 钟史明等. 江苏省热电联产事业发展的回顾与展望[C]. 中国电机工程学会热电专委会 2007 年 5 月会员大会论文集

关于采用电热锅炉供热的商榷

钟史明

（东南大学　南京　210096）

摘　要：近来由于我国电力供求矛盾得以缓和，某些部门、单位为了“增供扩销”拉动电力市场，大力提倡采用电热锅炉供热，取代热电联产供热，片面宣传电热锅炉的优点，说成是走向电气化和物质文明的标志之一……且制定了许多优惠政策，这是不全面的，本文提出不同看法，不宜再无条件地鼓励采用电热锅炉采暖，供讨论。

关键词：热电联产　集中供热　分散供热　一次能源利用率　㶲分析　㶲效率　电热锅炉　燃煤锅炉　供暖指标

0. 前言

自 1997 年开始我国电力供应形势发生了很大变化，结束了多年来缺电的紧张状况。这是由于近年来国家对国民经济宏观调控和电力工业迅速发展，每年投产机组容量在 10 GW 以上，而用电增长幅度逐年回落，使电力市场发生了历史性的变化，由卖方市场变为买方市场。这种现象为优化发电能源结构提供了很好的机遇。但是对目前电力市场的缓和有两种看法：首先认为电力市场供过于求是暂时的，当国民经济优化调整后，用电需求会增加，况且我国人均电力还很低，人均拥有发电量为 927 kWh，人均发电装机只有 0.222 kW，相当于世界平均水平一半左右，发达国家的 1/6～1/10。当人民生活水平提高后，生活用电会很快增加，今年（1999 年）夏季广东地区又开始出现电力紧张状况，拉闸限电在某些地区又开始出现就是证明。何况我国备用电力容量过小，必要的备用电力是电网安全的保证。而另一种看法认为，目前我国电力市场供需矛盾已趋缓和，部分地区相对过剩，市场消费能力增长缓慢，造成停机备用容量明显增加，负荷率下降，峰谷差拉大，给电网调度带来一定难度。为促销电力，某些地区、部门积极鼓吹发展电（热）锅炉取代热电联产供热。制定许多优惠政策，认为人类走向电气化和物质文明的标志之一，“一石三鸟”：对用户来说降低了建设运行费用，对社会来说减少环境污染，对电力企业来说拉动了电力市场；说是节约能源，电热锅炉效率 97%以上；无污染，实施可持续发展的需要；重量轻，体积小，使用方便等等。为此，某省电力公司和“三电办”在制定 2000 年增供扩销措施时，把推广电热锅炉作为今年增供扩销的重点，制定了许多优惠政策，而该省经贸委、环保局等也为之“推波助澜”，笔者认为这个观点和做法不够全面，值得商榷。

1. 电热锅炉采暖的一次能源利用率

电能是二次能源，品位高，电能绝大部分是从化石燃料在火力发电厂中产生的，其热效率极低，即使采用超临界压力参数的汽轮发电机组，其供电热效率也不易超过 40%，我国去年(2000 年)全国平均供电效率约 30%。经变、输、配电，其损失约 10%，然后，才能到电热锅炉用电，由电能转变成热能(电热锅炉)，其效率较高，≥97%，这样一次能源利用率为：

$$30\% \times 90\% \times 97\% = 26.19\% \approx 26\%$$

而汽轮机热电联产的一次能源利用率为：背压汽机组：≥80%；抽汽凝汽机组：≥45%。

若燃气蒸汽联合循环机组热电联产，其一次能源利用率≥80%。所以说电热锅炉供热，其一次能源利用率只有热电联产供热的一半以下，是不节能的，不能盲目发展。因为，我国过去 20 年改革开放的成就，其能源消耗一半靠开发，一半靠节约。我国某工程院院士建议：今后 40 年，要一半多靠节约，40 年后，就全部靠提高能源利用率来解决了。

2. 电热锅炉采暖的㶲效率

能有两个属性：数量的大小和质量的高低。在环境条件下任一形式的能量在理论上能够转变为有用功的那部分称为能量的**㶲**；其不能转变为有用功的那部分称为该能量的炁。因此，有：能量=**㶲**+炁。$Q=E+A$。

在一定的能量中，**㶲**占的比例越大，其能质越高(能质系统越高，能质系数=**㶲**/能量)；反之，则能质越低(能质系数越低)。如，电能、机械能从理论上说，有：能量=**㶲**，即其能量理论上完全可变为有用功，其能质最高，称高级能量。又如，自然环境中的空气中，海水的热能，其：能量=炁，不能转变为有用功，其能质为零，称无用能、低级能；而介于它们二者之间的能量则有：能量=**㶲**+炁，如燃料的化学能、热能、内能和流体能等等。

建立了能量的质量观，能量=**㶲**+炁和能质系数后，我们来求电热锅炉采暖的**㶲**效率。

设电热锅炉供热采暖室温平均 30℃，热水平均采暖温度 100℃。

1 度电焓值为 860 kcal(3 600 kJ)等于**㶲**值。

1 度电可加热从 80℃至 130℃的水量约 17.2 kg。

0.1 MPa 100℃热水**㶲**值为：62 kJ/kg

0.1 MPa 30℃室温**㶲**值为：6.5 kg/kg

㶲效率=产出**㶲**/投入**㶲**

供热**㶲**侧效率：$\eta_{ex}=17.2\times62/3\,600=29.6\%$(只从电热锅炉起计)

若以一次能源转换成电能到电热锅炉的**㶲**效率为 25%计，则电热锅炉采暖**㶲**效率为：

$$\eta_{ex} = 0.29 \times 0.25 = 0.74 < 8\%$$

用户侧**㶲**效率：　　$\eta_{ex}=17.2\times6.5/3\,600=3.1\%$

若从一次能源算起，则：

$$\eta_{ex} = 0.031 \times 0.25 = 0.077\,5 < 0.8\%$$

所以，从热力学第二定律𤆬分析，电热锅炉采暖 η_{ex} 是很小的；从供热侧≤8%，用热侧≤0.8%。

这是因为用电能采暖“能质不匹配”，大材小用，而热电联产是高温蒸汽（烟气）用于发电，低温低压蒸汽（烟气）用于供热，能源梯级利用“能质匹配”，所以是节能的。

3. 电热锅炉与燃煤锅炉供暖系统的供热指标

3.1 供热系统的供暖指标

为了评价热经济指标，不同的供暖系统评价的起点应相同，即从一次能源消耗量的角度来研究各种供暖方案的优劣，首先要制定一个科学的指标——供暖系统的供暖指标，作为统一比较不同供暖系统的依据（尺度）。

$$\xi = Q/BQ_{HL}$$

式中：Q 为热用户得到的热量；B 为投入的一次燃料的质量；Q_{HL} 为消耗燃料的低位热值；ξ 作为比较各种供暖系统的能源利用效果的统一评价指标，称为系统的供热（暖）指标。对于给定的供热任务，供热指标越高越节省一次能源。

3.2 电热锅炉与燃煤锅炉供暖系统的供热指标

电热锅炉供暖系统的驱动环节是发电与输配电系统，电热锅炉本身相当于热量发生器。煤锅炉供暖系统中，没有驱动环节，一次能源直接进入热量发生器。

电热锅炉与燃煤锅炉供暖系统有一个共同特点，即是全部供暖量均由一次能源加煤炭等提供。为了提供供暖热量，这两种供暖系统首先把90%以上的燃料𤆬和电能𤆬一起组成供暖热量，供用户使用，供热量=𤆬+炕，这样就必有：

$$Q \leqslant BQ_{HL} \quad \xi = Q/BQ_{HL} < 1$$

虽然从理论上说，各种形式的𤆬可以按当量相互转化，但从经济价值及一次能源的消费来看，不应把电能𤆬与燃料𤆬等量齐观。因目前技术条件下，为获取电能𤆬，不仅要使用复杂的发电设备，而且要消耗大约三倍多的燃料𤆬。从这一观点看，电锅炉供暖实在太不经济了。

设现代化电厂供电效率为 $\eta_{gd}=0.35$，集中供热煤锅炉的效率为 $\eta_{gd}=0.85$，分散供热煤锅炉的效率为 $\eta_{gL}=0.65$，电锅炉效率为 $\eta_{gd}=0.98$，热网效率集中供热取 $\eta_{rw}=0.95$，分散供热为 $\eta_{rw}=0.98$，则电热锅炉供热指标为：

$$\xi = 0.35 \times 0.98 \times 0.98 = 0.336 = 33.6\%$$

集中锅炉供暖系统的供热指标为：

$$\xi = 0.85 \times 0.95 = 0.807\,5 = 81\%$$

分散锅炉供暖系统的供热指标为：

$$\xi = 0.65 \times 0.98 = 0.617\,5 = 62\%$$

显然，集中供热锅炉供热系统 ξ>分散锅炉供热系统 ξ>电热锅炉供热系统 ξ。而且电热锅炉 ξ 几乎为燃煤锅炉 ξ 的一半，为集中锅炉的三分之一弱。

4. 电热锅炉的使用空间(条件)

前面阐明了电热供暖是不节能的,但电热锅炉有其优点,在特定条件下仍有一定的使用空间。

4.1 电网峰谷差很大的地区,可用来蓄热(冰)作为采暖空调的补充

一次能源转换为电能的过程中都产生各种损失,其转换效率的高低,与负荷大小、平稳性有关,显然在额定负荷(设计负荷)下连续稳定运行时其效率最高,可靠性也最好。低负荷、变负荷都会使机组调整、调配增加难度与复杂化,同时会使转换效率和可靠性降低。但用户对电能的需求是随着生产与生活需求而变化的,因此电网常常出现峰谷电问题。为了使电网调度、调整运行安全、经济,使发电机组安全、经济运行,因而在低谷时鼓励用户多用电,峰值时限制用户多用电,采用了电力市场以销售电价的高低来调控电量,即出现了分时电价、峰谷电价。在电网低谷时,采用"蓄热式电锅炉"和蓄冰制冷空调装置消耗多余的电力,利用它们启停方便、自动化程度高的特点,起到"削峰填谷"作用。

4.2 水电丰富而燃料等常规能源缺少的地区

我国西南地区水电资源丰富,而常规燃料比较缺乏。一些山区建有不少大小水电站,据有关资料显示,不少水电站电力送不出去,需弃水部分负荷运行。而且水电还有丰、枯水期,丰水期必须加大用电负荷才能与之协调,不弃水运行。因此,如用电锅炉作为这些地区的热源工具就大大增加山区农村用电量,从而更有效地利用水力资源。

4.3 局部地区、特殊场所的特殊要求

4.3.1 大中城市、旅游城市,为了环境效益,防止市区煤烟型污染,禁止使用燃煤锅炉供热,而热电联产供热又不能供应的场所及小区(>供热半径),高层建筑、商业、小型工矿企业等需间断用汽的单位,而电力供应比较充裕(甚至过剩)的地区,使用电锅炉供热,作为热电联产供热的补充是合适的。

4.3.2 大、中城市郊区公寓、别墅、宾馆等要求生活质量高的地区与场所,无法热电联产、集中供热,而天然气小型燃机热电冷联产又无法实施时,采用电锅炉供热、制冷空调是可以的。

5. 结论

总之,当电力比较富裕时,在特定条件下,电锅炉作为供热的一种方式——热电联产、集中供热的补充,是有用武之地的。但是,采用何种分散供热方式,仍需进行技术经济比较后,认为技术上可行、经济上合理才能采用。不宜再无条件地鼓吹采用电锅炉采暖取代热电联产。

参 考 文 献

[1] 钟史明等. 具有㶲参数的水和水蒸气参数手册[M]. 北京: 水利电力出版社,1989

[2] 宋之平等. 节能原理[M]. 北京: 水利电力出版社,1985

[3] 中国电机工程学会热电专委会,吉林热电厂. 电力部门配套出台用电优惠措施. 热电建设动态,1999(73)

[4] 中国电机工程学会热电专委会,吉林热电厂. 比比看还是用电合算. 热电建设动态,1999(73)

[5] 中国电机工程学会热电专委会,吉林热电厂. 湖北电热锅炉"火"起来. 热电建设动态,2000(78)

[6] 黄正荣. 论电热锅炉发展的必要性[J]. 能源研究与利用,2000(1)

燃气轮机改造现有低效火电和热电机组

钟史明

（东南大学　南京　210096）

摘　要： 本文拟对现有低效燃煤火电机组（单机容量100 MW及以下机组）进行燃机改造，达到增容、增效和净化环境等效益，提出可能方案，进行热经济计算。供参考。

关键词： 燃气轮机　燃气蒸汽联合循环　技术改造　增容　增效　效率

1. 概述

自1997年以来，我国电力供求矛盾得到了缓和，改变了几十年来缺电形势，电力市场变买方市场为卖方市场，正好为调整火电机组容量结构、关停淘汰、改造中小机组提供了机遇。

我国燃煤中小容量机组100 MW和50 MW以下25 MW、12 MW的单发电机组和热电机组总容量超过22 000 MW。为改善煤烟型污染，提高容量，增加效率，采用燃油、燃气轮机与它们组成联合循环是"一箭三鸟"的好措施之一：增加容量，提高效率，改善污染。

目前，国外燃气轮机发展很快，单机容量最大达220～310 MW（于今达500 MW级），单循环发电效率为36%～39%（于今达50%），已与国内火电亚临界大型汽轮发电机组效率相当或略高（36%～38%），尤其是燃机与汽机组成联合循环GTCC发电机组，最大功率可达420～480 MW，其供电效率达57%～59%，比大型同等功率燃煤亚临界机效率高出20个百分点，成为目前效率最高的大功率火电机组，且具有电网调峰性能好、排气污染少、少用水、占地少、上马快等优点，是作为当前电站节能、降本，提高经济效益，改善电网调峰和环境效益的最佳选择，因此在世界范围内采用GTCC空前高涨，市场十分看好。美国1998年新上马GTCC容量首次超过常规火电容量，据统计，目前世界上新增发电设备中GT及GTCC电站的订货额高达40%。

我国也正在建立以大型GT为主的电站以及GTCC电站，目前已建立并发电的有20余台套机组，正在建设的有15套机组，总容量约8 000 MW，占全国发电总容量的2.6%。全国GTCC装机总容量达到5 500 MW，占GT和GTCC装机总容量的约70%，效率都在45%以上。

我国目前燃机制造厂只能生产40 MW以下GT及其组成一拖一55 MW GTCC和二拖一100 MW等级的机组，今正在报国家列项与美国GT公司合作生产100 MW以上大型GT，所以，用GT改造小火电机组在技术上是完全有条件的。

当"西气东输"2003年达上海后，沿输气管线城市附近的燃煤小火电和小热电就地改造成GT和GTCC热电站的条件就更加具备了。

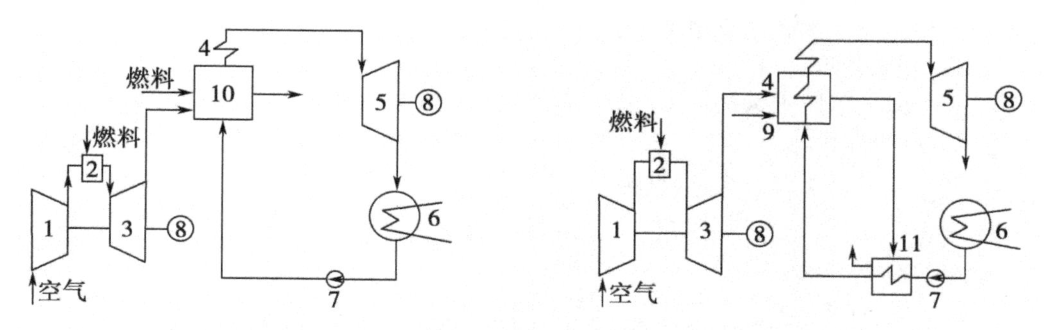

1—压气机；2—燃烧室；3—燃气透平；4—余热锅炉；5—汽轮机；6—凝汽器；7—水泵；8—发电机；
9—补燃室；10—助燃锅炉；11—气水热交换器

图 1　助燃型 GTCC 改造方案

图 2　余热型 GTCC 改造方案

2. 技术改造方案

2.1　助燃型改造方案

如图 1 所示，以燃气轮机的排气约 550℃、含氧 16%～18%作为蒸汽锅炉的助燃空气，这样，不仅回收燃气轮机排气余热，同时充分利用排气中的氧气。这种改造方案，现有电厂的蒸汽锅炉、汽轮机组及其整个系统基本保持不变，锅炉及控制系统需作少量改造，只增加一套燃油或燃用天然气的简单循环燃气轮机发电机组，及其辅助系统和控制系统，就能实现增加发电容量 30%～40%，效率增加 10%左右。

2.2　余热(加补燃)型改造方案

如图 2 所示，把简单循环燃气轮机的排气(500～600℃)，送入 4 余热锅炉，蒸汽送原汽轮机组发电供热。这样改造，当原锅炉已到服役期，或即将报废，可按原蒸汽参数重新设计选用余热锅炉；为增加热、电负荷调节，可增设余热锅炉补燃器 9，增加调节余热锅炉的输入热量。一般进入余热锅炉燃气温度在 650～700℃以下，可保持余热锅炉的结构简单(无辐射受热面)，投资省，可提高与配合汽轮机的进汽参数，提高循环热效率。这种改造，只保留蒸汽轮机发电(供热)系统，增加一套燃气轮机和余热锅炉系统，实现燃煤改燃天然气(油)清洁燃料的发电方案，环境效益很好，可增加发电容量 65%～70%，提高效率 15%左右。

3. 热经济分析

3.1　余热型改造热经济性

图 3 是余热型 GTCC 改造方案的 $T-S$ 图。它由燃气布雷顿循环和蒸汽朗肯循环串联组成，联合循环热效率为：

$$\eta_{t} = \eta_{Gt} + (1 - \eta_{Gt})\eta_{HR}\eta_{St} \tag{1}$$

式中：η_{Gt}——燃气轮机循环实际热效率，$\eta_{Gt}=1-C_{P}(T_{3}-T_{1})/C_{P}(T_{3}-T_{1})$；

η_{HR}——余热锅炉效率，$\eta_{HR}=\alpha(h_{b}-h_{a})/C_{P}(T_{4}-T_{1})$；

η_{St}——蒸汽循环实际热效率，$\eta_{ST}=[1-(hc-ha)/C_{P}(T_{4}-T_{1})]\eta_{HR}$；

其中：α——蒸汽量与燃气量之比；

T——绝对温度，°K；

C_P——定压平均比热，kJ/(kg·℃)；

h——焓值，kJ/kg。

图中数字和字母为各点参数(见图 3)。

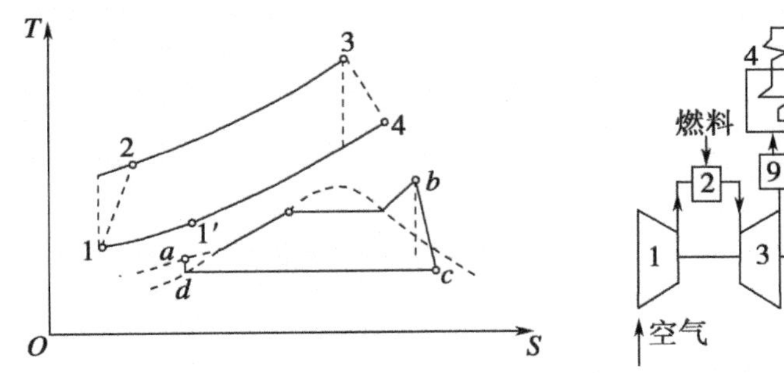

1—9 代号见图1、图2

图 3　余热型 GCTT　T-S 图　　　图 4　余热补燃型 GCTT 改造方案

改造后热经济相对提高值 $\Delta\eta$：

$$\Delta\eta = (\eta - \eta_{St})/\eta_{St} = (1-\eta_{Gt})\eta_{HR} + \eta_{Gt}/\eta_{St} > 0 \quad (2)$$

$\Delta\eta$ 恒大于零，采用余热锅炉型改造成 GTCC，其热经济必然提高，η_{TG} 愈高，η_{HR} 愈大和 η_{St} 愈低时，$\Delta\eta$ 的提高就愈高。

具体改造时，汽轮机总的进汽量一定，蒸汽参数也已知，锅炉给水温度基本上也可确定，余热锅炉效率 η_{HR} 取定时，余热锅炉所需热量也可求出，从而倒求燃机排气总热量和排气温度。然后，初步查选燃机型号与容量，使之与蒸汽循环相匹配。

如蒸汽轮机为热电联产机组，可做两个方案：其一燃机排气进入余热锅炉是单压锅炉，锅炉额定蒸发量，要与汽轮机总进汽量相适应；其二可设计成双压余热锅炉，高压部分供汽机进汽，低压蒸汽可进入汽机供热抽汽，从而提高回收余热和 η_{HR}。

3.2　余热补燃型改造热经济性

当原汽轮机需求的蒸汽量总热耗量大于选用的燃机排汽量乘上放热温差的总热量时，即燃机与汽机不完全匹配时，可在余热锅炉与燃机排汽的烟道上增加补助燃烧器(室)，增加部分燃料，使之产汽量与原汽轮机总进汽量相一致(见图 4)。

补燃余热锅炉 GCTT 改造的热效率公式为：

$$\eta_t = (1-r)[\eta_{Gt} + (1-\eta_{Gt})\eta_{HR}\eta_{St} + r/(1-r)\eta_{HR}\eta_{St}] \quad (3)$$

式中：r=补燃比，$r=f/(F+f)$。

其中：F——燃机燃烧室燃料消耗量；

f——补助燃烧器(室)燃料消耗量。

其他符号意义同前。

显然 $(1-r)\eta_{Gt}=[F/(F+f)]\eta_{Gt}$ 为燃气轮机部分所占效率；$(1-r)(1-\eta_{Gt})\cdot\eta_{HR}\eta_{St}$ 为燃气轮机排气余热锅炉和汽轮机所占的效率。

上式中当 $r=0$ 即 $f=0$ 时，为无补燃余热锅炉型 GTCC 的热效率式：

$$\dot{\eta}_{t} = \eta_{Gt} + (1 - \eta_{Gt})\dot{\eta}_{HR}\dot{\eta}_{St} \tag{4}$$

式中：“·”上标为无补燃时的热效益。

补燃型余热锅炉 GTCC 能否提高热效率？推导如下：可将补燃型 GTCC 热效率式减去余热型 GCTT 热效率式化简得：

$$\Delta\eta_{t} = r(\eta_{HR}\eta_{St} - \dot{\eta}_{t}) \tag{5}$$

从上式可知，只有当 $\eta_{HR}\eta_{ST} > \dot{\eta}_{t}$ 时，补燃才能提高热效率。此时，增大补燃比 r，$\Delta\eta_{t}$ 增加，热效率提高，同时，应使 $\eta_{HR}\eta_{St}$ 尽量增大。提高 η_{HR} 就要努力实现低氧燃烧，使过剩空气系数小（即把燃机排气中的氧气全部燃烧完）；另外，为了提高 η_{St}，使蒸汽初参数提高达汽机进汽参数的额定值，或压红线运行。当 $\dot{\eta}_{t} > \eta_{HR}\eta_{St}$ 时不应补燃，即以 $r=0$ 为佳。此时，若补燃则效率反而下降，其唯一好处只是使用了排汽中部分氧气而已。

3.3 助燃型改造热经济性

这种联合循环，实质上只有燃机功率 W_{Gt} 加上燃机尾气热量在蒸汽循环得到部分电功 ΔW_{St} 为纯粹的联合循环。这部分热效率 η_{tc} 很高。还有一部分电功由蒸汽锅炉投入燃料产生的，即 $(W_{St} - \Delta W_{St})$，这部分与未改造前的蒸汽循环的热效率相差不多，一般略有降低。这是因为通常给水温度较原先低，使回热效益低，同时，因燃机尾气作助燃空气，其氧气含量比空气低，导致需要燃机尾气量比原先空气量多，排烟量增加，使锅炉效率略有降低。

联合装置纯联合热效率 η_{tc} 可按下式求得：

$$\eta_{tc} = \{3\,600W_{Gt} \cdot \zeta - [Q_{G} - 3\,600W_{GT}/\eta_{m}\eta_{g}) - G_{0}C_{P}t_{0}]\}/(Q_{G}/\eta_{b}) \tag{6}$$

式中：ζ——背压增加燃机功率减少系数；

Q_{G}——燃机部分热耗量，kJ/h；

η_{b}——燃机燃烧室效率，%；

$\eta_{m}\eta_{g}$——机械效率和电机效率，%；

G_{0}——燃机排气量，kg/h；

C_{P}——烟气等压平均比热容，kJ/(kg·K)；

t_{0}——排烟温度，℃；

Q_{0}——燃机排气热量，kJ/h，$(Q_{0}=G_{0}C_{P}t_{0})$。

如忽略 ζ、η_{b}、η_{m}、η_{g}，则简化为

$$\eta_{tc} \approx (Q_{G} - Q_{0})/Q_{G} \tag{7}$$

燃机尾气蒸汽发出电功：ΔW_{S}

$$\Delta W_{St} = [(Q_{G} - 3\,600W_{GT}/\eta_{m}\eta_{g}) - G_{0}C_{P}t_{0}]/3\,600 \tag{8}$$

蒸汽单独加燃料发出电功等于汽机发出总功扣去燃机尾气热量发出的电功，即：

$$W_{S} = W_{St} - \Delta W_{St} \tag{9}$$

所以采用加权平均法可求出联合装置综合热效率为：

$$\eta_{t\Sigma} = (W_{Gt}\eta_{tc} + W_{St}\eta_{Cg}\eta_{CSt})/(W_{Gt} + W_{St}) \tag{10}$$

式中：η_{Cg}——联合工作时锅炉效率；

η_{CSt}——联合工作时汽机效率。

上式中分子表明燃气部分供应燃料所发电功 W_{Gt} 和蒸汽部分供应燃料所发电功 W_{St} 分别乘上各自热效率，应等于全装置发出总电功($W_{Gt}+W_{St}$)乘上综合热效率。

4. 燃机改造燃煤热电联产联合循环

4.1 原汽轮机是纯凝汽发电机组

迭置燃气轮机组成燃机联合循环供热，一般余热锅炉设计成双压或三压系统，使中、低蒸汽参数与供热参数相配合作为生产用汽或生活用汽：高压蒸汽供原汽轮机发电的方案，即余热锅炉供热方案。余热锅炉把燃机尾气热量全部利用，其热效率较高，但热负荷波动与燃机负荷波动往往不一致，因而在多数情况下，应加补燃和旁通烟囱的措施，作为热、电负荷调节用，这样运行比较复杂。像前南斯拉夫贝尔格莱德 Toplano Novi Becgrod 电站的燃机热电联产改造就是这类方案，其总输出电功率 105 MW，总供热量 584.1×10^6 kJ/h，电站总热效率(燃料利用系数)为 67%，一次能源的有效利用引人注目。

4.2 原汽轮机为热电联产机组

迭置燃机组成联合循环热电联产，一般余热锅炉设计成单压或双压系统，使高压蒸汽供汽机进汽，低压蒸汽作生产或生活用热的补充，其主要供热由汽机抽汽或背压供热。余热锅炉单压时，其产汽量要与原汽机主汽相匹配。供热由汽机抽汽或排汽供应。与上述方案相同，为了热、电负荷的调节，一般设有补燃和旁通通道烟囱，作为热电负荷的调节之用。

5. 结语

当我国“西气东输”后，用 GTCC 改造现有燃煤中小机组，是一种增加容量、提高效率、减轻污染、降低造价、延长中小机组使用寿命的切实可行的改造途径。

对于急需增加调峰容量、严禁燃煤双控城市的热电联产机组，或燃煤机组急需加装烟气脱硫装置的城市附近电站，用 GTCC 改造其得益将更大。

建议在城市周围、沿海地区、城中电站以及有燃用天然气条件的地区，选择一些合适机组，进行 GTCC 技术改造，解决机组热效率低、容量小、污染严重且面临淘汰等一系列矛盾，从而为我国大批中小机组的技术改造探索一条新路。

用 GTCC 改造中小机组，国外已是成熟技术，国内应积极试点采用，然后在有燃油、燃气条件的地区加以推广，提高发电热效率，降低煤耗，减小与赶上世界先进水平。

文中提出的 GTCC 改造，热效率计算式，可作为方案论证时使用。

参 考 文 献

[1] 钟史明. 燃气——蒸汽联合循环发电[M]. 北京：水利电力出版社，1995

[2] John S. Joyce How GT Can improve operation economy and environmental Compatibility of new and old generating stations. Simens Power Joumal Dec, 1992

[3] 徐建强等. 燃气轮机简单循环改为联合循环的工程技术论证[J]. 燃气轮机发电技术，2000(2)

[4] 罗传奎等. 燃气轮机联合循环工艺改造现有电厂的技术经济分析[J]. 燃气轮机发电技术，2000(1)

三、天然气发电与 CHP(CCHP)

引进天然气　优化发电能源结构

钟史明

（东南大学　能源与环境学院　江苏　南京　210096）

摘　要：介绍了我国发电能源结构，燃用天然气与煤炭的比较，分析了天然气的储量、运输、安全性，建议引进天然气以改善发电能源以煤为主的结构，以减轻环境污染治理的压力和改进电网调峰手段。

关键词：天然气　液化天然气　发电能源结构

0. 前言

我国电力工业以火电为主，水电为辅。虽然水力资源极其丰富，居世界首位，但开发极少。1990 年全国装机总容量 137.5 GW，其中火电 101.8 GW，占 74%，水电 35.7 GW，占 26%；全国发电量为 620.1 TWh，火电为 494.9 TWh，占全国总发电量 79.8%，水电为 125.3 TWh，占 20.2%。而火电中以煤电为主，全国总容量为 87.8 GW，发电量为 426.9 TWh，占火电发电量的 86.3%，其余为油电、气电。经过几年的发展，发电量的比例，水、火电量的百分数，反而有些减小。据《中国电力》1998 年第 7 期报道，1997 年全国装机总容量 254.2 GW，其中火电 192.4 GW，占 75.7%，水电 59.7 GW，占 23.5%；全国发电量为 1 134.2 TWh，其中火电为 925.2 TWh，占全国总发电量 81.6%，水电为 194.6 TWh，占 17.2%。现在我国装机容量已达 254 GW，居世界第 2 位。预计"九五"计划中(2000 年)全国装机总容量可达 305.7 GW，年发电量 1 412.8 TWh。其中，水电为 72 GW，占 23.6%，火电 235.0 GW，占 78.9%，发电量 1 175.0 TWh，占 83.2%。其中煤电容量 207 GW，发电量1 085 TWh，占火电容量 88.1%，发电量为 92.3%。所以，到目前为止，我国的电力仍然以燃煤为主。

燃煤电厂带来了严重的环境污染问题。燃用我国 1 t 标准煤约产生 CO_2 排放 440 kg、SO_2 排放 20 kg、烟尘排放 15 kg、灰渣排放 200 kg 等。CO_2 的产生使温室效应增高，SO_2、NO_x 等增加，使酸雨反应加剧。所有这些污染物的排放不仅破坏环境，也破坏了持续发展战略。

另外，我国煤炭资源的分布多在西北、山西和内蒙古等边远省份，而沿海经济较发达地区一般都缺乏煤炭资源。因此"北煤南运""西煤东运"加剧了铁路、铁—水联运的压力，也增加能源消耗和治理环境污染物的总量。

所以，经济发展比较快的东南沿海省市，特别在粤、闽、浙、苏、沪等省市一次能源贫乏，环境容量小，电力需求增长极快，煤炭供应困难，正在酝酿引进天然气或液化天然气(LNG)用以发电。这样，一是可以改变发电能源结构；二是可以减少治理环境量度，使能源、经济与环境协调发展；三是可以缓解电力的峰谷差矛盾，以及增加应急机组。本文拟对天然气，特别是液化天然气的运输、接收、气化、发电和供气等一些问题作些介绍，供决策部门和同仁参考。

1. 天然气(NG)、液化天然气(LNG)与煤炭作为发电燃料的比较

1.1 对环境的影响

天然气是一种优质、清洁的燃料和化工原料，储量丰富，分布广泛，成本较低，污染极小。表1为燃用天然气电厂(装机容量500 MW)和燃煤电厂的比较。

从表1可见，与燃NG电厂的污染物的排放(%)相比，燃煤电厂仅为：

SO_2：0.025%　　NO_x：19.200%　　CO_2：57.470%　　灰渣：0%

表1　燃煤、燃NG电厂的比较(装机容量500 MW)

项　目	燃煤电厂	燃天然气电厂
(1) 污染物排放量(t/a)		
SO_2	28 000	7
NO_x	5 056	971
CO_2	2 160 000	1 241 292
灰渣	400 000	0
(2) 用水量(%)	100	33
(3) 占地面积(%)	100	54

注：(1) 原煤热值按全国平均值19 678 kJ/kg(4 700 kcal/kg)计；(2) 原煤含硫按1.1%、灰分按27%计；(3) 年耗煤量150万/t，除尘效率98.5%；(4) 燃天然气电厂取值国外资料。

所以燃用NG或LNG是接近清洁燃料，可大大减轻SO_2与NO_x的排放，减少CO_2温室效应一半左右，有很大的环境效益。

1.2 燃气轮机与汽轮机发电

燃用NG和LNG的原动机是燃气轮机，它是采用燃气—蒸气联合循环发电方式，是21世纪发电循环的主要方式，燃用NG电站其热效率高达58%，比燃煤蒸汽轮机循环电站高出16个百分点，从而又大量节约燃料。按500 MW计，若年运行小时为6 000 h，则年节标煤约24万t。

燃气轮机发电有极大优点：效率高，污染极小，机组重量轻，体积小，运输安装方便，占地少，基建期短，单位投资小，用水量少，启停快，运行灵活，可靠性高。可作为基本负荷，亦可作调峰机组，承担电网调峰和应急事故之用。

1.3 发电成本

1.3.1 国外估算

参见表2，发电成本总费用：煤电为3.99美分/kWh，而LNG电为3.71美分/kWh。虽这一估算是GDF法国燃气公司提供的，费用与价格只是象征性的，不需更新，但LNG比煤电发电成本仍稍有优势。

表2　燃煤与燃天然气发电成本比较

项　目	燃　煤	燃天然气
(1) 投资费用		
单位投资费(美元/kW)	900	500
每kWh投资费(美分/kWh)	2.57	1.43

续表

项　目	燃　煤	燃天然气
(2) 经营费用燃料费(美元/MMBtu)	1.5	3.00
供电效率 η(%)	36	45
电费(燃料费)(美分/kWh)	1.42	2.28(小于经营标准)
(3) 天然气所需费用(含 NG 市场固定费)[美元/(kWh・a)]		48
(4) 基本负荷下		
燃料费(美元/MMBtu)		1.21
电成本(美分/kWh)		0.92
(5) 尖峰负荷下		
燃料费(美元/MMBtu)		1.79
电成本(美分/kWh)		1.36(小于经营标准)
(6) 总费用(美分/kWh)	3.99	3.71(小于计划标准)

注：(1) GDF 法国燃气公司资料；(2) 负荷率两者都为 60%。

1.3.2　国内估算

国内某电厂初步可行性研究成果如表 3 所示。

从表 3 中可见，LNG 电站在 4 500 h 运行时，与进口机组 2×350 MW 火电燃煤年运行 5 000 h 的上网电价水平相当，说明 LNG 电站在经济上有竞争力。

如实行峰谷电价，参照北京峰电价 0.8 元/kWh、腰电价 0.4 元/kWh、谷电价 0.17 元/kWh 核算，扣除电网成本，则年运行小时为 5 000 h 的电厂可承受上网电价为 0.61 元/kWh；带尖峰负荷年运行小时为 3 500 h 的电厂上网电价为 0.768 元/kWh；带低谷负荷年运行小时为 4 000 h 的电厂上网电价 0.592 元/kWh。可见，LNG 的上网电价在经济发达地区是可以承受的。

表 3　LNG 电站与常规脱硫燃煤火电站经济比较

项　　目	LNG 发电	常规燃国产煤火电			
容量(MW)	4×650	2×300	2×350	2×600	3×600
年运行小时(h)	3 500　4 000 4 500　5 000	5 500 h	5 500 h	5 500 h	5 500 h
工况		新建国产机组，脱硫	扩建进口机组，脱硫	新建进口机组，脱硫	扩建进口机组，脱硫
1996 年静态投资(万元)	1 714 335	339 304	471 449	920 496	1 495 980
基础价(元/kW)	6 594	5 655	6 735	7 671	8 311
上网电价(元/kWh)(不含税)	0.638　0.592 0.549　0.521	0.507	0.540	0.616	0.621

注：摘自江苏省电力设计院：江苏省(如东)引进 LNG 发电项目初步可行性研究，1995。

2. 天然气的储量

世界天然气资源储量丰富，到 1996 年末世界天然气探明储量为 141 万亿 m³，按目前的开采水平，储采比为 68 年。其占一次能源的比例 23.3%。我国至 1995 年末探明储量为 1.7 万亿 m^3，储采比为 94.9 年。我国还拥有许多未探明的储量，因此只要国家调整天然气开采政策，就可增加天然气的产量。

另据美国《油气杂志》1993 年 3 月发表的数据，世界年产 100 亿 m^3 以上国家和地区 1993 年天然气产量为 21 758 亿 m^3。随着科技进步，天然气探明储量不断增加，开采量也在不断增加。按目前推算，世界天然气资源可开采利用 60 余年，比石油开采利用时间长约 20 多年。

3. 天然气的运输

天然气运输方式主要有两种，一种是管道输送，另一种是液化船运（LNG 体积仅为其气体的 1/625 左右，便于运输）。这两种运输方式运输成本分析是海底管道比陆地管道成本高，液体船运（包括液化费用）起步成本高于管道运输输送，但在运距 1 000 km 左右时液化船运与海底管道成本持平，大于 1 000 km 海底管道费用急剧增加，在距离为 4 000 km 左右时，液化船运与陆地管道成本相当，大于 4 000 km 以上陆地管道费用的增加将大大超过液化船运。

LNG 的温度一般为－163℃至 150℃，此低温时一般碳钢会脆裂，故要耐低温度强度钢材。

LNG 的运输船采用薄膜型结构，薄膜 LNG 运输船的设计原理与其他货船的设计方式有很大不同：它是一种集成的船装货物储罐系统，是运用双层船身加强结构。双层船身的内壁装有低温衬垫，既保证燃气密封性，又保证绝热。因此，储罐结构部分在环境温度条件下工作而可保持其传统设计。

在薄膜型船只中，船结构为双层船身，双层底板，平面双层甲板型，货物储罐由结实的双层舱壁围堰分开。

船的总体布置，特别是货物储罐的数量随船的容量不同而变化。典型的一条容量为 14 万 m^3的 LNG 运输船，货物储罐数是 4 个。

GT NO96 集成储罐技术包括 2 层相同的薄膜（主、次薄膜），组成 2 道独立的屏障。

1994 年 SIGTTO 发表的统计表明，许多 GTT 薄膜型 LNG 运输船已成功地运行逾 15 年。

在阿拉斯加（ALASKA）和日本（TOKYO）之间 2 条船保持记录安全航行超过 25 年。

从运量而言，TELLIER 船进行了 1 000 多次安全航行，证明了薄膜技术的长久可靠性。同时，大型轮船 EDOUARDL. D 的 LNG 总运输量达 49 936 Mm^3，持运货量的金牌，证明了薄膜技术的可用性。

4. LNG 的安全性

燃用天然气比液化石油气安全，因为天然气体积质量比空气轻，在通风的环境条件下无爆炸危险整个 LNG 系统，从码头接收储存气化、配气、送气过程，都有严格要求，确保安全。如储存罐带有混凝土外墙保护、多种监控手段（天然气的低温和防火）和直接启动保安系统；灭火装置有泡沫、干粉和喷水式灭火器，以及减少蒸发汽云形成的可能性系统；并设有承溢池、绝缘混凝土和水幕等防护措施。

LNG 船运是很安全的，如日本自 1963 年开始进口 LNG，且逐年增加，30 多年来未发生过一次事故，也未见其他国家有运送 LNG 运输事故方面的报道，接收站也是安全的。法国天然气公司报道，从第 1 桩贸易合同起至今 28 年无重大事故。

LNG 接收站不造成污染，无水污染、无大气污染，仅在特定条件下限于燃烧气体（火舌管和燃烧气化器），设备无噪声，在站区地界线不超过 55 dB，对海水降温仅限于摄氏几度，离排水 20 m 处只降温 2℃，实在是一个清洁工厂。

5. LNG 系统（链）（图 1　LNG 链）

如图 1，LNG 从气田到配气、发电的系统是将天然气从气田开采送到液化天然气厂（包括液体、储存输送）装船，经载货航行（空船经压载航行）送到接收站（包括储存、再气化）再送到配气系统、燃气发电。

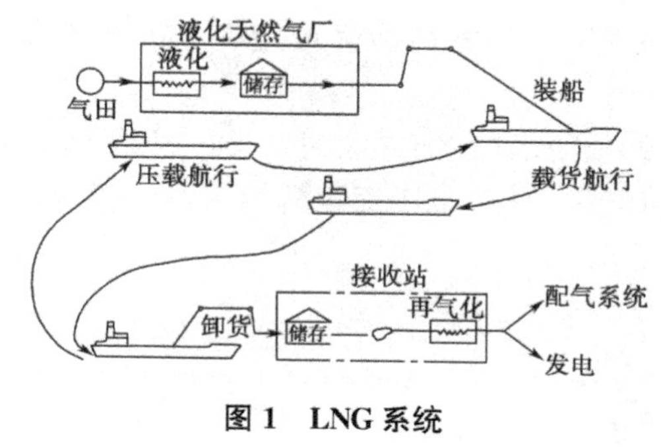

图 1　LNG 系统

6. LNG 接收站（参见图 2　LNG 接收站流程简图）

LNG 接收站的主要任务与设施：(1) LNG 运输船卸货：泊位码头，卸货吊臂，浸没于贮罐中的潜式泵和管道。(2) LNG 的储存：储存罐。(3) LNG 蒸发与气的输出：LNG 潜液泵，装罐与输出；LNG 汽化器，用海水淋蒸发器和浸没式燃烧器蒸发器；气体的输出，需有计量、加臭放压力控制。(4) 蒸发气处理与燃烧：蒸发气压缩机、卸船压缩机和必要时火舌管燃烧。(5) 排流与冷却系统：管线排流转动设备冷却（如蒸发气再冷却器）。(6) LNG 冷回收（见下节）。(7) 通用设施：燃料气、氮、仪表用压缩空气和厂房空气、蒸发用海水、灭火用水、工业用水和饮用水、柴油和船用燃料油。

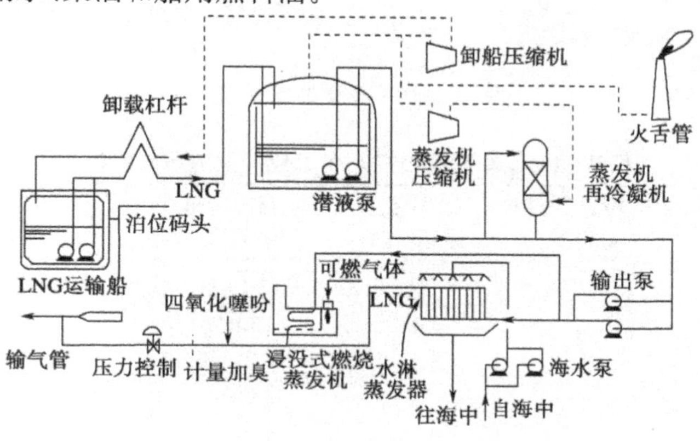

图 2　液化天然气接收站流程简图

7. LNG 蒸发过程冷量回收(参见图 3 LNG 冷能回收)

LNG 在工作压力下(如 0.6～1.0 MPa)液化温度一般在－160℃左右。因此在运输船入接收站后要进行气化,要求加热,使其温度从－160～－150℃至少升高到接近于 0℃。在传统的热交换装置中,这种热量通常由环境提供。环境热量几乎是无限的,而且是免费提供的。由 LNG－海水热交换器组成蒸发器就属于这种情况。也可用部分蒸发的 LNG 燃烧所产生的热量传给 LNG,使用浸没式燃烧器的蒸发器设备就属于这种情况。

回收 LNG 冷能的目的在于将这种潜在的冷能回收用在冷量利用的工厂,而不再用于海水蒸发器将冷量释放到环境里。

一般发送 1 000 m^3/h LNG,其燃烧能量可达 7 000 MW,而 LNG 冷能具有 80 MW 的能量。

图 3 为 LNG 冷量回收示例图。此图为法国 FOS－SUR－MER 接收站中的 LNG 冷量回收系统,主要用于液化空气厂,以及用作旋转机械与汽轮机冷却水。LNG 冷量回收特性如表 4 所示。

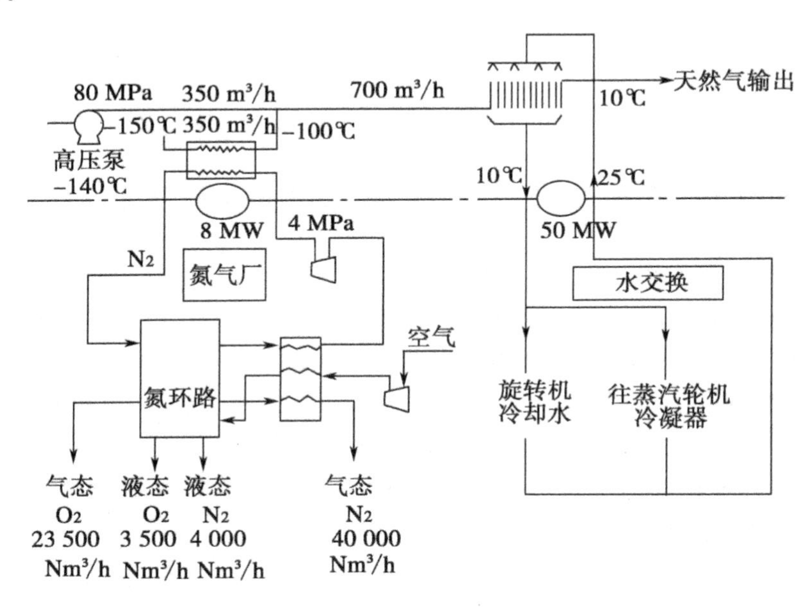

图 3 LNG 冷量回收系统

表 4 LNG 冷能回收在几个工业行业的节能特性

冷能用途	收回冷量/冷量 (kWh)	LNG 流量 (m^3/h)	使用温度范围 (℃)	年回收冷量 (10^6 kWh)	年节能 (10^6 kWh)
空气煤气分离与液化	6	100	－150～－100	18	100
CO_2 液化和干冰	1.5	15	－150～－60	6	9
冷冻食品深冷与冰库	0.35	15	－150～－40	8	3
工业用水冷冻	—	1 000	－150～＋10	780	—
发电过程	0.15	1 000	－150～－40	520	100

8. 结论

8.1　天然气是热值高、污染极小的清洁优质化石能源，目前全球用于发电已达58%，而且不产生废弃物污染环境，二氧化碳排放量较少，有利于减缓温室效应；用于生产合成氨，单位投资可减少一半左右，成本降低1/3；用100亿 m^3 天然气代替民用煤，年可节煤3 000万t，少排放 SO_2 气体236万t，烟尘3万t。利用天然气的经济效益、环境效益和社会效益是显著的。近十几年来，世界天然气的增长速度超过了原油的增长速度。国际天然气市场正日益扩大，已形成欧洲、北美洲和亚太贸易区，东南亚的输气管网也像欧洲一样扩大连成一片。

8.2　世界天然气资源相当丰富，可开采利用60余年，比石油开采利用时间长约20年。我国是世界上产油气大国之一，天然气资源丰富，近年来已探明的储量大幅度增加，正在形成四川、陕甘宁盆地中部、莺哥海、柴达木东部和东海、南海六大含气区，但由于勘探程度与开采程度都较低，国内天然气资源难以满足经济发展的需求，必须利用国外天然气资源。北方可用管道从俄罗斯引进，东南沿海宜采用液化船运为好。

8.3　引进天然气应优先用于发电，以改变煤电（约80%）为主的发电能源结构，以适应调峰容量和应急机组容量，减轻煤电对环境污染治理的难度，缓解东南沿海经济发达地区和缺煤省份运力短缺的压力。同时，还可用于其他工业和民用，以改善人民生活和净化城市环境。

8.4　我国海岸线长，而且有很好的深水港，建LNG接收站的条件具备，建议先选取一两个点做可行性研究的前期工作。

8.5　LNG的冷能回收，在接收站终端建设时宜综合考虑，以减少运行成本，发挥投资效益。

8.6　我国东南沿海地区（粤、闽、浙、沪、苏、鲁等省市）是经济发展较快、实力较强的地区，但能源资源匮乏，自给率低，一次能源消费以煤为主，是煤炭调入省市。因此，在该地区适当引进LNG发电可优化发电能源结构，增加清洁能源比重，减轻对交通运力和环境容量的压力，是十分必要的。

参考文献

[1] 紫菲燃气公司 Pierre LE BRIS. 利用回收液化天然气的发电. 液化天然气研讨会文集. 1997
[2] 龚逸峰等. 江苏省引进天然气可能性的探讨. 能源研究与利用，1995(5)
[3] 谈声化. 论江苏液化天然气(LNG)项目在长江三角洲地区经济发展中的作用. 江苏能源与社会经济、环境可持续发展战略研究论文集. 1997

调整能源结构　发展分布式能源

钟史明

（东南大学　南京　210096）

摘　要：我国以煤为主的能源结构，带来了严重的环境污染，制约了可持续发展，必须调整能源结构，增加天然气和石油清洁能源的比重，积极开发新能源和可再生能源。常规大型燃煤火电厂，应逐步减少比重，增加燃气分布式能源比重。本文阐述分布式能源的特点、优点和发展条件及其存在的几个问题。

关键词：能源　调整能源结构　分布式能源　集中式能源

0. 前言

我国国民经济快速发展，能源需求剧增，能源跟不上经济的发展，缺口不断扩大而化石能源资源先天不足，如无重大矿藏资源发现和不计进口，我国的原煤、石油和天然气分别只够用50年、14年和45年。能源形势十分严峻，因而必须开源节流，节能减排改变经济增长方式，调整发电能源结构。“十二五”以及未来长远电力发展战略，在电源发展上，坚持优先开发水电、优化发展煤电、着力发展核电、积极推进新能源发电、适度发展天然气集中发电、因地制宜发展分布式发电的方针，在电网发展上，加快推进智能电网建设的发展方针。

本文拟阐述调整能源结构和发展分布式能源的情况：天然气供应、分布式能源认识、拟订技术规范及存在问题和提出几点建议供参考。

1. 分布式能源

1.1　定义

“分布式能源系统”的概念：分布式能源是近年来兴起的利用小型设备向用户提供能源供应的新的能源利用方式。与传统集中式能源系统相比，分布式能源接近负荷，不需要建设大电网进行远距离高压或超高压输电，可大大减少线损，节省输电和电网建设投资及运行费用。由于兼具发电、供热等多种能源服务功能，分布式能源可以有效地实现能源的梯级利用，达到更高能源综合利用率。分布式能源启停方便，负荷调节灵活，各系统相互独立，系统的可靠性和安全性较高。此外，分布式能源多采用天然气、可再生能源等清洁能源为燃料，较之传统的集中式能源系统更加环保。热电联产(CHP)是目前典型的分布式能源利用方式。

1.2　分布式能源的分类

分布式能源由于供给用户范围大小往往分为两类：一类是供给范围较小，如一个单位、一个小区、一个军营、一座学校、一所医院、一幢楼等等的用能用户称为楼宇式CCHP，机组容量一般较小(几个 kW～几个 MW);而另一类是供能范围较大,如一个省级以上经济技术开发区(新区),大学城区,中小发达城镇(新城区,生态城区),称为区域性 CCHP,机组容量一般较大(几个～几十个 MW)。我国于 1997 年安装在上海黄浦区中心医院热电冷站 CCHP,美索拉公司 T1501 型 1 000 kW 燃机属楼宇式 CCHP,而最近安装在广州大学城的分布式能源站 CCHP 称为区域性分布式能源站。2 套各 78 MW 燃气蒸汽联合循环机组,每套装设 1 台燃机,1 台余热锅炉,1 台抽汽式蒸汽轮机,燃机从澳大利亚进口。

1.3　特点与优点

1.3.1　特点

所谓分布式能源是相对于传统大型,集中输电而言,其主要特点有:

• 小型:电站、机组容量小,一般单机容量,燃机 0.5～40 MW,汽机≤50 MW,电站容量一般<200 MW,属小型机组。

• 高效:小型机组单机供电效率达 25%～39%。联合循环可达 80%以上,比汽机单纯发电效率高 15%～20%,能源利用率约高 10%。

• 分散:建立在用户端,各发达的中小城镇,各个工厂、大学、大医院、大单位、居民小区,商业中心,楼宇,大酒店、旅游及度假,军事基地等都可建立分布式能源站,小型动力。

• 清洁:燃用油汽等清洁燃料,没有灰尘排放,SO_2 几乎接近零排放,比常规燃煤电厂 NO_x 排放减少 80%,CO_2 排放减少 60%,环境效益十分诱人。

• 经济:没有远距离高压、超高压输电线路,没有大管径长距离热网(冷网)管道,少用水,占地少,基建快,投资省,低成本(节能减排),经济效益好。

• 可靠:分布式能源站星罗棋布地布置在用户端接近负荷中心就地消费无远距离输电网和长距离大型热(冷)网,依靠现代技术、信息化,设备十分可靠,运行灵活,自动化高,可应付突发事件。如中东战争,一个碳墨弹就可瓦解整个电网,造成大面积停电。又如我国前几年冬季暴风雪造成高压输电故障,中南几省造成停电,严重影响生产与生活。而分布式能源站小型的 CCHP 就可避免以上后果。

1.3.2　优势

分布式能源既可用作常规供电(热冷),又可承担应急备用电源,需要时还可用作电力调峰,与智能电网一起可共同保障各关键用户的电力安全供应,当大电网出现大面积停电事故时仍能保持正常运行,从而弥补大电网安全稳定性的不足。分布式能源机组可以采用天然气、燃油双燃料设计,在电网瘫痪和燃气供应中断的同时,可继续运行保持电力供应。天然气分布式能源比较简单,易于启停,可在大电网崩溃后进行黑启动,也可提供电网运行无功补偿,保障电网恢复运行。

• 利于电力和天然气削峰填谷:天然气 CCHP,它利用发电后的余热或汽轮机抽汽用作吸收式制冷和供热,不用电压缩制冷供热。特别是在夏天“迎峰度夏”时,可顶替电压缩制冷空调,可以“削峰”,晚间电低谷时,可启动电蓄冷,蓄热装置使用电力,做到填谷作用。

民用天然气峰谷差很大,冬夏峰谷差也大,采用天然气 CCHP,可均衡天然气管网压力波动,做到均衡供气。

• 多能互补:分布式能源可利用多种能源,如洁净能源(天然气)、新能源(氢能)、可再生能源(生物质能、风能和太阳能等)等等,可同时为用户提供电、热、冷等多种能源应用方式,因此是因地制宜、高效利用能源、增加能源供应、应对能源危机和能源安全的良好途径。

• 构筑智能电网的基础：分布式能源系统为在用户端大量接入分布式可再生能源为主，如消纳不稳定的太阳能、风电和小水电的电力等，采用先进信息和通信技术及电力电子技术，通过分布式动态能量管理系统对分布式能源设备实施广域优化协调控制，实现冷、热、气、水、电等多能互补，实现电网自下而上地提高用能效率，优化供需结构，节约设施资源，降低整体投资，所以，分布式能源是智能电网构成的基础。智能电网将实现灵活扩容，灵活接线，灵活的拓扑结构，支撑区域能源优化与分布式能源协调控制。如同互联网中的PC电脑一样，通过智能电网实现了一个扁平化的信息时代的能源系统，实现了能源用户与生产转换之间相互交融，彻底改变了工业时代日渐衰落的能源观念与供需关系。

• 可向无电地区、特殊场地满足供电需求：由于我国许多边远地区及农牧区远离大电网，因此难以从大电网向其供电，而可再生分布式能源系统则非常适合容易建成向无电农村、牧区、山区、海岛，发展中心区及商业区和居民区提供电力。燃气分布式能源可以利用小规模天然气、非常规天然气、沼气、秸秆气和其他工业可燃气废气等资源发电，供给这些无电地区用电需求。

2. 调整能源结构

从世界各国的发展来看，调整产业与经济结构，转变经济增长方式的关键是调整一次能源结构，改变能源转换技术，这是我们从根本上解决中国的结构性矛盾，实现产业升级，提高能源利用效率，降低污染和温室气体排放的关键。人们积极促进天然气对煤炭的替换，这是实现我国经济与社会可持续发展，制衡国际制约因素，推动改革的重中之重。天然气将为中国带来一次能源重大变革，是一个极好的机遇。

2.1 我国能源消耗简况

据有关资料报道，由于历史的原因，我国长期是粗放型的国民经济发展道路，致使能源消耗远大于发达国家，到2009年情况如表1所示。

表1 2009年我国与美、日能源消耗

国别	GDP占世界的百分比	消耗的煤炭占世界百分比	消耗的石油占世界百分比
中国	8.6%	46.9%	10.4%
美国	24.3%	15.2%	21.7%
日本	8.7%	3.3%	5.1%

我们比发达国家多消耗了大量的能源，因而中央提出要调整能源结构转变经济增加方式，燃气分布式能源可以在这场大变革中发挥重大作用。

我国长期以来以煤为主，优质清洁能源比重很低，因而一次能源结构亟须调整。近期我国一次能源消耗比重如表2所示。

表2 中国能源消费结构

年份	能源消费总量	各种类型能源消费占能源消费总量的比重(%)			
	(万t标准煤)	煤炭	石油	天然气	水电、核电、风电
1980年	60 275	72.2	20.7	3.1	4.0
1985年	76 682	75.8	17.1	2.2	4.9

续表

年份	能源消费总量	各种类型能源消费占能源消费总量的比重(%)			
	(万 t 标准煤)	煤炭	石油	天然气	水电、核电、风电
1990 年	98 703	76.2	16.6	2.1	5.1
1995 年	131 176	74.6	17.5	1.8	6.1
2000 年	138 553	67.8	23.2	2.4	6.7
2005 年	223 319	68.9	21.0	2.9	7.2
2006 年	246 270	69.4	20.4	3.0	7.2
2007 年	265 583	69.5	19.7	3.5	7.3
2008 年	285 000	68.7	18.0	3.4	9.9

注：电力折算标准煤的系数根据当年平均发电煤耗计算。资料来源：国家统计局。其中 2008 年数据按统计公式折算。

国家能源局宣布“十二五”能源规划的制定，将重点围绕实现中央提出的非化石能源比重增加和碳减排两个目标展开。预计到“十二五”末，煤炭在一次能源中的消费比重将从 2009 年的 70%降至 63%，天然气从目前的 3.9%提升至 8.3%，2015 年中国天然气利用规模从目前的约 900 亿 m^3 增加到 2 600 亿 m^3。

减少燃煤比重，增加天然气供应，无疑为发展分布式能源提供了有力的保证。

2.2 “十二五”能源规划突出水电

“十二五”能源规划提出一次能源消费总量控制在 41 亿 t 标煤。其中，非化石能源将占比 11.4%(折算为 4.8 亿 t 标煤)，此目标的 2/3 要非水电来完成。此外，核电到 2015 年实现 4 000 万 kW 装机的计划不变。煤炭消费是 38 亿 t，石油 5 亿 t，天然气 2 300 亿 m^3。另外，“十二五”期间，我国将基本形成“五基一带”能源开发布局，“五基”即山西、鄂尔多斯、西南、东北(蒙东)和新疆五大综合能源开发基地，“一带”指东部沿海地区一带。未来五年，五大能源开发基地将承担国内能源 80%供应量和 90%调出量需求，成为“十二五”期间能源开发的主力军。

“十二五”末期，全国发电装机总容量将达到 14.32 亿 kW，比“十一五”末期增加四成以上，其中水电为 2.84 亿 kW，抽水储能 4 100 万 kW，煤电 9.36 亿 kW，核电 4 000 万 kW，天然气发电 3 000 万 kW，风电 1 亿 kW，太阳能发电 200 万 kW，生物质能发电及其他 3 000 万 kW；2020 年装机总量将达 17 亿～18 亿 kW。“十二五”期间需新增装机容量 4 亿 kW，其中水电 1 亿 kW，核电 4 000 万 kW，风电及可再生能源 6 000 万 kW，气电 1 600 万 kW，其余2 亿 kW 需煤电支撑。

预计煤电开工规模为 3 亿 kW，到 2015 年火电装机容量将达 9.36 亿 kW。在燃煤火电机组装机容量增加的情况下，碳排放总量会不断增加，粉尘、SO_2 等污染物的排放量也将大幅度增加。粉尘等污染物可以通过国际上比较先进的技术解决，而碳捕捉和封存技术尚存不足，因而碳排放量的增加成为制约我国火电机组发展的主要问题。因此，必须增加清洁能源发电比重，而发展燃气分布式能源是最好的选择。

2.3 我国电源发展方针

《电力工业“十二五”规划研究报告》综合考虑多种因素测算分析认为：我国煤电基地的煤电机组发电成本最低；核电发电成本其次，略低于负荷中心煤电机组发电成本；目前水电发电成本较低，考虑水电保护生态环境和安置移民等方面投资增加及输电费用提高等因素，水电成本接近或略高于负荷中心煤电成本;风电、太阳能、生物质能、天然气等发电成本远高于煤电、核电和水电。由此确定"十二五"以及较长远电力投资发展战略,在电源发展上,坚持优先开发水电、优化发展煤电、着力发展核电、积极推进新能源发电、适度发展天然气集中发电、因地制宜发展分布式发电的方针,在电网发展上,加快推进智能电网建设。

3. 我国天然气石油资源供应概况

3.1 天然气供应简况

3.1.1 天然气供应主要来源:我国天然气资源供应主要有三个来源,一是国内自产的天然气资源;二是进口液化天然气(LNG),从澳大利亚、尼日利亚等国家进口的LNG;三是通过天然气管道,今后从俄罗斯、土库曼斯坦等中亚国家进口的天然气。除中亚天然气(西气东输二线),干管工程西段霍尔果斯—中卫段已于2009年12月建成投产,已向乌鲁木齐、北京和上海供气。东段工程于2011年6月13日全线贯通,引进首条中亚天然气,2011年底可达广州,2012年将达香港外,目前,由于在建的几条天然气管线尚未竣工通气,所以当前我国天然气的来源还主要依靠国内开采的天然气资源和通过东南沿海地区LNG接收站进口的天然气。

3.1.2 目前天然气供应简况:2008年,我国天然气资源供应保持稳定增长态势,全年天然气产量达到761亿m^3,比2007年全年增长9.6%,是世界天然气总产量增长速度的2.5倍多;全年通过LNG接收站进口的液化天然气为44.4亿m^3,同比增长14.7%。目前,我国LNG接收站的气源已经变得更加丰富,主要的气源国家包括澳大利亚、阿尔及利亚、埃及、尼日利亚以及赤道几内亚。其中,阿尔及利亚、埃及和赤道几内亚均是2008年我国LNG接收站的新增气源;而澳大利亚仍是我国LNG接收站的主要来源,占接收站进口LNG的80%。

3.2 国内天然气需求预测

根据我国在2050年达到目前中等发达国家水平的经济发展目标,中国科学院可持续发展战略研究组设计了未来中国发展的"基准"、"低碳"和"强化低碳"三种情景,并利用模型定量分析了2005—2050年不同情景下的中国一次能源需求量。如表3所示。

表3 2005—2050年中国天然气及一次能源需求预测(单位:百万吨标准煤,%)

年份	基准情景			低碳情景			强化低碳情景		
	天然气	一次能源	占比	天然气	一次能源	占比	天然气	一次能源	占比
2005	60.4	2 188.6	2.8	60.4	2 188.6	2.8	60.4	2 188.6	2.8
2010	109.3	3 437.9	3.2	108.7	3 086.7	3.5	107	2 971.3	3.6
2020	270.5	4 817.2	5.6	349.1	3 995.8	8.7	329.8	3 921.1	8.4
2030	460.3	5 657.6	8.1	529.2	4 473.9	11.8	490.9	4 274.6	11.5
2040	532.4	6 202.1	8.6	627.8	4 833.3	13.0	603.9	4 660.1	13.0
2050	668	6 657.4	10.0	745.5	5 250	14.2	709.9	5 013.7	14.2

数据来源:中国科学院可持续发展战略研究组。《2009中国可持续发展战略报告:探索中国特色的低碳道路》,北京:科学出版社,2009。

3.3 我国石油战略

大家都知道我国石油的进口量已超过50%,是个大问题。

对中国石油来讲，马六甲海峡是中国海上石油的生命线。我国进口原油主要来自中东、非洲和亚太地区。据测算，每天通过马六甲海峡的船只近 6 成是驶向中国的船只，其中绝大部分是油轮。谁控制了马六甲海峡，谁就把手放在中国石油的战略通道上，谁就能随时威胁中国的能源安全。

连接印度洋和太平洋的马六甲海峡，最狭窄处只有 2.7 km，一旦发生问题会使中国的能源大通道安全或部分受阻。马六甲海峡无论在经济上还是在军事上都是重要的国际水道，其重要性可与苏伊士运河、巴拿马运河相比，可以说马六甲海峡已成为中国战略生命线，是中国必须控制的咽喉线。我国进口石油的 80%都是经马六甲海峡输送的，由于该地区政治情况复杂，充满变数，国际上各方势力都试图染指，控制这条航运咽喉要道，加上恐怖分子、海盗活动频繁，更增加了其重要意义。

2009 年，中国国家副主席习近平访问缅甸期间，中石油和缅甸能源部代表签署了中缅原油管道权利与义务协议。中缅原油管道细节敲定，中缅石油管道将步入全面施工阶段。

2009 年 3 月 26 日，中缅双方签署了《关于建设中缅石油和天然气管道的政府协议》。该管线是天然气、石油双线并行，西起缅甸西海岸实兑港，经缅甸第二大城市曼德勒，然后从云南边城瑞丽进入中国境内。其中，石油管线到达昆明，全长约 1 100 km，初步设计每年可以向国内输送 2 000万 t 原油，相当于每日运输 40 万桶左右，油源主要来自中东和非洲。根据规划，2010 年将在缅甸建设 30 万 t 原油码头和 60 万 m^3 的油库。而天然气管线输送的是缅甸西海天然气，经保山、大理、楚雄、昆明、曲靖进入贵州，最终到达广西南宁，年输气 120 亿 m^3，管道全长 2 806 km。

资料显示，缅甸天然气储量位居世界第 10 位，已确定的天然气储量为 25 400 亿 m^3，已确知的原油储量为 32 亿桶，目前在缅甸海岸还陆续发现储量极高的天然气田群。目前中国三大石油公司中国石油、中国石化和中海油全部参与缅甸油气的勘探开发。

中国已经初步形成了东北、西北、西南陆上和海上四大油气进口通道的战略格局。东北是指中俄原油管道，设计年输油量 1 500 万 t，预计将于 2010 年底投产。西北则指中哈原油管道和中亚天然气管道。

继中哈原油管道、中俄原油管道之后，又进行了中缅原油管道建设，中国已经初步形成了东北、西北、西南陆上和海上四大油气进口通道的战略格局，实现能源供应多元化。

4. 认识正在统一，政策正在拟订

4.1　中国电机工程学会热电专委会积极推动

自 2000 年为领导部门起草制定计急基础 1268 号文，《发展热电联产可行性研究技术规定》中写入“发展燃气—蒸汽联合循环热电厂和分布式热、电、冷三联产”，同年与中国企业投资协会就组织“中国天然气热电联产代表团访美考察”，热、电、冷分布式能源站和索拉燃机制造厂(小型燃机供分布式能源站使用)，回国后撰写考察报告刊于《燃气轮机技术》2001 第 14 期、《热电技术》2001 第 1 期。每年学会年会论文交流都有这方面内容，最近又完成能源局石油天然气司委托的《我国天然气分布式能源发展相关问题研究》等工作。

4.2　中国电力企业联合会行业发展部 2010 年 7 月 19 日在京召开“分布式电源和微网技术发展研讨会”，会议特请三位专家做相关报告

国家电力科学研究院李树森总工：分布式电源和微网技术发展和现状。

国家能源研究院新能源研究所李琼慧所长：我们分布式能源现状与面临的问题。

国家风力发电工程技术研究中心张连兵副主任：北京亦庄风电微网项目介绍。

4.3 五大发电集团都在积极发展分布式能源

4.3.1 华电集团：广州大学城分布式能源站；湖南湘潭九华示范区分布式能源项目框架协议；潍坊经济开发区分布式能源项目；天津风电产业园燃气分布式能源项目；厦门集美分布式能源站项目；南宁华南城分布式能源项目等。

4.3.2 华能集团：惠州市东江高新科技开发区签订 4×39 万 kW 冷热电联供燃气机组分布式能源项目，总投资约 60 亿元。

4.3.3 国电集团：与深圳市签署框架协议，积极筹划在深圳投资建设分布式能源电站等项目；与舟山市签订合同协议，规划建设分布式能源。

4.3.4 中电投：上海高培中心“分布式供能系统项目”；珠海“横琴冷热电联供能源站”项目用户范围包括珠海十字门 CBD 和澳门大学在内的 25 km^2 工业、商住区各种终端利用能源的供应商，远期目标为 8 台 9F 机组，服务范围将达 100 km^2。

4.3.5 大唐集团：四川分公司与广元市利州区政府签订了框架协议，建投广元纺织服装科技产业园天然气分布式能源，物资公司配合四川分公司开展该项目前期工作。最近大唐集团在成都召开 2011 年项目前期工作会议，特请热电专委会作关于分布式能源专题讲座。

4.4 国网能源研究院已完成《我国分布式能源政策法规问题和研究》和《分布式能源与电网协调发展研究》

该资料除论述国内外分布式能源发展经验之外，还提出分布式能源与电网关系。对电网的影响和发展中深层次存在问题的原因分析并提出若干具体建议，通过内部审议，专家们认为该课题可申请国家电网公司的科技进步奖。

4.5 石油天然气司召开座谈会和国务院研究室提出“研究报告”

国家能源局石油天然气司受国务院研究室委托，于 2010 年 12 月 24 日在京召开分布式能源专题研讨会，会议通知热电专委会等 7 个单位并限制每单位 2 人参会，会议有近百人到会。

会议由石油天然气司张立清司长主持，能源局吴贵辉总工程师作主题报告，中国燃气协会分布式能源专委会作关于分布式能源现状、发展与存在问题的中心发言。国务院研究室工交贸易司唐元司长、范必副司长参会。

吴贵辉总工程师的发言中首先介绍了国外发达国家发展分布式能源的情况，以及我国天然气开发与应用过程，2010 年 4 月国务院提出加快合同能源管理文件和发展智能电网与分布式能源的关系，提出在发展中注意几个问题：

4.5.1 应提高认识，适应压力与挑战，要多元化、清洁化，认准国内国外两个市场。电网公司要提高认识，为分布式能源上网创造条件。分布式能源上网 50%也无问题，主要看国外如何发展。

4.5.2 分布式能源要坚持有序、规范发展，因地制宜，提高能源效率。

4.5.3 分布式能源要先行试点，分阶段，先在大中城市发展，要搞示范项目。

政府和企业共同努力，完善法规、标准，完成节能减排目标，像支持高速铁路一样加快分布式能源建设。唐元司长发言中介绍了本调研课题的由来，石油天然气司一家搞有困难，我们来搞。目前发展分布式能源条件成熟了，首先是资源，今年我国天然气产量增加 200 亿 m^3，美国页岩气抽采技术已成熟，我们引进美国的技术大幅提高产量，煤层气我国已确定大力发展，变害为利，造福人民。我国缺乏体制与机制问题，在推广中存在一些问题，小区发电应与电网互动。英国每家都在搞，电网应是公益性企业，不应是纯盈利机构，国资委不是纯考核利润，也要考核为社会服务。

4.6 《分布式电源接入电网技术规定》已批准公布

国家电网公司企业标准 Q/GDW480－2010 已于 2010 年 8 月 2 日发布并开始实施。为促进分布式电源科学、有序发展，规范分布式电源接入电网的技术指标，国家电网公司发展策划部组织中国电力科学研究院开展了《分布式电源接入电网技术规定》的编制工作。

根据我国电网结构特点和安全运行要求，结合分布式电源特性，在深入研究分布式电源对电网的影响，并充分吸收国外分布式电源并网的有关技术规定、标准成果的基础上制定本标准。本标准在电能质量、安全和保护、电能计量、通讯和运行响应特性方面参考或者引用了已有的国家、行业标准，IEC 标准，IEEE 标准。制定分布式电源接入电网的技术标准尚属首次。

本标准由国家电网公司发展策划部提出并负责解释。

本标准由国家电网公司科技部归口。

本标准主要起草单位：中国电力科学研究院。

以上各点说明我国电力系统已对分布式能源开展一系列工作，情况向好的方向发展。

5. 存在的问题

我国分布式能源经过十多年的发展，从自发试点、探索、研究以来形势大有好转，天然气等清洁能源供应能力迅速增强，试点项目全面推进，对它发展的认识得到加强，技术已经成熟，发展以天然气为主的分布式能源条件具备，时机成熟，但问题不少，主要有：

5.1 机制不适应

国家体制的上层建筑跟不上经济基础的发展，十多年来我国分布式能源都在各地，各单位自发建设，国家无统一计划，建了多少，装机容量多少，无人统计，也不知归谁管理。最近各省市能源局油气处开始统一归口管理分布式能源可行性研究的核定工作。

5.2 法规不完善

最近参加了几个分布式能源可行性研究的专家评审会，各设计研究单位所做的研究报告各不相同，依据他们的体会在编制，有的缺站址和机组比选，有的缺节能分析、保安防火、工业卫生篇章，搞什么内容、根据什么原则编写、节能量和热效率、供电标煤耗等热经济指标各有自己的算法，无技术规定。特别是要不要并网，为何接入系统，更是难点，没有法规可依。

5.3 政策不配套

分布式能源是节能减排有效措施，而国网公司对分布式能源的电网接入技术规定迟迟未能公布，公布后也难以执行。我国金融、环保、税收等方面至今仍未出台相应的支持措施。

5.4 主机开发进展缓慢，技术有待突破

分布式能源的安全、经济、可靠性很大程度上靠主机设备，小型燃机、内燃机等的开发研究进度太慢，目前采用的主机绝大部分是国外进口，投资多，制约了分布式能源的发展，国内各汽轮发电机制造厂与各科研院校应分工研发微型燃机、小型燃机和内燃机关键技术，从引进、消化到改造、创新，与风电发展的道路相同，可予以借鉴。

5.5 领导不够得力

上层领导部门对分布式能源认识不够统一，工作思路不够一致，造成部门间不能相互协调，不能相互支撑促进健康、有序、快速发展，如国网对多余电力上网问题、调峰问题等，各有关部门相互推诿，拖延时日不予解决。国家应明确主管部门和各省市相应归口单位。

6. 几点建议

6.1 加强统筹协调

各地区先做好能源规划，在能源规划中做好热、电、冷规划，避免重复建设和一哄而上或低水平建设。

6.2 完善法规标准

- 建议国务院法制办将“电力法”修订列入工作日程
- 建议能源主管部门制定和完善冷热电能源接入电网管理办法。
- 制定分布式能源设计标准、可行性研究技术规定及设计规范和管理办法。

6.3 制定优惠政策

加大财政和税收支持，参照国家关于促进风电设备国产化的一系列优惠政策，对天然气分布式能源上网电量增值税按 50%征收，对使用国产设备的示范工程考虑返还 50%增值税，即免收增值税，实行价格优惠，对不同地区核定不同上网标杆电价一厂一价。

6.4 加快示范试点

在经济发达、天然气资源丰富、能源需求高的城市，加快建设一批天然气分布式能源试点项目。取得经验后，逐步推广。

7. 结语

分布式能源是集高效、节能、环保、便捷、安全等多项优点的能源的综合利用方式，是我国调整能源结构，改变能源利用方式的重要选择，是节能减排，提高城市品位和人民生活水平的重要举措，是电力工业主要发展方向。我国正处于起步阶段，国家能源管理部门高度重视，正加快示范试点，目前天然气供给能力迅速增强，发展认识、工作思路逐步统一，技术基本成熟，政策、法规正在加紧拟订、审核、公布，我们坚信，一个发展分布式能源的新时代正在来临。

参 考 文 献

[1] 国家发展改革委关于分布式能源系统有关问题的报告[Z]. 发改能源〔2004〕1702 号
[2] 中国电机工程学会热电专委会. 能源与分布式能源论文集[C]. 中国分布式能源联盟 2010 年 7 月
[3] 钟史明. 中国天然气热电联产代表团访美考察报告[J]. 燃气轮机技术，2001，14(4)
[4] 马永贵，钟史明. 发展小型分散热电联产的研究与探讨[J]. 能源工程，2003(3)

我国天然气发电近况与前景

刘龙海[1] 钟史明[2]

（1. 中国大唐南京发电厂 210059 南京 中国
2. 东南大学能源与环境学院 210096 南京 中国）

摘 要： 首先阐明天然气发电的优势，发展近况和分析目前存在的一些问题，发展的前景，最后提出了几条粗见，供参考。

关键词： 天然气发电 燃煤发电 优势 近况 前景 建议

1. 前言

随着世界经济的发展，化石能源消费不断增长，环境问题日益突出，引起了各国的重视，全球关注气候变化问题。近年极端恶劣天气频发，造成社会经济和人们生命的损失。国内社会关注雾霾天气问题，这些环境问题都与大量使用化石能源密切相关。目前，由于技术和经济原因，可再生能源尚未达到大规模利用程度，常规化石能源仍担负着供需主要份额。而在化石能源中，天然气的利用，不但利用率高，而且对环境的影响极小，因此需求迅速增加，这种趋势预测将持续到 2035 年，甚至到 2050 年。作为相对清洁能源，天然气的发展和消费，当前受到了全球的青睐，而天然气发电是天然气利用的重要推手，今后的发展必然带来更多的机遇。而我国天然气发电行业正处于起步阶段，目前遇到诸多问题，已投运燃气电站利润较差，2013 年和 2014 年两次天然气价改后发电成本压力进一步加大，部分投资方持观望态度或拟推迟项目投产，因而影响天然气发电行业及天然气行业健康发展。本文对 NG 发电优势、国内发展近况、问题、前景进行阐述并提出几点建议供参考。

2. 天然气发电的优势

2.1 燃气发电热力学优势

燃气发电常规都采用燃气—蒸汽联合循环方式。这是由于循环热效率高，发电热耗率（标煤耗率）低的原因。它分上下部循环组成如图 1 所示。

上部循环为布列顿循环，理想情况：

1—2：定熵压缩；2—3：定压加热；3—4：定熵膨胀做功；4—1：定压放热。

下部循环为郎肯循环，理想情况：

a—b：水在泵中定熵压缩，b—c：水在锅炉中定压加热，c—d：水蒸气在汽轮机中定熵膨胀做功，d—a：

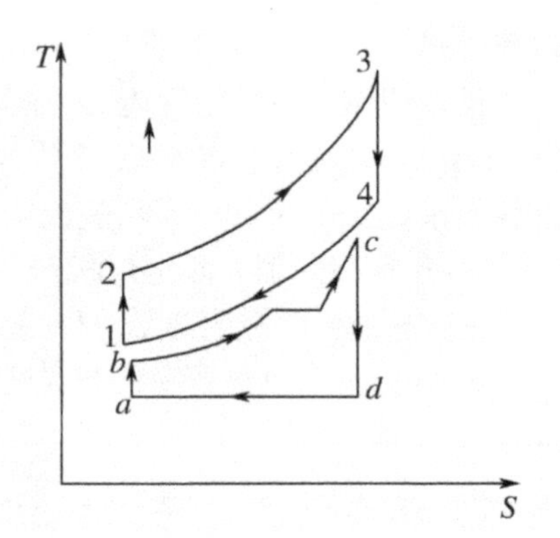

图 1 燃气—蒸汽联合循环 T-S 图

水蒸气在凝汽器中定压放热。

当今燃机进气烟温 t_3 高达 1 300℃以上，排烟温度 t_4 500～600℃，(上部)单循环热效率高达 45%～50%。下部循环是利用燃机排烟温高(余热)t_4，排入余热锅炉中加热给水，产生过热蒸汽 t_c，入汽轮机发电，然后排汽入凝汽器凝结放热成凝结水 t_a，经给水泵入余热锅炉加热成过热蒸汽 t_c。当前余热锅炉为进一步回收余热，提高热效率，一般为双压或三压系统。

当代大型 9F 级燃气—蒸汽联合循环发电热效率高达 58%～60%，远高于燃煤发电热效率。燃煤发电热效率即使超超临界 600 MW 级、1 000 MW 级机组，一般为 46%～48%，两类机组发电热效率相差 10～20 个百分点。折成发电标煤耗：燃气发电 205～213 g_{ce}/kWh，燃煤发电 260～280 g_{ce}/kWh，两者相差 55～60 g_{ce}/kWh，所以燃气联合循环是当今火电发电标煤耗较低的发电方式。

2.2 环境效益好

燃用清洁燃料天然气几乎无粉尘(PM2.5)排放，SO_2 排放极低，NO_x 经低氮燃烧器低氮技术和烟气脱硝装置非常低，CO_2 等温室气体排放也是燃煤电厂的一半左右，环保优势十分突出。表 1 为 500 MW 年运行小时数为 5 500 h 计，燃气电厂与燃煤电厂污染物排放比较表。

表 1 500 MW 燃气与燃煤电厂污染物排放比较表 单位：t/a

污染物＼发电方式	燃气电厂	燃煤电厂
SO_2	7	28 043
NO_x	971	5 056
CO_2	1 241 272	2 942 375
灰	0	125 000
渣	0	350 000
可吸入颗粒物(PM2.5)	21	428

注：原煤低位热值：4 700 kcal/kg，含硫 1.1%，含灰 27%，年耗原煤 150 万 t，除尘效率 98.5%。

2.3 节能(标煤)减碳(CO_2)效益好

燃气轮机联合循环发电与燃煤汽轮机发电节能(节省标煤)和减碳(CO_2)排放比较。比较条件是：

比较机组[①]：燃气发电以当今常用较先进机组，如 6B.03，6F.01，6F.03，9E.03 和 9F.03。9F.03，发电效率 60.2%，最高；6F.01，发电效率 55.8%，居中。燃煤汽轮机以当今世界上最先进的 1 000 MW 超超临界机组，发电效率 47.82%相比。

- 年运行小时：假定煤机与各型号燃气机组年运行小时数为 5 500 h。
- 按燃烧 1t 标煤排放 CO_2 约 2.493 t 计算。

选用上述 5 种型号燃机与先进煤机 1 000 MW 级节能减碳(CO_2)进行计算比较，其结果

① 当今先进燃机“H”型：N=300～400 MW，$t_3\geqslant$1 600℃，$\eta_t\geqslant$61%，$\eta_{tc}\geqslant$85%(热电联产)，NO_x 排放的体积分数约为 15×10^{-6}，浓度约为 18.7 mg/m^3(标准状态)，低荷工况排放性能良好。

见表 2。

表 2　燃气轮机天然气发电与最先进 1 000 MW 级燃煤发电的节能(标煤)与减排(减碳)比较

机组	效率	热耗率 (kJ/kWh)	煤耗率 (g_{ce}/kWh)	单位 CO_2 排量 (g/kWh)	单位 CO_2 排放比 (%)	年 CO_2 排放量 (万 t)	年耗标煤 (万 t)	"十三五"增 4 400 万 kW GT 比 ST 节能减排	
								节煤 (万 t)	减排 CO_2 (万 t)
先进的 1 000 MW 煤机	47.82	7 528	256.9	640.2	100	352.1	141.3	0	0
6F.01 联合循环燃机	55.8	6 452	220.2	353.7	55	194.5	121.1	888.1	6 934.4
6F.03 联合循环燃机	55.3	6 510	222.2	356.9	56	196.3	122.2	840.1	6 855.2
9F.03 联合循环燃机	60.2	5 980	204.1	327.8	51	180.3	112.2	1 280.4	7 558.2
9E.03 联合循环燃机	52.3	6 883	234.9	377.3	59	207.5	129.2	532.9	6 393.6
6B.03 联合循环燃机	51.5	6 990	238.6	383.2	60	210.7	131.2	442.9	6 230.4

表 2 是目前世界上最先进的燃煤电厂，1 000 MW 级超临界高效，超低排放机组，目前在中国建成投产，机组发电效率 47.82%，发电标煤耗 256.8 g/kWh，按每燃烧 1 t 标煤排放 CO_2 约 2.493 t，单位电量 CO_2 的排放为 640.2 g/kWh，假设机组年运行 5 500 h，则每年耗标煤 141.3 万 t，每年 CO_2 的排放量为 352.1 万 t。而天然气联合循环发电中以 6F.01 为例，机组发电效率 55.8%，发电标煤耗率 220.2 g/kWh，单位电量的 CO_2 排放量 353.7 g/kWh，年耗标煤 121.1 万 t_{ce}，年 CO_2 排放量 194.5 万 t_e。100 万机组两者相比年节标煤 20.2 万 t_e，减碳(CO_2)157.6 万 t。"十三五"规划预计新增 4 400 万 kW 天然气燃机发电机组替换燃煤发电机组，则届时将年节标煤 888.1 万 t_{ce}和减碳(CO_2)6 934.4 万 t，其节能减碳贡献可谓大矣！

2.4　运行灵活，启停迅速，适于调峰和替代燃煤发电

天然气发电厂启停灵活，在夏季用电高峰期适于调节，调峰作用十分突出，调峰性能将进一步得到发挥。近年来，相对富裕东部沿海地区，正在进行电力结构优化调整，防止雾霾天气，"控煤限煤"禁止新上或扩建燃煤电厂，对现役燃煤电厂节能增效要求"升级改造"，污染排放要求"超低排放"，达到燃气发电排放限值标准(GB12223—2011)。然而，改造投入耗资巨大。因此正"领跑"电力结构向清洁化、多元化优化调整进程中，发展天然气发电，核电和可再生能源发电便成为必然选择。而核电选址难，建设周期较长；可再生能源有间断性、不稳定性和容量较小，适于分布式电源，且须储能与调节电力装置。而燃气发电运行灵活，启停迅速，便于调峰作用，可布置于热电负荷中心和能量密度较大，可发展较大规模安全供应，满足用户需求。

人们对大气问题日益重视，我国大气污染排放标准也日益提高，我国自 2014 年 7 月 1 日开始执行表 3(GB13223—2011)排放标准。2016 年 1 月 1 日起又要实行新的《环境空气质量标准》(GB3095—2012)，增加了 PM2.5 排放限值，具体限值见表 3。

表 3　我国几个大气污染物排放标准(GB)　　单位：mg/Nm^3

污染物		标准 GB13223—2011 火电厂大气污染物排放标准		发改能源〔2014〕2093 号文大气污染特别排放限值	GB3095—2012 环境空气质量标准 2016 年 1 月 1 日起执行	
		燃煤锅炉	燃气			
烟尘		20	5	10		
SO_2		50	35	35		
NO_x		100	50	50		
Hg 及其化合物		0.03	0.03	0.03		
					年平均	日平均
PM2.5	一类区				15 $\mu g/m^3$	35 $\mu g/m^3$
	二类区				35 $\mu g/m^3$	75 $\mu g/m^3$

2.5　发电厂厂址可放置于电力(热力)负荷中心

燃气发电设备比燃煤发电设备紧凑，无占厂区巨大地面的燃煤系统，代之以面积较小的天然气供应系统，耗用水资源也只占燃煤电厂三分之一左右。由于清洁环保，可放在城市经济开发区或热力电力负荷中心，节省供热管网和高压输电设备与线路走廊用地，降低了投资和运营成本，提高了经济效益。

3. 我国天然气消费量与发展简况

3.1　2013 年世界 11 个主要国家能源消费结构统计

表 4　2013 年世界主要国家和我国能源消费结构统计

国家		石油	天然气	煤炭	核能	水电	可再生能源	合计	世界排名	
									总耗量	NG 耗量
中国	消耗量(油当量)(Mt)	525.2	147.8	1 933.1	25.0	206.3	42.9	2 880.3	1	3
	占比(%)	18.2	5.1	67.1	0.9	7.2	1.5	100.0		
美	消耗量(油当量)(Mt)	831.0	671.0	455.7	187.9	61.5	58.6	2 265.8	2	1
	占比(%)	36.7	29.6	20.1	8.3	2.7	2.6	100.0		
俄	消耗量(油当量)(Mt)	153.1	372.1	93.5	39.1	41.0	0.1	699.0	3	2
	占比(%)	21.9	53.2	13.4	5.6	5.9	0.01	100.0		
印	消耗量(油当量)(Mt)	175.2	46.3	324.2	7.5	29.8	11.7	595.0	4	10
	占比(%)	29.4	7.8	54.5	1.3	5.0	2.0	100.0		
日	消耗量(油当量)(Mt)	208.9	105.2	128.6	3.3	18.6	9.4	474.0	5	4
	占比(%)	44.1	22.2	27.1	0.7	3.9	2.0	100.0		

续表

国家		石油	天然气	煤炭	核能	水电	可再生能源	合计	世界排名	
									总耗量	NG 耗量
加拿大	消耗量(油当量)(Mt)	103.5	93.1	20.3	23.1	88.6	4.3	332.9	6	5
	占比(%)	31.1	28	6.1	6.9	26.6	1.3	100.0		
德	消耗量(油当量)(Mt)	112.1	75.3	81.3	22.0	4.6	29.7	325.0	7	6
	占比(%)	34.5	23.2	25	6.8	1.4	9.1	100.0		
韩	消耗量(油当量)(Mt)	108.4	47.3	81.9	31.4	1.3	1.0	271.3	9	9
	占比(%)	40.0	17.4	30.2	11.6	0.5	0.4	100.0		
法	消耗量(油当量)(Mt)	80.3	38.6	12.2	95.9	15.5	5.9	248.4	10	11
	占比(%)	32.3	15.5	4.9	38.4	6.3	2.4	100.0		
英	消耗量(油当量)(Mt)	69.8	65.8	36.5	16.0	1.1	10.9	200.0	13	7
	占比(%)	34.9	32.8	18.3	8.0	0.5	5.5	100.0		
意	消耗量(油当量)(Mt)	61.8	57.8	14.6	—	11.6	13.0	158.8	16	8
	占比(%)	38.9	36.4	9.2	—	7.3	8.2	100.0		
合计	消耗量(油当量)(Mt)	4 185.1	3 020.4	3 826.7	563.2	855.8	279.3	12 730.4		
	占比(%)	32.9	23.7	25.8	4.4	6.7	2.2	100.0		

从表 4 中看出 2013 年我国天然气(NG)消耗量 147.8 油当量/Mt，占比 5.1%，远低于世界平均水平 23.7%；而煤炭耗量 1 933.1 油当量/Mt，占比 67.1%，远高于世界平均水平 25.8%。

受我国经济增速放缓，天然气两次价改提价，大宗商品价格下降造成天然气替代高碳能源的竞争力下挫等不利因素影响，2014 年我国天然气消费量 1 786 亿 m^3，同比仅增长 5.6%，结束了此前连续 10 年超过两位数增幅的势头，比 2013 年下降了 7.3 个百分点，远低于过去 10 年 17.4%的平均增速。

3.2 天然气发展“十二五”规划和“十三五”规划

2012 年 12 月 3 日，国家能源局发布《天然气发展“十二五”规划》，明确了天然气发展资产储量、国内产量、页岩气发展、进口预期量、基础设施能力和用气普及率六大目标。

其中《规划》提到，到“十二五”末，“初步形成以西气东输、川气东送、陕京线和沿海主干道为大动脉，连接四大进口战略通道(中俄石油管线、中亚天然气管线、中哈石油管线和中缅油气管线)，主要生产区、消费区和储气库的全国主干管网，形成多气源供应，多方式调峰，提供平稳安全供气格局”。

值得注意的是，与政府期待一样，《规划》再次强调，将“完善天然气价格形成机制”。全国从 2012 年 12 月 1 日北京市发改委上调管道天然气，居民用气销售价格的举措，2011 年 12 月 26 日两广进行天然气价格改革试点，都在为我国的气价改革作进一步的铺垫。2013 年和 2014 年两次 NG 价格开始改革上调，未来我国天然气价格改革将进一步深化，2015 年存量气与增量气价格并轨，进一步提高气价，逐步形成定价机制——走向市场定价机制。

“十三五”规划纲要在其中建设现代能源体系，推动能源结构优化升级中指出：积极开发天然气、煤层气、页岩油(气)，并列入能源发展重大工程，非常规油气：建设沁水盆地，鄂尔多斯盆地东缘和贵州毕水兴等煤层气产业化基地，加快四川长宁—威远、重庆涪陵、云南昭通、陕西延安、贵州遵义—铜仁等页岩气勘查开发，推动致密油、油沙、深海石油勘探开发和油页岩综合开发利用，推动天然气水合物资源勘查与商业化试采。

4. 我国天然气发电概况

4.1 我国天然气发电分布、容量与占比

进入新世纪以来，我国天然气发电快速发展，截至 2013 年底，燃气发电装机容量 4 309 万 kW，占全国发电装机容量 3.5%。煤电装机 78 621 万 kW，占总装机容量 63%。

(1) 分布：我国天然气发电主要分布在长三角、东南沿海等经济发达省市，京津地区及中南地区也有部分燃气电厂，此外，西部地区的油气田周边有少量自备燃气电厂。广东、福建及海南三省燃气电厂装机容量达 1 750 万 kW，占全国燃气发电总装机量的 34%，江苏、浙江和上海三省市燃气电厂占比约 32%，京津地区占比约 23%。近年，随着我国雾霾天气环境压力不断加大，山西、宁夏、重庆等地区也陆续有燃气电厂投产，其分布将更加广泛。“十二五”规划结束，2015 年年底燃气发电装机达 5 600 万 kW，占总装机比重 4.5%左右。

(2) 分布容量与比重如图 2、图 3 所示。

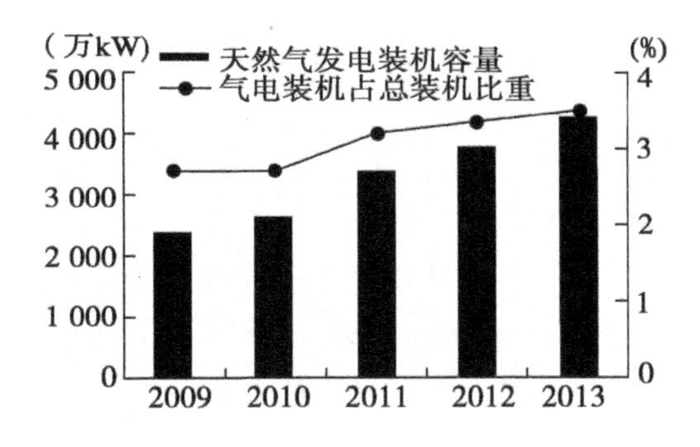

图 2 我国天然气发电历年装机容量及占比

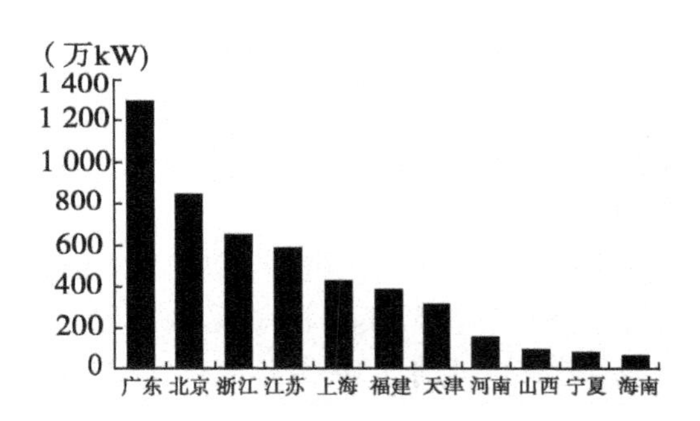

图 3 我国天然气发电装机容量分布情况

4.2 我国天然气发电行业运营模式

4.2.1 目前我国天然气发电运营主要分为三类

① 国有大型发电央企：如华电集团、华能集团、大唐集团、中国电力投资集团等。

② 地方政府出资控股，地方电力投资集团与能源集团：如申能集团、浙能集团、国信集团和京能集团等。

③ 石油、天然气生产供应公司：如中国石油化工集团和中海石油气集团等。

为便于借取各自优势，实现优势互补，燃气电厂大多为合资建设。

4.2.2 我国天然气发电行业产业链主要由三类主体构成

上游为天然气供应商，包括国内石油公司及城市燃气公司等，发电企业负责投资运营燃气发电厂，向上游供气商购买天然气转换成电力。石油天然气公司可经 LNG 或管道直供电厂，亦可由城市燃气公司供应天然气；电厂发出的电力按照上网电价供给下游电网公司。

4.3 我国几个典型大型集中 NG 发电项目简况表

表 5 我国典型天然气发电项目情况

电厂名称	装机容量	股东组成	气源	投运时间
华能金陵燃机电厂	2×390 MW	华能国际 60% 江苏国信资产管理公司 南京投资公司参股	西气东输直供	2005 年
杭州华电半山发电有限公司	2×390 MW	华电集团 64% 浙能集团 36%	西气东输浙江管网转供	2005 年
华能北京燃机热电厂	923.4 MW	华能国际	北京燃气集团	2011 年
中海福建燃气发电公司	一期 4×390 MW (规划二期共 8×390 MW)	中海油气集团 55% 华电集团 25% 福建能源投资公司 20%	福建 LNG	一期 2 台投产 2 台在建
中山嘉明燃气电力公司	一期 2×125 MW 二期 2×390 MW 三期 3×390 MW	中海油气集团 52.7% 香港山电股份 25% 中山冠中投资公司 22.3%	南海气	一期油改气 一期二期投运 三期进入调试

4.4 我国燃机电厂上网电价

我国天然气电厂上网电价“一厂一价”甚至“一机一价”，由各地价格管理部门确定，并报国家发改委审批。主要定价方式有单一定价和两部制定价。

4.4.1 两部制定价

由电量电价和容量电价组成两部制定价，上海市实行两部制电价，自 1912 年开始执行，电量电价(上网电量)为 0.504 元/kWh。容量电价按全年利用 2 500 h 安排，电价补偿标准为 0.22 元/kWh，用以补偿燃气发电厂在电网调峰发电作用。对容量较小的 9E 机组系列，全年发电 500 h 以内的上网电量电价为 0.544 元/kWh。

4.4.2 单一电价

除上海外其他地区燃机电厂实行单一电价。气源相同，气价相近，上网电价也相近。如江苏省西气东输供气的调峰电厂上网电价统一为 0.581 元/kWh，河南省西气东输供气上网电价为 0.553 元/kWh，热电上网电价为 0.605～0.656 元/kWh。气价改革后部分上网电价上调，如浙江半山电厂为 0.606 元/kWh。

广东省燃机电厂较多，气源多样化，气价差别较大，实行“一厂一价”，甚至“一机一价”定价方式。最低 0.533 元/kWh，最高 1.1 元/kWh，其上网电价制定大致分为三类：一是按成本加成法制定临时上网电价，主要指使用广东大鹏澳大利亚进口 LNG 的 9E 机组，执行统一上网电价为 0.553/kWh。二是国家批复的临时上网电价 0.72/kWh，执行这一定价的主要是国家核准的燃气机组。三是采用燃煤机组标杆电价加补贴方式确定。广东省目前一部分 9E 机组没有正式的政府审批电价，仅有临时结算电价，电网公司按燃煤标杆电价 0.504 2/kWh 结算，政府对不足部分进行补贴。

5. 加快发展天然气发电

5.1 电力过剩正是调整优化电力能源结构的契机，发展天然气发电

我国经济发展进入"新常态时期"，电力消费增速放缓，2014 年，全社会用电量 55 233 亿 kW，同比增长 3.8%，比上年回落 3.8 个百分点；全口径发电量 55 459 亿 kWh，同比增长 3.6%，比上年回落 4.1 个百分点。截至 2014 年底，全国发电装机容量13.06 亿 kW，比上年增长 8.7%。全年发电设备平均利用小时数为 4 286 h，同比下降 235 h，为 1978 年以来年度最低水平。

2014 年，全国火电装机容量 9.2 亿 kW，其中煤电 7.5 亿 kW，气电 0.37 亿 kW，占火电装机容量 4%，受电力消费增速放缓和水电发电量快速增长等因素影响，全年火电设备平均利用小时数同比下降 314 h，为 4 706 h，发电量首次出现负增长(发电量 41 731 亿 kW，同比下降 0.7%，占全国发电量的 75.2%，比上年降低 0.7%)。

依据我国资源禀赋"多煤、缺油、少气"，且资源产地与用户错位使能源传输、运距上千 km，为使经济社会的持续发展，我国电力能源 30～50 年内仍以化石燃料为主地位难以改变。因此，必须走"洁净煤"道路，发展煤化工，IGCC 并开发利用非常规油(气)资源、深海油(气)等增加油(气)产量，保障能源安全。同时，为应对全球气候变化和我国雾霾天气，保障人们生活、生产清洁需求，调整优化电力能源结构，减缓煤电发展，必须加快发展气电替代部分煤电。

我国电源除煤电外，核电已近满负荷运行，2014 年，年均设备利用小时数 7 489 h，新建核电站须 4～5 年，时日较长，目前(2014 年)发电量占全国总发电量 2.28%；水电受地域资源和季节枯、汛变化影响较大，发电不均衡；而风电、太阳能发电等可再生能源电力具有随机性、间歇性的不稳定特性，而且当今(2014 年)上网风电只占 2.82%，上网太阳能发电占 0.42%，占比很小，而且不宜承担基荷发电；燃油发电的成本相对较高。因而在多种清洁发电方式比较下，燃气发电就成为替代燃煤发电的主要方式。

5.2 我国天然气发电装机比重偏低

2013—2014 年间中国与全球主要发达国家 NG 发电主要指标对比见表 6。

表 6 中国与全球主要发达国家 2013 年 NG 发电主要指标对比　　单位：%

项　目	中国	美国	英国	日本	德国	韩国	备注
燃气发电装机占比	3.40	40	36	28	—	21	
燃气发电量占比	2.50	30	41	—	10.5	—	
发电用气占 NG 消费量比重	17.20	39	34	70	26	46	
天然气消耗量油当量(Mt)	147.8	671.0	65.8	105.2	75.3	47.5	

数据来源：通过 EIA、IEA、KEEl，中国电力企业联合会、德国联邦统计局、英国能源与气候变化部等多家能源机构和政府网数据整理。

从表 6 中足见发达国家的天然气发电装机结构和发电量占比，燃气发电都具有相当大的比重，起到举足轻重的作用，而我国电力装机容量和发电量都居世界首位，而燃气发电的发展程度却相差甚远。我国能源结构优化调整，宜加快燃气发电发展速度。

我国于2013年底电力装机总容量达12.5亿kW，其中火电8.6亿kW，约占69%弱，而燃气发电装机4 250万kW，只占3.4%，发电量占2.5%，2013年全国耗用天然气1 500亿m^3以上，发电用气占NG总耗量17.20%，占比太小，而几个发达国家和韩国都在2倍以上，燃气发电在发达国家的电力能源、电力装机和结构中都具有重要作用，作为电力装机和电力消费居世界首位的我国，燃气发电的发展程度却相差甚远。为应对全球环境与雾霾天气的挑战，天然气发电理应大力发展。

6. 目前运营中发现的几个问题与困境

6.1 气峰与电峰重合，燃气电厂存在缺气风险

当前我国燃气发电主要分为"热电厂"与"调峰电厂"两类，热电厂以供热为主，发电为辅，从热负荷看，北方以冬季采暖热负荷为主，南方以工业热负荷为主，而调峰电厂一般运行在峰荷及腰荷。由于气峰与电峰在时间上重合，在冬季两类燃气机组都难以获取充足的气源，无法满足顶峰发电调峰作用，热电厂也无法保证供热质量，同时也减少了供热发电量，降低了节能与经济效益。

我国较早建设的燃气发电厂，多数是天然气管道及LNG接收站项目配套工程。如西气东输一线工程在江苏、河南配套建设了多家燃气电厂，中海油气集团为广东东大鹏及福建莆田LNG接收站均建设了配套电站。这些燃气电厂承担了为天然气管网调峰任务，在气量供应紧张时，特别是在冬季，供气商会对他们减少气量供应甚至停气供应，优先保证居民生活和采暖等其他用户用气。从电力需求看，冬季和夏季都是一年用电高峰(采暖与制冷用电)，由于燃气电厂得不到充足的气源，无法发挥调峰作用，而对热电机组而言，采暖热负荷与工业热负荷无法中断，气源断供带来的负面影响更大。而且，断供使热电机组年利用小时数降低，发电供热都受影响，热电成本增加，电厂经济性降低，甚至亏损。所以，急盼增加供气量，解决热、电用户需求与调峰作用。

6.2 燃气发电经济效益不佳

燃气价改后，燃气发电上网电价偏低，经济上不划算，燃气发电运营成本中燃料费占比70%～80%，天然气价格是影响电厂企业经济性最重要的因素(当前，我国天然气价格门站价由国家发改委制定，燃气发电上网电价由各地方发改委制定)。2013年天然气价改前，国内发电用气价格在1.8～2.5元/m^3，按照0.2 m^3/kWh的发电气耗测算，燃气发电燃料成本为0.36～0.5元/kWh，已超过了现行燃机上网电价，加上折旧维修和人工等费用，部分企业盈利微薄甚至亏损。天然气价改后，发电用气价格进一步上涨，如北京市及浙江省累计上涨0.81元/m^3，则燃料费成本上涨幅度32.4%～45%，发电用气成本进一步提高。为应付气价上调带来成本上涨压力，仅有部分省市相应上调上网电价，如上海市上调上网电价0.05元/kWh，但幅度有限，不足以弥补气价上调部分，浙江省上网电价上调0.16元/kWh，但限于发电时间在1 000 h内的电量。

与燃气发电相比，燃煤发电成本优势突显。以国内超超临界660 MW燃煤机组为例，供电煤耗280 g_{ce}/kWh，按2013年秦皇岛港动力煤均价630元/t计算，则燃煤发电燃料成本为0.18元/kWh，按2013年价改前气价计算，燃气发电燃料成本比燃煤成本高出100%～178%，而随着2012年以来煤价大幅走低，而燃气价格不断上升，燃气发电和运营经济性走

势更加突出。经测算,2014年气价改后,燃气发电燃料成本是燃煤发电成本的2～3倍。气价上涨给天然气发电企业运营带来了巨大困难,出现亏损,部分燃气电厂甚至出现“气改煤”逆替代,影响节能减碳目标的实现。

天然气热电厂,除了上网电亏损外,供热价格远远超过燃煤热电厂甚至超过供热锅炉房,造成缺乏供热市场竞争力。为了提高市场占有率,燃气热电厂必须大幅降低热价与燃煤热电厂持平或略高,但又造成供热越多亏损越大的尴尬局面。

客观而言,目前天然气发电企业存在亏损问题,有气价贵的原因,也有国内电力价格体制尚未市场化的原因。各种发电燃料并没有体现出包括资源稀缺和环境因素等外部性成本在内的真实成本,天然气发电企业的环境效益和调峰效益的价值没有得到充分而应有的体现。

6.3 燃机电价定价机制不够完善,难以体现调峰与环保价值

我国多数省市缺乏燃机上网电价“气电联动”机制,天然气价改后,发电的高额成本难以通过上网电价进行分摊,经济性进一步下降,也遏制了企业投资的积极性。而在2004年12月,我国出台了燃煤电厂上网电价“煤电联动”机制,新投产机组上网标杆电价随煤价变动而调整,而燃气发电却无相应的电价调整机制。

目前燃气电厂上网电价大致在0.5～0.8元/kWh,按燃料成本70%估算,发电厂可承受气价约为1.9～2.8元/m^3。2013年天然气价改前,北京、河南、上海、江苏和浙江等地通过主干管网供气的电厂气价一般在1.8～2.8元/m^3,与可承受气价基本持平,甚至超过可承受气价,电厂经济效益较差。两次价改后,北京市电厂气价提高0.81元/m^3,但上网电价维持不变。河南省上调存量气价后,一直未调,江苏省电价疏导幅度仅能弥补部分气价上调影响,部分省市电厂气价来自沿海LNG接收站进口天然气合同,不是照付不议闭口合同。随着长期贸易合同价格上涨,电价成本不断提高,但上网电价仍维持原状。虽然部分省市提高热力价格或给予电厂财政补贴,但仍难以分摊电厂的高额成本。

从电网层面看,电力属于无差异商品。燃气上网电价又高于燃煤上网电价约0.4元/kWh。为追求经济效益,电网更偏爱煤电等低成本电力,在部分省市,电网公司会制定一个发电额度,超过额度的发电量实行按燃煤上网电价计价,进一步压低了燃气电厂的实际上网电价。

燃气电厂相对燃煤电厂的优势之一在于启停灵活,经济,适合作调峰运行。全球发达国家均制定了峰谷电价制度,调峰电价一般是平均上网电价的1.8～2倍,是最低谷电价的3～5倍,但我国现行电价机制难以补偿燃气发电调峰发电价值。燃气发电量突出优势在于清洁环保,改善大气质量,但现有的上网电价并未把燃气发电环保价值计算在内,不符合促进加快“清洁、低碳”能源利用的规划。

6.4 国家燃气发电政策尚未明确,扶持与财政等激励政策不够到位

从近期出台的能源规划和环保政策,有关部门在提及天然气发电时均采用“有序发展”,“适度发展”,说明当前国家对天然气发电尚未给出明确的政策信息。

燃气发电成本比燃煤发电成本高的情况将长期存在。这是由于天然气在相同的热值下,价格比煤炭高得多,而电价成本,燃气电厂燃料费占70%～80%,天然气价格未市场化,今后气价改革将进一步深化,自2015年存量气价与增量气价并轨,使国内燃气电厂的生存环境更趋不利。2013年10月,国家发改委下发文件,决定在保持销售电价水平不变的情况

下适当疏导部分地区燃气发电价格矛盾，提高上海、江苏、浙江、广东等八省市的天然气发电上网电价，用于解决因存量天然气价格调整而增加的发电成本。浙江省已将燃气电厂上网电价上调约 20%（上调 0.16 元/kWh），实现了一定程度的“气电联动”机制，上海市也将上网电价上调 0.05 元/kWh，江苏省多个地区上调供热蒸汽价格以改善天然气热电厂项目的经济性，但其他地区在多大程度上支持燃气发电项目仍未可知。此外，地方政府对燃气发电需求较为紧张时，为鼓励燃气发电厂提高发电量，政府才有动机给予财政补贴，当地方电力供需形势转好时则缺乏动机。因而，仅靠地方政府补贴燃气电厂运行也非长久之计。

所以，当今燃气价改及上涨趋势下，我国有众多在建及规划的天然气发电项目处于观望态势，要保证顺利实施，仍需国家出台相关政策、地方政府给予投资、财政给予补贴等多方支持才行。

7. 几点建议

为实现《能源发展战略行动计划（2014—2020 年）》提出的绿色低碳战略目标，保障 2020 年天然气在一次能源消费中的比例提高到 10%以上，天然气发电是拉动我国天然气消费的重要推手，建议通过以下几点推动天然气发电行业健康发展。

7.1 国家应进一步明确燃气发电定位，因地制宜一区一策

政府应进一步明确燃气发电在电力系统、电网运营和发电用气在天然气利用中的定位，为企业投资燃气发电项目及其产业链上其他相关产业提供明确指引。建议在 2020 年，天然气在一次能源消费中占比 10%以上，燃机发电占天然气用量的 40%左右，与发达国家美国相近。燃气发电装机量占全国总装机量比重 4.7%（约10 000 万 kW）左右，发电量占全国用电量（5 500 亿 kWh/105 432 亿 kWh≈5.2%）5.2%。

各地区应根据当地经济实力和电价承受能力制定相应的天然气发电配套政策，保障天然气发电企业的正常生产和合理利润。

7.2 出台相关气电价格政策，加快走上市场定价机制

如上网侧“峰谷分时”电价制度，峰谷电价建议设定为平均上网电价至少 2 倍，在电力供应充足且天然气供应较少（紧缺）地区实行两部制电价，实行“气电价格联动”；参照可再生能源电价附加标准（脱 SO_2 和 NO_x 及除尘补贴 0.01～0.02 元/kWh），实行环保上网电价，在经济承受能力较强的地区由终端用户承担部分环保电价。经过这些扶持政策，加快走上市场定价机制，实行公平公正竞争。

7.3 近期为防止“气改煤”逆替代，应加快气电补贴或开征碳税

气价调高，煤价暴跌，造成气电成本走高出现亏损，部分化肥、电力行业出现“气改煤”逆替代，影响节能减碳规划目标的实现。为了控制空气污染和碳排放，应充分发挥政策引导作用，减少高排放能源 NG 的替代效应，加快能源结构优化调整。现阶段可适当补贴气电，防止逆替代现象蔓延扩大。同时，适时开征碳税，完善资源税，引导能源结构清洁转型。

7.4 允许用气大户与上游天然气供应商直供

燃气电厂是天然气大用户，且供气较稳定，应允许其与上游供气商直接交易支付合理输气过管费用，最大限度减少中间交易环节和交易费用，尽量降低燃气价格，降低发电成本。

7.5 成立政府专项调节基金

成立基金用于发电企业盈亏调节，加强对其资金支持与补贴。

7.6 优先发展天然气分布式能源系统，因地制宜发展集中大型NG发电(热电)站

结合“十三五”新型城镇化建设和城乡天然气管道布局规划和建设，充分考虑天然气机组热、电、冷三联供的综合效益，应优先发展分布式能源系统，因地制宜地发展集中大型NG发电(热电)站。南方地区原则上解决供热和供冷需求，北方地区解决中小热冷用户需求，通过冷热电多联供方式实现能源的梯级利用；在风电等新能源大规模发展，系统调峰容量严重不足地区，利用天然气发电机组承担调峰调频任务，提高系统运行灵活性、可靠性，减少弃风、弃水、弃光；结合西气东输管道和外境管道的接入及进口液化天然气，在供给端地区和城市，根据供热(供暖)和环保需求，因地制宜地改善雾霾天气等需求，宜适当发展大型联合循环发电(供热)系统。

8. 结语

1. 燃气联合循环发电热力学优势明显，当今发电热效率高达60%左右，比燃煤发电热效率高出10～20个百分点，节能效益好。

2. 气电比煤电环境效益更好。其大气污染物排放几乎无粉尘，SO_2、NO_x和CO_2也分别只有燃煤发电污染物排放的0.1%、2%和50%左右，接近清洁燃料。

3. 燃机运行灵活机动，启停很快，适于调节，可作调峰电源和分布式能源；无庞大复杂的燃煤系统，机组体积紧凑，占据厂区面积和厂房容量(可露天布置)较小，可布置在电(热)负荷中心，开发新区、城市；用水比煤机少一半以上，输送电(热)能方便，造价费用较低。

4. 我国燃气发电起步较晚，发电装机容量与相对发达国家装机容量的百分比(30%～40%)差距较大，目前燃机装机容量和发电量只占国内总量分别不到4%、3%。为了应对气候问题，治理雾霾，优化电力能源结构，正值经济发展进入新常态，电力出现增速减缓、负增长时期，应加快发展燃气发电，是替代煤电主要方式之一。

5. 由于气峰与电峰时段重合，燃气发电存在缺气风险，造成停机和低荷，无法调峰和供应热、电用户需求。应加快气源开发供应，进一步加强国际合作，加快非常规油、气资源开发，增加供气量，化解缺气风险。

6. 由于燃气价格上网电价机制不够完善，尚未市场化，自气价改价提升而上网电价未能相应到位，许多燃气电站经济效益欠佳，造成亏损。甚至部分燃气行业出现“气改煤”逆替代，影响节能减碳规划目标的实现。建议现阶段可适当补贴燃气发电或适时尝试开征碳税，完善资源税，通过财政手段，减小高碳化石能源对清洁能源的替代效应，引导能源结构优化转型。同时，建议加快气价、电价(热价)市场化进程，政府出台政策进一步明确扶持，鼓励财经、税收等优惠政策，完善环境、调峰补贴，允许燃气直供，建立政府专项调节基金等措施，使之扭亏为盈，扶持燃气发电健康发展。

参考文献

[1] 张斌.我国天然气发电现状及前景分析[J].中国能源，2012，34(11)：12-16

[2] 李群智.天然气发电上网电价机制初探[J].市场经济与价格，2012，(11)：14-16

[3] 国务院办公厅. 能源发展战略行动计划(2014—2020 年)[Z]. 国办发〔2014〕31 号

[4] 国家发改委. 天然气利用政策[Z]. 2012 年第 15 号令

[5] 国务院. 大气污染防治行动计划[Z]. 国发〔2013〕37 号

[6] 国家能源局. 天然气发展“十二五”规划[Z]. 2012 年 12 月 3 日

[7] 钱伯章. BP 世界能源统计 2014 年评论[J]. 电力与能源,2014,35(5)

[8] 王为伟等. 天然气发电对碳减排的贡献[J]. 燃气轮机技术,2016,29(1):9-11

[9] Gas Turbine World 2015 GTW Combined Cyke Specs[J]. Gas Turbine World,2015(1): 28-37

[10] 二氧化碳排放量如何计算? [ERIOL](2009-12-10),http: llxis,mep. gov. cn/hisy/20091210-182848,htm

[11] 国家“十三五”规划纲要: 第三十章　建设现代能源体系. 人民能源频道. 2011—03—18

NG Power Recent Developments Problems & Prospect In The China

Liu Long-hai[1] **, Zhong Shi-ming**[2]

(1. Datang Nanjing Power Plant, Nanjing 210059,China

2. College of Energy and Environment,

Southeast University, Nanjing, 210096, China)

Abstract: Introduction Superioritys for NG Power, and this power in China has developed rapidly sance years, however, China's NG Power industry face some problems and analyzes the developing trerd of this industry, also proposes some suggestions for the healthy development of China's gas power generation industry.

Key Words: NG Power; Coal-Fired Power; Superiority; Recent Developments; Problem; Some Suggestion.

积极推进分布式能源系统

钟史明

（东南大学能源与环境学院　210096）

摘　要：阐述积极推进分布式能源系统的基本原因，我国分布式能源系统并网近况，发展天然气分布式CCHP冷热电三联供的意义与几个示范项目，继续完善分布式能源系统的相关政策。

关键词：集中式大型区域电力　分布式能源系统　分布式光伏系统　天然气分布式冷热电(CCHP)　三联供　并网　骨干(高压、超高压)电网　公共电网　内部(低压)电网　微电网

0. 前言

相对于集中大型区域电力，分布式能源系统具有环境效益好、成本低、效率高、调峰性能好、操作灵活、调度简易、安全可靠等特点，历来受到发达国家乃至发展中国家的重视。自可再生能源电力系统投入运营以来，分布式能源发电一直是主要运营模式。仅光伏发电而言，至2010年在全球范围内，分布式能源发电累计装机总容量达23.4 GW，占光伏发电累计装机总量66.8%。其中，德国光伏装机总量17.32 GW，分布式发电14.9 GW，占86%；美国光伏装机容量2.09 GW，分布式发电1.72 GW，占82.47%；以色列光伏66.6 MW，全部为分布式发电。而同时期，我国分布式光伏发电总装机量为250 MW，仅占光伏发电总容量的32%。据国家统计显示，截至2013年9月底，国网共受理分布式电源报装业务1 300户，容量为2 090.5 MW，其中有351户分布式电源完成并网运行，总容量428.9 MW，累计发电量9 967.5万度，其中光伏424.48 MW，发电9 577.67万度，是我国分布式能源系统的主力军，而且发展进入稳定增长期。

2011年年底全球光伏装机约7 000万kW；预计2016年全年光伏装机2.1亿～3.4亿kW，2001—2011年平均增长率58.6%；预计2012—2016年年均增长率22.0%。2012年全球光伏累计装机已超过100 GW，年增长率4%。2012年全球总装机30 GW，欧洲光伏装机16.8 GW，其他国家装机13.2 GW(44%)，其中德国装机7.6 GW，中国装机3.5 GW(11.7%)世界第二，累计装机7 GW，世界第四。

1. 积极推进分布式能源系统的基本原因

我国能源资源分布不均，中东部地区如长三角、珠三角和沿海地区、经济较发达地区缺乏能源资源，能源需求日益增加。而化石能源和水力资源较丰富地区，又都在我国偏远的西

北、西南地区，经济欠发达，人口稀少。因此在能源发展方式转型时，在抓集中大型区域电力时也应积极推进分布式能源的方针。

发展大型高效清洁发电机组，提高能源转换效率，开展节能降耗和减少污染物的排放，始终是能源科技的主攻方向。依据我国国情，资源禀赋与供需相距超千 km，我国电力能源供需结构，只能是"集中与分布(散)"相结合，发挥集中大型化优势和分散小型分布式的好处。我国火电向超超临界大型高效机组(1 000 MW 单机容量)和发展大型水电机组(≥400 MW单机容量)、核电机组(≥1 000 MW 单机容量)和风力发电机组(单机容量≥3 MW)以及高压、超高压(800 万 V)大型、超大型跨区电网发展。这样，可减少能耗而且降低一次性投资和物耗，把西南大型水电、大型煤电基地的电能向缺乏能源资源而经济较发达地区(东南沿海等地)输送电力和确保安全供电。同时，为改善环境质量，减少污染物排放，改变能源生产与消费模式和经济社会发展方向，必须改变化石能源发展道路和模式，积极发展可再生能源新能源，如太阳能、风能、空气能、地水源热泵等分布式能源，建立微电网接入大电网，建设智能电网，逐步提高可再生能源发电比例，从而构建安全、经济、清洁、绿色和可持续为特征的新型能源体系。可再生能源天生具有分散、分布化特点，小型，投资小，主要由政府引导，以社会参与的市场为主。而且其必将为未来的新型制造技术发展带来机遇，促使生产和商业模式的分布式改变。

国家重视加快推进分布式能源建设，从 2011 年国家四部委联合发布《关于发展天然气分布式能源的指导意见》，到 2012 年国家发改委公布首批四个国家天然气分布式能源示范项目，再到 2013 年 8 月国家能源局提出《分布式光伏发电示范区工作方案》，国家电网公司于 2012 年 10 月 26 日公布了《关于做好分布式电源并网服务工作的意见》等一系列针对分布式能源调研及示范项目激励政策，在政策利好的形势下，未来我国大力发展分布式能源势在必行。预计到 2020 年，我国各类分布式能源的发展总装机容量可达到 1.3 亿 kW。

2. 分布式发电系统分类优点与并网方式

2.1 分布式发电系统分类

分布式发电(Distributed Generation，DG)，通常是指发电功率在几千瓦至数十兆瓦的小型模块化、分散式、布置在用户侧的就地消纳，非外送型的发电单元(站)。主要包括以液体或气体为燃料的内燃机、微型燃气轮机、热电联产机组、燃料电池发电系统、太阳能光伏发电、风力发电和生物质能发电等。

分布式发电系统分类：

① 独立发电系统：单一用户离网发电系统，无独立配电网的发电系统。

② 多能互补微电网发电系统：与电网联网运行的微电网，独立微电网。

③ 并网发电系统：低压配电网并网的发电系统和中压配电网的发电系统。

2.2 分布式发电系统的优点

① 安全可靠性高。

② 抗灾能力强。

③ 非常适宜远离大电网的偏远农村、牧区、山区、海岛、哨所供电。

④ 主要采用可再生能源发电，环境效益好。

⑤ 不需要远距离输送电力，成本低，效率高。

⑥ 可以满足特殊移动电源的需求。

⑦ 调峰性能好。

⑧ 操作简单，启动快速，便于实现灵活调度。

2.3 分布式发电并网方式

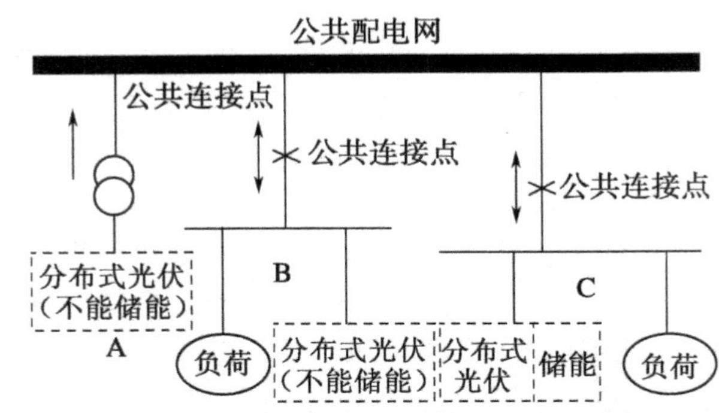

图1 分布式发电(光伏)连接并网方式

2.4 微电网发展简况

2.4.1 我国微电网的构成与优势

微型电网(Micro Gdd MG)由多能源发电装置、储能装置、固定负荷和可调节负荷构成(见图2)。一般条件下独立运行，也可以与大电网交换电量，对于大电网是可控单元。由于多能互补，能量的连续性大大提高，对于储能装置的要求则大大降低，很容易实现。

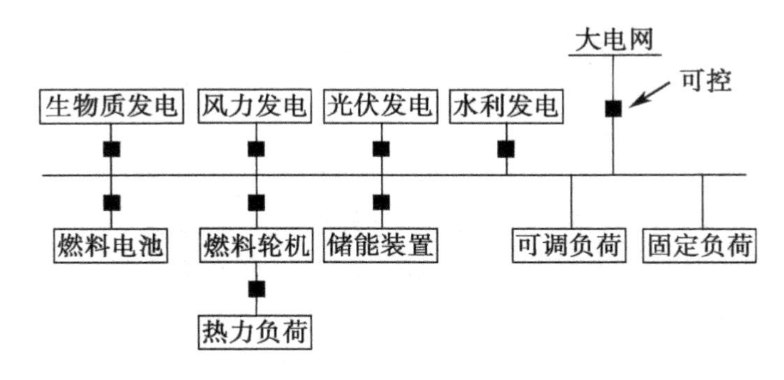

图2 微型电网

微网的优势：可以平抑可再生能源负面影响，最大化接纳分布式电源，节能降耗，提高能效，新农村电气化，提高抗灾能力及应急供电，能满足用电能质量需求，是智能电网的有机组成部分。

2.4.2 微电网国内外研发现状与趋势

• 微电网国外研发简况

国外研究起步较早，在关键技术方面已取得一些突破，并在小规模微网中得到验证，目前正推动微网向更高电压等级、更大容量发展，表1为微电网国外的几个研究项目。

表1 微电网国外研究项目

国家	代表性的基础项目	相关技术
美国	夏威夷等洁净能源计划、与国防部合作的微网项目等 Madriver 微网	可再生能源发电技术微网的运行与控制微网示范验证
欧盟国家	DISPOWER 计划 ECOGRID 计划	分布式发电渗透下的电网稳定与控制、电能质量技术等生态电网和微电网
日本	群马光伏发电计划、与美国新墨西哥合作 NMGGI	大量光伏渗透下的电压协调控制新一代的绿色电网(5MW 以下微网)

• 微电网国内研发简况

在中科院电工所和清华大学等科研院校合作研发和示范，国内尚处于起步探索阶段，但是随着关键技术研发进度加快，预计将进入快速发展期，其简况见图3、图4。

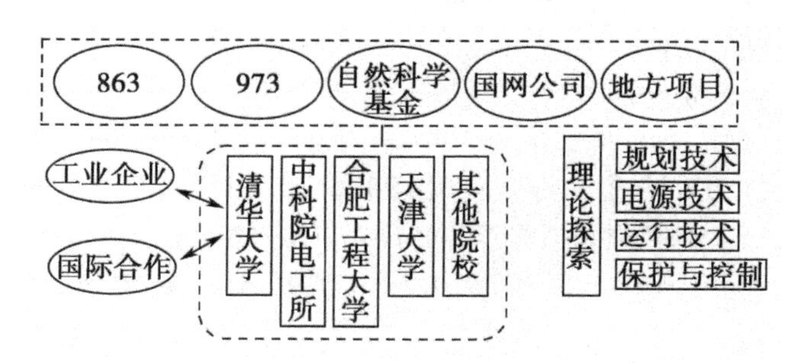

图3 微电网国内研究现状及趋势

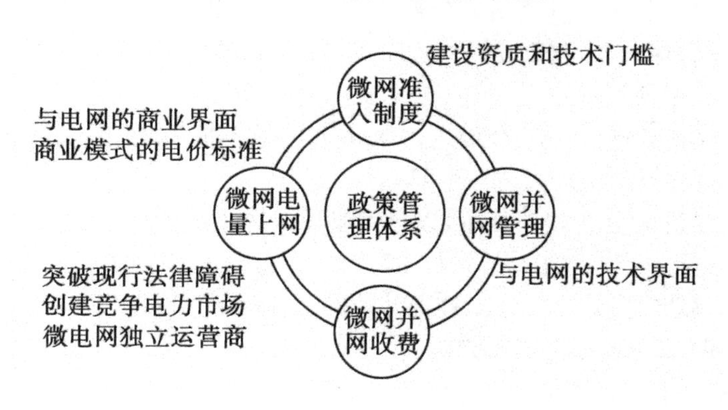

图4 微网政策管理体系

“十二五”期间，国家能源局计划在全国开展30个微电网示范。2013年，新疆吐鲁番示范点已正式批准。国家科技部“863”项目和“金太阳”示范工程也已经开展了微电网工程示范。

3. 我国分布式发电系统并网近况

3.1 分布式能源并网已经来到

对于以分散、小型、不稳定为特征的可再生能源发电(风电、太阳能发电等)的发展,上网问题一直是阻碍其发展的拦路虎。因为它的上网对电网有很大冲击,影响安全供电,电网企业难于接纳,使分布式能源发展受到很大阻力。

国家大力推进可再生能源发电,支持上网,迫于形势,自 2012 年 10 月 26 日,国家电网公司公布了《关于做好分布式光伏发电并网服务工作的意见》,便拉开了我国分布式电源并网序幕。2013 年 8 月,南方电网公司奋起直追,出台《关于进一步支持光伏等新能源发展的指导意见》。经国家统计显示,截至 2013 年 9 月底,国网经营区域共受理分布式电源报装业务 1 300 户,209.05 万 kW,有 351 户分布式电源完成并网运行,发电容量 42.89 万 kW,累计发电量 9 967.57 万 kWh。其中光伏 42.448 万 kW、9 577.67 万 kWh。光伏发电主要集中在华东和华中地区,项目业主用电性质多为大工业用电和工商业用电,运营模式多采用自发自用模式,具体分为以下几种:

3.1.1 按发电能源分

在报装的 1 300 户中,光伏 1 256 户、196.41 万 kW,生物质、风电、天然气等其他类型分布式电源 44 户、10.04 万 kW(资源综合利用 18 户,6.218 2 万 kW;生物质 11 户,1.69 万 kW;天然气 8 户,2.119 2 万 kW;风电及风光互补共计 4 户,0.420 8 万 kW;潮汐 1 户,0.031 万 kW;光热 1 户,0.15 万 kW;地热 1 户,0.069 万 kW)。其中,分布式光伏项目占所有分布式电源项目的 94.91%。

3.1.2 按电量消纳方式分

在受理的 1 300 户项目业务中,全部上网 143 户,25.75 万 kW,全部自用 279 户,61.29 万 kW;自发自用余额上网 875 户,121.15 万 kW;待定 3 户,0.86 万 kW。

3.1.3 按接入不同电网分

在受理的 1 300 户项目业务中,接入内部电网 1 168 户,183.16 万 kW;接入公共电网 128 户,23.95 万 kW;待定 4 户,2.94 万 kW。

由上可见,在受理的分布式项目中,以自发自用余电上网为主,占总报装容量的 57.95% 以接入用户内部电网为主,发电容量占比 87.14%。这符合国网推动分布式电源并网的导向;鼓励自发自用,就地平衡。自发自用效率最高,投资和代价最低。

3.2 相关并网配套政策正不断完善

3.2.1 国网公司

2013 年 2 月,国网发布《关于做好分布式光伏发电并网服务工作的意见》后,在总结分布式光伏发电并网工作经验的基础上,出台了《关于做好分布式电源并网服务工作的意见》《关于促进分布式电源工作的意见》,将发电类型扩大到所有分布式电源,服务的对象扩大到自然人,增加了国家补贴结算服务等内容。

3.2.2 南方电网公司

南方电网公司在 2013 年 8 月出台了《关于进一步支持光伏等新能源发展的指导意见》,从并网服务、购售电服务、并网调度管理等方面全面支持新能源的有序协调发展。

3.2.3 其他有关部门

国家有关部门也积极配合加快完善了相关政策，如财政部明确了国家对分布式光伏发电项目按电量给予补贴，国家发改委印发了《分布式发电管理暂行办法》，随着配套政策的不断完善和细化，分布式能源发展机制日渐成熟。

3.2.4 逐渐使并网服务规范化、标准化

通过近一年来的摸索、积累，各地电网企业通过解决电价补贴政策结算模式等焦点问题，结合当地情况，逐渐使并网配套服务规范化、标准化。

如浙江兰溪市供电公司建立了长效跟踪机制，各台区客户服务经理向有关居民宣传解释国家有关政策及家庭、光伏并网动态，提供设备性能参数等技术指标，并帮助居民用户计算成本及回收年限，进而准确、高效为居民用户提供"一站式"的咨询服务。

3.3 各地电网积极应对并网的新变化

分布式电源接入电网后，电力将变成双向，这对电网的信息采集、运行方式、保护装置、控制系统等都提出了新要求。为此，各地电网企业采取多种措施积极应对。

3.3.1 并网后对主网及其他配网用户安全和用电质量的保障

分布式能源频繁、不稳定的电压负荷，使其并网后对主网及其他配网用户会产生一定影响，对此，河北省霸州市供电公司采用低压配电网瞬时故障重合闸等措施，以保证其他用户用电质量不受影响，同时采取关键的电压控制，自动控制系统中的频率控制等，保证主网安全。

3.3.2 孤岛问题防止检修人员被并网后反送电而造成人身事故

孤岛问题是分布式光伏接入的典型问题，为此，浙江省富阳市供电公司开展低压光伏接入配电网适应性改造试点工作，做好低压反孤岛装置在分布式光伏接入配电系统中的应用及设备测试和数据采集、分析工作，防止检修人员被并网光伏反送电而造成人身事故。

3.4 积极研发建设智能电网

分布式电源并网后对原有电力管理系统带来的影响并未全部解决。如每年定期检修，大电厂执行电网企业调度指令是必需的，但对于这种家庭式的电站（电源），如要等线路停电检修，不得对电网送电，他们会听从指挥吗？为了安全，增加备用线路和设施，投资增加问题和设备质检问题，智能化问题……这些难点应通过科技创新"智能电网"来解决。建立以信息化、数字化、自动化、互动化（四化）为特征的统一协调安全、经济、灵活、可靠的坚强新型电网。自主创新研发建立新能源发电传输的数学模型、运行与控制、预测技术、智能配用电关键技术与装备、局放基础理论、新型传感器、智能电器永磁操动机构、减少电器触头材料损耗方法等，为创造智能电网打下坚实的理论和技术基础。

4. 发展天然气冷热电联供能源系统具有重大意义

4.1 有利于优化电源结构

我国电源结构以煤电为主，占70%左右，造成资源与环境压力越来越大，水电开发不足，仅占25%，核电占2%，可再生能源发电占7%，而天然气属清洁能源，发展天然气 CCHP 可优化电源结构，增加清洁能源发电比重，提高电源可持续发展。

4.2 有利于提高能源综合利用率

冷热电煤气能源站，类似一个小型热电站，通过几台燃气发电机产生热能用于发电，制冷、制热和提供热水。天然气被梯级利用，1 000℃以上高温热能用于发电，发电中广生的300～500℃中温热能驱动吸收式制冷机用于空调等制冷，200℃以下的低温热能用来供热和提供生活热水。这样的梯级利用，与传统供能系统相比，CCHP可把能耗降到最低，能源综合利用率高达80%以上，发电供电效率55%左右。

4.3 有利于改善环境，净化空气质量

可减少有害气体及废料的排放，粉尘、固体废弃物、污水几乎为零，SO_2 减少一半以上，NO_x 减少80%，总悬浮物颗粒减少95%。就地供能，减少了高压输电线的电磁污染，节省了高压输电走廊和占地面积，也减少了对线路下树木的砍伐，从而减少占地面积60%，耗水量减少60%以上，促进实现低碳绿色经济。

4.4 有利于保障电力供应的安全性和可靠性

分布式电源是星罗棋布的设备在用户端，既可用作常规供电，又可承担应急备用电源，需要时还可用作电力调峰。与智能电网一起可以共同保障各种关键用户的电力安全供应。

4.5 有利于电力和天然气削峰填谷

天然气CCHP，它利用发电后的余热或汽轮机抽汽用作吸收式制冷和供热。不用电压缩制冷、供热。在夏天电网“迎峰度夏”时，可顶替电压缩制冷空调“削峰”，晚间电低谷时可启动电蓄冷蓄热装置使电源做到“填谷”作用。

民用天然气峰谷特别明显，而天然气CCHP是天然气稳定用户，并且用量大，可以平稳天然气用量，使NG管网压力波动很小，做到平衡供气。

4.6 有利于无电地区特殊场地满足用电需求

我国边远地区、中西部农牧地区，远离电网，难以向其供电，而分布能源系统非常适宜、容易建成并向他们供电，如在农村、牧区、山区、海岛、发展中区域及商业区，用小规模天然气、秸秆气和其他工业可燃废气等资源用以小型机发电、供热、供冷，可以满足这个地区的用热(冷)电需要。

4.7 有利于兼用各种能源

燃气CCHP能源系统除了利用NG，还可利用合成气、生物沼气、煤层气，也可兼用太阳能光伏、光热发电，地热能、风能、水能等能源发电、供热、制冷。

5. 我国天然气分布式能源发展近况

5.1 天然气分布式能源发展简况

天然气分布式能源在我国起步较晚，目前尚属起步阶段。当今天然气分布式能源装机400万kW，在建约500万kW，预计到2020年装机可达2 500万～3 000万kW。

5.2 天然气分布式能源迎来了好时机

业内认为天然气分布式能源迎来了重要发展机遇，既包括油气体制改革加快，气价进一步市场化，利好消息传导到下游领域，也包括电力体制改革在深入推进，互联网+智慧能源全面兴起，为之创造了好的客观环境。

2008年，国家积极推动战略性新兴能源产业发展，提出将天然气分布式能源作为重要

的发展方向。2011年，四部委联合下发了指导性文件，2014年又下发了与文件配套的实施细则。这两个文件基本确定了天然气分布式能源的政策框架，这些政策主要包括气价优惠政策、财税支持政策（地方财政支持政策）、并网标准规范政策、鼓励技术研发科技创新政策等。在天然气“十三五”规划中把分布式能源作为重要领域加以推动。自2015年开始，一大批天然气项目启动实施，更多央企开始涉足这一领域，形成了良好的带动效应，政策环境进一步改善，迎来发展的好时机。2016年4月《2016年能源工作指导意见》提出积极发展分布式能源，放开用户侧分布式电源建设，鼓励多元主体投资建设分布式能源。

5.3 天然气分布式能源要结合国情

近来国内天然气成本下降，导致天然气分布式能源项目成本下降，经济效益大幅提升，这极大促进了分布式天然气项目的推进实施。然而天然气分布式能源在我国的发展要结合国情。中国正希望通过天然气替代煤炭，冷热电三联供分布式或者小型化天然气分布式能源正是机遇。但分布式能源也要强调经济性，强化系统能源的节约，要加强热电联产项目的系统效率和效益评估，防止以供热为名加大电力供应能力，增大电力市场过剩冲击。同时，着重处理好改革和发展、个性与共性、企业经济效益和社会责任担当三个方面的关系。一个好的天然气分布式能源项目本身就是新的集成体，需要统筹平衡好各种关系。首先通过优化设计达到用户所需要的各种能源供给，推动改革激发行业积极性，稳妥兼顾各方利益，以达到系统最优设计。

由于每个用户的需求是个性化的，需求每个项目都有个性化的解决方案。分布式能源一般是为用户提供基础公共服务，一方面政府要构建更完善的环境，另一方面企业在兼顾经济效益的同时也要顾及社会责任因素，只有这样，才能推动行业更快、更好、更健康发展。

6. 几个天然气分布式能源系统示范项目

6.1 北京推进燃气发电等分布式能源站

2013年10月13日，北京燃气集团宣称，未来5年，北京市将建成百座不依赖外来热源、冷源甚至电源的独立“能源岛”，实现大型公建、园区、医院交通场站自主制冷、供热并发电的分布式能源站。

据悉，北京市将在大型楼宇、工业园区和开发区，大力发展太阳能、风能以及天然气热、电、冷三联供等分布式能源系统，截至2013年已落实10个项目。

北京市发改委表示，为做好冬季燃气供热运行保障工作，将强化燃气安全监管和供热管网运行监管工作，加强燃气供热基础工作，并逐步建立热电气联调联动机制。

6.2 江苏泰州天然气分布式楼宇型冷热电三联供

2013年四季度，江苏省泰州市泰州医药城楼宇型天然气分布式能源站正紧张进行安装施工，预计年底并网运行。

该项目是国家首批天然气分布式能源示范项目之一，项目总投资3 000余万元，年上网电量可达2 500万kWh，分布式能源年综合利用效率81%，年耗天然气约1 300万m^3。

6.3 上海虹桥天然气分布式区域型冷热电三联供

2013年10月15日，上海虹桥商务区区域三联供（冷热电）分布式能源站一期工程竣工并投入试运行。该项目是全国首个区域冷热电三联供分布式能源站示范项目，其能源综合利用率达到80%以上，比传统供能利用率高出一倍以上，且商务区楼宇内无须自建能源系统。

与普通的供热锅炉不同，该项目在地下一层放置了发电机，一侧由煤气管道输入天然气进行发电，另一侧管道将发电后产生的尾气和余热收集起来，地下二层则放置了冷水机组用以制冷供冷。

据悉，上海虹桥商务区分布式能源系统规划“八站两网”覆盖约 7 km^2，将为约 1 000 万 m^2 的建筑群集中供应热、电、冷。建成后预计每年节标煤 3 万 t，减排 8 万 t CO_2 及 200 多 t NO_x，相当于营造 240 公顷森林的效果。

7. 结语

我国的粗放型能源发展，付出了严重的生态环境代价；来自应对气候变化和能源供应安全压力不断加大；以化石能源为主的发展模式难以为继；构建以安全、经济、清洁为特征的新型能源体系已成为国民经济可持续发展、建设美丽中国的必然选择。而积极推进新能源和可再生能源，提高它们的比重刻不容缓。这些分布式能源上网问题，始终是发展分布式能源的瓶颈。国网公司积极应对开展“智能电网”的研发，欢迎分布式能源并网并做好并网服务工作，为推进能源变革做出了贡献。

参 考 文 献

[1] 王旭辉. 分布式破冰周年发电量达 1 亿度. 中国能源报，2013 - 10 - 21
[2] 胡芳. 国内首个区域三联供项目试运行. 中国电力报，2013 - 12 - 22
[3] 中国电机工程学院. 热电联产动态. 分布式能源，2013(11)
[4] 钟史明. 发展天然气分布式能源　冷热电三联供 CCHP 的节能计算的商榷[J]. 区域供热，2013(4)
[5] 王斯成. 分布式光伏发电政策现状及发展趋势[J]. 太阳能，2013(8)
[6] 中国石油新闻中心，中国电机工程学会. 中国天然气分布式能源发展探析. 热电联产动态，2016(10)

发展天然气分布式能源冷热电三联供 CCHP 的节能计算的商榷

钟史明

（东南大学能源与环境学院　210096）

摘　要： 冷、热、电三联供(CCHP)是分布式能源系统的主要利用方式，是节能减排，提高能源综合利用率的有效举措。天然气分布式能源具有综合能效高、清洁环保、安全灵活、削峰填谷等优势，受到了愈来愈多的关注。但其节能分析计算我国暂无规范可循，因此，在同一个方案，采用不同的计算方法，结果不尽相同。本文拟结合实际，提出节能计算方法。

关键词： 分布式能源　天然气分布式能源　CCHP　节能计算

最近作者参加了几个 CCHP 分布式能源站的初可（可研）报告的专家审查会，发现有关节能分析计算没有考虑分布式能源站具体情况，采用以往常规热电联产节能计算方法，结果有所差异。为了揭示客观实际，提出参考意见和计算方法，并做了实例测算，供同行讨论。

1. 分布式能源的概念

分布式能源系统(Distributed Energy System，DES)是近年来兴起的利用小型分散设备（几 kWe 至几 MWe）建设在靠近用户端（需求侧）向用户提供能源的新的能源利用方式，它区别于传统的集中式能源系统(Concentrated Energy System，CES)大电厂、大电网、大热电、大热网大型集中生产的供应端（供应侧）的生产模式。冷、热、电三联供 CCHP 是分布式能源系统的主要形式，一般以天然气(NG)等清洁能源作为燃料，采用燃气轮机或燃气内燃机为发电设备，在发电的同时，利用发电所产生的烟气余热生产冷、热产品，就近供应用户冷、热、电的需求。

2. 发展天然气冷、热、电联供能源系统具有重大意义

2.1　有利于优化电源结构

我国的电源结构，以煤电为主，占 70%左右，这造成资源与环境的压力越来越大，水电开发不足，仅占 25%，核电占 2%，可再生能源发电占 7%，而天然气属清洁能源，发展燃气 CCHP 可优化电源结构，增加清洁能源发电比例，提高电源可持续发展。

2.2　有利于提高能源综合利用率

我国能源利用率约 45%，与发达国家相差 10%左右，发展燃气 CCHP，提高能源综合利

用率可达80%以上,大型火电厂的发电效率一般为35%~55%,扣除厂用电、输变配线损率,终端利用效率仅30%~47%,而CCHP供电效率可达55%~60%。

2.3 有利于改善环境,净化城市空气质量

燃用天然气CCHP,可减少有害气体及废料的排放:SO_2,固体废弃物,污水几乎为零,SO_2减少一半以上,NO_x减少80%,总悬浮颗粒TSP减少95%,从而减轻了城市的环境压力。同时,就地供能摒弃了大容量高压电远距离输变配设施;减少了高压输电线的电磁污染,节省了高压输电线路走廊和相应的占用土地;减少了对线路下树木的砍伐,从而减少占地面积60%;耗水量减少60%以上;实现了低碳绿化经济。

2.4 有利于保障电力供应的安全性和可靠性

天然气分布式电源是星罗棋布的设备在用户端,既可用作常规供电,又可承担应急备用电源,需要时还可用作电力调峰。与智能电网一起可以共同保障各种关键用户的电力安全供应。当大电网出现大面积停电事故时,由于它的特殊设计,如燃机用双燃料(气与油)设计,当电网瘫痪和天然气中断(不足)时,能继续保障电力供应;其系统比较简单,当电网崩溃后可进行黑启动,可为电网恢复提供转动无功补偿,早些恢复供电。所以,可以提高供电及电网安全性与可靠性。

2.5 有利于电力和天然气削峰填谷

天然气CCHP,利用发电后的余热或汽轮机抽汽用作吸收式制冷和供热,不用电压缩制冷、供热。特别在夏天电网"迎峰度夏"时,可以顶替电压缩制冷空调,起到"削峰"作用,晚间电低谷时,可以启动电蓄冷蓄热装置使用电源,做到"填谷"作用。

民用天然气峰谷特别明显,而天然气CCHP是天然气稳定用户,并且用量大,可以平稳天然气用量,使天然气管网压力波动很小,做到平衡供气。

2.6 有利于无电地区、特殊场地满足用电需求

我国有许多边远地区及中西部农牧区远离电网,难以从电网向其供电,而分布式能源系统非常适宜而且容易建成向他们供电。如农村、牧区、山区、海岛、发展中区域及商业区,用小规模天然气、沼气、秸秆气和其他工业可燃气废气等小资源用以小机发电、供热、供冷,满足这些无电地区用电用热(冷)需求。

2.7 有利于兼用各种能源

燃气CCHP能源系统除了利用天然气,还可利用合成煤气、生物沼气、煤层气,也可以兼用太阳能光伏、光热发电供热制冷,以及地热能、风能、水能等能源利用的多样性。

3. 天然气CCHP节能计算的商榷

天然气CCHP节能计算与常规燃煤电厂热、电、冷供应的节能计算笔者认为不尽相同,有些差异,特别是CCHP就地生产、就地消费减少了输能损失,同时吸收式制冷机用的是低质热能,而电压缩制冷机耗用的是远距离大电厂供应的最佳电能。

所以CCHP的节能计算应有差别,今分析计算如下:

3.1 电热冷三联供与分供一次能源综合利用率(η_{Σ})

天然气分布能源系统(CCHP)与常规冷热电分供系统的一次能源综合利用率比较,求出节能率以测定节能趋势的大小。

3.1.1 天然气(CCHP)的能源综合利用率(η_{Σ})

- CCHP 发电一次能源利用率(η_d)

$$\eta_d = Q_d/Q_o = 3\ 600\ W/Q_0 \tag{1}$$

- CCHP 供热的一次能源利用率

$$\eta_r = Q_r/Q_o \tag{2}$$

- CCHP 供冷的一次能源利用率

$$\eta_L = Q_L/Q_0 \tag{3}$$

- CCHP 的一次能源综合利用率

$$\eta_{\Sigma} = \eta_d + \eta_r + \eta_L = (Q_d + Q_r + Q_L)/Q_0 = (3\ 600W + Q_r + Q_L)/GQ_{dw} \tag{4}$$

式中：Q_d——系统发电量 W_L，折合 GJ 热量；

Q_r——系统供热量，GJ；

Q_L——系统供冷量，GJ；

Q_0——系统总能耗量，GJ；

G——系统的总耗燃料量，m^3；

Q_{dw}——燃料的低位热值，GJ/m^3。

3.1.2 常规分供系统的一次能源综合利用率(至用户侧)($\eta_{f/\Sigma}$)

- 常规发电的一次能源利用率

$$\eta_{fd} = \text{供电效率} \times \text{输、变、配电效率} = \eta_{gd} \cdot \eta_{nd} \tag{5}$$

- 供热锅炉供热的一次能源利用率

$$\eta_{fr} = \text{供热锅炉效率} \times \text{热网效率} = \eta_{fgL} \cdot \eta_{rW} \tag{6}$$

- 电压缩制冷一次能源利用率

$$\eta_{fL} = \text{制冷性能系数} \times \text{供电效率} \times \text{输变配效率} = COP_{fd} \cdot \eta_{gd} \cdot \eta_{nd} \tag{7}$$

- 分供系统供能的能源消耗量

$$Q_{fo} = Q_{fd}/\eta_{fd} + Q_{fr}/\eta_{fr} + Q_{fL}/(COP_{fd} \cdot \eta_{fd}) \tag{8}$$

- 分供系统的一次能源综合利用率

$$\eta_{f\Sigma} = (3\ 600W_f + Q_{fr} + Q_{fL})/Q_{fo} = (3\ 600W_f + Q_{fr} + Q_{fL})/(Q_{fd}/\eta_{fd} + Q_{fr}/\eta_{fr} + Q_{fL}/COP_{fd} \cdot \eta_{fd}) \tag{9}$$

式中：η_{fd}——分供常规电厂供电效率与电网输变配效率的乘积；

η_{fr}——分供供热效率；

COP_{fd}——电压缩制冷的性能系数。

3.2 节能率(ξ)

CCHP 系统与分供系统，在用户侧供应相同的电能、热能和冷量的情况下，哪个节能，节能程度如何，可用节能率(ξ)或一次能源综合利用率提高率来表征。即：

$$\xi = (Q_{fo} - Q_0)/Q_{fo} \times 100\% = (1 - Q_0/Q_{fo}) \times 100\% \tag{10}$$

把供应相同的 W、Q_r 和 Q_L 代入式(10)的联供和分供总耗能量，得

$$\xi = \left(1 - \frac{3\,600W + Q_r + Q_L}{Q_{fo}} \Big/ \frac{3\,600W + Q_r + Q_L}{Q_o}\right) \times 100\% \tag{10a}$$

$$= (1 - \eta_{f\Sigma}/\eta_{L\Sigma}) \times 100\%$$

$$= (\eta_{L\Sigma} - \eta_{f\Sigma})/\eta_{f\Sigma} \times 100\% \tag{10b}$$

节能率(ξ)可以用来判定 CCHP 供能系统与分供系统是否节能的判据。当 $\xi > 0$ 时，CCHP 供能系统是节能的；当 $\xi < 0$ 时，则是不节能的，CCHP 不如分供系统。ξ 的大小反映了相对节能力的大小。

3.3 CCHP 与分供系统节能计算

(1) 供电节能 ΔB_d

CCHP 供电标煤耗：

$$b_{dc} = (Q_{\Sigma} - Q_r - Q_L)/(3\,600W \times 29.307\,6)$$

式中：Q_{Σ}——CCHP 站总热耗，GJ/h；

$Q_{\Sigma} = G \cdot Q_{dw}$ = 天然气耗量/时×天然气低位热值，GJ/h；

Q_r——CCHP 站供热量，GJ/h；

Q_L——CCHP 站供冷量，GJ/h。

节能比较的对象：① 去年全国平均供电标煤耗 b_{gd}；② 该 CCHP 站地区去年平均供电标煤耗 b_{dc}。

$$\Delta B_d = (b_{gd} - b_{dc}) \times \tau/1\,000 \quad \text{t/a} \tag{12}$$

式中：τ——年利用小时数，h。

作者认为，分布式能源站就地生产、就地消费，没有(很小)电网线损和变配电损失，应予计及，所以 b_{gd} 应加大，即应扣除输变配电损失(6%～15%)，取 10%，$b_{gd}/0.90$。此时

$$\Delta B_d = [(b_{gd}/0.9) - b_{dL}] \times \tau/1\,000 \quad \text{t/a} \tag{13}$$

(2) 供热节能 ΔB_r

天然气 CCHP 能源站，主机一般采用燃气轮机或内燃机，其燃烧效率(η_R)在 99%以上，余热锅炉效率 η_{Hr} 一般在 95%～98%左右，若采用内燃机余热利用(缸套冷却和烟气余热回收)效率能在 85%左右，而就地供热管道很短，热网效率 99%左右。所以单位供热量(1 GJ/h)的供热标煤耗应为：

$$b_{rL} = 34.12/(\eta_R \eta_{Hr} \eta_{gd}) = 34.12/(0.99 \times 0.95 \times 0.99) = 36.645 \approx 36.6 \text{ kg/GJ}$$

或

$$b'_{rL} = 34.12/(0.99 \times 0.85 \times 0.99) = 41 \text{ kg/GJ}$$

节能对比对象：燃气供热小锅炉，其热效率取制造厂数据，一般达 90%～95%以上，取 90%，管道效率相同，取 99%，而不能取全国分散供热燃煤小锅炉效率 65%左右，计算时不宜取集中供热燃煤供热锅炉效率 90%，即

$$b_r = 34.12/(0.9 \times 0.99) = 38.7\ \text{kg/GJ}$$

$$\Delta B_r = [(b_{rf} - b_{rL}) \times \tau]/1\,000 \quad \text{t/a} \tag{14}$$

(3) 供冷节能：ΔB_L

CCHP 能源站是以余热利用吸收式制冷机(溴化锂)供冷，代替常规电压缩制冷机，而吸收式制冷机制冷性能系数 COP 比电压缩制冷机低。所以，某些同行认为，相同供冷量和供水温度，吸收式制冷机不节能。目前，吸收式制冷机单位制冷量电耗在 0.2～0.4 kW/kW，而节能型电压缩制冷离心式或螺杆式已降到 0.2 kW/kW 以下，所以从 COP 看是不节能的。但一次能源消耗率 B_{de} 不一定比吸收式低，电压缩制冷标煤耗为：

$$B_{dl} = b_{dg} \sum W/[(1-\varepsilon)Q_L \cdot 1\,000] \quad \text{kg/GJ} \tag{15}$$

式中：b_{dg}——电网供电标煤耗率，2012 年全国平均 326 g/kWh；

$\sum W$——供电系统总用电量，kWh；

ε——电网输变配线损率，2012 年全国平均线损率约 7%；

Q_L——供冷量，$(3\,600 \times \text{kWh}/10^6)$GJ/h。

而吸收式制冷标煤耗 B_{jl}(kg/GJ)为：

$$B_{jl} = 34.12 Q_r/\eta_{Hr}\eta_{gd} + b_{dg} \sum W'/[(1-\varepsilon) \times 1\,000 Q_r] \quad \text{kg/GJ} \tag{16}$$

式中：Q_r——吸收式制冷机耗热量，GJ/h；

34.12——1 GJ 热量折成标准煤耗，kg；

η_{Hr}——余热锅炉效率，%；

η_{gd}——管道效率，%；

$\sum W'$——吸收式制冷机系统总耗电量，kWh。

其他符号意义同式(15)。

所以，其供冷年节标煤量为：

$$\Delta B_l = (B_{al} - B_{jl}) \times \tau \quad \text{t/a} \tag{17}$$

式中：τ——年利用小时数，h。

(4) CCHP 冷、热、电总节标煤为式(13)＋式(14)＋式(17)：

$$\Delta B = \Delta B_d + \Delta B_r + \Delta B_l \quad \text{t/a} \tag{18}$$

4. 示例

4.1 某大酒店楼宇式 CCHP 能源站其初可设计时的主要设备、参数

4.1.1 *概况 主要设备及参数*

内燃机型式功率：GE 颜巴赫 JMS312GS－NL 565 kW，一台供热制冷机，功率：烟气热水型溴化锂冷温水机，1 台 65 万 kcal(不补燃，制冷量 715 kW，供热量 670 kW)供热水设备，烟气余热(冷凝)回收器，功率 45 kW。

4.1.2 CCHP能源站工艺流程框图

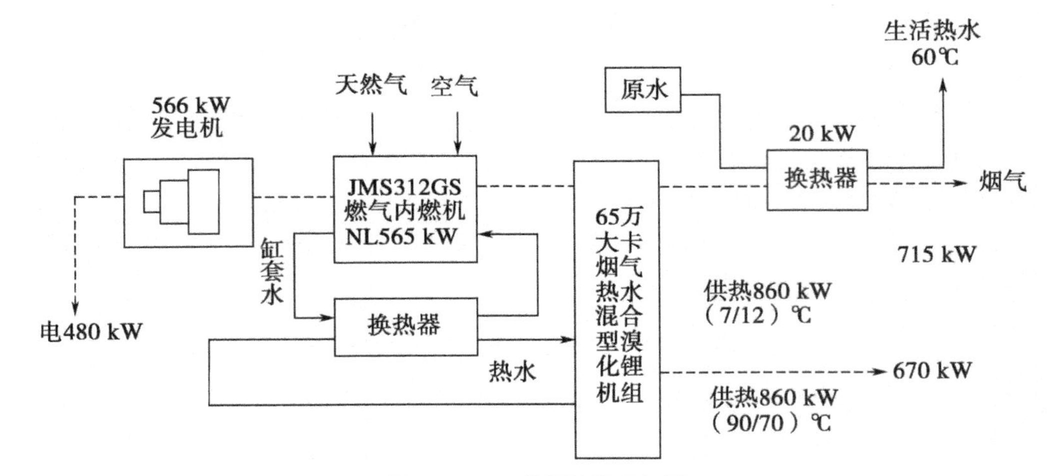

图1　CCHP能源站流程框图

4.2　CCHP能源站方案技术数据与指标(表1)

表1　CCHP(楼宇式)方案、技术、数据与指标

项　　目	单位	数　　值
年供热量	GJ/a	5 316
年供冷量	GJ/a	10 075
年供生活热水量(热量)	GJ/a	1 052
年满负荷利用小时数	小时	6 498
机组发电功率	kW	566
年发电量	kWh/a	3 677 860
年外供电量	kWh/a	3 457 196
机组年余热利用量	kWh/a	4 567 548
天然气低位热值	kJ/Nm^3	355 878
发电机组耗气量	Nm^3/h	147.9
发电机组年耗气量	Nm^3/h	961 177
锅炉及直燃机耗气量	Nm^3/h	0
发电机组最高电效率(分产)	%	38.7
发电机组最高综合能源利用率	%	84.5
供电标煤耗率	g/kWh	175
供热标煤耗率	kg/GJ	40.4

4.3　CCHP与分供一次能源综合利用率的比较

CCHP系统与常规分供供能系统一次能源综合利用系统的比较。CCHP系统如图1所

示，技术参数为示例。对于分供系统，根据中电联的统计数据：2012 年全国火电供电标煤耗 326 g/kWh，供电效率 37.7%，全国线路损失率 6.62%，输、变、配电效率拟定为 90%。电压缩制冷机 COP 取 4。经计算，两系统一次能源综合利用率如表 2 所示。

表 2　CCHP 与分户供能系统一次能源综合利用率

项　　目	单位	CCHP	常规分供
年发电量	kWh/a	3 677 860	3 677 860
年供电量	kWh/a	3 457 196	3 457 196
年供热量	GJ/a	5 316	5 316
年供冷量	GJ/a	10 075	10 015
年供生活热水量(热量)	GJ/a	1 052	1 052
年燃气消耗量	Nm^3	961 177	—
燃气低位热值	kJ/Nm^3	355 818	—
常规电厂供电效率	%	—	37.7
大电网输变配电效率	%	—	90
燃气锅炉效率	%	—	90
电压缩制冷 COP	%	—	4
能源综合利用率	%	84.5	62.4
节能率(ξ)*		25.7	

注：$\xi=(1-\eta_{f\varepsilon}/\eta_{L\varepsilon})\times100\%=(1-62.4/84.5)\times100\%=25.7\%$。

4.4　节能计算

- 年总耗热量 Q

$$Q = \text{年总耗气量} \times \text{燃气低位热值} = 961\ 177 \times 8\ 500 \times 4.186\ 8 = 34\ 206(\text{GJ/a})$$

- 年供热、供冷、供热水总热量 $Q_{\Sigma r}$

$$Q_{\Sigma r}=5\ 316+10\ 075+1\ 502=16\ 443(\text{GJ/a})$$

- 年供冷热量

$$Q_l=10\ 075(\text{GJ/a})$$

- 年供电量(折热当量)Q_d

$$Q_d = 3\ 457\ 196 \times 3\ 600 \times 10^{-6} = 12\ 446(\text{GJ/a})$$

- 年有效利用热量(热、电、冷)Q_1

$$Q_1=Q_{\Sigma r}+Q_d=16\ 443+12\ 446=28\ 889(\text{GJ/a})$$

- 年未利用排空热量 Q_s

$$Q_s = Q-Q_s = 34\ 206 - 28\ 889 = 5\ 317(\text{GJ/a})$$

- 热电比 R

$$R = \text{供热供冷热量} / \text{供电热当量} = 16\ 443/12\ 446 = 132\%$$

- 综合能源利用率 η

$$\eta=\text{供热供冷供电热量}/\text{总耗热量}=28\ 889/34\ 206=84.5\%$$

- 供电热耗量 Q_{gd}

$$Q_{gd}=\text{总耗热量}-\text{供热供冷热耗量}=34\ 206-19\ 469=14\ 737(\text{GJ/a})$$

- 供电标煤耗率 b_{gd}

b_{gd}=供电热耗量/供电量/29 302.3 kJ/kg* =14 737/3 457 196/29.307=145.5(g/kWh)①

- 供电热效率

$$\eta_{gd}=0.123/b_{gd}=0.123/0.145\ 5=84.5\%$$

- 供热热耗量 Q_{gr}

供热(冷)排空热量 Q_s 按热电比分摊 Q_{grs}

$$Q_{grs}=Q_s\times 16\ 443/28\ 889=5\ 317\times 0.569=3\ 026$$

$$Q_{gr}=Q_{\Sigma r}+Q_{grs}=16\ 443+3\ 026=19\ 469$$

校核： $Q_{gr}=Q-Q_{gd}=34\ 206-14\ 737=19\ 469$

- 供热煤耗率 b_r

b_r = 供热热耗量 / 供热(冷) 热量 /29 302.3 = 19 469/16 443/0.293 023 = 40.4(kg/GJ)

校核：$b_r=34.12/\eta_{Hr}\eta_{gw}=34.12/(0.86\times 0.98)=34.12/0.85=40.4(\text{kg/GJ})$

式中：η_{Hr}——余热利用效率(余锅效率)，一般为 86%；

η_{gw}——热网管道效率，热网短取 98%。

4.4.1 供电节能

① 常规

$$\Delta B_d=3\ 457\ 196(326-145.5)\times 10^{-6}\approx 345.519\ 6\times 180.5\times 10^{-6}\approx 623.7(\text{t/a})$$

② 供电线路损失和输变配损失取 10%计算

大电网供电标煤耗率为 b'_d=326/0.90=362.2(g/kWh)

$$\Delta B'_d=3\ 457\ 196(362.2-145.5)=3\ 457\ 196\times 216.7\times 10^{-6}=749.2(\text{t/a})$$

4.4.2 供热节能 ΔB_r

(供冷量视为供热计)CCHP 与以下三种锅炉分供相比。

(1) 常规

① 与全国集中锅炉房供热相比

$$b_r=34.12/(0.85\times 0.95)=42.3(\text{kg/GJ})$$

$$\Delta B_{r1}=16\ 443\times(42.13-40.4)\times 10^{-3}=16.443\times 1.9=31.2(\text{t/a})$$

② 与全国分散小锅炉供热相比

---

* 注：1 kg 标煤低位热值=7 000 kcal=7 000×(3 600/860)=29 302.3(kJ)。

$$b_r = 34.12/(0.65 \times 0.98) = 53.6(\text{kg/GJ})$$

$$\Delta B_{r2} = 16\,443 \times (53.6 - 40.4) \times 10^{-3} = 16.443 \times 13.2 = 217.05 \approx 217(\text{t/a})$$

(2) 替代本酒店天然气(油)锅炉供热

$$b_r = 34.12/(0.90 \times 0.98) = 38.7(\text{kg/GJ})$$

$$\Delta B_{r3} = 16\,443 \times (38.7 - 40.4) \times 10^{-3} = 16.443 \times (-1.7) = -28(\text{t/a})$$

4.4.3　CCHP 年节标煤量 ΔB

分别以三种锅炉供热和两种供电标煤耗率计算年节标煤量如下：

a) $\Delta B_1 = \Delta B_d + \Delta B_{r1} = 623.7 + 31.2 = 654.9(\text{t/a})$

b) $\Delta B_1' = \Delta B_d' + \Delta B_{r1} = 749.2 + 31.2 = 780.4(\text{t/a})$

c) $\Delta B_2 = \Delta B_d + \Delta B_{r2} = 623.7 + 217 = 836.7(\text{t/a})$

d) $\Delta B_2' = \Delta B_d' + \Delta B_{r2} = 749.2 + 217 = 966.2(\text{t/a})$

e) $\Delta B_3 = \Delta B_d' + \Delta B_{r3} = 623.7 + (-28) = 595.7(\text{t/a})$

f) $\Delta B_3' = \Delta B_d' + \Delta B_{r3} = 749.2 + (-28) = 721.2(\text{t/a})$

本案例 CCHP 是内燃机余热利用来制冷，代替该酒店原燃气锅炉供热电压缩制冷系统，所以把冷负荷视作热负荷一并计算，制冷机用电当作厂用电，故制冷节能不再计算。

示例节能应以 f)方式计算为宜，$\Delta B = 721.2 \approx 721$ t/a 比较结合实际。其结果为：$\eta_{gd} = 70\%$，$b_{gd} = 145.5$ g/kWh，$b_{gr} = 40.4$ kg/GJ，$R = 132\%$，$\eta_{\Sigma} = 84.5\%$，$\xi = 25.7\%$。

5. 结语

分布式能源是最能体现节能、减排、安全、灵活多重优点的能源发展方式，是实现节能减排目标的重要途径之一，也是电力工业的发展方向之一，我国“十二五”规划纲要明确提出要大力发展分布式能源。而我国分布式能源刚刚起步(但小水电居世界第一)，与国外工业化国家相比差距巨大，发展空间和前景远大。目前我国天然气 CCHP 装机容量仅 1 000 余万 kW，不到全国总装机容量的 1%。最近国家能源局提出，到 2013 年拟建 1 000 个天然气 CCHP 项目，到 2020 年在大城市推广应用分布式能源系统，预计装机总量达 1 亿 kW，将增长 10 倍，天然气分布式发电装机占比将达到 3%，发展前景巨大，因而建议在制定完善 CCHP 技术规范前，开展对发展 CCHP 的研讨、开发是十分有益的。

参 考 文 献

[1] 王振铭. 能源与分布式能源. 中国电机工程学会热电专委会，中国分布式能源联盟，2010

[2] 太湖国际博览中心. 酒店分布式能源站初步可行性研究报告. 中国华电集团公司，2010

[3] 国家发改委，财政部，住房城乡建设部，国家能源局. 关于发展天然气分布式能源的指导意见. 发改能源〔2011〕2196 号

[4] 燃气冷热电三联供工程技术规范(GJJ45－2010)[Z]. 住房和城乡建设部 2010－08－18 发布

热泵(制冷)在分布式能源系统空调中的应用

钟史明

(东南大学　210096)

摘　要：分布式能源系统的空调中，为了节能，往往采用热泵(制冷)的应用，本文对其热力学原理、节能机理，特别是对吸收式热泵(制冷)特点使用场合等进行阐述；最后对地源热泵(制冷)系统进行介绍，供参考。

关键词：分布式能源系统　冷热电联供　热机与热泵　压缩式热泵(制冷)　吸收式热泵(制冷)　溴化锂吸收式热泵(制冷)

1. 前言

我国分布式能源系统正积极开展示范试点阶段，燃气冷热电联供是其主要方式，它应遵循电力自发自用，就地消化，宜并网运行，余热利用应最大化，其他可再生绿色能源宜优化整合，冷热电空调宜采用热泵(制冷)装置。由于目前国内没有经国家批准公布的分布式能源规程、规范，特别对节能技术的应用如采用溴化锂吸收式热泵(制冷)的机理、系统、条件和计算方法等等，不同设计单位编制的可研报告参差不同，使一些同行和能源管理机构的干部、领导常感到困惑，故作者对热泵(制冷)的热力学原理，吸收式热泵(制冷)机理、节能原理，溴化锂吸收式热泵(制冷)装置和地源热泵(制冷)系统进行分析、论述，供参考。

2. 热力学的基本原理

2.1　热机与热泵和制冷

2.1.1　卡诺循环

众所周知，热力循环，工质在 PV(压力容积)、TS(温熵)图上从始点，经过几个热力过程后，回到原点(始点)，完成一个闭合的过程，称循环。如卡诺循环在 TS 图上经过两个定温过程和两个定熵过程形成一个四方形，如图 1 所示。

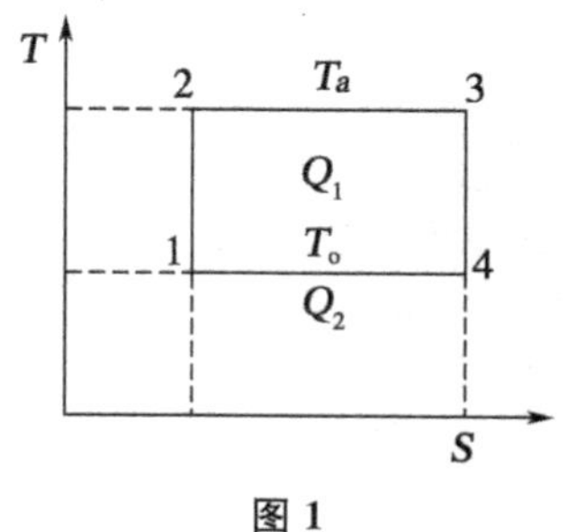

图 1

1－2：定熵压缩；2－3：定温加热；3－4：定熵膨胀；4－1：定温放热。

工质循环如按 1－2－3－4－1 顺时针方向，称热机做功循环，若逆时针方向，即 4－3－2－1－4，则为热泵耗功循环；花费 Q_1-Q_2 的功，把 Q_2 热量从低温 T_o 送到高温(T_a)。而低温热量 Q_2 被泵送，便是制冷。卡诺循环热机的效率，热泵(制冷)

性能系数(COP)为：

热机的热效率：

$$\eta_t = \frac{Q_1 - Q_2}{Q_1} = \frac{T_a\Delta S - T_o\Delta S}{T_o\Delta S} = \frac{T_a - T_o}{T_a} = 1 - \frac{T_o}{T_a} < 100\%$$

热泵的性能系数：

$$\zeta_r = \frac{Q_1}{Q_1 - Q_2} = \frac{T_a\Delta S}{T_a\Delta S - T_o\Delta S} = \frac{T_a}{T_a - T_o} > 100\%$$

制冷的性能系数：

$$\zeta_L = \frac{Q_2}{Q_1 - Q_2} = \frac{T_o\Delta S}{T_a\Delta S - T_o\Delta S} = \frac{T_o}{T_a - T_o} > 100\%$$

2.1.2　压缩式热泵

热泵是用来将低温热源的热量泵送到高温热源的装置，其主要部件有压缩机、蒸发器、冷凝器和节流阀，如图2所示。

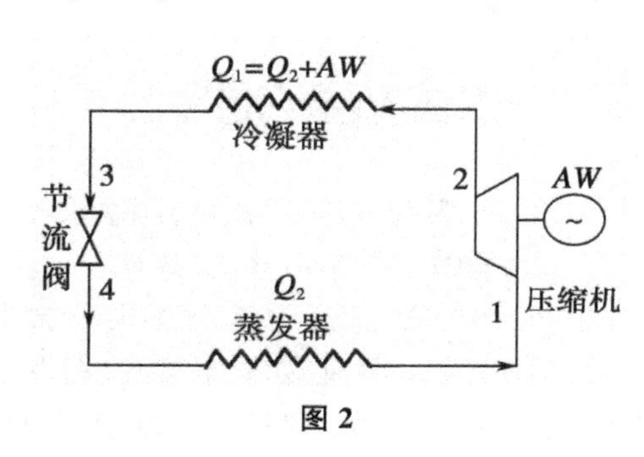

图2

压缩式热泵和制冷系数：

$$\zeta_r = Q_1/AW = (Q_2 + AW)/AW > 100\%$$

$$\zeta_L = Q_2/AW > 100\%$$

式中：A——热功当量(1 kWh=0.003 6 GJ)；

W——电功，kWh；

Q——热量，GJ。

2.1.3　热泵节能机理

① 直接采暖系统

热泵节能的效益可从燃煤(料)直接采暖系统(图3)与热泵采暖系统(图4)比较，看得很清楚。由图3可见，当用燃煤直接采暖时，即是在最理想情况下，Q_S 损失为零时室内取得的热量 Q_2，也只是等于燃料释放的热量 Q_1，即 $Q_2=Q_1$，采暖系数：

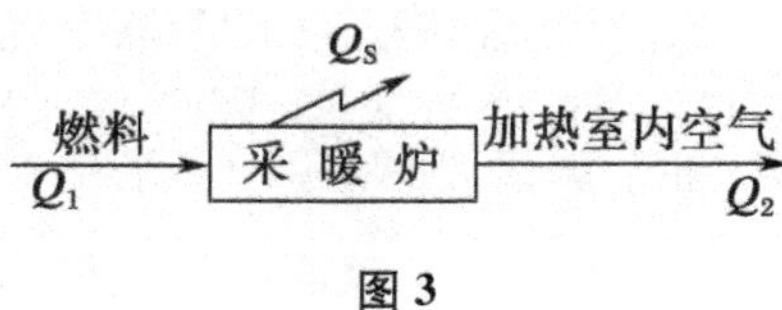

图3

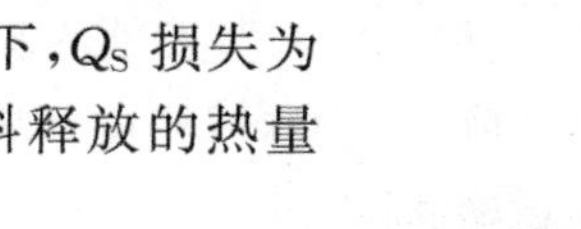

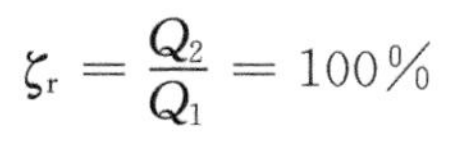

$$\zeta_r = \frac{Q_2}{Q_1} = 100\%$$

② 热泵采暖系统

如图4所示若都处在理想状态，各项损失为零即($Q_S=0$)，热机热泵中均无热损失。

$$AW = Q_1(1 - T_o/T_1)$$

$$Q_2 = Q_0 + AW = Q_0 + Q_1(1 - T_o/T_1)$$

$$= (1 + \zeta_L)AW$$

$$\zeta_L = Q_0/AW = T_o/(T_2 - T_o)$$

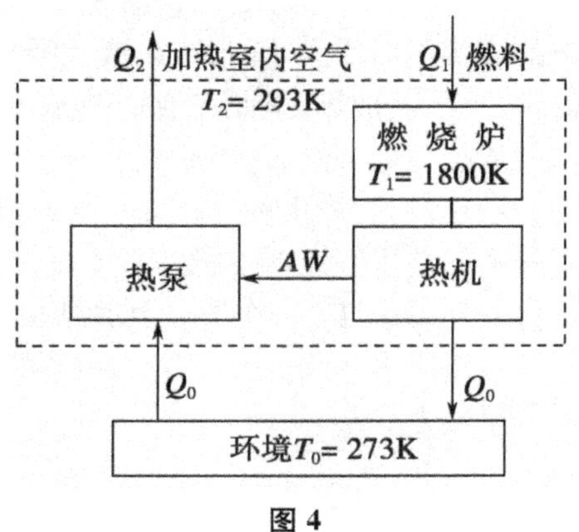

图4

将 ζ_L 和 AW 代入 Q_2，则有：

$$Q_2 = [1 + T_0/(T_2 - T_0)][(1 - T_0/T_1)]Q_1 = [T_2/(T_2 - T_0)][(T_1 - T_0)/T_1]Q_1$$

如将图中各处 T 值代入则得：

$$Q_2 = 293/(293 - 273)[(1\ 800 - 273)/1\ 800]Q_1 = 293/20 \times [1\ 527/1\ 800] = 12.43Q_1$$

足见与直接燃烧采暖相比，Q_2 所获得的热量大大超过燃料释放的热量 Q_1，这多获得的热量是取之于环境（见图 4）。当然，这是理想情况（卡诺热机热泵系统），实际情况下热机和热泵都是有损失的，不可能获得这样高的效益。注意：这里的 Q_2 热量品位（㶲值）是较 Q_1 热量品位（㶲值）低得多的能量。根据热力学第二定律知，不可能再从 Q_2 中取出大于或等于 AW 的有效功，但对采暖而言，花费同样多的燃料采用热机—热泵系统，却可以获得非常可观的采暖效果。

3. 吸收式热泵(制冷)

3.1 吸收式热泵(制冷)基本原理

吸收式热泵（制冷）的原理流程如图 5 所示，它由几个过程组成逆循环，泵送热能（或制冷）：

① 发生　溶液（如氨水溶液）在发生器中被外界加热（Q_1 补偿）到沸腾状态，产生的蒸汽（如氨气）就是制热（冷）剂，它在高温高压下进入冷凝器。

② 冷凝　制热（冷）剂在冷凝器中，凝成液态并稍有过冷，而压力不变，等压放热（Q''_2）。

③ 节流膨胀　在冷凝器中凝结成液体的制热（冷）剂，经节流阀，降压膨胀降温成饱和液体，部分变为低压蒸汽。

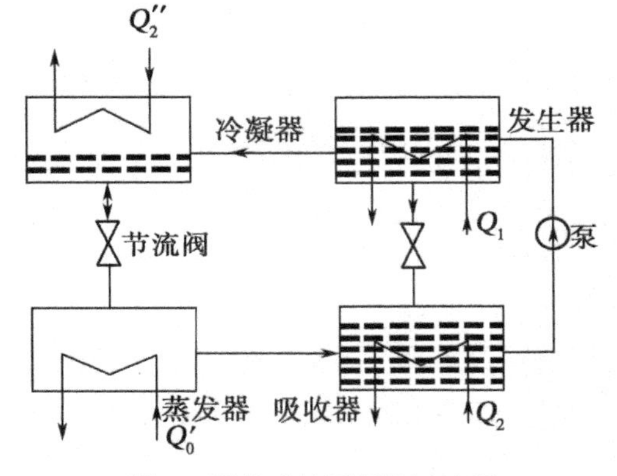

图 5　吸收式热泵(制冷)流程

④ 蒸发　节流降压的饱和液体入蒸发器内吸热（环境热或低温物体热），液态制剂全部汽化。被冷却物体的温度下降，从而获取制冷（Q_0）效果。

⑤ 吸收　制热（冷）剂蒸汽进入吸收器中，在等压下被由发生器来的稀溶液所吸收。溶液的浓度因而增大，变为浓溶液。吸收热（Q'_2）被冷却水带走。浓溶液由溶液泵打回到发生器中，再次被加热，至此完成一个循环。

从热力学观点看，吸收式制冷机可以看作是在 T_1（高温）与 T_2（中温）的温度范围内工作的一台热机，它产生的功驱动一台在 T_2 与 T_0（低温）温度范围内工作的压缩式制冷，它以发生器中耗费了温度为 T_1 的热量 Q_1 为代价获得了温度 T_0 的冷量 Q_0，与此同时，总热量 Q_2 被排放到温度 T_2 的冷却水中供热 Q_2。

常用来表达吸收式制热（制冷）机的运行性能指标是性能系数（COP），即制热系数 ζ_r 和制冷系数 ζ_L。

$$\zeta_r = (Q'_2 + Q''_2)/Q_1$$

$$\zeta_L = Q_0/Q_1$$

式中：$Q_2'+Q_2''$——冷却水带走的热量制热量，GJ/h；

Q_0——制冷量，GJ/h；

Q_1——外界耗费的热量，GJ/h。

可见，制热量(冷量)一定时，Q_1 愈小性能系统愈高。从图 5 中足见在同时有需要制热和制冷的需求场合时(如化工企业和生活空调)，使用吸收式制冷制热机有更大的优势。

3.2　溴化锂—水吸收式制冷装置的实际工作过程

溴化锂—水吸收式热泵(制冷)装置如图 6 所示，主要由发生器 1、冷凝器 2、蒸发器 3 和吸收器 4 这四个部件组成，这四个部件分别装在两个圆柱形的筒内。冷凝器和发生器装在上部圆筒内，蒸发器和吸收器装在下部的圆筒内，两圆筒之间用管路连接，这种装置称为双筒式溴化锂吸收式(制冷)装置，一般制冷量大于 420 万 kJ/h(100 万大卡/h)的装置多采用这种形式，制冷量小于 420 万 kJ/h 的装置也可将四部件装在同一个圆筒内，称为单筒式溴化锂吸收式制冷装置。

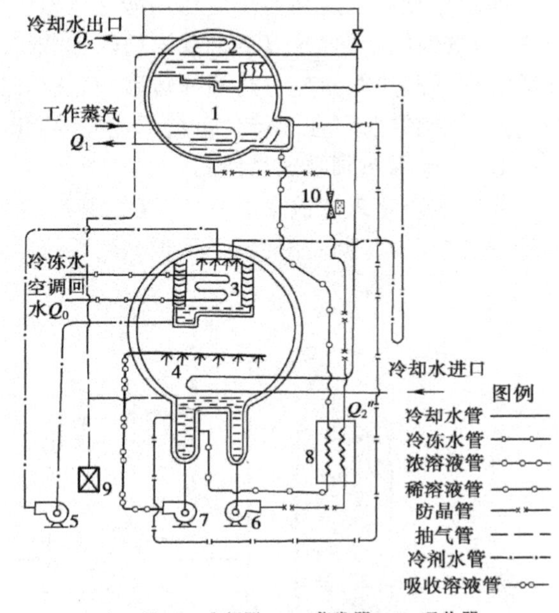

图 6　双筒溴化锂—水吸收式制冷装置流程图

双筒式溴化锂吸收式制冷装置的实际工作过程如图 6 所示，当外界具有一定温度的蒸汽(热水或废气)进入发生器 1 的加热管道后，使发生器中溴化锂溶液被加热，由于溶液中水的蒸发温度比溴化锂的沸点温度低得多，所以稀溶液被加热到一定温度后，其中的水便不断蒸发成水蒸气，水蒸气经挡水板将其所携带的液滴分离后进入圆筒上部的冷凝器 2 中，在冷凝器中装设有冷却水管，使进入冷凝器的蒸汽不断冷却，水蒸气便排放出汽化潜热而冷凝成液体，即为制冷剂水，它积聚在冷凝器下部的水盘内，然后送入蒸发器。冷凝器中的压力较高，为了防止冷凝器中的蒸汽随制冷剂水一同进入蒸发器，所以在制冷剂水进入蒸发器 3 的水盘之前，先通过 U 形管的水封装置。蒸发器中的制冷剂水通过其循环水泵(又称蒸发器水泵)5 送入蒸发器中进行喷淋。这样制冷剂水便在压力较低的蒸发器中不断进行蒸发。蒸发时通过管壁吸收空调回水的热量 Q_0，使回水得到冷却，水温降低，成为空调所需的冷冻水。蒸发后的制冷水蒸气经过挡水板将其中携带的液滴分离后进入吸收器 4，被正在喷淋的浓度较大的溴化锂溶液(又称中间溶液)所吸收，使喷淋下的溶液浓度变稀。浓溶液在吸收水蒸气时所放出的溶解热 Q_2 被冷却水带走，吸收器中的稀溶液由发生器泵 6 加热并经过热交换器 8 送入发生器中加热 Q_1，在其中蒸发溶液中的水分，在发生器中失去水分的浓溶液也经过热交换器放出热量 Q_2'后，再进入吸收器中吸收水分。

在溴化锂制冷装置中，从发生器出来的浓溶液的温度较高，而从吸收器中出来的稀溶液的温度较低，稀溶液为了浓缩就要首先加热到沸点，而浓溶液在吸收器中喷淋时却希望有较低的温度以增强吸收水蒸气的能力，所以在稀溶液送出管及浓溶液回流管之间设置热交换器，以便它们进行热量交换，这样既可提高稀溶液的温度，又可降低浓溶液的温度，达到既节约蒸汽的消耗量又减少冷却水消耗量的目的。

4. 地源热泵系统

地源热泵系统是利用浅层地热能作为空调系统的冷热源，冬季把地热能中的热量“取”出来，向室内供给热量，夏季把室内的热量“取”出来“排放”到地下，系统通过输入少量电能，能够实现低温热能向高温热能的转移，而且可结合燃机，热电冷联供与地源热泵相结合组成“复合”供能系统，可在保持各自技术优势的同时，解决自身的局限与缺陷。

4.1 地源热泵原理系统图

当区域内建筑容积率适中，绿地面积大，采暖空调负荷比较均衡、适中时，可用地源热泵系统，提供夏季空调制冷、冬季采暖。其系统原理图如图 7 所示。

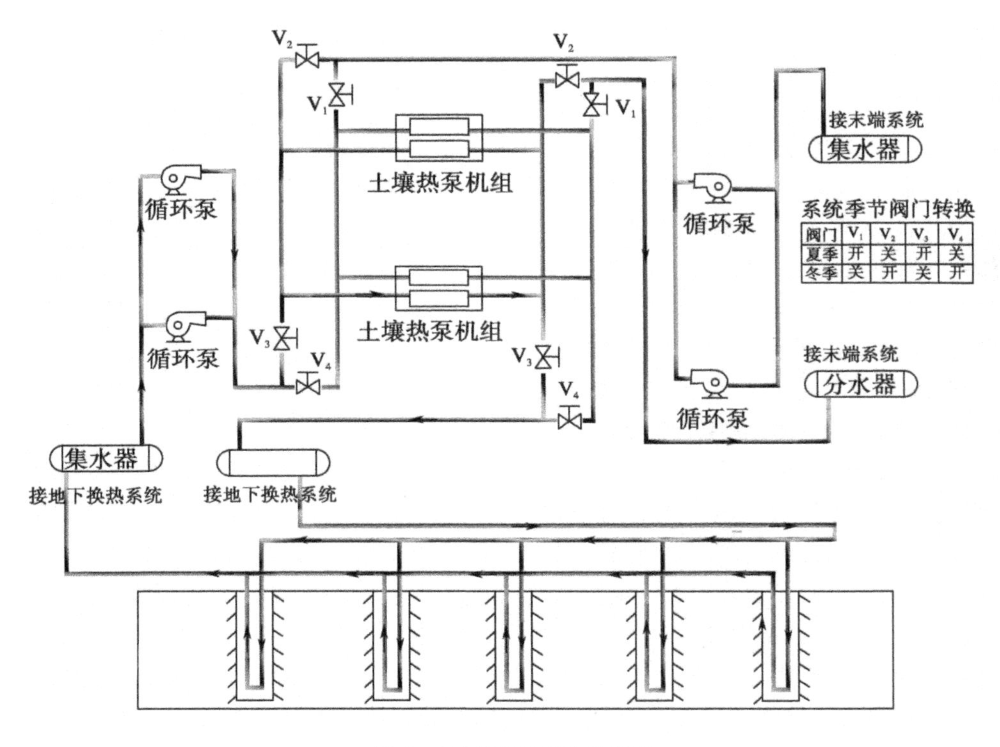

阀门	V_1	V_2	V_3	V_4
夏季	开	关	开	关
冬季	关	开	关	开

图 7　地源热泵系统原理图

4.2 地源热泵系统的主要优势在于：

① 地源热泵机组效率高(制热性能系数高)$\xi_r=3\sim5$，可以提高能源利用率。

② 全年土壤的温度波动小，冬季比环境空气温度高，夏季比环境温度低，是很好的热泵热源，其适度的温度水平，有利于提高热泵(制冷)效率。

③ 地源热泵系统的运行没有燃烧，没有排烟，也无废弃物，能够减少城市(地区)的大气污染。

④ 机组的运行情况稳定,自动化程度高,能够根据室外气温和室内气温自动调节运行,运行管理可靠性高。

4.3 地源热泵(制冷)装机容量

地源热泵装机容量因埋管形式与深度和地下水源情况不同而异,表 1 为其装机容量与埋管形式不同的较经济的推荐表,可供参考。

表 1 地源热泵装机容量推荐规模 单位:kW

装机容量(kW)	1~10	10~100	100~1 000	>1 000
水平埋管	●	●		
桩基埋管	●	●		
垂直埋管	●	●		
沉浸管(湖水)		●		
地下水水源		●	●	
地表水水源			●	

5. 采用热泵系统有利条件

(1) 生产过程中有足够量的余热,而这些余热又由蒸汽热水或空气带走。

(2) 有合适的生产或生活上的热用户。

(3) 余热与用户间有合适的温差,使热泵有足够的竞争能力。

(4) 负荷足够大而稳定,利用小时数长。

(5) 如同时存在冷用户,热泵利用更为理想。

(6) 可与可再生能源如太阳能、地热能及河水、湖水热能等低位热能相结合,可取得更大的节能效果。

应该指出的是,使用锅炉的新蒸汽作为吸收式制热(制冷)机的外加热源时,往往是不经济节能的。

6. 结语

热泵(制冷)是逆循环,是耗费一定高位能把低位热能送到较高位能的装置,在"节能减排",冷热电联供分布式能源中综合使用,能起到均衡负荷的作用,提高能源综合利用率,在合适条件下应予推广采用。

参 考 文 献

[1] 燃气冷热电三联供工程技术规程[Z]. CJJ145—2010. 住房和城乡建设部 2010 - 08 - 18 发布

[2] 许华君,钟史明. 供热工程中的蒸汽喷射式热泵[J]. 福建能源开发与利用,2001(4)

[3] 扬磊. 制冷技术[M]. 北京:科学出版社,1982

页岩气——非常规天然气的开采

刘龙海[1]　钟史明[2]

（1. 中国大唐南京发电厂　210059　2. 东南大学能源与环境学院　210096）

摘　要：本文首先介绍了页岩气的形成、全球蕴藏量、目前开采法。其次，阐明了美国“页岩气革命”和国外其他国家开采近况，特别叙述了美国“页岩气革命”使其能源构成得以改善、经济复苏增加了活力和我国勘探开采简况。最后，预计将影响世界能源供需结构的形成，供参考。

关键词：页岩气——非常规天然气　美“页岩气革命”　开采法　能源结构

1. 前言

页岩气是一种非常规天然气资源，是一种洁净而高效率的能源资源。近年来，美国的页岩气勘探开发技术取得了全面性的突破，开采成本大幅下降，产量因此快速增加，加速实现美国“能源独立自主”的目标，号称“页岩气革命”，正在大力推进之中。

在全球低碳经济和节能减排大环境趋势下，页岩气的开采与利用将改变全球能源供需格局，也将成为第三次“能源革命”的能源结构优化调整的方式之一。

2. 页岩气浅介

2.1　页岩的形成

页岩是淤泥沉积地下埋藏及压实后形成的岩石，是一种沉积岩，形成于静水环境中，泥沙经长期沉积而成。所以经常存在于湖泊、河流三角洲地带，在海洋大陆架中也有页岩的形成。页岩中经常含有古代动植物化石，有时也有动物的足迹化石，甚至古代雨滴的痕迹亦可能在页岩中保存下来。

2.2　页岩气的来源

页岩气是储存于深色泥页岩中富含有机质，以吸附或游离状态为主要储存方式的一种天然气，属于非常规天然气能源，不同于传统生产的天然气。有页岩气(Shale Gas)、煤层气(Coal Bed Gas)及细密地层气(Tight Gas)等，其中以页岩气储量最大，占比50%以上。

页岩沉积时含有大量的有机物，是生成石油和天然气的来源。石油和天然气常并存于相同的岩层中，可在这些油井中同时汲取天然气和石油。此外，在煤矿、泥盆纪页岩、地压盐水和结构紧密的砂岩中也存有天然气，但从中开采天然气的成本相对较高，相关技术的发展也较为缓慢。

天然气田是富含天然气的地域，通常有机物埋藏1 000～6 000 m深，温度在65℃至150℃条件下，会生成石油，而埋藏更深、温度更高的则会生成天然气。埋藏越深，天然气“干度”越高,即湿度(Condensate)含量越低。世界上最大的天然气田 South Pars,由伊朗和卡塔尔共有,第二大的天然气田在俄罗斯 Navy Urengoy。

页岩中的石油和天然气在生成之后迁移至砂岩里面,但仍残留下来的大量的天然气被称为页岩气。简言之,页岩气是储存于深色泥页岩含有机碳量高的泥页岩中,以吸附或游离状态为主储存方式的天然气,属非常规天然气资源。

3. 页岩气的储藏与机遇

当今世界支撑社会经济高速发展的常规能源如化石能源走向枯竭,而其价格又居高不下之际,非常规油气资源在全球能源结构中的地位越来越重要。非常规油气资源主要包括煤层气、油砂矿、油页岩、可燃冰、页岩气等,它们在全球的蕴藏量十分丰富。目前,全球页岩气可开采资源约 189 万亿 m^3,部分已进入商业开发。美国“页岩气革命”已获成功,页岩气成为与天然气并驾齐驱的能源。中国和欧洲的页岩气储量也相当巨大,2014 年 11 月我国国务院印发的《能源发展战略行动计划(2014—2020 年)》中,明确页岩气为 20 个重点创新方向之一和相应开展页岩气等重大示范工程。而欧洲国家,因环保问题等原因未进入开采。然而近 10 年来,美国在页岩气开采上已取得技术上的突破——水平打钻技术、液压断层技术,有效粉碎了坚硬的岩层,使页岩气的商业化生产成为可行。

页岩气田开采寿命一般达 30～50 年,甚至更长,这意味着页岩气有巨大的开发利用价值和发展潜力。但其细密的质地给页岩气的开采带来了巨大困难,使它的开采成本高于常规天然气。如上世纪 90 年代之前的天然气价格很低,开采页岩气从经济上讲不合算。进入 21 世纪后天然气的价格陡然升高,新技术又降低了页岩气的开采成本,这就使页岩气具备了市场竞争力,正大力开采中。

4. 页岩气的开采方法和商机

4.1 页岩气的开采

页岩气的开采技术需要通过一种称为“水力压裂”法(Hydraulic Fracking,简称“Hydrofracking”或“Fracking”)的步骤,将岩石层压裂,从而释放出其中的天然气。水平钻井技术结合水力压裂法的成功使用,已大大提高了从低渗透地质构造(特别是页岩)开采天然气的能力,并有效降低开采成本和天然气价格,为美国和一些国家的能源市场带来了革命性的变化。近年页岩气开采技术突破,使之商业化生产机遇大增。由于全球对天然气的需求日益增加,使原成本较高的页岩气变得有利可图。在北美成功开采后,很多国家和油气公司都想进入页岩气的开采领域。自美国于 1995 年起使用水力压裂法,至 2003 年水平钻井技术更为成熟后,页岩气生产进入商业化阶段。

4.2 风险与机遇并存

据有关资料报道,全球 142 个盆地中至少有 688 处页岩,但目前也仅有 12 处被开采,而且基本上在北美。因开采的基础设施昂贵,仅有 32 个盆地具备开发条件。开采设施、开采过程、储存和运输管道系统需要投入庞大资金。虽然页岩气是清洁能源,但其生产过程比常规油气开采存在更大的环境问题与风险。其中压裂开采法需耗费大量的水,而压裂液水可能污染地下水源或发生渗漏。据悉,美国环保部门已多次抗议页岩气开采导致污染水源、损坏房屋建筑等事件,而欧洲迟迟不予开采也有因环境问题暂不鼓励发展页岩气的原因。

5. “页岩气革命”使美能源构成得以改善,经济复苏增加了活力

5.1 经济衰退与能源构成的变化

2008 年全球的金融危机导致了全球经济衰退,其特点是在发达国家特别是欧盟表现最强烈。2014 年发达国家正在走出此次经济低谷,而多数发展中国家却面临相当严峻的形势。可以说,全球经济已走过了一个起伏周期,而其谷底应是 2012 年末。经济的变化定会在能源发展及其构成变化上留下深重的烙印,困难的局面往往更能排除其次要或干扰性的影响而突显出其自身的发展规律,经济衰退使欧盟煤炭份额逆行增加。欧洲煤和天然气都主要用于发电,金融危机期间进口天然气价格大升而国际煤价趋低,其煤炭发电成本比天然气发电成本低 45%,主动加大煤炭消费,替代油气使用并弥补核电的下降便是其必然选择。德、法、美、西、意五国煤炭发电量在 2012 年上升了 12%,而天然气发电量下滑了 19%。为此关闭了一批燃气电厂,整个欧洲用于发电的天然气减少约 170 亿 m^3,全年欧盟整体天然气减少 2.3%,而煤炭增加了 3.4%。

5.2 页岩气的开采利用,极度增加了经济复苏的活力

金融危机始发于美国,但其却比欧盟更早走出经济衰退的谷底并表现出较好的回升势头,其原因是多方面的,但页岩气革命所导致的美国天然气石油产量大升,并使之相当低廉却起了不小的作用。就在金融危机施虐的 2008 年至 2012 年间,页岩气增加率达 32.5%,2012 年达 $2\,049\times10^8$ m^3,美国分别占全球同期天然气增量的 32.7%和 45.3%,成为增长第一来源国。气价大降迫使从业者从大量钻井转向页岩(油)气的开采,增加了就业岗位,极度缓解了金融危机的冲击。

油气产量大幅增加,直接改变了美国的能源消费构成,“气升煤降”,短短四年,天然气消费量增加 9.1%,所占比例提高了 4.26 个百分点,达 30.3%;而煤炭消费量降低了 22.6%,所占比例降低了 4.3 个百分点,为 20.3%。美国煤炭供应过剩使煤价降低,进而使其出口大增,销运至欧洲、东亚和中国。在美国,廉价的天然气不仅大量取代煤炭而且部分地替代石油,导致这些年石油消费量及所占比例均下降,平均年增率为 1.99%,占比下降 1.6 个百分点,为 38%。天然气大幅降价,直接惠及民用、商业,特别是惠及基础化工和精细化工,使其降低生产成本。美国油气化工的复苏和发展对全球,特别是对亚洲化工市场产生很大压力。2012 年,美国用于发电的天然气量增加 440 亿 m^3,拉动气电增加 21%,并使其发电量达历史新高。大量的煤电厂改气电厂,减少污染的同时减少电力成本。总之,使美国能源构成发生变化,降低了能源成本,为经济全面复苏创造了较为宽松的条件,给经济增添了活力。

6. 我国页岩气勘探等开采概况

6.1 我国页岩气储量与开采前景

我国页岩气的资源储量丰富,据初步估算约为 150 万亿 m^3 至 300 万亿 m^3,与美国大致相当。但我国的页岩气开采还处在起步规划示范阶段。2009 年底,开采 830 亿 m^3 天然气

中页岩气仅占很小的比例。而美国页岩气已占美国天然气市场的6%~8%，预计到2020年，这一比例将达到20%。但随着自有能源需求的增加，开采技术的突破与成本的降低，页岩气未来必成为抢手的能源资源，我国国土资源部计划至2020年将页岩气年生产能力提高到500亿~1 000亿m^3。

页岩气的开发和利用，我国已定位为重要的国家能源政策——2011年底国务院批准页岩气为第172种矿产，国土资源部将按独立矿种制定投资政策，鼓励各投资主体进入页岩气勘探开采领域，2012年3月，国土资源部发布《全国页岩气资源潜力调查评价及有利区优选》，成果显示：

中国页岩气地质资源潜力为134万亿m^3，可开采资源潜力为25万亿m^3，预计到2020年国内天然气消费量达3 800亿m^3，其中常规天然气产量为2 000亿m^3，页岩气产量为1 000亿m^3，页岩气将占消费比重约26%，成为天然气的重要来源。

6.2 近来开采页岩气的几条讯息

2014年一季度，中国第三轮页岩气招标进入实质性阶段：招标区块已确定，投标意向都已走流程。据有关报道，当今，安东石油公司与四川省宜宾市签订页岩气开发、运营管理、环境保护、研究培训及综合利用等方面的战略合作框架协议已经完成。相关人士透露，一纸协议带来的经济协同效应将在未来补发。当地官员也说："安东进驻（页岩气领域）令宜宾会率先屈起，先于全省全面建成小康社会。"

中石化在2014年一季度宣布，中石化将在2017年建成国内首个百亿m^3页岩气田——涪陵页岩气田，这标志着我国页岩气开发实现重大战略性突破，提前进入规模化商业化发展阶段。这对加快我国能源结构调整，缓解我国中东部地区天然气市场供应压力，加快节能减排和大气污染治理具有重要意义。据地质资料和产能评价，中石化在重庆发现首个大型页岩气田——涪陵页岩气田资源量2.1万亿m^3，计划2017年建成产能100亿m^3，2014年已建成18亿m^3，预计2015年产能50亿m^3。

近年来，在国内从天然气的供需面看，气荒成为冬季里迈不过的坎。市场数据表明，自2013年10月以来，国内气荒缺口不断拉大，缺口大于2012年10%左右，约100亿m^3。安迅思提供的数据显示，东北地区于2012年10%左右，约100亿m^3。安迅思提供的数据显示，东北地区出现排队加气现象，中石油对化工企业时有限气通知。而连日北方雾霾天气也使燃煤企业自身急寻"煤改气"的环保出路。层层倒逼下，国内油气企业纷纷向天然气和非常规天然气转型，这将吸纳诸多从传统燃煤企业转型的劳动力，并提供更多的劳动就业岗位。

日本于2012年天然气进口合同几乎是全球最贵的，因LNG的价格一直与持续高位的原油价格挂钩。国内专家指出，日本的高价气将成为中国的前车之鉴。因此，无论政府层面还是企业层面，都想抓住机遇开采成本低廉的页岩气。从中石油、中石化、中海油"三桶油"以及国家大型电力集团华电、国电都纷纷挤入页岩气开发领域。可见，无论是环保倒逼还是经济效益，无人会坐视错过页岩气的开发潮流。

7. 页岩气将改变能源结构

7.1 预计20年内页岩气占一次能源12%以上

由于全球对气候变化和提高空气质量、解决雾霾问题日益重视，天然气能源成为世界各国优化能源结构、降低温室气体和PM2.5微颗粒污染物排放的一致选择。世界能源2013年消耗量(表1)显示：截至2013年，煤炭消耗量占世界能源市场30.5%。为1970年以来的最高比例，煤消耗量增长率3%，高于其他能源，过去近10年煤消量中增长率达4%，可再生能源是今后发展趋势，但目前仍依赖补贴和监管，现今仅能满足不到2.2%的全球能源需求。预计到2035年，这一比重最多也只能提升至7%，核能仅占6%左右。常规化学能源(煤、油气)仍提供全球八成以上的一次能源，而天然气占1/4左右，页岩气又占到天然气份额的一半，足见其轻重。

表1　2013年世界能源消费量表

项　目	化石能源			核能	水电	可再生能源	备注
	煤炭	石油	天然气				
消费量占比(%)	30.5 (29.8)	32.5 (33.1)	23.7 (23.9)	4.4 (4.5)	6.7 (6.7)	2.2 (1.9)	括号中数字为2012年数据
探明可采储量		16 879亿桶	185.7万亿 m^3				
可开采年	100多年	54	64				

7.2　美国能源情报署(EIA)调查报告

美国能源情报署最近发布了一份调查报告，首次对32个国家技术上可开采页岩气储量的评估，一度认为开采成本过高的能源，近年已开始改变，美国和全球能源市场的格局，过去十多年来，美国“页岩气革命”，页岩气产量猛增11倍，已满足美国天然气需求25%以上，原是天然气进口国，现已成为自给自足有余的出口国。美国“页岩气革命”已动摇了世界天然气和能源市场格局，这完全得益于页岩气开采技术的突破、成本的降低。2009年，美国以240亿 m^3/a 的天然气产量首次超过俄罗斯，成为世界第一天然气生产国，使进口国变为出口国，2011年页岩气产量突破1 700亿 m^3，有专家认为：有了页岩气，美国未来160年的能源供应将不虞匮乏。

7.3　预计页岩气将改变全球能源结构的布局

全球页岩气的潜在蕴藏量及可开采潜力，除了北美，中国、阿根廷、墨西哥和北欧的丰富蕴藏量已获证实，在中东、俄罗斯和地中海国家还可能发现更多的蕴藏量，除了陆地，还有海洋大陆架都有可能发现它的蕴藏量，这些将足以影响今后全球能源的供需，以及各能源大国能源结构的布局。

参 考 文 献

[1] 第八届中国能源投资论坛——“中国页岩气产业发展与投资机遇”. 2012-05-09. 北京

[2] 黄传生. 页岩气时代的来临[J]. 汽电共生，2012(71)：19-21

[3] 钱伯章. BP世界能源统计2014年评论[J]. 电力与能源，2014(5)

[4] 张杭. 能源构成逆行变化的启示[J]. 中国国家能源，2014(4)

四、节 能 减 排

"节能减排"任重道远

钟史明

（东南大学能源与环境学院　210096）

摘　要：首先叙述了我国自"十一五"以来，特别是"十二五"期间，"节能减排"取得的显著成效；其次是进入社会经济发展新常态后面临的问题与挑战；最后提出"节能减排"主要任务与要求，同时，必须结合国情在"控煤、减煤、提效"上下工夫。

关键词：节能减排　规划　产业发展　煤炭革命

0. 前言

我国自"十一五"时期开始就明确提出了节能减排的目标，并把目标完成情况作为各级政府的考核目标。同时，通过了结构优化调整、采取节能减排低碳技术、淘汰落后产能等有效措施，控制了我国能耗与污染物排放快速上升的趋势。在"十二五"期间进一步强化了节能减排目标的执行力度，实施了能源总量控制等措施，节能减排成绩显著。然而，从我国经济社会进入中高速发展新常态对能源消费需求、污染物与温室气体排放的规模来看，我国的节能减排任务仍然巨大，能效虽有较大提高，但仍处于国际先进较低水平，环境治理的任务仍然艰巨，温室气体减排压力有增无减。"十三五"期间要达到全面小康水平，节能减排任务更加艰巨。必须对节能减排的理念加深认识，坚决执行国家有关对节能减排的政策措施，全面促进资源节约利用，加大自然生态系统和环境保护力度，大力推进绿色、环保、低碳发展，弘扬生态文化，倡导绿色生活，加快建设美丽中国，使蓝天白云、青山绿水常在，实现中华民族永续发展。

1. 节能降耗取得的显著成效

1.1　国家层面的重视

改革开放以来，随着能源对社会经济发展的约束不断趋紧，国家对节能工作越来越重视，节能的地位从"并重""并举"提升到"优先"。20 世纪 80 年代，国家能源战略是开发与节约并重；到了 90 年代，提出坚持节能与开发并举，把节约放在首位；跨入 21 世纪以来，更加强调节能的优先地位，2006 年，节约能源被列入基本国策。

"十一五""十二五"规划纲要都明确将能耗强度下降作为约束性指标，要求"十一五"期间能耗强度下降 20%左右，"十二五"下降 16%。

2014 年 8 月，习近平总书记在中央财经领导小组第六次会议上提出了要推进能源革命，即"四个革命"和"一个合作"，即能源消费革命、能源供给革命、能源技术革命、能源体制革命和开展全方位合作。习总书记强调要实施能源总量控制，把节能放在优先地位，让节能贯穿到经济社会生活的全过程和各个领域，建设节能型社会。要推广节约是煤炭、石油、天然气、非化石能源以外的“第五种能源”的理念。

1.2 近期节能的实绩

在党中央、国务院的正确领导下，经过各地区、各部门和全国人民共同努力，我国节能工作取得了显著成效，能耗强度不断下降。

“十一五”期间，我国单位 GDP 能耗下降 19.1%，基本完成规划纲要提出的约束性指标。“十一五”期间，我国以能源消费年均 6.6%的增速，支撑了国民经济年约 11.2%的增长，能源消费弹性系数由“十一五”时期的 1.04%下降到 0.5%，节能 6.3 亿 t_{ce}，减少 CO_2 排放 14.6 亿 t(6.3×2.317 5)，得到国际社会的广泛赞誉，也体现了中国负责任大国的形象。

2013 年我国单位 GDP 能耗比 1980 年下降了 72%，比 2000 年下降了 25%，主要原因之一是由于主要高耗能产品单耗持续下降。与 1980 年相比，2012 年火电煤耗下降了 56%；钢可比能耗下降了 44%；水泥综合能耗下降了 38%；乙烯综合能耗下降了 26%。与 1980 年相比，2012 年仅火电、钢铁、水泥 3 个产品单能耗下降就节约了超过 10 亿 t_{ce}。节能在提高能效的成绩可见一斑，“第五能源”名副其实。

“十二五”期间，2014 年前 3 个季度全国 GDP 能耗增长同比下降 4.6%，为“十二五”以来的最好水平。按此测算，2014 年有望完成单位 GDP 能耗下降 3.9%以上的节能目标任务，并达到“十二五”时间进度要求，为 2015 年全面完成“十二五”目标任务奠定了基础。

2015 年规划全国单位 GDP 能耗为 0.68 t_{ce}/万元，火电供电煤耗从 333 g_{ce}/kWh 下降至 323 g_{ce}/kWh，其中新建火电的供电煤耗为 300 g_{ce}/kWh 以下。

2. 我国节能技术进步加速

近年来我国节能技术进步加速发展中。

2.1 已能制造和应用大型先进产能设备

年产千万吨级综合机械化采煤设备，百万千瓦级超(超)临界火电机组，±800 kV 直流、1 000 kV 交流特高压输电设备，千万吨级钢铁可循环流程成套设备，日产 12 000 t 新型干法水泥生产线设备，年加工能力千万吨级炼油和百万吨级乙烯装置，高效永磁无铁芯电动机等高效设备，以及用于烧碱生产的全氟离子膜等等。

2.2 已拥有一批达到世界先进水平的大型高耗能行业

宝钢集团、首钢曹妃甸京唐钢铁厂、神华集团、华能集团、青铜峡铝业集团、海螺水泥、金东纸业等。

2.3 一些行业产能与能效已达到或超过世界先进水平

火电发电效率(供电标煤耗)已超过美国，电解铝电耗已达世界先进水平，对节能减排具有重要贡献的洁净煤技术处于世界领先水平，风电装机容量、光伏电池产量和光伏装机容量、太阳能热水器保有量、农村沼气产量、地热利用量等均居世界首位。

3. 技术节能减排成效显著

3.1 节能环保技术在一些高耗能行业已得到广泛应用

• 原煤洗选比重由 2000 年的 24.3%提高到 2013 年的 59.0%，可节煤 10%以上，减少二氧化硫排放 10.1 Mt，减少二氧化碳排放 421 Mt。

• 30 万 kW 及以上机组，2013 年占火电机组容量 76.2%，烟气脱硫装置占煤电装机的 91.7%，脱硝装置占煤电机组的 54.8%。

• 电解铝大型预焙槽占产量比重由 2000 年的 52%提升至 2013 年的 95%，160 kA 以上的大型预焙槽比自焙槽节电 9%。

• 新型干法水泥产量占比由 2000 年的 12%上升到 2013 年的 93%。新型干法水泥生产线热耗比机立窑低 40%。

• 新型墙体材料占墙材的比重为 63%，比 2000 年提高 35 个百分点。生产新型墙体的能耗比实心黏土砖低 40%。

3.2 国家重点节能低碳技术推广目录的应用

2014 年底，国家发改委公布了 218 项《国家重点节能低碳技术推广目录》，包含煤炭、电力、钢铁等 13 个 29 项重点节能技术。若这些节能低碳技术得到广泛应用，将进一步促进节能减排。其中：

• 铸造行业

我国铸造行业的能耗约占机械工业能耗的 25%～30%（仅指铸造系统单独使用的能源而言，不计各种原材料能耗），整个机械制造行业的 GDP 能耗为 0.18 t_{ce}/万元，而铸造业约为 0.8 t_{ce}/万元。目前，我国铸造行业的能源利用率仅为 17%，铸造生产的综合能耗是发达国家的 2 倍，节能潜力很大。

数字化无模铸造精密成型技术，不仅可实现节能 2 万 t_{ce}/a，CO_2 减排 5 万 t/a，而且可解决传统铸造拔模工序多、制模周期长，以及成本高、原材料浪费大、废弃物排放多等问题，可提高产品开发速度，降低产品成本。

• 火电行业

如按火电设计运行措施技术用以解决火电厂实际运行中经济性偏离设计值导致能耗提高问题，全国可实现节能量 70 万 t_{ce}/a，CO_2 减排约 185 万 t/a。节能减排成效显著。

4. 节能减排面临的问题与挑战

4.1 经济增速减缓对节能减排的影响

当前由于经济增速放缓、产能过剩和企业经济效益下降等问题比较突出，对我国节能减排会产生一定负面影响。

由于我国能源消耗、污染和温室气体排放主要源于生产部门（89%左右的能源消费、95%以上的煤炭消费在工业部门，其中煤炭终端消费占 20%左右），从目前国家重点监控四大污染物——化学需氧量、二氧化硫、氮氨和氮氧化物主要源于工业和农业两个部门。所以，当社会经济发展增速放缓时，节能减排的压力有所减小，节能减排的各项目标有望实现。

但如不通过市场竞争机制把企业节能减排的投入转化为企业的竞争优势，节能减排压力的减小可能会导致对其管控放松和投入减少。

4.2　节能环保新技术的投入应用，还未形成显著的竞争优势

节能环保技术的投入应用，虽然显示很好的预期效果，但由于投入大，成本高，在产能过剩、产品价格走低的条件下，工业企业利润率较低，若无政府补贴或其他资助，节能环保技术难以转化为企业的竞争优势。

4.3　热电联产机组"大、小"容量之争认识不一

我国历届政府在能源政策性文件中提出：鼓励、支持、发展热电联产，并强调"以热定电"，要根据热负荷的实际需求来确定热电联产装机的容量。建国以来，我国热电联产的发展历史也证明这是一条正确的方针。但是近年来，在"上大压小"方针影响下，在国家严格控制纯凝火电的建设及部分地区缺电和个别地区、部门利益促使下，形成很多地区建设 2×300 MW及以上大型热电机组的热潮。

2008—2013 年我国每年热电联产装机容量增长 10.83%～24.8%，而供热量增长仅为 3.4%～5.32%，其中 2008 年供热量为负增长(−3.83%)。2×300 MW 及以上大型热电厂的可研报告，供电标煤耗均为 300 g_{ce}/kWh 以下，而中国电力企业联合会资料：报北京来参赛的大型热电机组 121 台，最好的前 20% 机组，则为 305.12 g_{ce}/kWh，平均值为 319.63 g_{ce}/kWh，而未上报的机组会更大于此值。有的县级市现在城市人口在 10 万人以下的情况下，也要申报 2×300 MW 及以上的大型热电机组。将年耗 100 万 t 燃煤由 1 000 km 以外拉到家门口来烧，还标榜是"节能减排"。而江苏、浙江两省的中小热电厂，严格执行中央的节能减排方针，坚持技术改造升级，向科技要生产力，多数厂过渡到以背压机为主，淘汰中参数小机组向次高压、高压参数改造，坚持"以热定电"扩大热负荷，增加供热量，取得了较好的节能效益、经济效益和社会效益。如浙江绍兴市有 25 个小热电厂，总装机容量为 96.8 万 kW，由于坚持技术改造，其供电标煤耗由 2005 年的 439 g_{ce}/kWh 下降至 2012 年的 254 g_{ce}/kWh，大大低于大型供热机组，其先进的 5 个小热电供电标煤耗更降至 157～190 g_{ce}/kWh。苏州地区 62 个小型热电厂，总容量为 160.35 万 kW，平均每个厂才 2.59 万 kW，其单位千瓦的供热量为 66.37 万 GJ/万 kW，远大于 300 MW 及以上大机组的 4.4～22.97 GJ/万 kW(非省调机组)，平均供电标煤耗 295 g_{ce}/kWh，小于大型热电机组。苏州盛泽热电厂 2014 年生产实绩供电煤耗 211 g_{ce}/kWh，供热标煤耗 39.7 kg_{ce}/GJ，热网损耗 3.38%，热电比 918%，全厂热效率(能源利用率)82.3%。

以上数据表明，大型热电机组供电标煤耗均大于 300 g_{ce}/kWh，而中小热电厂供电标煤耗在 250～300 g_{ce}/kWh 之间，节能大于大型热电机组，而浙江嵊州热电厂供电煤耗 150 g_{ce}/kWh，他们加大技改向科学要生产力，要低成本，要节能减排。因此，对"上大压小"的政策，要实事求是按热负荷大小因时因地制宜才可，不要一味"上大压小"，把节能中小型热电厂一刀切。

5. 节能减排的主要任务要求——控煤、减煤、提效

我国节能减排虽取得了长足的进步，但离经济发展新常态下对节能减排的目标要求和艰巨任务还有很大距离，必须充分认识国情，在"控煤、减煤、提效"上下工夫。

5.1 我国能源资源禀赋为"少油、缺气、多煤",而且供需地区错位

煤炭是我国主要能源,在相当长时期内不可改变,而且供需距离超过 1 000 km。当前煤炭占一次能源比重 64%以上,虽然大力推进非化石能源,但占一次能源比重只升至 11.1%,而煤炭消费量占比很大,约占世界一半左右,二氧化碳排放量已占世界的四分之一左右。工业化的持续推进很难降低能源需求,同时又要减少二氧化碳排放,所以,承受的国际社会压力越来越大。靠谈判争取不来温室气体——二氧化碳等的排放空间,只有建立以低碳为特征的产业结构和消费模式,减少化石能源消费,才能真正主导自己的发展权。

燃煤的二氧化碳的排放远高于石油和天然气,煤炭是高碳能源,燃煤贡献我国约 85%的碳排放,因此,必须"控煤、减煤、提效",改变能源结构,发展新能源、清洁能源,强化节能减排措施,保证在 2020 年实现国内生产总值(GDP)二氧化碳排放比 2005 年下降 40%~45%的目标,为 2030 年前后二氧化碳排放达峰值奠定基础。

5.2 能源结构对温室气体碳排放影响是决定性的

从全球看,当今由煤炭燃烧引起的二氧化碳排放量占 43.9%,石油占 35.3%,天然气占 20.3%。我国能源消费以煤为主,燃煤二氧化碳的排放量占比高达 82.34%,石油和天然气分别占 14.1%和 3.3%。从部门看,我国发电供热二氧化碳排放量占 50.3%,交通运输占 8.6%,制造业和建筑业占 31.9%,其他占 10%,煤炭占比过高、总量过大是我国二氧化碳排放量居世界第一的主要原因。此外,引发雾霾的大气中 PM2.5 也主要来源于燃煤。因此,必须少烧煤、煤炭减量、洁净煤利用提高利用率,从而减少温室气体的增长。

5.3 "控煤、减煤、提效"任务艰巨

我国资源赋存条件、特点不同于欧美、中东、日韩等任何一个地区,是"少油、缺气、多煤",而且供需地区错位远达 1 000 km 以上。全球范围内煤炭探明储量占化石能源 55%,而我国煤炭占化石能源 94%,油气资源仅占 6%左右。尽管近年来国家着力优化能源结构,但煤炭占一次能源的比重下降不明显。2014 年,全国煤炭消费量 40.2 亿 t_{ce},占一次能源比重的 66%,比 2010 年仅下降 3.2 个百分点。从中长期看,尽管我国要着力"控煤减煤",但煤炭在我国能源供应中仍将占较大比重,节能减排任务仍很艰巨。当今,在煤炭产量严重过剩,价格持续下滑的情况下,减量煤炭目标对煤炭行业发展影响巨大,必须充分自我革命,改变落后观念、生产和利用方式,以适应全球社会发展的需要和能源革命的需要。应深入贯彻"四个革命,一个合作"的战略思想,安排控制总量、优化布局的总体要求,大力推动煤炭工业"互联网"+升级改造,大力发展煤炭清洁高效利用,努力构建智能、安全、清洁、高效的煤炭生产和利用体系。

5.3.1 煤炭生产

• 调布局,控总量。以"资源、安全、环境"三个约束条件,科学确定煤炭发展布局和规模。煤炭在我国一次能源生产和消费结构中的比重一直保持在 75%~70%左右,据相关机构预测,到 2020 年,这一比重依然占 60%以上,有资料预测,在 2025 年前全国煤炭产量应控制在 43 亿 t_{ce}以内,其中安全绿色产量 35 亿 t_{ce}以上。东部地区要压缩煤炭生产规模,东北、河北、山东要加快淘汰资源枯竭和灾害严重煤矿,2020 年前淘汰所有产能30 万 t以下的小煤矿,北京、福建、浙江要退出煤炭生产领域。中部地区要控制煤炭开发强度,山西、河南、安徽按照"建一退一"适度建设接续项目。2025 年,湖南、湖北、江西逐步退出煤炭生产。西部地区要控制项目建设节奏,新建项目主要围绕 9 个千万吨级大型煤电基地布局,四川、重庆逐步退出煤炭生产。云南、贵州、广西要提高准入标准,加快淘汰小煤矿和灾害严重煤矿。

• 调结构，促提升。按照“安全、科学、经济、绿色”的理念，以建设智能煤矿和淘汰落后煤矿为核心，全面改善煤炭生产，推动煤炭工业安全发展、绿色发展、可持续发展。建设智能煤矿，在数字化、物联网、云计算等新一代信息技术基础上，将现代采矿技术与感知技术、控制技术、管理模式和可持续发展理念相融合，实现生产运行智能化、安全生产本质化、运营模式科学化、生态环境友好化、社会关系和谐化。加快生产煤矿信息化改造，采掘工作面实现少人或无人，主要部位实现无人值守、有人巡检，经营管理实现精益化。研究制定淘汰落后产能规划，提高新建煤矿准入门槛，逐步淘汰小煤矿和资源枯竭、灾害严重、煤质差的煤矿，促进生产结构进一步优化，力争在2030年关闭所有瓦斯问题突出的矿井和产能30万t以下煤矿，煤矿数量减少到3 000处左右。

5.3.2 煤炭利用

• 转方式，提升级。推进煤炭由燃料向原料和燃料转变，稳步发展新型煤化工。根据水资源、环境容量等制约因素，科学确定新型煤化工发展规模，根据污水和废渣处理，碳捕集和封存技术进步，把握发展节奏，做到资源吃干榨净，污水零排放，碳集中捕集、封存和利用，利用废渣无害化处理。按照规模化、一体化、园区化的原则，有序布局现代煤化工升级示范项目。改造提升传统煤化工产业，大力发展高端精细化工，避免低水平重复建设，以规模化、集群化循环经济模式，发展煤化工副产品高级利用，以气化技术促进煤制合成氨升级，不断提高煤化工发展水平。2025年，现代煤化工达到产业化发展规模，转化煤炭规模3亿t以上。

• 提效率，降污染。把燃煤发电作为煤炭利用主要方式定位为第二主业。发展超(超)临界、大容量、高效燃煤发电和超低排放燃煤发电，淘汰和改造落后燃煤机组，发展热电联产和纯背压的热电燃煤机组，实行集中供热，减少分散中小燃煤锅炉数量，提高燃煤发电效率。用高效煤粉锅炉、清洁燃料锅炉加快现有燃煤工业锅炉更新和改造。

煤炭企业在推进产业结构调整时应扩大经营范围，延伸上下游产业链，提升煤炭附加值，推进循环经济，实现“高碳资源、低碳利用”“黑色煤炭、绿色发展”。

按照减量化、资源化、再利用原则，充分利用高岭土、铝矾土、膨胀土、稀有金属等煤系共生伴生资源，科学利用矿井水、煤矸石、煤泥、粉煤灰等副产品，高铝煤要定向供应，集中燃烧，最大限度地实现废弃物资源化。坚持煤层气地面开采与煤瓦斯抽采并举，以煤层气产业化基地和煤矿瓦斯规模化矿区建设为重点，推动煤层气跨越式发展，进行勘探与开发页岩气，积极开展规模化示范开采项目。

5.3.3 科技创新

• 开采技术创新。加大智能煤矿相关技术及装备科技攻关力度，重点加快物联网技术、虚拟现实技术、三维可视技术、煤炭识别技术等信息技术的融合开发，为井下无人开采提供强大科技支撑。

加强安全预控系统相关技术装备研发，通过“风险预制、隐患预治、安全预控”三位一体，为矿工提供绝对安全可靠的作业环境。

加强地质构造、矿山压力、采煤沉陷等基础理论研究，完善保水开采、煤与瓦斯共采、充填开采等绿色开采技术体系，为实现环境影响最小化提供科技支撑。积极开展精细勘探和多源地质灾害探测技术、快速建井技术、高效辅助运输技术、井下人员精确定位技术等方面科技攻关。

• 利用科技创新。开展600℃/120万kW机组超超临界燃煤发电关键技术及成套设备工程示范,通过 620℃二次再热作为过渡,开发 700℃机组技术。

◆ 开发应用大型化、节能型和低排放型超临界循环流化床燃烧发电技术,高效利用劣质煤。

◆ 研发新型材料和新工艺,开发超(超)临界机组所需锅炉和燃气轮机高温部件,达到持久强度,抗蒸汽腐蚀和抗多种煤灰腐蚀的性能要求。

◆ 开展 PM2.5 研究,推进超细颗粒物及硫、汞、砷等多种污染物协同控制和资源化利用技术。

◆ 开展 IGCC 及多联产、CO_2 捕集封存和利用技术研究,真正实现零排放研究。

◆ 推进新型煤化工示范工程建设,加大关键技术和装备自主研发力度。

◆ 积极开展废水、废渣的无害化处理技术研究。

5.3.4 体制创新

• 煤炭管理体制改革。

转变政府职能,加快构建完善与行业可持续发展相适应的宏观管理体制和运行体制。贯彻落实党的"十八大"报告提出的"稳步推进大部门制改革,健全部分职责体系",在统一的能源行业管理构架内,建立集中统一、责任落实、权责一致的煤炭行业管理机构。整合煤炭管理职能和煤炭相关许可证制度,简化行政审批,提高行政效率,严防行业管理越位、错位、不到位问题。妥善处理煤炭行业管理部门与综合管理部门的职责,科学划分相关管理部门责任,彻底解决行业长期存在的"九龙治水"问题,强化行业协调与配合,发挥国家能源委员会的作用,提高行业管理的协调性和有效性。

6. 深化市场化改革

坚持资源配置市场化方向,健全煤炭资源配置,健全煤层气(煤矿瓦斯)开采机制,落实优惠政策,引导市场加大煤层气开发力度和页岩气扶持示范开发项目等非常规天然气。加快建立健全全区域煤炭市场。逐步培育和建立全国煤炭交易中心,形成以全国煤炭交易中心为核心,区域煤炭市场为补充的煤炭交易市场体系。深化煤炭资源税费改革,构建由市场决定的煤炭价格机制,使煤炭价格更加能够反映煤炭生产成本和环境成本。充分利用市场宽松环境,深入推进煤矿企业兼并重组,提高煤炭产业集中度,努力构建完全竞争市场。深入企业经营体制改革,提高市场竞争意识和服务意识,用大数据改造产业链全流程各环节,分析感知用户需求,提升产品附加值,打造智能煤矿。

参考文献

[1] 国家发展改革委员会. 国家应对气候变化规划(2014—2020 年)[Z]. 2014 年 9 月 12 日
[2] 朱彤. 能源革命的概念内涵、国际经验及应注意的问题[J]. 煤炭经济研究,2014,34(5)10-16
[3] 王震. 新常态下煤炭产业发展战略思考[J]. 中国能源,2015,37(3):30-33
[4] 李凯,闫鹏. 发展现代煤化工产业 提升我国能源安全[J]. 中国能源,2014,30(1):14-17
[5] 周大地. 实施能源革命战略三大路径[J]. 中国石油企业,2014(7):44-17
[6] 钟史明. 再论"低碳经济"与电力工业[J]. 区域供热,2013(5):1-6

浅析锅炉烟气脱硫工艺

马永贵[1]　钟史明[2]

（1. 东南大学工程设计研究院　2. 东南大学能源与环境学院）

摘　要：浅析当今较为成熟的锅炉烟气脱硫工艺在国内外的使用简况与评述，介绍国内近来开发研制、应用于 220 t/h 以下锅炉的几种脱硫装置，并提出几点建议供参考。

关键词：锅炉烟气脱硫工艺　干法除尘　湿法除尘　综合评述　脱硫脱氮装置

0. 前言

控制火电厂二氧化硫的排放是今后十年我国大气环保工作的重点之一。"十五"期间，我国将加大对火电厂二氧化硫污染的控制力度，位于"两控区"(酸雨控制区和二氧化硫污染控制区)范围内的新建、改造或在建燃煤含硫量大于 1%的火电厂必须安装脱硫设施；位于"两控区"范围内已建燃煤含硫量大于 1%的火电厂，则须分期分批建成脱硫设施或采用其他具有相应效果的减排二氧化硫措施。预计到 2005 年，全国发电装机容量可达 3.9 亿 kW，其中火电 2.86 亿 kW，全国电力行业新增环保(脱硫)装机容量预计将超过 3 000 万 kW，脱硫系统总投资约 200 亿元，每万千瓦脱硫系统投资约 700 万元。

我国长江下游，从安徽、江苏至长江入海口，长江两岸相距不到 50 km，就建有一座 100 万 kW级以上的燃煤电厂，火电厂所造成的三废排放已对环境造成严重污染，在"两控区"，其污染物的浓度已达环境许可的极限了，因此，为了子孙后代，可持续发展，必须加强治理。

本文拟对火电厂锅炉当前采用的主要烟气脱硫工艺在我国火电厂的示范试用情况进行介绍，结合我国国情，介绍适合 220 t/h 及以下锅炉的简易脱硫装置，特别是对 PS/TS 脱硫、脱氮装置作了分析，供参考。

1. 脱硫工艺简介

1.1　目前世界上较成熟的脱硫工艺

目前世界上电厂锅炉较广泛采用的脱硫工艺有：

- 石灰石——石膏湿法烟气脱硫工艺；
- 简易石灰石——石膏湿法烟气脱硫工艺；
- 旋转喷雾半干法烟气脱硫工艺；
- 海水烟气脱硫工艺；
- 炉内喷钙加尾部增湿活化工艺；

- 回流循环流化床烟气脱硫工艺；
- 循环流化床锅炉脱硫工艺；
- 电子束（氨法）烟气脱硫工艺（EBA 法）；
- 活性碳烟气脱硫工艺。

1.2　原理特点及使用情况

1.2.1　*石灰石/石灰——石膏湿法烟气脱硫工艺*

石灰石/石灰——石膏湿法烟气脱硫工艺是目前应用最广的一种脱硫技术。其原理是采用石灰石粉（$CaCO_3$）或石灰粉（CaO）制成浆液作为脱硫吸收剂，与进入吸收塔的烟气接触混合，烟气中的二氧化硫与浆液中的碳酸钙以及鼓入的强制氧化空气进行化学反应，最后生成石膏，从而达到脱除二氧化硫的目的。脱硫后的烟气依次经过除雾器除去雾滴，加热器加热后，由增压风机经烟囱排放。此法 Ca/S 低（一般不超过 1.05），脱硫效率高（超过 95%），适用于任何煤种的烟气脱硫。脱硫渣石膏可以综合利用。

化学反应过程为：

$$SO_2 + H_2O \longrightarrow H_2SO_3 \qquad H_2SO_3 + 1/2O_2 \longrightarrow H_2SO_4$$

$$CaCO_3 + H_2SO_4 + H_2O \longrightarrow CaSO_4 \cdot 2H_2O + CO_2\uparrow \quad (\text{石灰石法})$$

$$SO_2 + CaO + 1/2H_2O \longrightarrow CaSO_3 \cdot 1/2H_2O \quad (\text{石灰法})$$

目前，应用此法进行烟气脱硫最多的国家是日本、德国（大型电厂中约占 90%）、美国（大型电厂中约占 87%）。我国重庆珞璜电厂已在两台单机容量为 350 MW 的机组上应用（1993 年 4 月），几年试运行中因排烟超温、破坏防腐层，投运率仅 35%～70%，但脱硫率可达 95% 左右，脱硫后处理——石膏的综合利用不够理想，常有堆积现象。

1.2.2　*简易石灰石/石灰——石膏湿法烟气脱硫工艺*

简易石灰石/石灰——石膏湿法烟气脱硫工艺的脱硫原理和普通湿法脱硫基本相同，只是吸收塔内部结构简单（采用空塔结构或采用水平布置），省略或简化换热器，因而和普通湿法相比，具有设备简化、成本低、运行及维护费少、占地面积小等优点，但脱硫效率只有 70%～80%。此法在广西南宁化工厂、山西太原第一热电厂（1996 年 10 月）等，由日本政府赠款建成投产，Ca/S=1.1～1.2 时，脱硫效率 80%～85%，工程效果尚佳。

1.2.3　*旋转喷雾半干法烟气脱硫工艺*

旋转喷雾半干法烟气脱硫工艺也是目前采用较广的一种烟气脱硫技术，其工艺原理是将石灰制成浆液，送到吸收塔内雾化为极小的液滴与烟气混合接触，发生快速的物理化学反应，石灰石和二氧化硫反应生成亚硫酸钙，从而达到脱除二氧化硫的目的。化学反应式为：

$$SO_2 + H_2O \longrightarrow H_2SO_3 \qquad Ca(OH)_2 + H_2SO_3 + H_2O \longrightarrow CaSO_3 + 2H_2O$$

$CaSO_3$ 在微滴中过饱和沉淀析出，CaSOa 氧化成 $CaSO_4$：

$$CaSO_3(\text{液}) + 1/2O_2 \longrightarrow CaSO_4(\text{液})$$

$CaSO_4$ 溶解度极低，会迅速析出：$CaSO_4(\text{液}) \longrightarrow CaSO_4(\text{固})$

在混合反应过程中，烟气被冷却，微滴被蒸发干燥，最后生成固体脱硫灰渣。脱硫渣可以在筑路中用于路基。脱硫后的烟气经电除尘器或袋式除尘器后由增压风机经烟囱排放。此法原则上适用于各种规模的机组及各种含硫量的煤种，但脱硫效果以中等规模以下机组及燃煤含硫量中等以下为好。此法脱硫效率约80%，在美国以及西欧一些国家应用较多。美国应用这一脱硫技术的机组单机容量已达520 MW，相应烟气量为3 396 000 m^3/h。我国在四川内江白马电厂建有试验装置。

1.2.4 海水烟气脱硫工艺

天然海水中含有大量的可溶性盐，主要成分是氯化物和硫酸盐，亦含有一定量的可溶性碳酸盐。海水通常呈碱性，自然碱度大约为1.2～2.5 mmmol/L，这使得海水具有吸收二氧化硫的能力。海水烟气脱硫工艺的原理是：烟气从除尘器除尘后，由增压风机送入气—气换热器中的热侧降温，然后送入吸收塔。在吸收塔中来自循环冷却系统的海水洗涤烟气，烟气中的二氧化硫被脱除。脱除二氧化硫的烟气再经换热器升温后由烟道排放。反应式为：

$$SO_2 + H_2O \longrightarrow H_2SO_3 \qquad H_2SO_3 \longrightarrow H^+ + HSO_3^-$$

$$HSO_3^- \longrightarrow H^+ + SO_3^{2-} \qquad SO_3^{2-} + 1/2O_2 \longrightarrow SO_4^{-2}$$

以上产生的 H^+ 与海水中的碳酸盐发生反应：

$$CO_3^{2-} + H^+ \longrightarrow HCO_3^- \qquad HCO_3^- + H^+ \longrightarrow H_2CO_3 \longrightarrow CO_2 + H_2O$$

洗涤后的海水经处理达标后排放。此工艺是20世纪90年代才发展起来的新技术。目前国外商业运行的纯海水脱硫装置共有20多套，单机容量最大为125 MW。此法脱硫效率可达97%以上。我国深圳西部电厂和挪威ABB公司合作建设了五套海水烟气脱硫装置，用于处理装机容量为300 MW机组的烟气(1998年7月)。

1.2.5 炉内喷钙加尾部增湿活化工艺

炉内喷钙加尾部增湿活化工艺(LIFAC)是20世纪80年代中期才发展起来的。该技术分为两个主要工艺阶段，第一阶段是炉内喷钙，第二阶段是炉后活化。在第一阶段，磨细到325目左右的石灰石粉用气力喷射到锅炉膛的上部温度为900～1 250℃区域，碳酸钙受热分解为氧化钙和二氧化碳，氧化钙和烟气中的部分二氧化硫生成亚硫酸钙，这是气固两相反应，反应条件较差，钙利用率低。反应生成的硫酸钙、亚硫酸钙和未反应的氧化钙与飞灰一起随烟气流到锅炉的下部(炉后)，在炉后的烟气道上设增湿段(即第二段)，在增湿段喷入雾化水，烟气中未反应的氧化钙与水反应生成在低温下有很高活性的氢氧化钙，烟气中剩余的二氧化硫和氢氧化钙反应生成亚硫酸钙，部分亚硫酸下氧化成硫酸钙。反应式为：

第一阶段反应：

$$CaCO_3 \longrightarrow CaO + CO_2 \quad CaO + CO_2 \longrightarrow CaCO_3 \quad CaO + SO_2 + 1/2O_2 \longrightarrow CaOSO_4$$

第二阶段反应：

$$CaO + H_2O \longrightarrow Ca(OH)_2 \quad SO_2 + H_2O \longrightarrow H_2SO_3 \quad Ca(OH)_2 + H_2SO_3 \longrightarrow CaOSO_3 + H_2O$$

烟气脱硫后，烟气温度降低(只有55～60℃)，为防止引起电除尘器及烟囱的结露腐蚀，设置了烟气再加热器，以提高烟气温度100～105℃。系统脱硫效率一般为65%～80%，Ca/S为2.5左右。此脱硫工艺分别在美国、芬兰、法国、加拿大等国家应用，采用这一脱硫技术的单机容量已达300 MW。从芬兰引进的这项技术已在南京下关电厂125 MW机组上使用(1999年7月)，几年来，设备运行良好，投运率大于90%，脱硫率达到南京市的排放标准，起到了示范作用。除尘器后粉煤灰(含 $CaCO_2$ 等)可直接做水泥掺合料，3＃、4＃电场的粉煤灰特性已达300＃水泥标准，市场供不应求。

1.2.6 回流循环流化床工艺

回流循环流化床工艺是80年代末发展起来的烟气脱硫技术。它的基本原理是锅炉烟气经空气预热器被冷的燃烧空气(新鲜空气)间接冷却至120～180℃,然后送入位于改造后原有除尘器上游(或下游)的吸收塔,吸收塔设置在上游,主要取决于电厂对固体废物的处理要求。从底部集中进入脱硫吸收塔的烟气用水作介质控制温度(烟气温度及含水率的高低对高污染物脱除率起决定作用),烟气的气态污染物二氧化硫、三氧化硫在吸收塔内被定量给入的新鲜消石灰和从除尘器再循环回来的未反应完的消石灰所吸收。在吸收塔内,烟气和固体紊流移动,回流固体从吸收塔顶部向下移动,从而形成回流循环流化床(RCFB)。反应式及脱硫渣成分同旋转喷雾半干法。由于烟气和消石灰形成回流循环,故而烟气和消石灰的接触时间很长(20～60 s),因此,此法消石灰耗量低,脱硫效率高,在Ca/S为1.1～1.2时,二氧化硫脱除率大于97%,三氧化硫脱除率大于99%。此系统适用于各种煤种。脱硫渣可用于矿井回填和道路基础。此脱硫工艺在德国Solvay公司自备电厂、Sersdorf电厂投入运行,最大的一套处理烟气流量为300 000 Nm^3/h,系统投资比湿法石灰石脱硫工艺、旋转喷雾半干法脱硫工艺都低,运行费用也较省。

1.2.7 循环流化床锅炉脱硫工艺

循环流化床锅炉脱硫工艺是近年来迅速发展起来的一种新型燃烧技术。其原理是燃料和作为吸收剂的石灰石粉送入燃烧室下部,一次风从布风板下送入,二次风从燃烧室中部送入,气流使燃料颗粒、石灰石粉和灰一起在循环床内强烈扰动并充满燃烧室,石灰石粉在燃烧室内裂解成氧化钙并和二氧化硫结合成亚硫酸钙,锅炉燃烧室温度控制在850℃左右,以实现最佳反应。反应式:

$S + O_2 \longrightarrow SO_2$ $2CaCO_3 + O_2 \longrightarrow 2CaO + 2CO_2$ $CaO + SO_2 \longrightarrow CaSO_3$

反应中Ca/S达到2.0左右时,脱硫率可达90%以上。在我国四川内江引进了芬兰的410 t/h循环流化床锅炉,目前运行良好。

1.2.8 电子束烟气脱硫工艺(EBA法)

电子束烟气脱硫工艺是一种物理方法与化学方法相结合的高新技术。基本原理是含硫烟气经除尘、高压喷淋水雾降温(降温至60～70℃)后进入反应器,气化的氨与压缩空气也进入反应器,在反应器内烟气、空气、水被电子加速产生的高能电子束辐照,发生脱硫脱硝反应:

$N_2、O、H_2O \longrightarrow$ 辐射 $\longrightarrow \cdot OH、O、H_2O \cdot N \cdot$ $SO_2 + 2 \cdot OH \longrightarrow H_2SO_4$

$SO_2 + \cdot O + H_2O \cdot \longrightarrow H_2SO_4$ $NO_x + O + \cdot OH \longrightarrow HNO_3$

$H_2SO_4 + NH_3 \longrightarrow (NH_4)_2SO_4$ $HNO_3 + NH_3 \longrightarrow NH_4NO_3$

完成以上反应约需1秒钟。反应所生成的硫酸铵、硝酸铵粉体微粒被副产品集尘器所分离和捕集,经过净化的烟气升压后经烟囱排放。此法的优点是副产品为化肥,且不产生废水。目前在日本和美国建有处理烟气量小于50 000 m^3/h的示范装置,装置脱硫率大于90%,脱氮率大于80%。目前,我国成都热电厂200 MW燃煤机组取其一半烟气量进行电子束烟气脱硫处理。和日本荏原制作所合作建设中试装置,装置处理烟气量为3 000 000 m^3/h,入口二氧化硫浓度为5 148 mg/m^3,设计脱硫率为80%,已建成进入试运行阶段。

1.2.9 活性碳烟气脱硫工艺

活性碳烟气脱硫工艺的原理是:120℃的净化烟气进入一个移动吸收塔中,烟气中的二氧化硫被活性碳吸附，从而达到脱硫的目的。使用过的活性碳在高温解吸阶段再生（活性碳损失量占循环量的2%），产生的高浓度二氧化硫转化为商业硫酸。封闭的皮带输送机把活性碳在吸收塔和解吸塔之间循环。此法目前只在欧洲国家应用，设备费和运行费都较石灰石湿法高。在烟气二氧化硫浓度为4 000 mg/Nm³时脱硫率达到95%～98%。

2. 常规脱硫法的综合评价

对上述几种脱硫方法进行综合比较，评价结果见表1。

表1　烟气脱硫技术综合评价

	石灰石—石膏湿法	旋转喷雾半干法	回流循环流化床法	活性碳吸收法
工艺流程	主流程简单，石灰石浆液制备要求较高，流程也复杂	流程较简单	流程较简单	流程复杂
技术指标	Ca/S=1.02时脱硫率≥95%	Ca/S=1.5时脱硫率≥80%	Ca/S=1.11时脱硫率≥97%	脱硫率≥95%
脱硫副产品	石膏，可用于水泥工业	$CaSO_4$/$CaSO_3$/$Ca(OH)_2$烟尘混合物，可用于修筑路基	$CaSO_4$/$CaSO_3$/$Ca(OH)_2$烟尘混合物，可用于修筑路基	H_2SO_4，可用于化工、化肥等行业
脱硫剂	石灰石	石灰	石灰	焦碳
适应煤种	高、中硫煤	高、中、低硫煤	高、中、低硫煤	高、中、低硫煤
烟气再热	需再热	不需再热	不需再热	不需再热
占地情况	中	中等偏少	少	多
技术成熟度	成熟、应用广	成熟、应用广	成熟、应用还不广	成熟、应用还不广
工艺系统投资费用系数(以200 MW机组比较)	1.25～1.35	1.10～1.15	1.0	较石灰石—石膏湿法还高
运行费	中	中低	低	高

从表1看出，活性碳法系统投资费用和运行费用都很高，就目前来说，此法不适合我国国情。在石灰石—石膏湿法、旋转喷雾半干法、回流循环流化床法这三种方法中，从脱硫率、投资费用和运行费用考虑，以回流循环流化床法较好；如从脱硫率、系统运行经验、技术应用广度来看，石灰石—石膏湿法为好；如考虑脱硫率只要满足80%以上，要求系统运行经验较多、投资及运行费用较低则选择旋转喷雾半干法较好。

3. 适用于200 t/h及以下蒸发量锅炉，符合国情的简易脱硫技术

3.1 现有干法除尘电气除尘器或旋风子除尘器+装烟气脱硫装置

3.1.1 *加碱液喷雾吸收塔*

如图1所示，TS型电站锅炉脱硫装置（镇江远东环保机械设备厂）的设备系统装置图

(配 100 t/h 煤粉炉)。

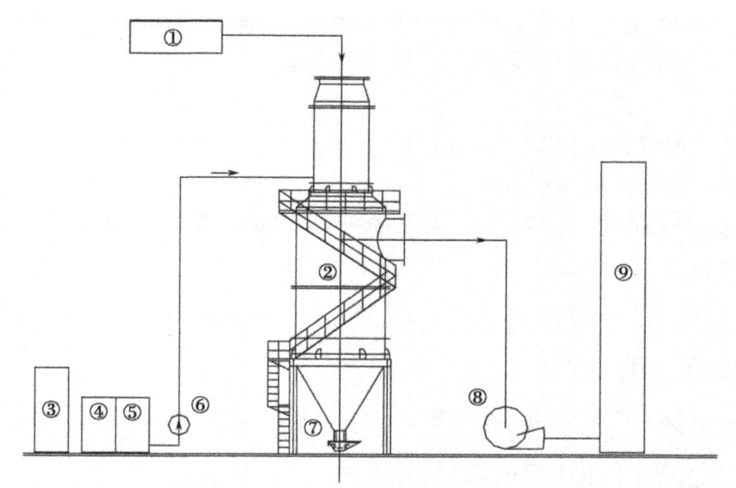

1. 除尘器 2. 反应塔 3. 控制柜 4. 储液罐 5. 调配箱 6. 加压泵 7. 水封槽 8. 引风机 9. 烟囱

图 1 镇江远东 TS 型电站锅炉脱硫装置简图

从除尘器 1 出来的含 SO_2 的烟气入反应塔(脱硫塔)2;从碱液(氨液)泵 6 经管道送入反应塔喉部喷雾器,将碱液雾化成气体与含 SO_2 的热烟气进行气—汽热交换和剧烈的化学变化,利用烟气的显热,使化合后的产物部分蒸发干燥,剩余的残渣随灰渣从反应塔底部一起排出。被脱除 SO_2 的烟气,经脱水除雾后,由引风机排放烟囱。如用废氨(碱水)为脱硫剂时,化学反应式为:

$$2NH_2 + SO_2 + H_2O \longrightarrow (NH_4)_2SO_3 \qquad 2(NH_4)_2SO_2 + O_2 \longrightarrow 2(NH_4)_2SO_4$$

该脱碱装置主要特点、优点有:

• 加装了 PS/TS 型脱硫装置后,使除尘效率提高 4%~12%。

• 结构简单,占地小(1 000 m^3/h 烟气量为 0.36 m^3),操作使用方便,无二次污染。

• 该装置阻力较小,一般在 200~400 Pa,故加装后一般不要更换引风机。

• 系统中设有脱水除雾器,防止引风机带水腐蚀。

• 该系统适用于煤种含硫率为 1%~7%。

• 吸收剂来源丰富,价格便宜,运行费用和一次性投资低,是国外同类产品一次性投资的 1/29,运行费用的 1/3。

• 脱硫后的排放物(如氨水脱硫剂)NH_3SO_3、$(NH_4)_2SO_4$ 为化肥原料,可生产磁化肥或作浇花、绿化用肥。

• 脱硫效率高,经江苏省科委对 PS/TS 型脱硫脱氮装置组织专家鉴定(1996. 1. 28),鉴定委员会专家测试报告指出:脱硫效率达 88. 9%~99. 2%(二氧化硫监测结果)。

江苏蠡口热电厂,在 100 t/h 煤粉炉电除尘器后串接的 PS/TS 型脱硫装置,经苏州市环境监测中心检测、验收合格。2002 年 8 月 12~14 日连续三天,由北京燕山石化派考察组自带工程检测车、设备现场考证,检测了数十个工况点,综合脱硫效率达 96%,脱氮效率约 30%。

3. 1. 2 干式单旋风子+石灰水喷淋吸收罐方案

10 t/h 及以下小锅炉适用。由干式旋风除尘器和湿式除尘脱硫有机结合成一体而组成。烟气从切向进入旋风除尘室，经一级干式旋风除尘后排出干烟，气体进到湿式除尘脱硫室。进行脱硫与二级除尘，净化气体从装置上部排出，脱硫用吸收液从上部喷入除尘脱硫石灰水从下部排出，经沉淀分离后循环使用。脱硫率估计可达75%(石灰水或氨水)，除尘效率可达90%。

3.2 现有湿法水膜除尘器烟气净化的脱硫方案

3.2.1 加石灰水水浴喷淋吸收塔

从水膜除尘器出来的烟气经喷淋石灰水的吸收塔净化、旋转抛洒液滴后由引风机排入烟囱，化学反应式为：

$$SO_2 + H_2O \longrightarrow H_2SO_3 \qquad Ca(OH)_2 + H_2SO_3 \longrightarrow CaSO_3 + 2H_2O$$

$CaSO_3$ 在微滴中过饱和沉淀析出：

$$CaSO_3(\text{液}) \longrightarrow CaSO_3\downarrow(\text{固}) \qquad 2CaSO_3 + O_2 \longrightarrow 2CaSO_4(\text{液})$$

$CaSO_4$ 溶解度极低，会迅速析出：

$$CaSO_4(\text{液}) \longrightarrow CaSO_4\downarrow(\text{固})$$

脱硫效率在75%～80%左右。

3.2.2 喷干石灰粉于水膜除尘器的烟道

将熟石灰粉CaO用气流喷射器喷入烟道与烟气混合接触，然后进入文丘里水膜除尘器，CaO经湿化后成 $Ca(OH)_2$，遇烟气中的 SO_2、H_2O 变成亚硫酸(H_2SO_3)，起化学反应成 $CaSO_3$ 沉淀析出，或 $CaSO_4\downarrow$(固)析出。除尘水可再循环作水膜除尘器除尘用水。脱硫效率在70%～75%左右。

3.2.3 水膜除尘+吸收液鼓泡床脱硫除尘技术

75 t/h及以下锅炉适用。烟气从文丘里管进入，便与含吸收剂的水一起喷入水膜除尘器脱硫除尘，再经淋水盘鼓泡床(似盘式除气器)反复除尘脱硫，从顶部引入干燥筒后由引风机排烟囱。灰水经沉淀后，保留一定pH值再循环使用。灰渣二次产物经沉淀后，可用于筑路、填坑实现灰渣综合利用。

4. 几点建议

• 我国除大容量燃煤电站锅炉外，还有40万～50万台工业锅炉，每年递增3.5万～4万台，这些锅炉几乎没有 SO_2 脱除设施，所以脱硫任务更大。当污染物排放指标交易权实施后，从经济杠杆上促使燃煤锅炉装设脱硫设备。

• 我国已引进当今国外电站锅炉各种工艺的脱硫装置，拥有了几年的运行经验，应从技术、经济、运行等方面作出客观评述，加快脱硫技术、设备的国产化进程。

• 200 t/h及以下锅炉的简易脱硫设施已经争相开发，在市场经济的大潮中，必然会优胜劣汰，建议各省市环保监察部门定期进行路踪检测，每一二年对生产厂家、产品进行质量监察，对先进、优秀产品给予推广。

• PS/TS型简易脱硫(脱氮)装置，从近期检查情况看，脱硫效率可达96%左右，且投资省、占地少、运行费用低，值得推广。

参考文献

[1] 火电厂脱硫技术资料汇编[C]. 电力工业部环保办公室,1997

[2] 关于电子束排烟处理的日中技术交流会资料[C]. 1996

[3] 介绍三菱重工的排烟脱硫技术[J]. 三菱重工株式会社,1994

[4] PS/TS 脱硫、脱氨装置科技成果鉴定证书. 苏科鉴字〔96〕012 号文,1996 年 2 月 5 日批准

[5] 沣伟华. TS-100 型锅炉脱硫装置的使用. 苏州蠡口热电厂,2002

[6] 蠡口热电厂 TS-100 型检测结果. 北京燕山石化检测组,2002

垃圾焚烧发电污染物的控制

李风斌[1]　钟史明[2]
（1. 太仓太盛设备安装公司　2. 东南大学能源与环境学院）

摘　要：阐述城市生活垃圾焚烧发电过程中污染物的来源与形成，同时分析了对它们的处理与控制。

关键词：城市生活垃圾　粉尘　二噁英　酸性气体　合成　分解　催化

1. 引言

我国城市生活垃圾年产量达1.3亿t，并以每年8%～10%的速度递增。当前，我国城市生活垃圾的处理方法主要有填埋、堆能和焚烧三种，但都存在不少弊端。垃圾焚烧发电是使用特殊的垃圾焚烧设备，以城市生活和工业垃圾为燃料进行焚烧，在对其焚烧处理的同时，利用它产生的热量转化为蒸汽发电供热的一种新型发电方式。由于这种焚烧发电处理方式具有“三化”（减量化、无害化、资源化）和环境与经济双重效益，已被美、日、法、英、德、意等先进国家广泛采用。

垃圾发电是世界上近40年来发展起来的新技术，我国起步较晚，从1988年建立第一座垃圾焚烧发电厂至今（2007年）已发展了数十家，发展迅速。我国的城市生活垃圾与发达国家相比，水分含量高，热值低，组分随季节变化大。研究垃圾焚烧产生的二次污染物的控制与处理，使其达标排放，是关系到垃圾焚烧发电技术能否推广应用的关键。

城市生活垃圾中含有多种污染物，在其焚烧过程中，这些垃圾污染物最终形成气体和固体废弃物会污染环境。其中废气（尾气）含有固体颗粒粉尘，随烟气一同排入大气；产生二噁英，对人和动物产生促畸变、突变和致癌变等作用；产生SO_2、NO_x、氯化氢等酸性气体，形成酸雨，破坏生态；还有灰渣中有害成分，污染环境。这些污染物如不控制和处理使其达标排放，垃圾焚烧发电就无法推广应用。本文拟对垃圾焚烧后污染物控制与处理进行阐述，供参考。

2. 垃圾焚烧污染物来源与形成

垃圾焚烧后会产生二次污染物，如多种有害气体（SO_2、HCl、NO_x等）、粉尘及剧毒物质二噁英、重金属等。如不进行严格的控制和处理会对环境造成严重污染，对动物及生态造成破坏。城市生活垃圾中含有多种污染物，如废旧塑料、废纸、废布、草木中含有机氯化物，厨余、灰土中含有无机氯化物如氯化钠、氯化镁等，废旧电池中含有汞、铅等。在垃圾焚烧过程中，这些污染物最终以气体和固体的形式污染环境。垃圾焚烧主要产生废渣、飞灰和尾气，对环境危害最大的是尾气。尾气主要含有如下有害物质。

2.1 粉尘

与其他固体物质的燃烧一样，垃圾在焚烧过程中，由于高温氧化、热解作用，燃料及其产物的体积和粒度减小，其中不可燃烧物大部分滞留在炉排上以炉渣的形式排出，一小部分质小体轻的颗粒在热气流携带及热气力的作用下，与焚烧产生的高温气体一起在炉膛内上升，经过与余势锅炉受热面交换热量后从锅炉出口排出，形成含有颗粒物——粉尘的烟气。

2.2 酸性气体

垃圾焚烧产生酸性气体主要有：硫氧化物、氮氧化物、氯化氢、氟化氢和一氧化碳。

2.2.1 氯化氢(HCl)

氯化氢和氟化氢来源于生活垃圾中含氯和氟废物的分解。含氯塑料(如聚氯乙烯塑料PVC)、厨余中氯化钠等，在燃烧过程中与其他物质反应会产生 HCl，反应的方程式为：

$$(CH_2CHCl)_2 + 4O_2 \longrightarrow CO_2 + 2CO + 2H_2O + 2HCl$$

$$2NaCl + SO_2 + 0.5O_2 + H_2O \longrightarrow Na_2SO_4 + 2HCl$$

$$2NaCl + SO_2 + O_2 \longrightarrow Na_2SO_4 + Cl_2$$

2.2.2 二氧化硫(SO_2)

二氧化硫通常是由垃圾中含硫化合物焚烧时氧化所形成，当以煤助燃垃圾焚烧时使用含硫分较高燃煤时，SO_2 也会产生。SO_2 在空气和阳光作用下会形成 SO_3 并经雨水冲淋而形成酸雨。其反应方程式为：

$$S + O_2 \longrightarrow SO_2 \qquad 2SO_2 + O_2 \longrightarrow 2SO_3$$

2.2.3 氮氧化物(NO_x)

垃圾焚烧产生的 NO_x，主要来源于垃圾中的有机氮化物。在炉内高温燃烧时，这些有机氮化物先热解生成 N、CN、HCN 等中间产物，再与氧气生成 NO_x。

2.3 二噁英

一般认为在有氯和金属存在的条件下，有机物燃烧会产生二噁英，医疗废弃物、生活垃圾、农作物秸秆焚烧也会产生二噁英，垃圾焚烧过程中二噁英有三种来源：

2.3.1 从原生垃圾中来

原生垃圾中自身含有二噁英物质，焚烧并发生反应而直接进入环境。

2.3.2 垃圾焚烧中产生

垃圾中含有氯元素，在燃烧过程中与其他元素发生分解和重组等变化，导致二噁英生成。

2.3.3 在燃烧尾部烟气中再合成

在温度 250～300℃范围中，二噁英前驱物质在飞灰的催化作用下会再合成二噁英。

二噁英是一种含氯有机化合物，即多氯二苯并二噁英 Dioxin(PCCDD)s，多氯二苯并呋喃 Furan(PCDFS)及其同系物的总称。它可以气体和固体形态存在，难溶于水，对酸碱稳定，易溶于脂肪。对人及动物有剧毒，产生促畸变、致突变和致癌作用，是当今已知毒性最强的有机化合物，其毒性是氰化钾的 1 000 倍。

3. 污染物控制与处理

3.1 从源头控制

对垃圾焚烧产生的二次污染，要进行全方位的控制与处理。首先对其进行分类收集，加强资源回收利用，分选除去垃圾中含氯成分高的物质(如 PVC 塑料等)及金属催化剂；其次，垃圾储仓要全密封，在垃圾卸料口装电动卷帘门，加装气膜封闭，用风机将储仓内气体抽吸并将其送入锅炉中助燃和脱臭；储仓中垃圾渗沥水收集到污水坑内，用泵送到炉膛内焚烧、裂解。

3.2 炉内燃烧控制

垃圾焚烧污染物的产生，因燃烧方式不同而不同。层燃应用各种形式的炉排焚烧炉，因其燃烧条件的限制，对污染物的在炉内燃烧时的脱除与控制难以完美完成。而循环流化床(CFB)燃烧技术具有适应热值低、燃烧充分、污染排放低等优点，在污染控制方面，流化床锅炉可同时解决充分燃烧与污染物脱除问题。

循环流化床垃圾焚烧采用石英沙作床料热载体，蓄热量大，烧烤稳定性好，燃烧温度均匀并能控制在 850～950℃之间，便于 SO_2 脱除并过量空气系数小，使 NO_x 生成量非常低(NO_x 在燃烧温度大于 1 300℃时才会大量生成)，同时能在炉内控制二噁英的生成。二噁英产生的条件为燃烧不稳定，炉膛温度不均匀且小于 700℃，并含有催化作用的物质时才会产生。而 CFB 燃烧温度可均匀控制在 850～950℃之间，烟气在炉内停留 3～5 秒钟，即使生成的二噁英也被分解燃烧了。掺煤助燃不仅能提高燃烧的稳定性，而且燃煤产生的 SO_2 对二噁英的产生有抑制作用。炉内加石灰可有效脱硫，在 Ca/S 比为 1/2 时，脱硫率大于 85%。CFB 焚烧垃圾燃烧充分，垃圾中有机物 100%烧掉，燃烧后垃圾减量 75%以上，减容 90%以上，灰渣无毒性、无臭味，可直接填埋或作铺路材料等用。因其有减少 90%以上的垃圾填埋量，可大大延长填埋场的使用年限。

3.3 尾气处理

因为垃圾焚烧后烟气中含有多种有害物质，采用常规锅炉的脱硫除尘技术达不到排放标准，因此必须采用复合的处理技术。

3.3.1 粉尘处理

粉尘处理目前应用最广泛的是静电除尘器和布袋除尘器。一般 CFB 锅炉采用静电除尘器就可达到粉尘排放要求，垃圾焚烧 CFB 锅炉配备静电除尘器或布袋除尘器都能除小于 1 mm 的细小粉尘。除尘效率，静电除尘器可达 99%，布袋除尘器超过 99%。但对重金属物质，静电除尘器去除效率较差，因为尾气进入静电除尘器温度较高，重金属物质无法充分凝结，且其与飞灰间接触时间不足，无法充分发挥飞灰的吸附作用。当布袋除尘器与半干式洗气塔合并使用时，未完全反应的 $Ca(OH)_2$ 粉尘附着于滤布袋上，当废气经过时，因增加表面接触时间，可提高废气中酸性气体的去除效率。同时，布袋除尘器要求运行温度较低，一般 250℃以下，使尾气中的重金属及含氯有机物($PCDD_s PCDF_s$)达到饱和，凝结成细颗粒而被滤布吸附去除。在除尘器前进的烟道加入一定量的活性碳粉末，它对重金属离子和二噁英有很好的吸附作用，进一步脱除尾气中重金属与二噁英。

3.3.2 酸性气体处理

对垃圾焚烧尾中的SO_2、HCl 等酸性气体的净化原理主要是通过酸碱中和反应进行的，碱性吸收剂一般采用$Ca(OH)_2$，主要反应式如下：

$$SO_2 + Ca(OH)_2 + 1/2O_2 \longrightarrow CaSO_3 + H_2O$$

$$SO_3 + Ca(OH)_2 + 1/2O_2 \longrightarrow CaSO_4 + H_2O$$

$$2HCl + Ca(OH)_2 \longrightarrow CaCl_2 + 2H_2O$$

$$2HF + Ca(OH)_2 \longrightarrow CaF_2 + 2H_2O$$

酸性气体净化方法有三：

① 干式洗气法 用压缩空气将石灰粉末 CaO 或$Ca(OH)_2$直接喷入烟道或烟道中某段反应器内，使碱性粉末与酸性废气充分接触和反应从而达到中和酸性气体并加以去除。此法投资省，操作维护运行费用低，耗水耗电少，但药剂消耗量大，去除效率低。

② 湿式洗气法 在烟道中建一个填料吸收塔，在塔内烟气与碱性溶液对流混合，不断地在填料中的空隙及表面接触和反应，使尾气中的酸性气体被吸收去除。其优点是去除率高，对SO_2及 HCl、HF 去除率在 90%以上，并对高挥发性重金属物质（如汞）有去除能力。但投资高，耗电、耗水量大，产生的废水需要进行处理。

③ 半干式洗气法 是介于干式与湿式之间，增设一个半干法洗气塔，实质是一个喷雾干燥装置，利用雾化器（喷嘴）将熟石灰浆[$Ca(OH)_2$]从塔顶或底部或切向喷入塔内，烟气与石灰浆同向或逆向在塔内流动并充分接触发生中和反应。由于液滴直径小，表面积大，不仅与尾气液滴充分接触，同时水分在塔内能完全蒸发，不产生废水。此法综合了干法与湿法的特点，较干法耗石灰粉少，较湿法耗水量低，同时免除了过多废水的产生，且脱除率高，但是制浆系统复杂，反应器（塔）内易粘结，喷嘴能耗高。

④ 循环半干法 近年在半干法基础上研发出能治理多种有毒废气的循环半干法技术。工艺的基本原理是利用喷嘴将 CaO 或熟石灰粉$Ca(OH)_2$喷入反应器内，吸收烟气的SO_2、HCl、SO_3，利用高活性碳，吸附烟气中微量二噁英及重金属物质。工艺取消了制浆系统，实行 CaO 的消化及循环增湿一体化设计，不仅解决了单独消化时出现的漏风、堵管问题，而且消化时产生蒸汽进入反应器（塔），增加了反应环境的相对湿度，对反应有利。该工艺实行反应灰多次循环，使脱硫剂的利用率提高到 95%以上。整个装置结构精简，占用空间小，运行稳定可靠，投资省，运行成本低，且无污水产生，对SO_2吸收率高，对 HCl、HF、SO_3等的吸收率更高，与布袋除尘器配合，对二噁英及重金属也具有很高的去除率，现已成功用于我国绍兴新民热电有限公司日处理垃圾 400 t 的 CFB 垃圾焚烧锅炉。经测定，各类污染物的排放均优于国标排放量，其中排放粉尘含量最大值 42 mg/m^3，SO_2 86 mg/m^3，HCl 15.5 mg/m^3，二噁英 TEQ 0.048 ng/m^3，其中二噁英排放量为国家标准的 0.5%，比西欧标准 TEQ 0.1 ng/m^3还低很多（1 倍多）。

4. 二噁英

前面已简要叙述二噁英来源与形成概况，今再阐述如下：1997 年在城市固体废弃物焚烧炉（MSWL）的飞灰中首次检测出二噁英后，垃圾焚烧产生极毒物二噁英已越来越受到环境科学界的广泛重视。

4.1 二噁英的结构与毒性

多氯二苯并二噁英(Polychlorinated dibenzo-P-dioxin,PCDD)、多氯二苯并呋喃(Polychlorinated Dibenzofuran,PCDF)分别由75个和135个同族(Congener)构成,它们的化学结构相似,常写成PCDD/FS,或俗称二噁英(Dioxin)。氯原子取代数目不同而使它们各有8个同系物(Homolog),每个同系物随氯原子取代位置不同而存在众多异物体(Isomer),例如四氧二苯并二噁英(Tetra—Chloin-ated Dibenzo-P-Dioxins,PCDP)共有22个异构体。

二噁英的毒性与氯原子取代的位置密切相关,尤以2、3、7、8四个共平面取代的位置上都有氯原子的二噁英同族体具有毒性,2、3、7、8 TCDD被公认为是最毒物。毒性约为氰化钠NacH的10 000倍,俗称世纪剧毒。二噁英对哺乳动物的毒性和氯化芬烃相似,表现状态为:体重减轻,胸腺萎缩,免疫系统受损,肝损伤,氯痤疮及皮肤病变;组织发育不全或过度增长,以及致畸、致癌、致突变。不同动物对二噁英毒性的敏感度有明显差异。

TCDD具有很低的蒸发压:25℃时仅为2.3×10^{-4} Pa,熔点305℃,在水中的溶解度为0.2 mg/L,热稳定性好,即使温度高达1 000℃也不会分解,生物降解能力差。由于高亲脂性且难溶于水,故易进入生物体并经食物链积累。曾发现污染区藻体内浓度为水中浓度4倍以上,水蚤及鱼体内浓度为水中浓度万倍以上。

由于TCDD所特有的稳定性和长期残留性,所以它是废弃物中需要特别注意的有害成分。

4.2 垃圾焚烧中二噁英的形成

除了焚烧原料中可能夹杂有少量二噁英不充分燃烧会通过烟囱排放外,焚烧排放物中的剧毒二噁英主要是在燃烧过程中形成的。

4.2.1 焚烧物中含有石油产品、含氯塑料(聚氯乙烯、聚氯亚乙烯、聚氯树脂等)作为二噁英的前体(Precursor),在燃烧过程中经热分解后,分子重排形成二噁英及Chlorophenol、Chlorobenene。

4.2.2 有机物热分解产生HCl,而厨房垃圾中含有NaCl、KCl、$MgCl_2$等盐,当烟气中有SO_2时,则发生下列反应:

$$2NaCl + SO_2 + 1/2SO_2 + H_2O \longrightarrow Na_2SO_4 + 2HCl$$

使烟气中HCl浓度增加,由于垃圾直接燃烧是个氧化过程,将发生下列反应:

$$2Cu+O_2 \longrightarrow 2CuO \qquad CuO+2HCl \longrightarrow CuCl_2+H_2O$$

而Chlorophenol、Chlorobenene在锅炉和静电除尘器内,在HCl、$CuCl_2$和其他元素的催化作用下可再合成二噁英。有研究表明,再合成温度为250～300℃。

据日本有关试验证明,在焚烧过程中作为PCDD/PCDF生成源,与其他金属氧化物相比,$CuCl_2$高于其他金属氧化物数百倍的二噁英再合成催化剂,其次是未燃尽的碳。

日本荏原公司采用30 t/d的垃圾焚烧炉进行分割切碎废弃物燃烧试验,其结果表明,烟气中HCl的产生量受残氧浓度的影响。当残氧浓度为零时,HCl产生量为8×10^{-3},大约是理论产生量,而当残氧浓度为11%(通常燃烧状态),HCl产生量降到1×10^{-3}。经调查,当布袋除尘器中灰的成分中氯离子含量为10.6%时可形成$CuCl_2$,同时发现二噁英再合成倍率为数十倍至数百倍。

4.3 二噁英抑制方法

要抑制垃圾焚烧过程中产生的二噁英，必须达到如下条件：

4.3.1 保持温度1 000℃以上，烟气停留时间大于2秒，保持烟气中含氧比6%以上，可将所有的有机物燃尽。

4.3.2 抑制HCl、CuO、$CuCl_2$的产生，尽量不燃烧含氯塑料及其他含氯化工品，不使Cu氧化。

4.3.3 尽可能充分燃烧以减少烟气中的含碳量，一些国家以CO小于50×10^{-6}作为标准。

4.3.4 在烟气净化段采用急冷却办法避开二噁英再合成的温度250～300℃。

4.4 控气型垃圾焚烧炉

介绍一种抑制二噁英生成的垃圾焚烧技术——加拿大的科学家从二噁英生成的最基本四个条件：氯、氧、温度、催化剂分析，在20世纪70年代研制了控气型垃圾焚烧炉。它将燃烧过程分为两级燃烧室，一燃室为垃圾热分解，温度控制在700℃以内，让垃圾在缺氧状态下缓慢地在低温下热分解，此时金属铜、铝、铁不会被氧化，没有CO_2的产生，也不会有$CuCl_2$的产生和存在，垃圾中的可燃成分分解成可燃气体，并引入二燃室燃烧；二燃室温度在1 000℃以上，烟气停留时间2秒以上，保证了有毒有害的有机气体完全分解燃烧，从而保证了二噁英充分分解。由于二燃室是气体燃烧，避免了烟气中的残碳存在，削弱了二噁英的生存环境。由于控气型垃圾焚烧炉是固体床，所以极少产生烟尘，不会有未燃尽残碳进入烟气中，更有利的是该系统不需设置庞大的除尘装置和其他净化装置，即可达到烟气排放标准，只有含氯塑料过高导致HCl超标进入，才需要增加简单的碱洗装置。

从以上分析可知，控气型垃圾焚烧炉从原理上控制了二噁英产生的各种因素。

- 氧的含量——在控气型焚烧炉中，一燃室始终处于缺氧状态(还原气氛)，仅有的氧原子优先与C、H结合，Cu、Al、Fe等不易被氧化，削弱了二噁英的生成环境。
- 温度因素——在二燃室中温度高达1 000℃以上，烟气停留时间远大于2秒，可将所有的有机物燃尽，二燃室内因无水冷壁管，没有死角，故温度均匀，不会残留有害的有机物。
- 催化因素——燃室温度较低，重金属基本上不被分解，烟气中很少有重金属离子，从而减少了催化剂成分；一燃室中含氯成分高，Cl优先与H结合。

进入20世纪90年代后，日本、德国的科学家也分别发表了研制控气型焚烧的分级焚烧技术。一燃室是还原气氛，所以，SO_2仅为9.5×10^{-6}，NO_x为16.1×10^{-6}，NO_2为9.5×10^{-6}；二燃室是高温燃烧，CO接近为零，所以二噁英极低。所以，目前国际上采用控气型焚烧炉的国家较多，有美、加、日、德等国作为垃圾焚烧的推广技术，以减少二噁英的排放。

5. 国内垃圾焚烧发电污染物处理简讯

2008年全球金融危机后，我国垃圾焚烧发电发展迅速，几乎每个城市都建有垃圾焚烧发电厂。而且为了绿色低碳，生态环境可持续发展对污染物排放治理十分重视。国家公布了《生活垃圾焚烧污染控制标准》，要求2014年7月1日开始实施，真正实现"减量化、资源化、无害化"，有力地保护城市环境，节约土地资源，促进城市经济社会可持续发展，进一步改善城市居住环境。

全球最大垃圾焚烧发电厂——上海老港再生能源利用中心将在上海建成，2013年5月30日正式运行。一期工程日处理生活垃圾3 000 t，为当时亚洲最大的垃圾焚烧电厂。二期工程拟建8条750 t/日的焚烧线，日处理生活垃圾6 000 t，投资约36亿元。二期工程拟于2019年投运。二期工程总焚烧处理生活垃圾为300万t/年，约占上海市居民年产生活垃圾总量一半，焚烧年发电量达9亿kWh，将超过荷兰AEB公司垃圾焚烧发电厂而成为全球最大垃圾焚烧发电厂。

二期工程以先进的工艺技术、严格的排放指标、合理的节能措施为设计宗旨，充分考虑后期的土建施工、设备安装、系统调试、运行维护、劳动安全生产等问题，从系统布置、工艺技术、公用工程进行统筹设计。在节能增效、减少排污方面做到极致，达到了"蓝色焚烧"理念的目标值。向着未来的垃圾发电厂不仅具有本身的垃圾无害化处理、余热发电，还可以兼具动态的环保展厅、现场参观等可视化、可参观功能，是一个绿色、低碳、环保、工业化、美丽宜人的厂区，使上海老港再生能源中心成为生活垃圾处理行业的示范性智慧工厂，向公众和业内人员展示未来高标准、高效率、近零排放、友好的垃圾焚烧发电厂。

6. 结语

垃圾焚烧发电产生的二次污染，特别是焚烧中产生的剧毒物二噁英是人们共同关注的问题，对其尾气的净化处理关系到垃圾能否资源化利用的关键。垃圾焚烧发电二次污染的控制与处理必须全方位采取有效措施，即从垃圾来源去除污染的生成源与催化剂；选择合适、先进的垃圾焚烧技术；加大力度控制燃烧过程中减少二噁英等的污染产生；最后对锅炉尾气烟气采用有效措施净化处理，确保达到排放标准。

参 考 文 献

[1] 汪玉林. 垃圾发电技术及工程实例[M]. 北京：化学工业出版社，2003

[2] 东大院热电所. 无锡益多环保垃圾焚烧热电厂设计资料[C]. 东大院热电所，2000

[3] 吴晓等. 二噁英与垃圾焚烧. 成都热电公司，2001

烟气脱硫(FGD)湿烟囱及其防腐

钟史明

(东南大学　南京　210096)

摘　要:本文分析了燃煤火电厂烟气脱硫(FGD)不设GGH烟囱入口处烟气的特点和腐蚀性;介绍了国内外脱硫湿烟囱各种防腐工艺;对现有锅炉脱硫改造无GGH设施的烟囱防腐提出了几点建议;叙述了烟塔合一技术特点,烟羽下洗和石膏雨的防治。供参考。

关键词:烟气脱硫(FGD)　湿烟囱防腐　烟塔合一　烟羽下洗　石膏雨

1. 前言

为了提高和改善我国大气环境质量及电力工业的可持续健康发展,我国对《火电厂大气污染物排放标准》(GB3223—2003)进行了修订,最近公布了并于2012年1月1日实行。新标准提高了火电行业环保准入门槛;新标准分现有和新建火电建设项目,分别规定了对应排放控制要求;对新建火电厂规定了严格的污染排放物限值;对现有火电厂设置了两年半的达标排放过渡期,给企业一定时间进行机组改造,因而燃煤脱硫技术必将加速发展。锅炉烟气脱硫(FGD)技术是燃煤脱硫的主力军,FGD石灰石(石灰)—石膏湿法脱硫技术又是当今FGD工艺应用最多、最先进且技术成熟。当湿法脱硫系统不设烟气再热器(GGH)时,排烟温度仅≤55℃,会产生烟气变湿腐蚀。烟气从炉后经烟道进入脱硫吸收器塔进行了脱硫化学反应,去除SO_2后净烟气经除雾去除滴雾后,经主烟道进入烟囱排入大气。

1.1　烟囱主要有两种运行工况

(1) 排放未经脱硫设施的烟气,进入烟囱的烟气温度在130℃左右,在此条件下,烟囱内壁处于干燥状态,烟气对烟囱内壁材料不直接产生腐蚀。

(2) 排放经石灰石/石膏湿法脱硫后的烟气,未经烟气换热器升温,进入烟囱的烟气温度在45～55℃,烟囱内壁有严重结露,沿筒壁有结露的酸液流淌。

1.2　脱硫后湿烟囱的设计方案必须考虑的因素

(1) 技术可行性,满足复杂化学环境下的防腐要求;

(2) 经济合理;

(3) 施工条件好,质量控制方便,施工周期短;

(4) 运行维护费用低,并且方便检修。

2. 脱硫后烟气特性

2.1 脱硫后湿烟气特性

机组加装湿法 FGD 装置后，使烟气温度降低，含湿量增大。从脱硫塔出来的净烟气中还有大量的液滴、水蒸气和微量未反应的 SO_2、SO_3 气体，经除雾器后仍含有少量的液滴。低温烟气进入烟囱后，形成硫酸液膜对烟囱产生腐蚀。由于湿法脱硫工艺的特点，对其烟气中的 SO_2 脱除效率很高，但对烟气中造成腐蚀的主要成分 SO_3 脱除效率并不高，仅 20%左右。脱硫处理后的烟气一般还含有氟化氢和氯化物等，它们是腐蚀强度高、渗透性强且较难防范的低温高湿稀酸型物质。脱硫后烟气环境变得低温、高湿，烟气密度增加，烟囱自拔力减小，烟囱内的烟气压力升高，加重了烟气和含酸液水分向外筒壁方向渗透。烟囱出口处流速降低，烟囱顶部容易发生烟流下洗，烟流下洗不仅会腐蚀烟囱的组件材料，而且减弱了烟气的扩散，污染周围环境。

2.2 脱硫后烟气的腐蚀性

(1) 酸露点腐蚀

烟气的腐蚀性强弱主要取决于各种运行方式存在的硫酸、亚硫酸、氯化物和氟化物。对材料产生有害影响的因素中，烟气低于露点时形成的冷凝酸液作用最大，此即所谓的酸露点腐蚀。

煤燃烧时，所含的硫和空气中的氧气发生剧烈的放热反应，生成 SO_2 和极少量的 SO_3。SO_3 数量虽少，但它会同烟气中一直存在的水蒸气迅速发生反应，生成亚硫酸并最终生成硫酸。当烟气温度降低时，烟气中的气态成分饱和，蒸汽压力会相应减少，当达到某种气体的分压时，该气体便开始冷却凝露，此时的温度称为该气体成分的露点。烟气中含有硫酸、亚硫酸、氯化氢和氟化氢以及最后会变成冷凝水的水蒸气成分。随着烟气温度的降低，硫酸总是最先冷凝结露，接下来是亚硫酸、氯化氢和水蒸气。硫酸露点同 SO_3 含量有关，SO_3 含量越高，则烟气的露点温度越高。

烟气会不会在烟囱内壁产生冷凝酸液，可以分以下三种情况判断：

• 烟囱内烟气温度和烟囱内壁温度大于烟气露点温度，则烟囱内不会产生冷凝酸液，烟囱处于干燥状态。

• 烟囱内烟气温度大于烟气露点温度，但烟囱内壁面温度低于烟气露点温度，虽然烟气干燥，但烟囱内壁面会产生冷凝酸液。

• 烟囱内烟气温度和烟囱内壁温度低于烟气露点温度，此时烟气潮湿，烟内会产生冷凝酸液，烟囱处于潮湿状态。

第一种情况一般出现在未脱硫烟囱中，此时烟囱入口烟气温度、壁面温度一般大于烟气露点温度，不会发生结露，烟囱基本处于干燥状态，称之为“干烟囱”。

第二种情况一般出现在未脱硫烟囱中，烟气温度高于酸露点温度，但由于保温不良等原因，会造成烟囱内壁面温度低于烟气露点温度，出现局部壁面冷凝结露。此时，形成的冷凝酸液浓度高，且为局部范围内出现，腐蚀是局部的，称之为“半干烟囱”。

第三种情况一般出现在脱硫烟囱中，烟气温度低于酸露点温度，会出现壁面冷凝结露，形成冷凝液，且腐蚀较为均匀。

因此，材料与不同温度和不同浓度的酸溶液的反应情况是耐腐蚀性的决定因素。腐蚀作用在很大程度上取决于烟气温度、烟气中的各种酸、水的露点温度和烟囱内壁面温度的高低,以及腐蚀性介质的含量。

(2) 卤化物腐蚀

另外一种会产生腐蚀性的物质是卤化物,也就是煤种所含的氯化物和氟化物。由于氯化氢、氟化氢和石灰石的反应很快,会立即产生氯化钙和氟化钙,氯化钙很快会分解成钙离子和氯离子,而氟化钙在吸收液中因大部分不溶于水,很快被过滤排出。因此,随烟气进入烟囱中的氯化物较多。由于氯化氢的露点温度较低(一般 60℃左右),在设有 GGH 的情况下,排烟温度在 80℃左右,一般不考虑氯化氢的腐蚀;在不设 GGH 的情况下,排烟温度在 50℃左右,一般需要考虑氯化氢的腐蚀。

3. 湿烟囱防腐工况和常见防腐方式

3.1 湿烟囱防腐工况

(1) 温度变化

机组加装湿法工艺的脱硫装置后,如果仍使用原有烟囱排放烟气,则当 FGD 出现故障或检修时,原烟气不经过脱硫系统而通过旁路直接进入烟囱,此时烟气温度可达到 120~150℃,非常时可达到 180℃;当烟气经过不设置 GGH 的脱硫系统时其净烟气排放温度为 45~55℃。所以烟囱在其寿命内要承受上述不同温度的交互作用。

(2) 酸液等腐蚀

脱硫系统不设置 GGH 时,烟气水分含量高,湿度大,温度低,密度大,烟囱自拔高度低,出口流速下降。进入烟囱的烟气温度低于酸露点,从而在烟囱壁上结成酸液,发生酸液腐蚀。所以选择的防腐材料需要良好的抗酸液腐蚀性和抗渗透性。

3.2 湿烟囱常见防腐方式

目前国内外针对脱硫烟囱的主要防腐方式有:

(1) 内置钛合金复合套筒(或合金钢贴衬)

合金钢是一种防腐性能很好的材料,主要有钛合金板($TiGr_2$)和镍基合金板(Ni-276)。钛是一种耐腐蚀的材料,这是由于钛的表面容易生成稳定的钝化膜,该钝化膜由几纳米到几十纳米的极薄氧化薄膜构成,在许多环境中是很稳定的,并且一旦局部破坏,在强氧化剂条件下,还具有瞬间修补的特性。钛合金($TiGr_2$)是一种防腐性能很好的材料,比现有的不锈钢和其他有色金属的耐腐性都好。电厂烟囱内衬钛合金的厚度一般设计为 1.2 mm,最大不超过 2 mm。但是钛合金价格昂贵,采用该方案需较大投资,故用者甚少。

近年来,国际国内市场镍价持续上涨,使 Ni-276 合金材料成本较高,制约了 Ni-276 合金在脱硫烟囱中的应用。国内尚无应用于烟囱内筒耐腐内衬的工程实例,在国外该合金已广泛应用于脱硫塔及烟囱中。

(2) 内衬泡沫玻璃砖(或泡沫陶瓷砖)

主要是内衬硼硅泡沫玻璃砖,通过耐温耐腐蚀的粘结剂粘接在钢内筒或耐火砖筒壁上,泡沫玻璃砖(或泡沫陶瓷砖)内筒独立支撑或悬挂,自重轻,密封性能佳,维修方便,外筒壁不直接受腐蚀性烟气作用;内筒防腐性能好,后期维护量小,工程造价高。采用钢内筒内衬玻璃砖方案施工要求较高,底剂和粘接胶的选择非常重要,国内的粘接胶和底剂很难达到烟囱长寿命运行要求。美国从1979年开始，已将发泡耐酸玻璃砖应用于烟囱内衬。最近，取了数个不同时期烟囱内粘合材料实样进行了试验，从试验数据延伸推断，粘结料在烟囱的使用寿命为30～40年。该种玻璃砖在高温和高浓度的SO_2和SO_3气氛中有很强的抗腐蚀能力，可靠，耐用，维护量小，对基底要求也较低，可直接粘贴在钢板、混凝土和砖面上，无须锚固，施工简单，施工时间短。此外，该材料的绝热性较好，能起到烟囱保温的作用。但这种硼硅玻璃砖单价较高，一般为涂料的3～4倍，相对而言价格偏高，且玻璃砖比较厚，大约38 mm。

(3) 采用耐高温磷片树脂涂料

采用耐高温磷片树脂涂料做烟囱的防腐材质是一种较为经济的方案，磷片树脂涂料防腐的原理主要是迷宫效应，一般采用喷涂或镘刀涂抹的施工方法，但厚度较薄，仅为2 mm左右。磷片树脂涂料价格较为经济，单价为合金材料的10%～20%。但是，该材料的防腐能力较弱，耐高温性能较差，寿命较短，需要定期检查、补缺。

(4) 采用聚脲涂料

采用聚脲涂料做烟囱的防腐材质也是一种较为经济的方案。一般采用喷涂的施工方法，厚度为1～3 mm左右，一次形成，不会受空气中水分或温度变化的影响，材料不易燃。施工采用喷涂方式，简单易行，时间短，材料对不同工况适应性较好。聚脲涂料价格也较为经济，单价略少于磷片树脂，且其抗腐蚀、抗冲击、耐磨性能好，具有高抗张强度，柔韧性好，对基底要求不高，但耐高温性能较差。聚脲可以喷涂在混凝土基底的烟囱内壁。

(5) 采用SL300复合高温防腐抗渗涂料

SL300复合高温防腐抗渗涂料是专门针对湿法脱硫后且不设置GGH的混凝土烟道、烟囱防腐抗渗的一种材料。它通过渗透作用，沿耐酸砖表面形成深度达10 mm的复合防腐层。复合防腐层具有耐酸、耐高温、耐磨损、抗渗透功能。复合涂层间良好的配伍性和特点明显的功能叠加，形成了复合涂层的优异性能：抗渗层厚，高温性能优良，耐酸性能优良，热震稳定性好，使用寿命长。

(6) 混凝土烟囱内套玻璃钢(FRP)

以玻璃纤维或其制品作为增强材料的增强塑料称为玻璃钢(FRP)。由于所使用的树脂不同，有聚酯类玻璃钢、环氧玻璃钢、酚醛玻璃钢等。玻璃钢由于有良好的耐腐蚀性和结构轻、易于安装、便于维护等优点而广泛应用于各个行业。玻璃钢内筒烟囱在国内化工行业小型烟囱应用较多，发电厂烟囱在国外较多，国内也在试用。

3.3 几种直排烟囱内壁防腐方式比较

湿烟囱防腐方式比较如表1所示。

表1 直排烟囱内壁防腐方式

防腐方式	金属合金薄板材作烟囱内衬	喷涂耐温聚脲	粘贴泡沫玻璃砖	刮涂或喷涂玻璃鳞片
工艺方法	在地面制作出合金板片，在烟囱内现场焊接拼装成型	将聚脲喷涂在清洁后的混凝土、砖内筒或钢内筒的表面	进口硅胶配制耐胶泥作粘贴剂，将泡沫砖直接粘贴在烟囱的内壁，隔5 m加一不锈钢垫圈固定	将玻璃鳞片胶泥＋网丝材料刮涂或喷涂在烟囱内壁

续表

防腐方式	金属合金薄板材作烟囱内衬	喷涂耐温聚脲	粘贴泡沫玻璃砖	刮涂或喷涂玻璃鳞片
造价(元/m²)	≥6 000	450 左右	680 左右	500 左右
寿命(年)	>30	<10	>20	<10
工期	半年	15～22 天	30 天	26 天
主要优点	镍基合金板、钛板等的耐腐蚀性能极为优异	耐腐蚀性能好,有一定的保温性能,施工速度快,施工受环境影响小	耐腐蚀性、耐温性、防水、隔热性能好,工艺可靠,使用寿命长,适用范围广	耐腐蚀性、耐磨损性能好,较低的渗透率,在钢烟囱上具有较强的粘结强度,施工工期短
主要缺点	施工难度大,难以达到合金的全部焊接要求,投资大,施工工期长	耐温性能差(120℃以下),聚脲老化龟裂可能影响寿命,进口聚脲造价高,约 900 元/m²	减少烟囱的出口内径,耐磨性不强(但可在表面涂耐磨材料),对施工的质量要求密实均匀(抹胶、砌砖)	在混凝土烟囱上效果不好,烟道环境差,可能导致龟裂、剥落,不耐氢氟酸腐蚀,施工期受环境影响大

3.4 直排烟囱内壁防腐方式的建议

从表 1 综合分析比较可知：金属合金薄板材料作烟囱内衬虽然效果好,但造价太高、工期长,且在国内业绩很少,建议不予以考虑;喷涂耐温聚脲、刮涂或喷涂玻璃磷片等都存在寿命短、工艺性能达不到要求等问题,满足不了对烟囱防腐的要求,建议不宜采用。推荐粘贴泡沫玻璃砖工艺方式,这是因为：粘贴泡沫玻璃砖在国外是成熟技术,已经使用多年(据介绍,国外有 30 年的使用记录);目前国内在湿烟气上使用较多防腐材料,业绩占混凝土烟囱的 75%,经调查国电镇江谏壁电厂 210 m 烟囱、仪化热电中心两座 180 m 烟囱就用国产泡沫玻璃砖作防腐材料;使用进口的硼硅胶泥调制的粘结材料性能好,寿命长,质量有保障;目前国产泡沫玻璃砖发展迅速,生产线为进口,材料性能能满足使用要求。

4. 吸收塔和烟囱合一的技术特点

现有机组脱硫改造工程往往因场地限制,常采用吸收塔和烟囱合一(烟塔合一)技术。

4.1 烟囱高度的选择

脱硫后热烟气(约 45℃)从烟囱出口排出大体经过四个阶段：烟流的排出阶段、浮升阶段、扩散瓦解阶段和变平阶段。产生烟流抬升的原因有两个,一个是烟囱出口处的烟流具有一定的动量,另一个是由于烟流温度高于周围空气温度而产生的净浮力。影响着两种作用的因素很多,归结起来可分为排放因素和气象因素。排放因素有烟囱出口的烟气流速、烟气温度和烟囱内径,气象因素有平均风速、环境温度、风速垂直切变、湍流强度和大气稳定度。大多数烟气抬升高度的公式都是经验性的。

某工程锅炉设计烟气量 275 350 m/h,锅炉排烟温度 130℃。燃煤 23.2 t/h,燃煤含硫量 1.05%,三电场静电除尘除尘效率 99.5%。烟囱几何高度 60 m,烟囱出口流速 19 m/s,依照《火力发电厂大气污染物排放标准》(GB13223—2033),初步计算和描述了烟气的抬升高度以及污染物最大落地浓度的相关计算方法，可求得：

烟气的热释放率：

$$Q_U = C_P V_0 \Delta T = 2\ 220\ \text{kJ/s}$$

烟气抬升高度：

$$\Delta H = 2 \times (1.5V_{sd} + 0.010Q_U)/U_S = 61\ \text{m}$$

烟囱属于高架源，由于高架源的污染源在空中，人们时常关心的是污染物到达地面的浓度，而不是空中任一点的浓度。依照点源扩散的高斯模式，可以计算出地面任意一点污染物落地的一次浓度。

按以上设定数据，经计算得出烟囱的抬升高度为 61 m，与 60 m 相差无几，此时将产生地面绝对最大浓度，若污染物的地面浓度可满足当地环保部门的要求，此时的烟囱高度将是合理的。

4.2　吸收塔和烟囱合一的结构计算和选型

（1）钢烟囱结构选型

钢烟囱包括塔架式、自立式和拉索式三种形式。高大的钢烟囱可采用塔架式，低矮的钢烟囱可采用自立式，细高的钢烟囱可采用拉索式。

塔架是钢烟囱的钢塔架可根据排烟筒的数量，水平截面设计成三角形和方形。塔架底部宽度和高度之比，不宜小于 1/8。

自立式钢烟囱的直径 d 和高度 h 之间的关系应满足 $h \leqslant 20\ d$。当不满足此条件时，烟囱下部直径宜扩大或采用其他结构型式。

当烟囱高度与直径之比大于 20（$h/d > 20$）时，可采用拉索式钢烟囱。当烟囱高度与直径之比小于 35 时，可设土层拉索。拉索一般为 3 根，平面夹角 120°，拉索与烟囱轴向夹角不小于 25°。拉索系结位置距烟囱顶部小于 $h/3$ 处。

从经济的角度考虑，优先采用自立式或拉索式钢烟囱。对一般原有改造工程，由于场地限制，拉索的布置较为困难，故考虑采用自立式钢烟囱。

如某工程钢烟囱立于吸收塔顶部，吸收塔直径 17 m，顶标高 27.6 m，其中标高 22.45～27.6 m 为变径段（锥段）；烟囱直径 2.0 m，顶标高 60 m。对于该工程，$h/d = 60/2 = 30 > 20$，但底部吸收塔直径 4.8 m，$h/d = 60/4.8 = 12.5 < 20$，所以采用自立式钢烟囱。

（2）钢烟囱结构初步计算

在确定采用自立式钢烟囱的结构形式后，对该工程的钢烟囱进行初步核算，对钢烟囱（含吸收塔部分）进行有限元建模分析，结果为：烟囱段壁厚 6～12 mm，吸收塔段壁厚 14～16 mm，烟道入口开孔水平宽度控制在与吸收塔中心夹角 106°，开孔上下两侧各设两道环肋，左右两侧各设两道纵肋，中间设一道纵肋。锥段上下各设一环肋，其余环肋按常规设置。

（3）吸收塔和烟囱合一结构设计中应注意的几个问题

- 烟道入口开孔对吸收塔部分的应力分布的影响。

从烟囱应力（绝对值）分布图中，可以明显看出烟道入口开孔对塔体应力重分布的作用，吸收塔位于烟道入口开孔上下两侧的壁板上应力很小，该处壁板对结构传力的作用很小，基本上可以忽略不计，该部分的荷载基本上由两侧壁板承担，故开孔宽度越大对结构越不利，故将开孔水平宽度控制在与吸收塔中心夹角 106°的范围内，并且在开孔上下两侧各设两道较大的环肋,左右两侧各设两道纵肋,中间一道纵肋,以形成封闭的框架,限制开孔处壁板的变形。

• 隔热层的设置应符合以下规定:

a. 烟气温度低于 150℃,烟气有可能对烟囱产生腐蚀时,应设置隔热层。

b. 隔热厚度由温度计算决定,但最小厚度不宜小于 50 mm。对于全辐射炉型的烟囱,隔热层厚度不宜小于 75 mm。

c. 隔热层应与烟囱筒壁牢固连接,当用块状材料或不定型现场浇注材料时,可采用锚固钉或金属网固定。烟囱顶部可设置钢板圈保护隔热层边缘。钢板圈厚度不小于 6 mm。

d. 为支承隔热层重量,可在钢烟囱内表面,沿烟囱高度方向,每隔 1 m 至 1.5 m 设置一个角钢加固圈。

e. 对于无隔热层的烟囱,在其底部 2 m 高度范围内,应对烟囱采取外隔热措施或者设置防护栏,防止烫伤事故。

• 破风圈的设置应符合下列规定:

a. 设置条件:

当烟囱的临界风速小于 6~7 m/s 时,应设置破风圈。

当烟囱的临界风速为 7~13.4 m/s,且小于设计风速时,而用改变烟囱高度、直径和增加厚度等措施不经济时,也可设置破风圈。

b. 设置破风圈范围的烟囱体型系数应按表面粗糙情况选取。

c. 设置位置:需设置破风圈时,应在距烟囱上端不小于烟囱高度 1/3 的范围内设置。

d. 破风圈型式与尺寸:

◆ 交错排列直立板型:直立板厚度不小于 6 mm,长度不大于 1.5 m,宽度为烟囱外径的 1/10。每圈立板数量为 4 块,沿烟囱圆周均布,相邻圈立板相互错开 45°。

◆ 螺旋板型:螺旋板厚度不小于 6 mm,板宽为烟囱外径的 1/10。螺旋板为 3 道,沿圆周均布,螺旋节距可为烟囱外直径的 5 倍。

5. 关于烟羽下洗问题

当烟羽的垂直动量大于环境风水平动量的 2 倍时,不会发生烟羽下洗,因此烟囱的出口烟速选择至关重要。根据美国对湿烟囱的调查,如果出口烟速高于 10 m/s,则很少有烟羽下洗的情况。但如果选择过高的出口烟速将带来两个问题:一是阻力增加;二是会带出凝结水,形成烟囱雨,影响周围环境。湿烟囱是否发生烟囱雨还和烟囱内壁防腐材料的表面粗糙度、表面附着力有关。从烟囱雨的角度,烟速不宜超过 20 m/s。某工程选择的烟囱出口流速为 19 m/s,因此不会产生烟羽下洗以及烟囱雨的情况。同时,在烟囱外壁涂上环氧树脂,即使有少量烟羽或烟囱雨滴落在烟囱外表面,也不会对烟囱外表面造成腐蚀。当只有一台机组运行且负荷较低时,为避免烟囱出口流速过低,可适当提高锅炉的排烟温度,以满足湿烟囱的出口流速要求。

在烟囱出口的设计上,还要充分考虑烟囱出口处凝结水的回收问题。由于烟囱出口处环境温度较低,此处的凝结水量将比较多,应于回收可在烟囱出口采用以下结构形式回收凝结水。

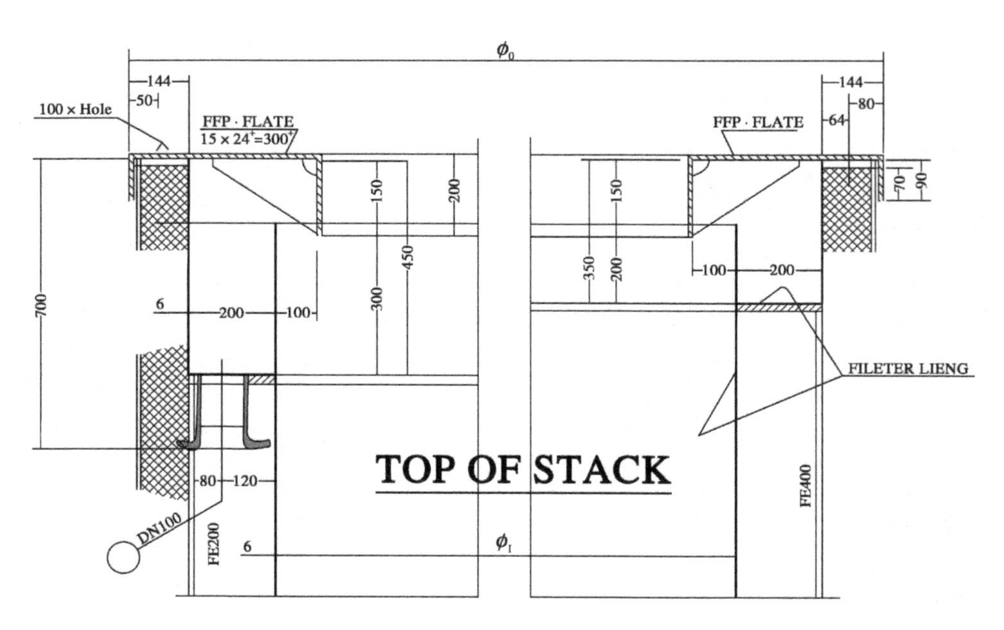

通过设置烟囱顶部的疏水装置，就能将烟囱出口附近处的冷凝水收集返回吸收塔。同时，为避免烟气温度降低，如果烟囱内表面采用乙烯基玻璃鳞片防腐，则烟囱外壁将敷设保温层，保温层厚度不低于 50 mm；如果烟囱内壁采用泡沫玻璃砖防腐，则由于其良好的保温性能，外表面不需要保温，此时仅在烟囱外壁涂上环氧树脂即可。

6. 脱硫塔直排烟囱“石膏雨”防治

受结构限制，吸收塔顶部的直排烟囱高度低于常规的烟囱，影响排烟效果，石灰石—石膏湿法烟气脱硫工艺当不设 GGH 时烟气排放容易产生“石膏雨”，因此直排烟囱的设计应满足环保要求，避免产生“石膏雨”。

6.1 “石膏雨”形成因素

(1) 烟气通过脱硫除雾器时流速过高，当机组大负荷运行时，烟气流量大，流速较快，其携带石膏浆液能力增强。

(2) 除雾器入口烟气分布不均匀，烟气从脱硫塔出来后分布不均，加重局部除雾器堵塞现象，烟气流动通道变小，烟速增大，携带石膏浆液能力进一步加强。

(3) 烟气脱硫后温度较低，进入低温省煤器的烟温 130℃左右，进入脱硫塔的烟温 95℃左右，进入直排烟囱烟气温度为 45℃左右，这将使烟气离开烟囱时抬升距离减少，很快凝结成小液滴落。

除以上三种主要因素外，吸收塔液位高度、石灰石浆液 pH 值、烟气中烟尘颗粒物含量等都会影响到烟气中浆液携带量。

6.2 “石膏雨”治理措施

(1) 除雾器入口水平烟道加均布导流板，在烟道外转角处设置减小其流速的导流板，以消除除雾器入口烟气扰动，使烟气均匀进入除雾器，减少除雾器局部堵塞。

(2) 优化除雾器冲洗方式，采取“二级上、二级下、一级上、一级下、二级上、二级下”冲洗方式,即先冲洗二级除雾器上部,然后再冲洗下部,使二级除雾器烟气通道通畅,缓解冲洗一级除雾器时突然增加石膏液滴,集中进入二级除雾器造成堵塞,等二级除雾器差压降低后,冲洗一级除雾器上下部,一级除雾器冲洗结束,差压降低后,再次冲洗二级除雾器,将从一级除雾器来的部分石膏液滴除去,避免被烟气携带走。同时,注意电网潮流规律,在机组负荷增加前,提前冲洗除雾器,会大大减少高负荷期间烟气的石膏液携带量。

(3) 对除雾器冲洗系统进行改造。目前,除雾器冲洗一般采用冷水冲洗方式,这将大大降低烟气温度,特别在冬季,降温效果更为明显,使飘浆现象加重。建议在除雾器冲洗系统增加汽源,同时在蒸汽管路上设减温水装置,防止将除雾器损坏,通过调门控制汽压,实现变压冲洗。

(4) 优化运行调整,“石膏雨”现象出现在锅炉高负荷运行期间,在保证正常燃烧用氧的前提下适当减少风量,控制炉膛负压与引风机压力,降低烟气流量和流速。

7. 结语

值此(2011 年 12 月 10 日)在南非德班“联合国世界气候大会”召开之际,190 多个国家参会《京都议定书》,各国承诺第一期责任将与 2012 年底时届满,因而这次大会热烈商讨《京都议定书》第二期各国承诺防治指标,发达国家与发展中国家承担不同责任。今后“绿色、低碳、环保”将成为人类可持续发展和造福子孙后代的主要目标,而烟气脱硫(FGD)是改善大气环境质量的主要措施之一,湿烟囱及其防腐是湿法 FGD 安全经济运行的重要因素,应予以重视。

参 考 文 献

[1] 火电厂大气污染物排放标准(GB13223—2033)
[2] 大气污染物综合排放标准(GB16297—1996)
[3] 环境空气质量标准(GB3095—1996)
[4] 某烟气脱硫工程(石灰石石膏法)可行性研究报告

降低燃煤电厂厂用电率的主要措施综述

钟史明

（东南大学能源与环境学院　江苏　南京　210096）

摘　要：首先在设计阶段对燃煤电厂的电厂辅机要合理选型，避免在运营阶段的先天缺陷；重点对运行电厂各辅助系统进行现状分析，寻找节电空间和节能方向；并提出降低厂用电率的主要措施。

关键词：燃煤电厂　厂用电率　辅助系统　经济运行　创新改造

厂用电率是衡量煤电机组经济性的主要技术经济指标之一。随着电力市场和煤炭市场的不断变化与进一步开放，各发电企业不断挖潜革新，科学运营与管理，寻求最优的厂用电率指标，提高供电量以谋求发电企业的最大发供电效益。

近年来，除尘、脱硫、脱硝等大量环保改造工作的进行，给辅机运行带来新的不平衡。煤炭市场变化多，燃用煤种严重偏离设计煤种，给锅炉运行的安全、经济带来许多问题，增加诸多不确定性。

在设计阶段燃煤电厂的辅助系统及其辅机选型和容量应正确合理，避免两个极端：

其一：出力不足。在高负荷下，限制发电量，不能满足出力要求；设备容量偏小，甚至无法达到满负荷；或满负荷时，没有备用辅机，造成安全隐患。

其二：裕量过大，使设备常处于低负荷运行。在运行过程中常常出现辅机设计容量裕度过大情况，大马拉小车。如电力市场需求不足，机组长期低负荷运行，就会造成厂用电率偏高很多。

1. 降低烟风系统耗电量

锅炉烟风系统耗电量占厂用电量大头，其辅机主要包括送引风机、一次风机、增压风机等，烟风系统消耗的总能量（即系统中各种风机消耗的能量之和），约占机组发电量的1.8%。降低锅炉风机的耗能主要有两个途径：一是在保证锅炉燃烧需要的前提下，尽量降低系统运行的流量和系统阻力；二是选择与锅炉烟风系统相匹配的风机及调节装置，提高风机的实际运行效率。其主要技术措施有：

1.1　降低烟风系统流量与阻力

1.1.1　最佳氧量控制（最佳过剩空气系数）

锅炉运行中过剩空气系数太大是造成风机流量增加及能耗增加的主要原因之一，不同煤种和负荷应有不同的过剩空气系数，因此，应通过试验确定出不同煤种和不同负荷下的最佳运行氧量。同时，优选送风机和引风机电流、一次风机和二次风机的比率等参数，输入传动控制系统，以便运行人员的监视和控制。

1.1.2 减少烟风系统泄漏

重点监测部位为：锅炉的冷灰斗周边、水封、关断门、各区域人孔门、看火孔、大型烟风挡板的法兰面和门轴、防[illegible]门等。设立日常定期巡视和监测机制，发现漏点，尽快治理。运行中还要加强对送[illegible]机、引风机、一次风机电流的监视，如发现电流升高、排烟温度异常降低或升高等应[illegible]检查处理。

[illegible] 减少空气预热器漏风

[illegible]气预热器的漏风是风烟系统的主要漏风点。漏风率应控制在8%以下，如超过正常值[illegible]%应查找原因，及时治理；若漏风率长期超过8%，则应通过检修调整密封间隙或改进空预器密封结构，可采用柔性密封、接触式密封等技术。

1.1.4 降低系统运行阻力

主要监管压差的设备为消声器、暖风器、空气预热器、除尘器、脱硫除雾器、脱硫烟气加热器(GGH)、脱硝催化剂、低温省煤器等，设立压差监测的上下限值。结合对引送风机、一次风机等辅机的电流监视，及时发现主要压差监控设备工况。将吹灰、冲洗等管理措施与压差上下限管理结合起来，通过自动控制或量化定期工作，使主要设备压差在合理范围内，以降低系统运行阻力。

1.2 试验建立主要风机效率曲线

1.2.1 优化运行使风机运行在高效区

风机的效率曲线均由制造厂家提供，是风机单体运行时的效率曲线；安装现场实际系统后，由于烟风道和挡板等影响会出现较大的变化，并不能准确反映风机的实际运行情况。结合计划检修前效率试验或专门安排主要风机效率试验及烟风道阻力试验，确定风机在整个系统中的实际高效运行区，明确检修治理和优化点，明确动、静叶片开度与风机效率的关系，优化运行调整，尽量使风机运行在高效区。

1.2.2 引增风机单耗合并监测与调整

组织开展引风机与脱硫增压风机不同负荷工况下优化运行试验，选取总耗电量最小总工况，维持增压风机口微正压，对应调整优化曲线。

1.3 联合风机

1.3.1 "引增合一"

新机组风机设计多选用风机增压，引、增风机合一方案。运行机组实施综合改造、脱硫旁路挡板取消后，如风机出力能满足运行要求，不建议"引增合一"改造。

在实施联合风机合并改造时，应加装变频调节装置，对部分工况，风机选型容量偏大的电厂，变频调节改造可降低厂用电率约0.2%。

1.3.2 蒸汽轮机驱动

有稳定可靠的供热用户或电厂自用热(冷)负荷时，联合风机可选用小型背压汽轮机驱动，可大大降低厂用电率，同时可提高电厂热经济，节煤降耗。若选用凝汽式轮机驱动，系统较复杂，投资也大，容易出现节电不节煤现象，否则要采用溴化锂吸收式采暖供冷系统，是否可行需进行技术经济比较后选定。

1.4 增压风机加装旁路改造

在低负荷时可停运增压风机，利用引风机剩余压力克服脱硫系统阻力，达到降低风机能耗的作用。由于增压风机旁路烟道挡板的选型不当，存在风机运行时烟气泄漏回流，造成风机单耗增加，需要引起注意，必要时进行调换。

1.5 送风机电机双速改造

电机运行时耗电大小与转速成正比，在低速运行时有明显的节电效果，根据情况在夏季高负荷时段，风机高速运行，维持锅炉燃烧所需风量，负荷低时，换低速运

2. 优化制粉系统运行

制粉系统耗电占发电量的0.4%～1.5%。针对实际燃煤煤种和机组负荷率情况认真进行分析，结合热态通风试验和制粉出力试验制定优化运行策略，可有效降低制粉单耗。

2.1 确保碎煤机连续投入运行

可以减轻给煤机和磨煤机的磨损，也可降低2%～5%磨煤机电耗。

2.2 确定不同负荷时对应的磨煤机运行方式

磨煤机尽可能保证最大出力运行，可以节电。根据煤质及每台磨煤机特性掌握每台磨煤机最大出力，根据负荷变化及时启、停磨煤机。对于双进双出钢球磨煤机应对比长期负荷工况，选择最佳钢球装载方案，如长期低负荷运行，则应当适当减少钢球装载量。对于中储式制粉系统，应建立磨煤机运行时间统计分析制度，设法保证磨煤机在最大出力工况下运行。

2.3 尽量提高磨煤机出、入口温度

注意监督冷风门的严密性，并设法在检修中保证冷风机关闭严密。在运行中尽量保证每台磨入口风门在较大的开度，减少风门节流损失，多采用一次风压母管压力调节方式，有效降低一次风机电能。

2.4 严格控制一次风压，降低一次风率

保证一次风压各风管风速均匀，使一次风压与炉膛压差在0.6 kPa左右，风速控制在24～27 m/s以内，加强漏风治理。

3. 循环冷却系统的运行优化

3.1 建立循环水泵台数与循环水温度、排汽压力对应曲线

现大部分机组采用动叶可调式或高低速循环水泵运行方式。在实际运行中应通过试验明确循泵台数与循环水温度、排汽压力对应曲线，严格执行后可降低循环水泵单耗。

3.2 优化开式水泵运行方式

根据现场实际运行情况，减少开式水泵运行时间，采用开式水系统出入口门全开(或者加高旁路)，依靠循环水压力冷却方式。

3.3 夏季实施两机三台循环水泵运行

将两台机组循环水出入口管道联通，在夏季环境温度较高时段，实施两机三台循环水泵运行，节约厂用电效果明显。

3.4 加强循环水系统胶球和滤网的管理

胶球系统应重点监视收球率，应尽量利用循环水流量较大时投入胶球，并采用合适胶球。循环水二次滤网应采用定期投入与压差管理相结合的方式，及时清污及排污。

3.5 循环水泵驱动电机双速改造

根据机组运行情况和季节变化情况，合理地切换高低速运行方式或并列运行方式，可自由切换，始终在设定扬程和流量下运行，以满足机组运行要求，可降低电耗。

3.6 循环水系统节水

根据水源水质及深度节水要求，试验确定循环水处理工艺、运行方式、循环水浓缩倍率等参数。积极采取措施优化循环水处理工艺，减少循环的补充水，采用循环水浓缩倍率自动控制，以解决浓缩倍率过低和不稳定问题。

4. 除尘除灰系统节电措施

电除尘器耗电占发电量的 0.10%～0.20%，如果管理不善可能达到 0.25%～0.30%。

4.1 加强电除尘设备治理

保持合适的极板间距，治理极板弯曲变形，清除阴报线脏污和振打装置缺陷等。

4.2 电除尘智能集中节能自动控制

自动管理和控制电除尘器高低压等各设备的运行，自动选择高压供电的间隔，供电占空比和运行参数，使设备始终运行在功耗最小、效率最高的理想状态。也可根据电除尘实际运行状态和出口除尘浓度随时进行调整以达到最佳节能效果。

4.3 ESP 电除尘器改高频或脉冲

通常在除尘器一、二电场采用高频或脉冲电源，可大幅增强烟尘的荷电量，减少电场无效的空气电离所消耗的能量，既提高除尘效率，又减少能耗。

4.4 优化除灰系统运行方式

根据机组负荷、输送系统运行情况，设定输灰系统仓泵进料时间，在机组输送系统运行情况良好、输灰压力降低时，可将进料时间设定长些，避免发生输灰管道堵管和灰斗积存灰搭桥、板结造成下灰不畅的问题。在保证输灰系统正常的情况下，相对延长循环周期。

4.5 前置低温换热器的电除尘器(低温电除尘器)

配置低温电除尘器，在电除尘器前设置降低烟温的热交换器(GGH)，使烟温从 130℃降到 90℃，可大幅度降低比电阻，同时烟量也随之减少，可提高除尘器效率，新机组设计时可减少体积和钢材；老机组改造，电除尘比集尘面积相对增加，提高了除尘效率；还可提高锅炉效率，但占地面积大，使投资增加。

4.6 WESP 湿式电除尘器

湿式电除尘器是综合性可脱硫脱硝去除烟气中 SO_2 和 NO_x 外，还可去除难以捕获的微米以下的颗粒、雾和重金属等污染物的一种方法，还可以去除酸性物质等，可满足 PM2.5 颗粒环保要求，目前正在研发试用阶段。

4.7 电—袋复合式除尘器

理论上电—袋复合式除尘器是最佳组合，但运行中发现，由于粉尘层稀薄，微细粉尘易穿透和嵌入滤袋内，固定阻力在半年后一般达到 1 000～1 200 Pa，有的 3～5 个月就达到 1 500 Pa，同时微粒粉尘不易收集。统计 50 台电—袋除尘器，有 37 台在 4～30 个月内损坏，占 74%。选用滤布要符合使用条件，要使 PM2.5 达标，控制阻力在 800 Pa 左右运行即可。

针对电—袋除尘器，可以优化袋区的喷吹时间与间隔，合理控制好布袋的压差，既降低了引风机电耗，还能延长布袋子的寿命。

4.8 反吹风袋式除尘器

国内改进后反吹风袋式除尘器已在60万kW、30万kW机组上运行5年多，它的系统简单，投资少，运行阻力低，是很有前景的除尘设备。

5. 脱硫系统节电措施

湿法脱硫系统耗电一般占机组发电量的0.8%～1.4%，在机组部分负荷工况下，采取优化运行的策略，可有效降低厂用电消耗。

5.1 优化浆液循环系统运行

在湿法脱硫工艺中，部分负荷时可采取提高脱硫剂浓度、降低浆液循环泵运行台数等优化措施。以三台浆液循环泵的配置为例，当部分负荷时，停止一台浆液循环泵，可实现降低厂用电率0.03%～0.05%的目标。但需注意以下两点：

(1) 适当控制脱硫吸收塔至合理液位，既可提高反应区浓度，也可有效降低浆液循环泵和氧化风机电耗。

(2) 在部分负荷情况下，适当提高pH值，但禁止超过5.8，同时保证浆液密度合理，可停运一台浆液循环泵保证脱硫效率不降低。当恢复三台浆液循环泵运行后应尽快降低pH值，尽量接近5.1，以稀释浆液中的亚硫酸盐，保证石膏品质。

5.2 开展脱硫添加剂研究

经技术经济比较后，采用添加脱硫增效剂提高反应能力，可以降低浆液循环泵全容量运行时间，以降低浆液循环泵电耗。

5.3 加强除雾器的冲洗

除雾器压差越低风机电耗越小，在运行中控制除雾器压差小于200 Pa运行，否则应进行冲洗。控制吸收塔补水与除雾器冲洗的关系。尽量保证利用除雾器冲洗水进行吸收塔补水。此外，注意控制烟气流速，合理添加清洁剂，严防浆液污染除雾器的事件发生。

5.4 加强GGN吹灰管理

对安装有GGH的脱硫装置，必须严格加强对其吹灰管理。建议加装蒸汽吹灰装置，防止GGH换热元件堵塞。建立GGH压差与机组负荷的对比曲线，发现异常应及时处理。

5.5 改进氧化风机

氧化风机由罗茨风机改进为高速涡轮风机，使风机效率大幅提升，节电明显。

6. 脱硝系统的安全经济运行

6.1 SCR技术近况

新环保标准的实施，使烟气脱硝不得不转向以SCR为主的复合技术。脱硝技术SCR在我国刚起步，正在摸索前进中，对它的节电措施报道极少。

6.1.1 高温SCR技术

自从引进国外SCR技术后，为了执行新的烟气污染排放标准，全国几十家SCR生产厂家忙于投标、生产。电厂也在争取时间完成脱硝任务，导致高温脱硝用催化剂市场紧俏，又推动了一批新企业抢入市场，质量问题必须重视。

6.1.2　新型低温烟气脱硝催化剂研发

四川大学国家烟气脱硫工程技术研究中心研发了一种新颖的固体催化烟气脱硫脱硝技术。自 2009 年中国化学工程公司加入研发队伍，加速了该技术产业化进程，先后承接了十几项工程项目，包括锅炉烟气净化处理，均取得了良好的去污效果。多次试验测定深度脱硫项目脱硫率接近 100%，脱硝项目去除率在 70%～90%。

这种新颖的固体催化剂 NH_3 对 NO_x 还原窗口温度降低到 120℃以下，有利于新机组设计和老机组改造项目。通过深度脱硫(50 mg/Nm^3 以下)后进行高效的低温脱硝，可真正解决老机组烟气脱硝布置上的困难，又可降低改造的投资风险，值得推广应用。

6.2　保证脱硝反应温度

当锅炉低负荷运行时，炉膛烟气出口温度降低，会使脱硝入口烟温下降，脱硝催化剂的活性降低，氨逃逸率增大等，脱硝副产物 NH_3HSO_4 生成量增加。NH_3HSO_4 粘结性强，露点温度高，且具有一定的腐蚀性，容易堵塞空气预热器，导致其压差增大，传热效果变差，造成冷端腐蚀。还会造成布袋除尘器及引风机叶片腐蚀和降低脱硝率。

提高脱硝入口烟温可采用加装烟气旁路，在省煤器前适当位置引出部分高温烟气至脱硝反应器入口，在低负荷时调节脱硝入口烟温，保证脱硝反应温度。此方案会改变脱硝入口烟气流场，同时省煤器出口水温会降低，需进行校核计算和现场流场分布测试调整。也可采用省煤器分两级布置，分别布置于 SCR 反应器前后，提高脱硝入口温度。由于烟气流经 SCR 反应器时温降较小，约 3～5℃，所以对省煤器的吸热量影响不大。但受尾部烟道空间的限制，若尾部烟道空间允许，或预留省煤器分级布置时，仍将是采取的主选。

6.3　严格控制氨逃逸率

投入 SCR 运行机组，要严格监视脱硝入口温度及脱硝系统的氨逃逸率，控制脱硝副产物 NH_3SO_4 的生成，确保机组安全、经济。建议建立以下工作制度：

(1) 通过网格法测量反应器后的氨逃逸率，以确定测量代表所在位置在整个烟道截面的代表性，若代表性差，需对测量仪表的测量位置进行更换。

(2) 定期对氨逃逸率测量表计进行校准，使测量可靠，正确指导运行。投产初期应经常校准，稳定后校准期限参照相关标准执行。

(3) 在机组大修或燃煤发生较大变化时，应对脱硝入口烟气流场分布进行测量调整，确保喷氨的均匀性，减少氨逃逸。

6.4　低氮燃烧器改造机组应进行必要的燃烧调整

机组进行低氮燃烧器改造后，原有燃烧方式不能满足改造后燃烧器的最佳运行，应进行燃烧优化调整。应充分考虑机组的经济性及 NO_x 排放需求，采用既满足 NO_x 排放要求又能确保机组安全、经济运行的方式。

6.5　脱硝系统投运后对电网调度的影响

综合现场调研情况，SCR 投运后影响电网经济调度。由于脱硝系统运行入口烟温有一定要求保证脱硝反应温度，锅炉在较低负荷运行时，不能保证入口烟温，SCR 无法投用，使机组的调峰能力存在不同程度的下降。当今在充分吸纳风电及可再生能源电力产业政策下，电力系统的经济运行面临前所未有的困难，尤其在冬季供暖期，居民供热属民生工程，供热机组的调峰能力除受 SCR 脱硝温度的限制外，还受供热参数的制约。机组的调峰能力比夏季更差,再加上冬季为风电的高峰期,所以冬季电网的经济调度将会更加艰难。

7. 其他设备系统优化运行

7.1 凝结水系统

减小凝结水系统管道阻力,避免采用调节阀调节流量,凝结水泵变频调节改造已相当普遍。根据负荷调整凝水出口压力,可降低凝结水泵电耗。当给水泵采用凝结水作为机械密封水时,可通过改造增加机械密封泵,以保证降低凝结水泵出口压力时给水泵密封需要,实现凝结水泵全负荷段变频运行。

7.2 空压机系统

对厂区内各类压缩空气系统的运行状态进行分析,在确保安全的前提下进行连通合并改造。具备条件的可在灰用空气系统加过滤器,代替仪用空气系统运行,实现仪用空压机停运备用。要隔绝日常不用的备用、清扫用、检修用空气系统。当机组备用或检修时,具备条件后应及时隔离停备机组的仪表或灰用空气系统。

7.3 输煤系统

做好原煤仓料位监测,优化输煤程控方式,严格控制输煤皮带空载运行时间,尽量保证输煤皮带尽可能大的负荷连续运行。

7.4 化学制水系统

通过水平衡试验,掌握电厂用水现状和各水系统用水量之间的定量关系,节约新水量,减少废水排放量,寻找节水的潜力,保证制水系统在满出力状态下运行,保证膜处理系统按设计回收率运行,减少膜系统污堵,缩短制水时间,减少制水次数。同时,充分利用机组本身的储水设施,维持除盐水间断运行。

7.5 前置泵系统

新建机组的除氧器高位布置、前置泵与汽动给水泵同轴设计,彻底解决了前置泵耗电问题。在投机组通常采用前置泵叶轮切削方式,尚存有一定的节电空间。

7.6 燃油系统

具备变频改造条件的应实施供油泵变频改造,即使供油泵未进行变频改造,也可采用一定技术措施,在日常稳定运行时停止供油泵运行。

7.7 真空泵系统

通常有两种方式来提高水环真空泵抽吸能力:采用深井水、中央空调冷媒水等冷却方式,降低真空泵的工作液温度;加装蒸气喷射器或空气喷射器以提高真空泵入口压力。近年来,部分机组使用高效节能抽真空设备,罗茨—水环泵串联抽真空技术。该设备首先采用罗茨泵抽吸凝汽器不凝结气体,其次罗茨泵抽出的气体通过冷却器冷却后再进入水环真空泵,以便提高水环真空泵入口压力和降低气体温度,改善水环真空泵的抗汽蚀性能,提升水环真空泵的抽吸性能。通过以小代大方式运行,节电效果显著。

7.8 次要厂用变压器冷备用

由于设备设计选型预留的裕度较大,电厂中部分 380 V 厂用变压器可维持空载或轻载运行。应结合厂用电平衡管理,选择燃料、除灰、脱硫、照明、检修、热网等厂用变压器,进行厂用电系统的优化配置,尽量停止次要厂用变压器的运行,实行冷备用。

8. 优化机组启动与辅机运行方式

8.1 无电泵启动

机组启动时不用电动给水泵。具备条件的机组采用汽功给水泵前置泵向锅炉上水，从上水冲洗到汽包压力至 0.6 MPa。利用汽泵前置泵向锅炉上水。汽机抽真空后，利用邻机辅汽冲转第一台小汽轮机，当汽包压力大于 0.6 MPa，前置泵和无法满足扬程要求时，采用汽泵上水时原前置泵维持再循环运行，可节约厂用电。

8.2 优化辅机运行方式

根据季节、负荷率等情况，精确调整闭式冷却水泵、真空泵、灰渣泵、输煤皮带机、浆液循环泵等辅机运行台数，降低辅机单耗指标。

8.3 启停机时优化运行措施

每次启停机前应编制详细的启停机方案，优化各岗位、各专业间的配合，尽量减少启停时间；合理安排各辅助系统和设备的投运及停运时间，应编制机组启停曲线和设备启停时间表及设备监察测点。

8.4 单侧风机单台给水泵运行

通过试验确定机组单侧风机和单台给水泵运行时能带的最大负荷，当低负荷时，可采用单侧风机和单台给水泵运行，但需经试验确定单风机耗电率比双风机耗电率低，完善机组控制逻辑，实现系统的顺控启停与并列操作。

9. 结语

降低厂用电率是提升企业经济效益的一项有效措施，应以机组安全可靠性为前提，提高机组运行负荷率和减少机组非计划停运为重点，应结合现场实际运行方式，以强化技术管理为手段，以科技创新为着力点，不断地挖掘潜力，谋求企业经济效益最大化。

参 考 文 献

[1] 翟德双等. 降低燃煤电厂厂用电率的技术措施[J]. 电力与能源，2014，35(5)：610－613

[2] 张琳等. 石灰石—石膏湿法脱硫系统 GGH 堵塞原因分析和防治措施[C]. 第三届热电联产节能降耗新技术研究会论文集. 2014

[3] 陶邦产. 燃煤火电厂的节能减排与污染物治理[C]. 2014 火电厂污染物净化与节能技术研讨会论文集. 2014

石灰石(石灰)—石膏湿法脱硫 FGD 在燃煤锅炉脱硫工程中的应用

钟史明

（东南大学　南京　210096）

摘　要：叙述 FGD 湿法脱硫基本原理。石灰石(石灰)—湿法脱硫分析；还特别介绍了美 MET 技术的特点；对新建和现行燃煤锅炉烟气脱硫工程中的问题，提出了一些看法，供参考。

关键词：烟气脱硫(FGD)　脱硫机理　脱硫吸收塔　烟塔合一　美“MET”技术

1. 前言

近年来，我国经济快速发展，人民生活水平不断提高，热电需求和供应持续增长。截至 2010 年底全国电力装机容量已达 9.62 亿 kW，居世界第二，其中火电为 7.07 亿 kW，占全国总装机容量的 73%，发电量占 80%以上，消耗燃煤 16 亿 t，造成环境污染，影响可持续发展。虽采取了一系列有效控制大气污染排放的措施，取得了显著成效，但仍有 1 亿多千瓦燃煤机组未装脱硫装置。由于我国的能源结构决定了今后相当长的时间内，燃煤机组容量还将不断增加，火电厂排放的 SO_2、NO_x 和烟尘仍将增加，如火电污染物排放得不到控制，将直接影响大气环境质量的改善和电力工业的可持续健康发展，因而在“十二五”，从 2012 年 1 月 1 日起实行经修订提高的《火电厂大气污染物排放标准》，提高了火电行业环保准入门槛。

烟气脱硫(Flue Gas Desulfurilization，FGD)技术是控制 SO_2 污染和酸雨的重要技术手段，主要应用化学或物理方法将烟气中的 SO_2 予以固定和脱除。烟气脱硫(FGD)技术种类繁多，按照处理过程及物料状态分为湿法、干法和半干法脱硫。据国际能源机构煤炭研究组织调查表明，湿法脱硫技术占世界安装烟气脱硫机组总容量的 85%，而石灰石/石膏湿法又占湿法脱硫技术的近 80%，占当今 FGD 技术的主导地位。其他湿法脱硫技术有钠法、镁法、双碱法、氨法、海水脱硫法等。本文拟对其脱硫原理、特点、使用情况、脱硫塔基本结构以及提高脱硫效率和经济效益作些介绍，供同仁参考。

2. 常用三种湿法脱硫简介

脱硫原理与特点：

(1) 石灰石(石灰)—石膏湿法 FGD

石灰石(石灰)—石膏湿法烟气脱硫工艺是目前应用最广的一种脱硫技术。其原理是采用石灰石粉($CaCO_3$)或石灰粉(GaO)制成浆液作为脱硫吸收剂，与进入吸收塔的烟气接触混合,烟气中的二氧化硫与浆液中的碳酸钙以及鼓入的强制氧化空气进行化学反应,最后生成石膏二水硫酸钙($CaSO_4 2H_2O$),从而达到脱除二氧化硫的目的。脱硫后的烟气依次经过除雾器除去雾滴,一般经加热后(GGH),由引风机送入烟囱排放。此法 Ca/S 低(一般不超过 1.05),脱硫效率高(超过 95%),适用于任何煤种的烟气脱硫。脱硫渣石膏可以综合利用。

化学反应过程为:

$$SO_2 + H_2O \longrightarrow H_2SO_3$$

$$H_2SO_3 + 1/2O_2 \longrightarrow H_2SO_4$$

$$CaCO_3 + H_2SO_4 + H_2O \longrightarrow CaSO_4 \cdot 2H_2O + CO_2 \uparrow \text{(石灰石法)}$$

$$SO_2 + CaO + 1/2H_2O \longrightarrow CaSO_4 \cdot 1/2H_2O \text{(石灰法)}$$

目前,应用此法进行烟气脱硫最多的国家是日本、德国(大型电厂中约占 90%)、美国(大型电厂中约占 87%)。我国重庆珞璜电厂已在两台单机容量为 350 MW 的机组上应用(1993 年 4 月),经过 20 多年运行推广,我国大中型煤粉锅炉应用较多,是成熟的 FGD 工艺,脱硫率可高达 95%左右,但脱硫后处理——石膏的综合利用不够理想,常有堆积现象。

(2) 双碱法 FGD

双碱法 FGD 技术应利用氢氧化钠(NaOH)溶液作为启动脱硫剂,将配制好的 NaOH 溶液直接打入脱硫塔洗涤脱除烟气中 SO_2 以达到烟气脱硫的目的,然后脱硫产物经石灰乳 Ca(OH),再生还原成 NaOH 再打回脱硫塔内循环使用。

吸收塔内吸收反应:

$$2NaOH + SO_2 \longrightarrow Na_2SO_3 + H_2O$$

$$Na_2SO_3 + SO_2 + H_2O \longrightarrow 2NaHSO_3$$

用石灰乳再生反应:

$$Ca(OH)_2 + Na_2SO_3 \longrightarrow 2NaOH + CaSO_3$$

$$Ca(OH)_2 + 2NaH_2SO_3 \longrightarrow Na_2SO_3 + CaSO_3 + 1/2H_2O + 3/2H_2O$$

(3) 旋转喷雾半干法 FGD

旋转喷雾半干法烟气脱硫工艺也是目前采用较广的一种烟气脱硫技术,其工艺原理是将石灰制成浆液,送到吸收塔内经喷嘴雾化为极小的液滴与烟气混合接触,发生快速的物理化学反应,石灰石和二氧化硫反应生成亚硫酸钙,从而达到脱除二氧化硫的目的。化学反应式为:

$$SO_2 + H_2O \longrightarrow H_2SO_3$$

$$Ca(OH)_2 + H_2SO_3 + H_2O \longrightarrow CaSO_3 + 2H_2O$$

$CaSO_3$ 氧化成 $CaSO_4$:

$$CaSO_3\text{(液)} + 1/2O_2 \longrightarrow CaSO_4\text{(液)}$$

$CaSO_4$ 溶解度极低,会迅速析出:

$$CaSO_4\text{(液)} \longrightarrow CaSO_4\text{(固)}$$

在混合反应过程中，烟气冷却，微滴被蒸发干燥，最后生成固体脱硫灰渣。脱硫渣可在筑路中用于路基。脱硫后的烟气经静电除尘器或布袋除尘器后由引风机经烟囱排放。此法原则上适用于各种规模机组及各种含硫量的煤种。但从脱硫效果而言以中等规模以下机组为好。此法脱硫效率约80%，在美、欧一些国家应用较多。我国黄岛电厂于1994年10月引进日本三菱重工技术试用。1995年运行3 795 h，1996年为4 098 h。缺点是系统工艺存在设施易磨、吸收塔有结垢、制浆系统易堵等。

3. 常用三种脱硫法的综合评价

以上述三种脱硫方法进行综合比较，评价结果见表1。

表1　三种脱硫工艺的技术比较

比较内容	石灰石/石膏湿法脱硫	旋转干燥喷雾半干法脱硫	双碱法脱硫
工艺流程	石灰石经破碎磨细至200目后与水混成吸收浆液，喷入吸收塔内与烟气接触混合，SO_2 与碳酸钙及鼓入的氧化空气进行化学反应，形成石膏。脱硫后的烟气经除雾器、CGH加热升温后入烟囱。石膏浆液经脱水后回收再用	干消石灰粉为吸收剂，炉烟进入旋转吸收塔的底部，经塔底文丘里加速并与吸收剂粉末相混，加上喷水降温，SO_2 与吸收剂生成亚硫酸钙和硫酸钙，排入电除尘，大部分粉粒返料再循环入吸收塔	双碱法是采用钠基脱硫剂进行塔内脱硫，由于钠基脱硫剂碱性强，吸二氧化硫后反应产物溶解度大，不会造成过饱和结晶，另一方面脱硫产物被排入再生池内用氢氧化钙进行还原再生，再生出的钠基脱硫剂再被打回脱硫塔循环使用
技术应用实例	已成熟，占脱硫装机的85%	国内少数机组应用	比较适用于中小型锅炉
适用煤种	不限	中、低硫煤种	不限，故障率高
脱硫效率	可在>95%稳定运行，适应性强	80%运行，95%极限	90%运行
运行可靠性	故障率低，可长期运行	故障率高，运行可靠性差	某公司装置最长连续运行仅20天
烟气再热	需再热	不需再热	需再热
占地面积	中等偏多	中等偏少	中等偏少
投资费用	较大	中	中高
运行费用	中高	中低	中低
1996年数据元/t(硫)	2 826	(1 657～1 773)	
安全运行时间	长	中等	该厂运行时间为10天，周边同类装置为20天
吸收剂	石灰石粉	消石灰Ca(OH)及活性碳	碱、石灰石粉
排烟温度	45℃	70～90℃	50℃
烟囱防腐	如不设CGH需进行防腐	不需要	如不设GGH需进行防腐

从表1看出,在石灰石—石膏湿法、旋转喷雾半干法、双碱法这三种方法当中,如从脱硫率、系统运行经验、技术应用广度来看,石灰石—石膏湿法为好;如考虑脱硫率只要满足80%以上,要求系统运行较长,投资及运行费用较低,则选择旋转喷雾半干法较好;而双碱法技术中上,投资较小,脱硫效率中上,比较适合中小机组,但运行可靠性较差。

4. MET技术特点简介

美国Marsutex公司(简称MET公司)的湿式石灰石—石膏烟气脱硫技术,在世界脱硫市场中在数量上占领先地位。世界上已有17个国家运用了Marsutex的技术;67%的FGD产生可利用的石膏,其中有40%运用Marsutex单一吸收塔(无备用塔)技术。至今世界上所有脱硫设备中是运用Marsutex技术的约占26%,名列前茅。

4.1 MET在石灰石湿法脱硫技术上的特点

(1) 吸收塔是空塔,该特点是运行简单,可靠性高。

MET采用的是目前世界广为流行的喷淋空塔。喷淋空塔是Dr. Abeden Saleem开发出来的,并于1980年在美国TAXES州的蒙特切尔电站(720 MW)首次试验成功。喷淋空塔的试验成功是湿法脱硫界的一个重要里程碑。

喷淋空塔的特点是运行简单,可靠性高,因为整个吸收塔是空的,在设计正确(指液气比、石灰石保留时间等设计参数选择正确)时,塔内不会结垢。MET系统的可靠性已经过大量机组实际运行的验证。

(2) 用多层喷嘴,喷雾重叠度达150%。

采用多层喷嘴,在确保95%以上脱硫率的同时又比其他塔型的烟气阻力较低。

(3) 塔内氧化

塔内氧化现在已是全球范围内的工业脱硫的标准形式了。塔内氧化是由MET的前身GE环保部门在1980年德克萨斯州的蒙太切罗电站上首次采用的。

塔内氧化的优点:可省去塔外氧化设备。采用塔内氧化后,所得到的石膏晶粒直径均一。晶粒的直径若相差太多,会引起脱水困难。

塔外氧化有可能引起塔内循环浆液起泡沫,致使浆液液位接近吸收塔烟气进口处。吸收塔中在美国宾夕法尼亚州电厂的脱硫曾发生过这样的事件,而使用塔内氧化的脱硫设备未发生此类事件。

(4) 在塔内成功地运用了浆液再分配器(ALRD)

在湿法脱硫设备中,烟气经常会发生沿壁逃逸现象,使靠近塔壁的烟气脱硫率远低于中心的脱硫效率。采用ALRD板成功地解决了这一问题。ALRD使沿壁流下的浆液重新分布,与烟气再次接触、反应,保证了较高的脱硫效率。根据MET在BL英格兰电站(170 MW),Petersburg电站1、2号机组(278 MW、438 MW)上的实地测试结果表明,在吸收塔中心67%区域内,二氧化硫的脱硫率为99%~100%。

4.2 ALRD介绍

ALRD是浆液再分配器的英文简称。

空塔提供了一个气液接触效率、可靠性以及经济性的平衡。但是,循环浆液喷淋系统提供的浆液在吸收塔壁面附近浓度较低,其原因是浆液被吸收塔壁面所吸附以及吸收塔壁面所附的喷嘴数量受限。

ALRD 可以使沿吸收塔壁面下滑的浆液再输送到烟气中，减少烟气的漏捕，在不增加液气比的情况下可以显著提高脱硫效率。

ALRD 被设计成斜向下，固定在吸收塔壁面上和喷淋层之间，以增加吸收塔壁面的浆液浓度。

5. 脱硫吸收塔形式

喷淋塔与水浴(鼓泡)塔为当前主要形式，它们的共性与特点如表 2 所示。

表 2　水浴(鼓泡)塔与喷淋塔共性与差异特性

性能特性	水浴(鼓泡)塔	喷淋塔
石灰石粉目数	≥250	≥325
脱硫效率	≥95%	≥90%
Ca/s	≤1.03	≤1.06
维修性能	容易	容易
初次投资	中	中
占地面积	中	中

从表 2 中可见，水浴(鼓泡)塔与喷淋塔的性能基本一致，前者在石灰石目数和脱硫效率方面有些优势。所以在此情况下，水浴(鼓泡)塔的电耗较喷淋塔低，有节能优势。这是因为从石灰石湿法脱硫工艺流程考虑，两者的附属系统相同，故该部分电耗两者相同。不同的方面是水浴(鼓泡)塔取消了喷淋的循环泵，但其系统的阻力(鼓泡)方面多了近 1 500 Pa 压力，增压风机功率相应增加，两项相抵可节省电耗。

假设项目中的条件为：系统入口烟气流量 Q(m^3/s)，喷淋系统阻力风机压头 P(Pa)，水浴系统阻力风机压头 P+1 500(Pa)，液气比为 15 L/m^3，风机效率与泵的效率均选 0.8，电机安全系数均选 1.2，循环浆液密度为 1 250 kg/m^3，循环浆液泵扬程取 30 m，计算得出：

喷淋系统总电机功率(去除公共部分电耗)＝10.55　$Q_{烟气}$

水浴系统总电机功率(去除公共部分电耗)＝4.5　$Q_{烟气}$

故　水浴(鼓泡)系统比喷淋系统节省电功率＝10.55－4.5＝6.05$Q_{烟气}$

以 240 t/h 循环流化锅炉为例，烟气量 $Q_{烟气}$ 为 650 000 m^3/h，则其节省电耗＝6.05×650 000＝1 092 kWh/h

若年运行 8 000 小时，年节电 8 736 K kWh，每度电按 0.5 元/kWh，则年节省运行费用 436.8 万元，经济效益可观。

鼓泡塔节电原因是取消了喷淋循环泵，烟气直接进入吸收塔内，浆液底部向上鼓泡混合接触进行化学反应，但增加了系统烟气阻力约 1 500 Pa 的缘故。

6. 脱硫后净烟气排放

6.1 湿法脱硫后净烟气的特点

(1) 烟气虽经除雾器但烟气中水分含量高,湿度大,温度低,如不设烟气热交换器(GGH)烟气温度仅 45℃左右。

(2) 烟气中含有的亚硫酸、氧化物和氟化物等强腐蚀物质是一种腐蚀强度高、渗透性强,且较难防范的低温、高湿、稀酸型腐蚀,对烟道、烟囱有很强的腐蚀性。

(3) 烟气含硫酸浓度低,产生的低浓度酸溶液比高浓度酸溶液对烟囱内壁的腐蚀性更强。低浓度酸液在 40～80℃时,烟气极容易在烟囱的内壁结雾形成腐蚀性很强的酸液,对结构材料的腐蚀速度比其他温度段时高出数倍。

6.2 净烟气排放方式

(1) 烟塔合一　脱硫后净烟气由设置在吸收塔顶部的烟囱进行排放,即"烟塔合一"的排烟方式。此方式在脱硫系统改造工程中采用较多,可有效减少整个 FGD 设备占地面积,降低烟道造价。同时,由于低温饱和烟气不通过地面烟囱,所以对烟囱的防腐要求也远远低于普通 FGD 系统,从而可降低烟囱的防腐造价。但是,由于结构限制,吸收塔顶部嫁接的烟囱高度远低于常规烟囱,从而缩小稀释面积,增加污染物落地浓度,降低排烟效果。

(2) 落地烟囱　脱硫后净烟气进入脱硫后烟道经吸风机送入烟囱进行排放。此方式排放脱硫后的烟气必须考虑设 GGH 装置或对烟道和烟囱进行防腐蚀处理。

7. 结语

火电燃煤机组的烟气脱硫(FGD),随着现有机组(未装 FGD)在两年半内必须进一步脱硫改造,新增燃煤机组,必须安装脱硫设备。而且从 2012 年 1 月 1 日起实行修改过的《火电厂大气污染物排放标准》进行排放,提高了火电行业环保准入门槛,主要污染物排放实行总量控制,单机容量 30 万 kW 以上燃煤机组还要求全部加装脱硝设施。2015 年,全国化学需氧量和 SO_2 排放总量分别控制在 2 347.6 万 t 和 2 086.4 万 t,比 2010 年的 2 551.7 万 t、2 267.8万 t 都下降了 8%。因此烟气脱硫(FGD)必将进一步发展,而石灰石(石灰)—石膏湿法脱硫会更加发展。

参考文献

[1] 马永贵,钟史明.浅析锅炉烟气脱硫工艺.能源利用、热电技术——节能减排论文集[C].南京:河海大学出版社,2008

[2] 周丹.石灰石—石膏湿法脱硫在热电联产脱硫改造工程上的应用.江苏新中环保有限公司 2011 年度热电联产学术交流会论文集.2011

[3] 张艺.旋流水浴(鼓泡)法与喷淋法的电耗比较[C].北京航天益来电子技术有限公司 2011 年度热电联产学术交流会论文集.2011

[4] 环境保护部.火电厂大气污染物排放标准[Z].(GB13223—2011)[S].2011

湿式静电除尘器(WESP)研发概况

钟史明

(东南大学能源与环境学院　210096)

摘　要：首先介绍了国家最近公布的《大气污染物排放标准》；然后，阐述了 WESP 湿式电除尘器的机理；脱 SO_2、脱 NO_x 和除杂等污染物脱除的基本原理；其特点优势；定性技经分析；我国研发概况和几个工程实例。

关键词：WESP 湿式电除尘器　脱硫脱硝机理　结构型式　技经定性分析　研发概况

0. 前言

燃煤电厂是 NO_x、CO_2 和 SO_2 与 PM2.5 的重要来源。而 NO_x 与 PM2.5 是造成大气污染雾霾天气主要元凶；是造成酸雨和光化学的主要杀手；是产生温室气体，地球变暖的主要来源；严重地污染了大气，破坏了生态，威胁人们的身心健康和人类舒适的生存环境。“节能减排”减少大气污染已成为人民群众息息相关的最大的民生问题之一，还“蓝天白云、碧水青山”是众望所归的宜居人类的生活环境，《国十条》重拳出击，下决心治理和淘汰高耗能、重污染的落后产能设备，一些技术落后的燃煤电厂已处在风口浪尖上，众矢之的，坚决推行新国标(GB13223—2011)刻不容缓。

新国标《火电厂大气污染物排放标准》(GB13223—2011)对烟气粉尘排放浓度要求更严，但是常规静电除电器去除 PM2.5 以下微细粉尘很困难。且当 AL_2O_3 和 SiO_2 大于 85% 时，比电阻高，又是微细粉尘，易粘电极，造成除尘效率下降，尤其是在煤种多变时，燃烧不好，不达标排放，时有发生。因此，对它进行各种改进：电除尘(EPS)改高频或脉冲电源后节能效果明显，改移动电极虽有效果但不稳定；采用回转极板除尘器限定排放浓度为 41 mg/m^3，脱硫后为 20 mg/m^3，但半年后，排放浓度增加很快并超标；在烟道中加装双荷电扰流聚合技术，在一台 300 MW 机组上试验有一定效果，排放浓度下降率为 32.59%，PM2.5 质量浓度下降为 34.1%，但该项技术还有待长期考验等等。

最近国外研发一种新型先进的烟气治理技术——湿式电除尘器(WESP)，已在欧、美和日本等发达国家试用，我国也在近期引进消化、开发创新之中，已悉国内菲达等企业引进开发自主创新，已在 300～1 000 MW 多台燃煤电厂取得应用成功，达到了粉尘排放5 mg/m^3 浓度超低排放水平，还可去除难以捕获的微米以下颗粒 PM2.5 粉尘，SO_2 酸雾和气溶胶及重金属(Hg、As、Se、Pb 和 Cr 等)等污染物。据报道，其稳定可靠，效率高，彻底解决了燃煤电厂烟尘排放问题，实现超低排放，达到燃气电厂排放水平，有一种“一劳永逸”的效果，为燃煤电厂的生存提供了环保达标的保证，目前正在推广应用。因此，对它的机理、系统、结构、布置、特点、技经定性分析和几个案例作一介绍供同仁参考。

1. 日益严格的排放标准

随着人们环保意识的不断增强,以及国家对环境保护事业的日益重视,大气污染物排放标准也日益提高。2015 年 7 月 1 日开始执行新《环保法》(GB13223—2011),加大了环保部门的执法力度和对企业违法排污的处罚力度。同时,在强制执行新的国家标准《火电厂大气污染物排放标准》(GB13223—2011)的情况下,又对燃煤电厂烟尘特别排放限值降低至 20 mg/Nm³,提出了更严要求,如表 1 所示。

表 1 大气污染特别排放限值 单位: mg/Nm³(烟气黑度除外)

序号	燃料和热能转化设施类型	污染物项目	适用条件	限值	污染物排放监控位置
1	燃煤锅炉	烟尘	全部	20	烟囱或烟道
		二氧化硫	全部	50	
		氮氧化物(以 NO_2 计)	全部	100	
		汞及其化合物	全部	0.03	
2	燃气锅炉	烟尘	全部	5	烟囱或烟道
		二氧化硫	全部	35	
		氮氧化物(以 NO_2 计)	全部	50	
		汞及其化合物	全部	0.03	

还有,新的《环境空气质量标准》(GB3095—2012)增设了 PM2.5 浓度限值,规定一类区的 PM2.5 年平均浓度限值为 15 μg/m³,二类区 PM2.5 的平均浓度限值为75 μg/m³。从 2016 年 1 月 1 日起,全国将实施该新标准。

但是当前运行的电厂,普遍达不到新标准,需要加快改造升级。因此,迫切需要寻找适合国情的除尘新技术、新工艺。鉴于此,国家环保部 2013 年第 59 号公告《环境空气细颗粒物污染综合防治技术政策》中明确提出"鼓励火电机组和大型燃煤锅炉采用湿式电除尘等新技术"。

2. WESP 脱硫脱硝机理

湿式静电除尘器脱硫脱硝机理:WESP 在直流高电压下放电极周围释放出高能量电子,这些高能量电子会通过打断周围化学分子的化学链在附近形成具有强氧化性的自由集团,而水雾的存在作用更有利于 OH 基团的产生。这些强氧化性自由集团将 NO_x 和 SO_2 氧化成极易溶于水的化学物质,在浓相下被吸收。若喷入 NH_3 会使 SO_2 和 NO_x 被氧化成氨酸,再在电场力的作用下被集尘极吸收而除去,或者作肥料使用。

常见的 WESP 脱硫脱硝技术包括直流电晕脱硫脱硝和脉冲电晕脱硫脱硝,它们都属于等离子法脱硫脱硝的范畴,只是 WESP 有稳定水膜,烟气湿度大,本身又存在集尘极,这就使得 WESP 电晕脱硫脱硝在某些方面与常见的电晕脱硫脱硝又有差异,且因为负极作为放电极时形成电晕区大,故大都采用负极作为电晕极,正极作为集尘极的布置。

2.1 WESP 脱硫脱硝化学物理反应

WESP 脱硫脱硝的主要机理是电晕区的自由电子从外电场获得足够能量后与周围气体

分子发生碰撞,气体分子会电离、裂解而获得具有强氧化性的活性粒子,而水雾的存在有利于 OH 基团的产生。这些活性粒子将 SO_2 和 NO_x 氧化,并在有添加剂(一般为 NH_3)情况下生成氨盐而除去,或作农肥使用。

电晕脱硫脱硝过程可分成三个阶段:

• 烟气进入电晕极组成的强电场中,气体分子中的 O_2 和 H_2O 等被活化成具有强氧化性的自由集团

$O_2+e^* \longrightarrow 2O+e$ (1) $H_2O+e^* \longrightarrow H\cdot+OH\cdot+e$ (2)

$O_2+O \longrightarrow O_3$ (3) $H\cdot+O_2 \longrightarrow HO_2\cdot$ (4)

• SO_2 和 NO_x 被这些强氧化性的自由集团氧化,并在水中生成相应的酸

$SO_2+O \longrightarrow SO_3$ (5) $SO_2+H_2 \longrightarrow H_2SO_4$ (6)

$SO_2+OH\cdot \longrightarrow HSO_3^-$ (7) $HSO_3^-+OH\cdot \longrightarrow H_2SO_4$ (8)

$NO+O \longrightarrow NO_2$ (9) $NO_2+OH\cdot \longrightarrow HNO_3$ (10)

$NO+O_3 \longrightarrow NO_2+O_2$ (11) $NO+HO_2\cdot \longrightarrow HNO_3$ (12)

• 在添加剂 NH_3 存在时与这些酸反应生成氨盐

$2NH_3+H_2SO_4 \longrightarrow (NH_3)_2SO_4$ (13) $NH_3+HNO_3 \longrightarrow NH_4NO_3$ (14)

2.2 WESP 湿式电除尘工作原理流程示意图

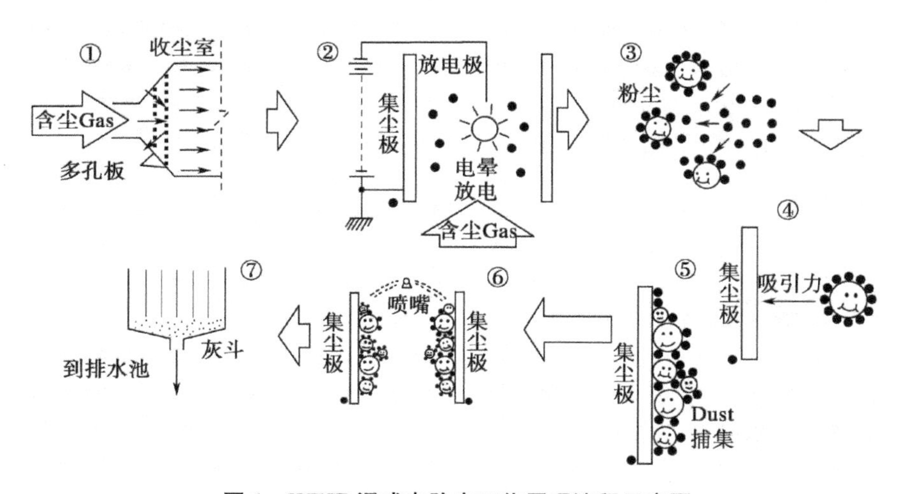

图 1 WESP 湿式电除尘工作原理流程示意图

金属放电线在直流高电压的作用下①,将其周围气体电离②,使粉尘或雾滴粒子表面荷电③,荷电粒子在电场力的作用下向收尘极运动④,并沉积在收尘极上⑤,水流从集尘板顶端流下,在集尘板上形成一层均匀稳定的水膜⑥,将板上的颗粒带走⑦。因此,湿式电除尘器与干式 ESP 的除尘原理基本相同,都要经历荷电、收集和清灰三个阶段,最大的区别在于清灰方式不同,湿式电除尘器采用液体冲刷集尘极表面进行清灰。

3. WESP 主要优点与特点

3.1 氧化性极强,脱硫脱硝效率高

能提供几倍于干式电除尘器的电晕功率,因而会在电晕区周围形成 OH 基团、O_3 等氧化性极强的自由集团,而 OH 基团、O_3 本身的氧化性极强。表 1 列出了包括 OH 基团、O_3 在内的几种粒子的氧化强弱比较,由表 2 可看出 OH 基团、O_3 的氧化能力是很强的,独特的喷水清灰工艺,有利于 OH 基团产生和水膜形成,防止二次扬尘及使集尘极保持清洁,提高脱除效率。

表 2 几种氧化剂氧化能力比较

氧化剂	F_2	OH	O_3	H_2O_2	$KMnO_4$	ClO_2	Cl	O_2	备注
标准极电电位(V)	2.87	2.80	2.07	1.77	1.69	1.50	1.36	1.23	

3.2 反应速度快

OH 基团会诱发链式反应的发生,所以 WESP 对 NO_x 和 SO_2 的氧化速率很快,又因湿度大,更利于 OH 基团的产生,这无疑对反应是有利的。

3.3 清洁,无二次污染

反应产物清洁,无二次污染。在 NH_3 存在时,可将 SO_2 和 NO_x 氧化成氨盐,可做农肥,可形成水膜,避免二次扬尘的发生,降低污染物排放浓度。

3.4 布局灵活

本体结构小,设备布置灵活,可以将 WESP 布局在脱硫塔上方,占地面积小。

3.5 多种污染物同时脱除

WESP 电除尘器能有效收集黏性大或高电阻比粉尘,去除 PM2.5 微细粉尘、石膏雨和 SO_3 气溶胶等多种污染物同时脱除;还可与其他烟气治理设备相互结合,多样化、一体化设计。

3.6 无运动部件

可靠性高,大大降低了运行费用和维护工作。

4. 四类除尘器技术特性比较

表 3 为四类除尘器技术特性比较。

5. WESP 湿式电除尘器系统、结构与布置

5.1 WESP 系统

湿式电除尘器系统主要由电除尘器本体、阴阳极系统、喷淋系统、水循环系统和电控系统等组成,分为电除尘本体系统和水处理系统两大部分。

• 本体系统　本体结构与干式电除尘器基本相同,包括进出口封头、壳体、放电极及框架、集尘板、绝缘子、水喷嘴、管道及灰斗等。

表 3　四类除尘器技术特性比较

项目	常规干式电除尘器	旋转电极式电除尘器	袋式或电袋复合除尘器	WESP 湿式电除尘器
除尘性能	受燃料、灰分的影响，对设计煤种可以保证排放达标，但无法控制复合污染物	煤种变化、粉尘排放都可达标，能清除部分 PM2.5、汞	煤种变化、排放都可达标，能清除部分 PM2.5、汞，但布袋发生破损时性能会急剧下降	不受燃料、灰分的影响，能保证出口低浓度，同时有效控制 PM2.5、SO_3 酸雾、气溶胶、汞、二噁英等复合污染物
最小排放浓度	100 mg/m^3	80～30 mg/m^3	50～20 mg/m^3	10 mg/m^3
清灰方式	振打	清灰刷	脉冲喷吹	水冲洗
平均阻力损失	200～300 Pa	200～300 Pa	800～1 500 Pa	200～300 Pa
维护及检修	消耗品少，维护容易，需停炉检修	运动部件多，维护费较高，需停炉检修	滤袋需更换，维护费用高，但能在线分室检修	没有运动部件，容易保养，但需耗水
安全性	对烟气温度影响及烟气成分不敏感	对烟气温度影响及烟气成分不敏感	高温烟气虽可外排，但滤袋受到影响	需在饱和温度下运行
锅炉点火的燃料限制	油类和煤燃料，在启动时都可以使用	油类和煤燃料，在启动时都可以使用	不能使用油料燃料，启动需用旁路烟道	油类和煤燃料，在启动时都可以使用

• 水处理系统　水处理与水循环利用，经过化学与物理处理：加碱（NaOH）中和除酸与分离固体悬浮物，使污水变成适合喷淋循环使用的工业水。

5.2　WESP 本体结构

湿式静电除尘器在结构上有板式（图(a)）和管式（图(b)）两种基本型式，如图 2 所示。

• 管式　管式静电除尘器的集尘极为多根并列的圆形或多边形金属管等，放电极均布于管极之中，管状湿式静电除尘器只能用于处理垂直流烟气。

• 板式　板式静电除尘器的集尘极呈平板状，可获得良好的水膜形成的特性，极板间均布电晕线，板式湿式静电除尘器可用于处理水平流或垂直烟气。

• 管式与板式比较　它们在相同的集尘面积时，管式静电除尘器内的烟气流速可设计为板式除尘器的两倍，因此在达到相同除尘效率时，管式除尘器的占地面积要远小于板式除尘器，可装在湿式脱硫塔上部，适用于 50 MW 以下小机组，组成一体化的脱硫、除尘装置。

5.3　WESP 湿式电除尘器的布置

• 垂直烟气气流与 WFGD 整体式布置形成脱硫、除尘一体化布置，占地面积小。

图 3 为板式 WESP 安装在湿式 WFGD 脱硫塔上部，适于小机组和运行机组超低排放改造机组。

• 水平烟气流独立布置，WESP 容量较大时采用，占地面积较大。

图 4 为水平烟气流独立布置 WESP 电除尘器，一般用于新设计机组。

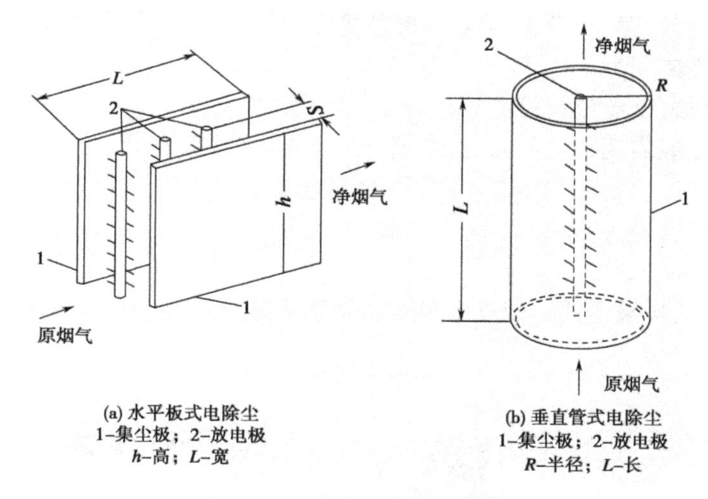

图 2　水平板式和垂直管式电除尘器原理图

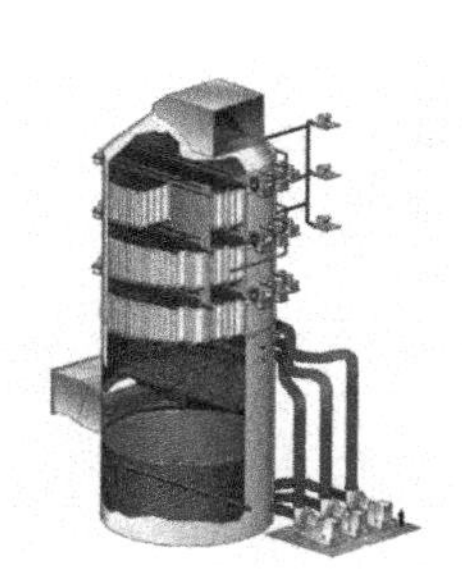

图 3　垂直烟气流与 WFGD 整体式

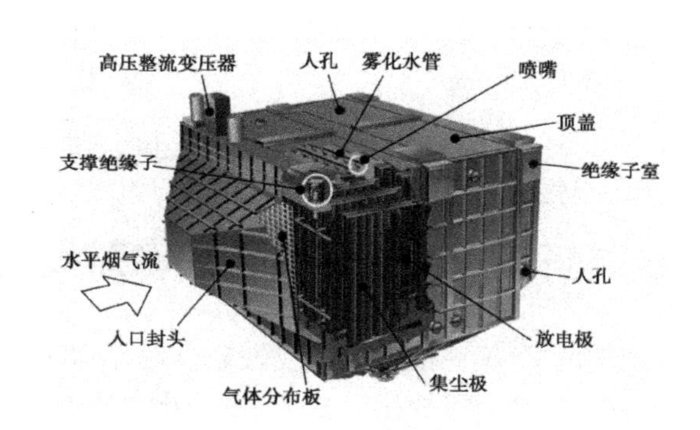

图 4　水平烟气流独立布置 WESP 图

6．技经定性分析

6.1　终端把关 WESP 的技术特点

湿式电除尘技术工艺，设一电场即可，由于其终端把关的技术特点，布置在 WESP 湿式电除尘器前的除尘装置，只要满足湿法脱除工艺要求即可，出口排放无需做到很低。这样，既可降低前端除尘装置的投资和运行成本，又能够解决脱硫设备改造升级场地紧张问题。同时，由于湿式电除尘器运行中的喷淋作用，对烟气中 SO_2 具有一定的洗涤脱除作用，可以减少湿法脱硫的投资和运行成本。

6.2　WESP 系统投资与运行成本

湿式电除尘器虽然原理和结构并不复杂，但因阳极和阴极线、喷嘴等接触烟气的部件采用耐腐蚀不锈钢材料，成本较高。同时运行过程中除了除尘器本体消耗的电量外，还增加了循环水等的电量消耗。此外，循环水箱中添加 NaOH 溶液，喷嘴更换和泵的维护也增加了额外费用，因此湿式电除尘器的总运行成本也将高于干式除尘器。

由于湿式电除尘技术工艺具有终端把关的技术特点，可降低前端除尘装置的投资和运行成本，以及节省一定的布置场地。另外，湿式电除尘器大量减少了烟气中的 SO_3，可有效缓解下游烟道、烟囱的腐蚀，降低烟道、烟囱防腐成本。所以，综合投资与运行成本基本上与干式电除尘器投资额相当。

6.3　超低排放，社会效益显著

湿式电除尘器能实现粉尘超低排放、有效控制细微颗粒物（PM2.5 粉尘、SO_3 酸雾、气溶胶）的排放、解决“石膏雨”等难题，有很好的社会效益。从长远的经济效益、社会效益来看，国内燃煤电厂湿法脱硫后增设湿式除尘器是一种很好的选择，完全能做到粉尘 5 mg/Nm³的超低排放。

6.4　安装湿式电除尘器后烟气中污染物含量情况变化（如图 5 所示）

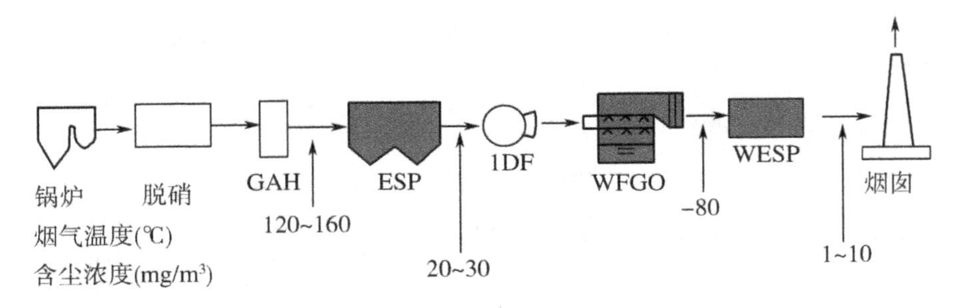

图 5　设置 WESP 湿式除尘器后烟气中污染物含量情况（mg/m³）

7. 自主研发，核心技术和关键难题有突破

以菲达公司等一批企业为首，从 2009 年以来，通过引进先进国家技术，经反复研究，迅速掌握湿式电除尘器的核心技术，创造出具有自主知识产权，适合中国国情的性能优越、价格低廉的新型湿式电除尘器，并完成 300 MW（含）以上等级机组的新型湿式电除尘器示范工程，形成新型湿式电除尘的各项专利、行业标准等，从而填补国内大型湿式电除尘技术和产品的空白。

特别是水的循环利用，一是中和除酸，二是分离固体悬浮物，使污水变成适合喷淋可循环使用的工业用水。掌握了湿式电除尘器的喷淋系统及均匀水膜形成规律和极配、结构、高压供电等关键技术；研发了悬浮物高效分离、水循环利用系统，解决了水的二次污染和水耗问题，以及灰水循环利用问题，采用不锈钢、玻璃钢等解决了防腐蚀、防电漏等问题，获得具有领先世界的多项创新专利技术。

8. 湿式电除尘器几个工程应用实例

8.1　上海长兴岛第二发电厂

装机容量为 2×12 MW，配套两台燃煤锅炉安装 WESP 后，烟尘排放浓度降低到6.1 mg/m³。

上海长兴岛第二发电厂位于上海市和崇明岛之间，属于污染物排放重点控制地区，两台机组各配备一台三电场干式电除尘器。由于排放标准提高，为满足 SO_2 和粉尘的排放要求，决定在电除尘器之后建设湿法脱硫，并在湿法脱硫之后增设湿式电除尘器，以满足 SO_2 和

10 mg/m³ 粉尘排放要求。

设备如前文图 3 所示，首次采用了灰水循环处理技术，工程于 2013 年 1 月成功投运。现场测试结果表明，湿式电除尘器出口粉尘排放浓度为 6.1 mg/m³，测试时出口烟道处的采样装置是干燥的，说明湿式电除尘器对粉尘与水雾均有很强的脱除作用。湿式电除尘器的循环水 pH 值由喷淋时的 7 降低至 2～3，表明湿式电除尘器对 SO_3 去除率相当高。灰水循环处理系统运行稳定，完全能满足循环用水的要求，可大大减少湿式电除尘器的用水量。

长兴岛湿式电除尘项目的成功投运，是石灰石—石膏法脱硫工艺之后应用的湿式电除尘系统的成功，包括湿式电除尘器和水循环利用系统。这证明国产湿式电除尘系统能够适用于燃煤电厂工艺流程的使用，取得了超低排放的特好效果。

8.2 福建上杭瑞翔纸业电厂

装湿式电除尘器后，烟尘排放浓度仅为 9.3 mg/m³。

2011 年 12 月，福建上杭瑞翔纸业循环流化床锅炉安装一台湿式电除尘器。这台湿式电除尘器为立式布置，烟气从电除尘器上部进入，经引风机从烟囱排出。经测试，其入口含尘浓度达 513 mg/m³，出口排放仅为 9.3 mg/m³。对捕集到的粉尘进行粒径分析，PM10 以下粉尘占 70%，PM2.5 以下粉尘占 30%，表明其对细微粉尘具有高效脱除效果；对喷淋水与排出水的 pH 值对比测试，pH 值由 7 变为 3，表明其对 SO_3 具有很高的脱除能力。

8.3 其他

其他还有宁波中华纸业电厂的 50 MW 机组、嘉兴嘉爱斯热电的 260 t/h 锅炉、舟山电厂 2×1 000 MV 超超临界机组均已安装湿式电除尘装置，据悉效果都很好。

9. 结语

我国 WESP 湿式电除尘技术发展迅速，从 2009 年研发至今，已有近百台工程业绩，并且已有燃煤电厂 1 000 MW 机组的合同。已投运 WESP 湿式电除尘器的成功经验表明，燃煤热电厂在湿法脱硫后增建湿式电除尘器，可以作为烟囱前的最后一道技术把关措施，在实现超低排放，能解决烟尘、PM2.5、石膏雨、SO_3、汞、多种重金属、二噁英及多环芳烃(PAHS)等多种污染物排放问题，为治理雾霾、改善空气质量起到了很好的作用，为早日实现绿色化做贡献。

参考文献

[1] 李付晓等. 湿式静电除尘器脱硫脱硝技术进展[C]. 2014 火电污染物净化与节能技术研讨会论文集. 2014 年 7 月于上海

[2] 周文俊等. 氨和脉冲电晕脱硫脱硝的试验研究[J]. 环境科学研究，1994

[3] 刘鹤忠等. 湿式除尘器在工程中的应用[J]. 发电设计，2012(3)

[4] 陈耀东. “湿式电除尘新技术”是燃煤电厂实现超低排放(5 mg/m³)的最佳选择[J]. 苏州热电，2015(3)：35－42

热电联产对 NO_x 排放量的估算和治理方法的商榷

钟史明

（东南大学能源与环境学院　210096）

摘　要：首先摘录了文献[1]各采暖方式计算结果、附表1、附表4和提出的结论：认为北京市采暖方式不宜“煤改气”。经我们对其不同采暖方式 NO_x 排放量进行了分析和重新计算，得出的数据和结论显然不同。我们认为为发送空气质量的根本途径在于优化改变我国以燃煤为主的能源结构；除了燃煤火电机组“节能减排”升级外，对于在三北地区的特大城市，在天然气有保障的条件下，应采用燃气蒸汽联合循环热电厂，实现集中供热，热电联产。

关键词：热电联产　节能减排　燃气蒸汽联合循环　燃煤蒸汽循环　PM2.5 NO_2 排放

1. 前言

原文[1]作者对我国北京等地近年多发、频发雾霾天气感到十分严峻，评论疾呼加速治理。经过分析研究计算后，建议北京市冬季采暖热源方式应采用我国自主研发的高效清洁技术的燃煤热电厂，其 NO_x 的排放量仅为燃气热电厂热源的13%左右，甚至低于天然气锅炉供热的 NO_x 的排放量。因此，北京市冬季采暖方式不宜“煤改气”，是符合我国国情的能源利用方式，不仅能高效、清洁地利用我国丰富的煤炭资源，而且大量减少 NO_x 的排放量，从而降低二次颗粒物的数量，缓解严重的雾霾天气。

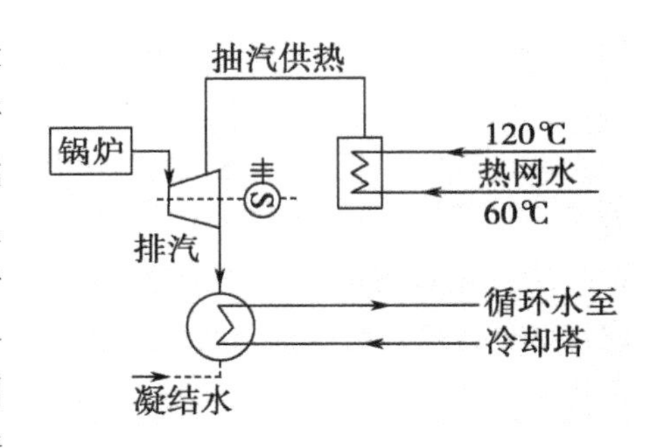

图1　燃煤热电联产集中供热系统图

作出如此结论的关键是：NO_x 排放量到底哪个采暖方式最低？要核对计算是否在同一可比条件和同一个起点上？原计算是否公平合理？值得商榷。

2. 原文的各采暖方式主要设定条件、计算结果和重点论点摘录

2.1　设定条件与采暖方式比较系统

◆ 供热面积为1亿 m^2，设计热指标为50 W/m^2。

◆ 第一种采暖方式是燃煤热电联产集中供热系统（见图1）通过抽凝式汽轮机抽汽供热。其设计工况下发电功率0.38万 WM，采暖期瞬时燃料消耗量1 367 t_{ce}/h，采暖期 NO_x

总排量为0.8 t。

◆ 第二种采暖方式是燃气热电联产集中供热系统(见图2),通过燃气蒸汽联合循环进行供热。设计工况下,发电功率0.70万MW,瞬时燃料耗量燃气为154万m^3/h,NO_x瞬时排量为2.3 t/h;采暖期燃料总耗量为44.4亿m^3天然气,NO_x总排量为0.7万t。

2.2 常规“煤改气”不可取

上述两种采暖方式(煤改气)后,热电厂在采暖期NO_x的总排量为0.7万t,仅稍微少于燃煤热电联产在采暖期NO_x总排量0.8万t。作者强调指出:相较于燃煤热电联产,燃气热电联产并没有显著减少NO_x的排放量,对于缓解PM2.5造成雾霾天气的效果不显著。

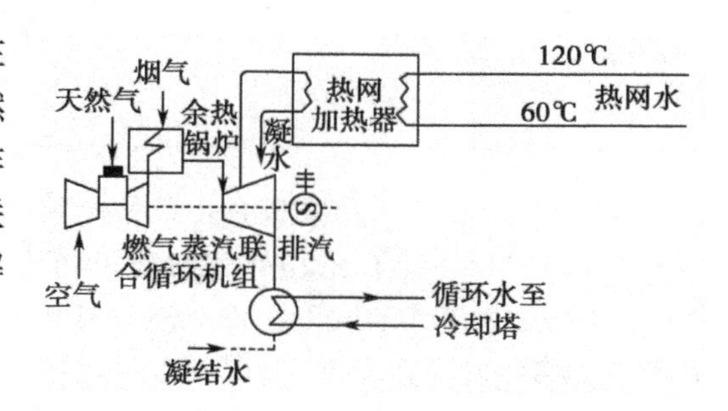

图2 燃气热电联产集中供热系统图

2.3 清洁高效燃煤技术热电厂

作者提出:采用上海外高桥第三发电厂自主研发的先进、高效的清洁燃煤技术,2台1 000 MW超超临界机组发电效率高约45%(273.3 g_{ce}/kWh)。配置高效湿法脱硫装置,SO_2排放仅0.47 kg/t_{ce},锅炉配置低NO_x同轴燃烧系统,增加煤粉细度的制粉系统,SCR脱硝系统,使NO_x排放仅为0.37 kg/t_{ce},远低于国家目标环保标准4.5 kg/t_{ce},将其技术运用到热电联产中,经计算,供热量相同,发电功率不同,NO_x排放量将大幅减少。基于上海外高桥电厂技术的燃煤热电联产,采暖期燃料消耗总量为553万t_{ce},采暖期NO_x总排量为0.2万t,低于燃气热电联产。

2.4 扩大低温余热利用吸收式换热技术

再将上海外高桥的清洁高效燃烧技术用于热电联产的基础上加上部分提取循环冷却水(冷源损失)吸收式换热技术,减少系统的换热不可逆损失,提高管网的热输送能力,充分回收电厂乏汽余热最佳方案,经计算,在设计工冲下,发电功率0.16万MW,供热量相同。瞬态燃料消耗量为878 t_{ce}/h,采暖期消耗量为253万t_{ce};NO_x瞬时排量为0.33 t/h,NO_x总排量为0.09万t。该系统NO_x排放量远低于燃气热电联产方式,仅为普通燃煤热电联产的11%、燃气热电联产的13%及燃气锅炉的45%。这样一来能够高效利用我国供应充足的煤炭资源,符合我国能源结构;二来能大幅降低NO_x的排量,达到改善大气质量、缓解严重雾霾现象,因此北京不宜进行热电联产“煤改气”。

2.5 附原表1、原表4

(1) 不同采暖方式单位燃料NO_x的排放强度

原表1 不同采暖方式单位燃料NO_x的排放强度

燃烧设备	排放强度		备注	数据来源
	kg/t_{ce}	mg/m^3烟气		
燃煤循环流化床	<0.5	<50	近年来假设SNCR	岳光溪院士提供
大型天然气锅炉	0.8	100	脱硝后,NO_x排放强度相当于1.1 g/m^3天然气,计算时过量空气系数取1.1	国家标准

续表

燃烧设备	排放强度		备　注	数据来源
	kg/t_{ce}	mg/m^3 烟气		
天然气热电联产燃气蒸汽联合循环	1.2	50	脱硝后，NO_x 排放强度相当于 1.5 g/m^3 天然气，过量空气系数取 3	国家标准
	0.7	30	脱硝后，NO_x 排放强度相当于 0.9 g/m^3 天然气，过量空气系数取 3	北京标准

表 1 中列举出不同采暖方式单位燃料(同样热量的燃料)NO_x 的排放强度。大型燃料锅炉热电联产排放 NO_x 2 kg/t_{ce}，相当于每立方米烟气排放 NO_x 200 mg。大型天然气锅炉 NO_x 排放强度是 0.8 kg/t_{ce}，而天然气热电联产因为需要燃气蒸汽联合循环，为了保证较高的发电效率，燃烧温度高，所以 NO_x 排放强度高于天然气锅炉，为 1.2 kg/t_{ce}，相当于每立方米烟气排放 NO_x 50 mg。可以看出，在消耗同样热量的燃料时，燃气热电联产 NO_x 的排放量为常规大型燃煤热电联产的 60%。

(2) 不同采暖方式的能耗和排放的综合比较表

原表 4　不同采暖方式的能耗和排放的综合比较

编号	供热方式	瞬态燃料消耗量		采暖期燃料消耗总量		发电功率	发电量指标	采暖期 NO_x 瞬时排放量	采暖期总排放 NO_x 量
		t_{ce}/h	万 m^3/h	万 t_{ce}	亿 m^3	万 MW	W/m^3	t/h	万 t
1	燃煤热电联产	1 367	—	394	—	0.38	38	2.7	0.8
2	燃气锅炉	—	51	—	14.8	—	—	0.6	0.2
3	燃气热电联产	—	154	—	44.4	0.70	70	2.3(国标)	0.7(国标)
4	基于上海外高桥技术的燃煤热电联产	1 922	—	553	—	0.34	34	0.71	0.2
5	基于上海外高桥、采用吸收式换热技术的燃煤热电联产	878	—	235	—	0.16	16	0.33	0.09

3. 热电联产产生的 NO_x 估算

3.1　化成可比条件使之公平合理

原文对不同采暖方式的计算是基于供热量相等(采暖面积 1 亿 m^2)，投入燃料量和发电量不同，在同一时间段估算得出 NO_x 的排放量列表于原表 4，其中指出：

在一个采暖期 NO_x 总排量：

(1) 常规大型燃煤热电方式：0.8 万 t，投入标煤 394 万 t_{ce}；

(2) 燃气热电联产方式：0.7 万 t，投入天然气 44.4 亿 m^3；

(3) 外高桥技术燃煤热电方式：0.2 万 t，投入标煤 553 万 t_{ce}。

燃气热电联产投入 NG 量折成标煤量为 521 万 t_{ce}，远大于常规燃煤热电 394 万 t_{ce}，而方式(3)与方式(1)热量相同，发电功率 0.34 万 MW<0.38 万 MW，而投入燃煤则方式(3) 553 万 t_{ce}>方式(1)394 万 t_{ce}，显然有矛盾，表明方式(3)计算结果不可信。

我们认为应按热电联产可行性研究计算方法进行估算：不同采暖方式均与某年全国 6 MW及以上热电机组平均(发电)供电标煤耗、平均供热标煤耗进行比较，计算“节能减排”。为使投入能源量相同，多投入量必须从节能量中扣除后算得的节能和污染物减排量再与比较方案中得的节能量和污染物排放量进行比较得出的结果，来评价燃气热电联产与燃煤热电联产 NO_x 排放哪个多，哪个少，作出评价才是可信的。

3.2 按可行性研究热电联产节能减排算法估算

比较对象：2013 年 6 MW 及以上火电机组全国平均发电标煤耗为 311 g/kWh，平均供电标煤耗为 321 g/kWh，热电联产供热标煤耗为 39.8 kg/GJ，平均供电标煤耗为 290～300 g/kWh。对于大型燃煤热电联产热电比为 1.32，热电厂发电效率约 50%，发电标煤耗为 240 g/kWh。

$$
\begin{aligned}
\Delta B_{电} &= W_{电}(0.311-0.240)\text{kg/kWh} \\
&= 0.38\text{万 MW}\times 3\,600\ \text{h}\times 0.8\times 0.071\ \text{kg/kWh} \\
&= 77\,704\ t_{ce} \\
&= 77.702\text{万}\ t_{ce}
\end{aligned}
$$

◆ 供热节能 $\Delta B_{热}$

供热面积供热量相同，供热热效率大型锅炉和热网基本相似，取大型锅炉效率 92%，热网效率 98%，供热效率 90%左右(取 90%)，供热标煤耗为：

$$34.5\ \text{kg/GJ}\div\text{供热热效率}=34.5/0.9=38.3\ \text{kg/GJ}$$

$$
\begin{aligned}
\Delta B_{热} &= \text{供热量}\times(39.8-38.3) \\
&= 5\,184\text{万 GJ}\times 1.5\ \text{kg/GJ} \\
&= 5\,184\text{万 GJ}\times 1.5\ \text{kg/GJ} \\
&= 7\,776\times 10^4\ \text{kg} \\
&= 7.776\text{万}\ t_{ce}
\end{aligned}
$$

◆ 热电总节能 $\Delta B=\Delta B_{电}+\Delta B_{热}$

$$\Delta B=(77.702+7.776)\text{万 t}=85.478\text{万}\ t_{ce}$$

3.3 燃气联合循环热电厂比燃煤热电厂，在可比条件下节能(节标煤)

◆ 燃气比燃煤热电厂多投入标煤 ΔB

$$\Delta B_0=44.4\times 10^4\times[34\,535/(7\,000\times 4.181\,6)]-394=523.2-394=129.2\text{万}\ t_{ce}$$

◆ 燃气比燃煤热电厂在投入相同，产出的热量相同，发电不同时的节标煤：

$$\Delta B_{气}=282.9-129.2=153.7\text{万}\ t_{ce}$$

◆ 燃气比燃煤热电厂在投入相同，产出的热量相同，发电不同时的节标煤：

$$\Delta B_{可比}=282.9-129.2-85.478=68.222\text{万}\ t_{ce}$$

3.4 燃用不同燃料产生的 NO_x 估算

投入相同热量(热值)燃气与燃煤热电联产，当今大型机组，在低氮燃烧与脱硝技术下都能达到环保要求，但目前仍有差别。F 级现代大型燃机，烟气中 NO_x 的浓度，实际排放可控制在 12 ppm 以下，最低可达 6 ppm，其排放强度在 0.4～0.6 kg/t_{ce}之间，国家标准25 ppm、1.2 kg/t_{ce}，北京标准 15 ppm、0.7 kg/t_{ce}，故取 0.56 kg/t_{ce}。而超临界、超超临界大型燃煤机组，经脱硝技术处理后，NO_x 排放强度在 1～3 kg/t_{ce}之间，取 2 kg/t_{ce}估算。

所以，燃气比燃煤热电联产由于燃料不同，NO_x 减排量 ΔNO_x 为：

$$\begin{aligned}\Delta NO_x &= 394\text{万 } t_{ce} \times (2-0.56)\text{kg}/t_{ce}\\ &= 394\text{万 } t_{ce} \times 1.44\ \text{kg}/t_{ce}\\ &= 567.36 \times 10^4\ \text{kg}\\ &= 5\ 673.6\ \text{t}\end{aligned}$$

3.5 基于上海外高桥技术燃煤热电联产

原文表 4 中指出：投入燃料不同，供热量相同，发电量不同。

常规燃煤热电联产在一个采暖期，燃料消耗量 394 万 t_{ce}，供热量 5 184 万 GJ，发电量 13.68 GkWh。

而基于外高桥技术燃料热电联产：燃料消耗量为 553 万 t_{ce}，供热量 5 184 万 GJ，发电量仅有

$$W = 0.34\text{万 MW} \times 3\ 600\ \text{h} \times 0.8 = 9.792\ \text{GkWh}$$

反而比常规燃煤热电联产少，13.68 GkWh>9.792 GkWh。

我们估计原作者对外高桥技术热电联产燃料投入太多有误，553－394＝159 万 t_{ce}，而发电功率比燃煤热电联产少，0.34－0.38＝－0.04 万 MW，供热相同，效率比常规燃煤电厂又高，为何燃煤投入反而这样多？值得商榷，宜不作估算为妥。

4. 节能减排估算结果与分析

4.1 把上述估算结果列表 A 和表 B

表 A 燃气与燃煤热电联产，在使之投入相同、产出供热量相同、发电量不同时节能和减排表

编号	热电联产方式	采暖期燃料消耗量		发电功率	发电量	节能量	污染物减排量按国家环保标准估算		
		标煤万 t	NG 万 Nm^3	万 MW	GkWh	标煤万 t	NO_x t	SO_2 t	颗粒物 t
1	燃气—蒸汽热电联产	(523.2)	44.4	0.70	20.16	153.7	6 916.5	3 074	768.5
2	燃煤蒸汽热电联产	394		0.38	13.68	85.478	3 846.5	1 709.6	427.4

表 B 燃气对比燃煤热电联产使之投入相同、产出供热量相同、发电量不同时的节能与污染物减排量表

项目	节能量（标煤万 t）		对比节能量（标煤万 t）	对比污染物和减排量（t）			备注
	燃气	燃煤		NO_x	SO_2	颗粒物	
数据	153.7	85.478	68.222	3 070	1 364.4	341.1	按国家环保标准估算

4.2 结果分析

(1) 从表 B 中可见方式(1)比方式(2)采暖，在一个采暖期燃气比燃煤热电联产节标煤 68.222 万 t，可使北京市 NO_x 减排 3 070 t，加上投入相同热量 394 万 t_{ce}燃用天然气比燃煤可减排 NO_x 5 673.6 t，两项合计减排 NO_x8 743.6 t，超过了原文表 4 燃煤热电厂在一个采暖期 NO_x 总排放量。

(2) 应指出的是方式(3)采暖投入燃料量瞬时燃料消耗量 1 922 t_{ce}/h，采暖期为 553 万 t_{ce}过多，而发电功率仅 0.34 万 MW。而方式(2)采暖，其瞬时燃料消耗量 1 367 t_{ce}/h，采暖期仅394 万 t_{ce}，但发电功率 0.38 万 MW，比方式(3)0.34 万 MW 多 0.04 万 MW，而投入燃料反而少 159 万 t_{ce}，两者对比，显然有误。故方式(1)与方式(3)节能量和减排量不宜作对比。

5. 据原作者表 4 中数据测算燃气与燃煤热电联产 NO_x

5.1 燃气热电联产燃料耗量

NG 44.4 亿 m^3，折标煤 523.2 万 t；发电量20.16 GkWh，供热量 5 184 万 GJ，NO_x 总排量 0.7 万 t(国标)，而燃煤热电联产，燃料耗量 394 万 t_{ce}，发电量 10.944 GkWh，供热相同为 5 184 万 GJ，NO_x 总排量 0.8 万 t。

$$\Delta NO_{x1} = NO_{x煤} - NO_{x气} = 0.8 万 t - 0.7 万 t = 0.1 万 t$$

5.2 燃气热电联产多发电量由燃煤电厂供应折耗标煤量

$$\Delta W = 20.16 GkWh - 10.944 GkWh = 9.216 GkWh$$

$$\Delta B = \Delta W \times b_{供} = 9.216 GkWh \times 0.321 kg/kWh = 295.9 万 t_{ce}$$

5.3 扣除燃气比燃煤多投入燃料的节煤量 ΔB′

$$\Delta B' = \Delta B - (523.2 - 394) = 295.9 - 129.2 = 166.7 万 t_{ce}$$

5.4 燃气热电联产多发电量使燃煤电厂少耗标煤 NO_x 减排量

(1) 按国家环保标准：4.5 kg/t_{ce}

$$NO_{x2} = \Delta B' \times 4.5 = 166.7 万 t \times 4.5 kg/t = 750.15 \times 10^4 kg = 7 501.5 t$$

(2) 按上海外高桥电厂技术：0.37 kg/t_{ce}

$$NO'_{x2} = \Delta B' \times 0.37 = 166.7 万 t \times O.37 kg/t = 61.679 \times 10^4 kg = 616.79 t$$

(3) 按当今运行燃煤电联产 NO_x 减排量

$$NO''_{x2} = \Delta B \times 2 = 166.7 万 t \times 2 kg/t = 333.4 万 kg = 3 334 t$$

5.5 燃气对比燃煤热电联产 NO_x 减排量

$$\Delta NO_x = \Delta NO_{x1} + \Delta NO_{x2} = 1\ 000\ t + 7\ 501.5 = 8\ 501.5\ t$$

$$\Delta NO_x = \Delta NO_{x1} + \Delta NO'_{x2} = 1\ 000\ t + 616.79\ t = 1\ 616.79\ t$$

$$\Delta NO''_x = \Delta NO_{x1} + \Delta NO''_{x2} = 1\ 000\ t + 3\ 334\ t = 4\ 334\ t$$

5.6 小结

按原作者附表 3、附表 4 中数据 NO_x 估算结果：按国家标准，燃气比燃煤热电联产 ΔNO_x 减排 8 501.5 t，按上海外高桥电厂技术减排 1 616.79 t，按当今运行电厂 SCR 脱硝技术减排 4 334 t，减排量也很可观。

6. 基于外高桥技术再采用吸收式换热技术的燃煤电厂

作者提出基于外高桥技术，再采用吸收式换热技术的燃煤热电联产方式，是最完美的采暖方式。但应郑重提出：燃气蒸汽联合循环热电厂，“F”级底部循环采用三压再热式余热利用，其蒸汽轮机亦完全可以同样采用吸收式换热技术，以减小整个系统的换热不可逆损失，降低热网温度从 60℃降到 20℃，充分回收电厂乏汽余热，减少冷源损失，节约燃产。

由于该系统参数不清楚，且基于上海外高桥技术的燃煤热电联产，投入的燃料过大（比燃煤热电厂）有误，此方案也迷惑，故不作对比估算。

7. 不同供热热源在同一标准框架下排放 NO_x 计算的比较

即便以文献[1]不同供热热源基于供热量相同，投入燃料量和发电量不同，在同一采暖时间段估算得出 NO_x 的排放量，也应遵循同一标准下进行比较，如同以国标，或北京标准，或国内最先进指标计算，而不是燃气方面采用国标，燃煤方面却采用最新试运行的记录进行跨越式对照。

本节将以 9F 级燃机供热机组和燃煤热电机组分别在国标和目前国内最先进指标的条件下，取其相同采暖时间段估算得出 NO_x 的排放量，现列于表 C。

其中 F 级采用“二拖一”燃气—蒸汽联合循环供热机组，机组效率 89.33%（供热工况，性能保证工况），每台燃气轮机出力 323.24 MW，余为锅炉为三压、无补燃式，汽轮机为三压、再热、双缸、可背压、可纯凝式，出力 153.73 MW（供热工况），燃气低位发热量（LHV）约为 35.386 8 MJ/m^3。

表 C 不同采暖方式的能耗和排放在不同标准下的比较

标准	供热方式	采暖期总量		发电功率	发电量指标	采暖期 NO_x 总排放量
		（万 t_{ce}）	（亿 m^3）	（万 MW）	（W/m^2）	（万 t）
国家标准	燃煤热电联产	394	0.38	38	1.77	
	9F 燃气热电联产/汽机切除	36.32/28.33	0.6/0.39	60/39	0.54/0.425	

续表

标准	供热方式	采暖期总量		发电功率	发电量指标	采暖期NO_x总排放量
		（万t_{ce}）	（亿m^3）	（万MW）	（W/m^2）	（万t）
岳光溪数据		394	0.38	38	0.788	
北京标准	9F燃气热电联产/汽机切除		36.32/28.33	0.6/0.39	60/39	0.33/0.26
国内最新指标	9F燃气热电联产/汽机切除		36.32/28.33	0.6/0.39	60/39	0.916/0.153
国内最新指标	基于上海外高桥技术的燃煤热电联产	553		0.34	34	0.2

表中采用的国内最新指标：燃气热电联产南山发电有限公司运行NO_x排放可低至9 ppm；上海外高桥第三发电厂运行NO_x排放可低至0.37 kg/t_{ce}。

由上表所列结果看出，9F燃气热电联产与燃煤热电联产在供应相同热量的情况下，无论是以国家标准还是以北京标准（燃煤热电联产取岳光溪院士的数据），不是以国内最新技术指标作为计算参照，9F燃气热电联产在采暖期NO_x的总排放量总是具有优势。因此，热电联产"煤改气"工程相比维持现状或"煤改煤"（煤电升级改造）工程，不仅能实现预期的NO_x减排效果，而且能大幅提高能效，还可以节约大量用水。

8. 大型燃机实现现代大型城市热电联产的优势

8.1 燃用NG"F"级燃机的NO_x排放近况

F级燃机，燃用天然气含HS量较低，排放的SO_2量较少，几乎无烟尘排放，而含N_2仅占V(%)1.151，为控制NO_x的产生，燃机制造厂在燃用NG时，采用干式低氮燃烧设备DLN和干氨催化还原装置SCR来控制NO_x的浓度在12 ppm以下，减少燃烧过程中转化为NO_x量。在"重点控制区"，在天然气有保障的条件下，特大城市如北京市建议采用此方案，使实际排放浓度可控制在24 mg/Nm^3左右，低于国际50 mg/Nm^3一倍以上。

据有关报道，当今燃机联合循环NO_x排放运行最优指标是：国内为深圳、南山燃机电厂9 ppm，国外为日本东京燃机电厂5 ppm。

8.2 采用天然气"煤改气"热电联产是改变发电能源结构，提高节能改造升级版的举措

2013年，我国能源消费结构石油18.2%，天然气5.1%，煤67.1%，核能0.9%，水电7.2%，可再生能源1.5%，在全球2013年天然气占一次能源消费的23.7%，全球NG产量增长1.1%，消费量增长了1.4%，远低于2.6%的10年平均水平。除欧洲和欧亚大陆以外，其他所有各地区的生产增长均低于平均水平。美国在2013年NG生产增加了1.3%，仍是世界上最大的NG生产国，但是俄罗斯增加了2.4%，中国增加了9.5%。

在世界主要国家能源消费中，天然气所占比例为27%～30%，中国占5.1%，远低于23.7%的世界平均水平，中国煤炭消费占比为67.1%（比2012年68.5%有下降），仍远高于25.8%的世界平均水平。可再生能源（不含水电）占比为2.2%，高于2011年1.6%和2012

年 1.9%，含水电在内的可再生能源占比为 8.9%，可再生能源(不含水电)在能源消费结构中占比最高的国家为德国，分别为 2012 年占 8.3%和 2013 年占 9.1%。中国煤炭消费仍占据能源消费的主导地位，预计在未来 20 年无法发生根本性改变。为了改善空气质量，因而在有燃气的城镇采暖方式推广燃气热电联产是必然的选择。

9. 结语

(1) 化石能源热电联产集中供热，节能减排各方案的比较，一定要建立在公平合理的基础上，投入燃料不同要转化为可比性使之投入相等，才能在同一起点上进行对比，才是可比的、有意义的。

(2) 以北京市为例，核算了燃气联合循环热电厂和燃煤蒸汽循环热电厂在同一条件：投入燃料折成标煤相等和供热量相等而发电量不等时，一个采暖期 5 个月的节能减排量，特别是对 NO_x、SO_2 和颗粒物进行了计算，得出了表 A、表 B，足见燃气热电联产对比常规燃煤热电厂可节标煤量 68.222 万 t_{ce}，使污染大气造成 PM2.5 的元凶 NO_x 可减少 3 010 t，SO_2 1 364.4 t，颗粒物 341.1 t，温室气体 CO_2 199.6 万 t，加上燃气燃煤相同热值量可减排 NO_x 5 673.6 t，两项合计减排 NO_x 8 743.6 t，超过了原文表 4 燃煤电厂一个采暖期 NO_x 总排量。同时，按作者表 4 中数据测算燃气比燃煤热电联产可减排 NO_x，按国标估算为0.85 万 t，按上海外高桥电厂技术估算为 1 617 t，按当今运行电厂 SCR 脱硝技术减排 4 334 t，足见可显著降低 NO_x 排放量。按表 C 条件估算 9F 燃气比燃煤热电联产，在供热量相同时，在不同排放标准下比较可知，燃气比燃煤 NO_x 排放量总量是低的。所以，作者认为在我国的特大城市，PM2.5 污染严重地区，在天然气有保障的情况下，新建或改建热电厂采用燃气蒸汽联合循环热电厂是必然的选择。

(3) 2013 年，世界主要国家能源消费中天然气占比在 27%～30%，而我国只占 5.1%，但燃煤占了 67.1%。为改变能源结构，贯彻煤电节能减排升级版实现“三降低、三提高”，即降低供电煤耗，降低污染物排放，降低煤炭占能源消费比重，提高安全运行质量，提高技术装备水平，提高电煤占煤炭消费比重。燃气蒸汽联合循环热电厂，可降低供电煤耗，降低污染物排放，降低煤炭占能源消费的比重，提高安全运行质量和技术装备水平，为节能减排创造物质条件，为促进以低碳为中心的能源革命和人类世界可持续发展作出贡献。

参 考 文 献

[1] 江亿等. 北京 PM2.5 与冬季采暖热源的关系及治理措施[J]. 中国能源，2014，30(1)：7 - 12

[2] 中国电力工程顾问集团华东电力设计院. 江苏华电昆山东部 F 级燃机热电联产工程可行性研究总报告说明[Z]. 2013 年 11 月于上海

[3] 康慧等. PM2.5 问题与热电联产行业[C]. 第三届热电联产节能降耗新技术研究会论文集. 2014

[4] 环境空气质量标准[Z]. 中华人民共和国国家标准(GB 3095—2012)

[5] 火电厂大气污染排放标准[Z]. 中华人民共和国国家标准(GB 13223—2011)

Discuss of Analysis and Treatment Method Lower NO_x Emissions for CHP Plant

Zong Shi-ming

(Energy Environomental College of Southeast University, China)

Abstract: This article firstly extract from abstractes[1] Analysis to calculate lower NO_x emission for district heating in winter gives result and Conclusion: Beijing municipal government inappropriate to promote the ation"CHP coal to gas" to a broad scale as an effective way of refine air quality. However anew compute method gives outcome and conclusions are differs. Therefore, The key on the basic way to refine air quality is optimization changes The Master Energy Construc-tion of Coal, Besides coal plant go up "Energy Saving Emission Reducing", in three north area at biggest city, and the NO_x NG supply condition are secure, Therefore, it is develop the gasturbine combine cycle CHP plant"CHP coal to gas".

Key Words: CHP, Energy Saving Emission Reducing; Gas and Stem Turbine Combine Cyle; Coal Stem Cycle; PM2. 5; NO_x Emission.

认知 PM2.5 与治理雾霾

钟史明

（东南大学能源与环境学院　210096）

摘　要：介绍雾霾的成分与成因，提出雾霾的危害及治理机理和主要方法

关键词：PM2.5　一次生成　二次生成　成分成因　危害防治

1. 引言

随着我国城市化和工业化过程日益加快，PM2.5 污染已成为突出的环境问题。燃煤电厂排放的 PM2.5，虽然占全国排放总量的 10%～20%，但其排放总量庞大而集中。

近年来，我国雾霾天气多发，不仅天数日益增多，而且影响范围越来越广，不少地方在某一时期集中遭遇数次雾霾天气。中国气象局数据显示，2013 年 12 月初的一轮雾霾来袭，波及全国 25 个省市，而上海市 12 月 6 日的空气质量达到了六级严重污染程度，是目前气象上最高级别污染。100 多个大中型城市，全国雾霾天数创 52 年来之最。安徽、湖南、湖北、浙江、江苏等 13 个地区均创下历史纪录。雾霾天气形成原因是多方面的，除了气象条件，还有工业生产（特别是燃煤、窑炉、水泥等）、机动车尾气排放、冬季采暖等因素导致大气中颗粒物（包括粗颗粒物 PM10 和细颗粒物 PM2.5）浓度增加。

显然，预防雾霾天气需要多管齐下，综合防治。2013 年 6 月 14 日召开的国务院常务会议部署了大气污染防治十条措施，同时强调要突出重点。因此，就需要对影响雾霾天气的若干因素进行认真分析和准确定位，并根据这一定位实行重点突破，才能在短期内取得比较明显的防治效果。

持续的雾霾天气严重影响着人们的生产和生活，引发社会公众对空气质量和环境污染问题的高度关注。同时，也引发了各地媒体高度重视，积极报道雾霾实况：激发了上至院士、专家、学者论谈治理雾霾各种意见和措施，下至街头巷尾平民百姓议论它严重危害人体健康和影响交通运输等问题。因而，在国家领导人提出向“污染宣战”和“能源革命”时，作者也参加学习讨论，首先提出对雾霾的认知，学习对它防治的有关论述，特别是对 NO_x 影响 PM2.5 颗粒物的成分、成因做个宣传，供同仁阅读参考。

2. 对雾霾的认识

2.1　雾霾的定义

雾霾是雾和霾的组合词，它们是有区别的，雾是指大气中因悬浮的水蒸气遇冷凝结，使大气能见度低于 1 km 时的天气现象；而霾是空气中悬浮的大量粉尘微粒（固体物）和气象条

件共同作用的结果。这些微粒物悬浮于空气中，形成烟雾漫漫浑浊现象。近来京津冀、长三角、珠三角等地区出现“雾霾”现象，更科学的说法应该是“霾”或者叫“灰霾”。

2.2 雾霾的危害

雾霾对交通运输、农作物生长及生态环境等都产生极大影响，会造成空气质量下降，雾霾中的可吸入颗粒物吸入人体呼吸道系统后会引起呼吸系统、心血管系统、生殖系统等的疾病，如鼻炎、咽炎、支气管炎和肺炎等病症，严重威胁人们的健康，长期吸入严重者会诱发癌症，损伤心肌和缺血导致死亡。

此外，雾霾会遮挡太阳光紫外线辐射，使人体合成维生素 D 受阻，使空气中传染性细菌的活性增加，传染病增多等。

2.3 PM2.5 细颗粒物的主要成分

我国大城市和特大城市的监察数据统计表明，在通常情况下，空气中粒径小于 2.5 μm 的细颗粒物(PM2.5)，占到粒径小于 10 μm 的细颗粒物(PM10)的 50%～80%，而在出现空气重度污染，能见度低时，PM2.5 则占 PM10 的绝大部分，这说明造成严重雾霾天气的主要原因是粒径小于 2.5 μm 的细颗粒物，即 PM2.5。这些细颗粒物，气象学上称为气溶胶颗粒。雾霾中含有数百种大气化学颗粒物，如矿物颗粒物、硫酸盐、硝酸盐、石化燃料燃烧和汽车废气等。

研究表明 PM2.5 颗粒物中的化学成分主要为水溶性组分、碳组分和无机元素三大类。水溶性组分包括水溶性无机盐和水溶性有机物，前者主要包括 SO_4^{-2}、NO_3^-、NH_4^+、Na^+、Cl^-、Mg^{+2}、Ca^{+2}等无机离子，后者主要为小分子有机酸，如甲酸、乙酸、乙二酸等。碳组分包括有机碳(OC)、无机碳(EC)和碳酸盐碳(CC)，其中有机碳中多环芳烃类物质毒性较大。颗粒物中的无机元素构成复杂，其中硫、铅、硒、溴、氯在 PM2.5 中的富集倍数最大，而铜、锌、铬、镍等重金属在 PM2.5 中较易富集。一般情况下，可溶性组分占 PM2.5 质量的 20%～60%，水溶性无机盐和含碳组分质量浓度之和超过 PM2.5 质量浓度的 50%，而二次离子(SO_4^{-2}、NO_3^- 和 NH_4^+)是 PM2.5 中最主要的水溶性离子，占水溶性无机盐的 70%以上，占 PM2.5 质量的 1/3 左右，主要来自于气态前体物 SO_2、NO_x 和 NH_3 的二次转化[3,4]。从 PM2.5 的成分组成可见，由各类排放源排放的气态前体物 SO_2、NO_x、NH_3，多环芳烃类物质和重金属对 PM2.5 颗粒的贡献和对人体健康危害较大。

3. PM2.5 的成分与形成原因

3.1 一次生成和二次生成 PM2.5

大气中的细颗粒物 PM2.5 有一次生成的 PM2.5 和二次生成的 PM2.5。一次 PM2.5 来源于自然界的排放，如沙尘、风粉尘等，以及和人类生产和生活活动，如工业、电力、交通、建筑、道路等排放各种尘、各种燃烧过程和工业过程等散发的金属元素、碳黑元素碱、一次有机物等。二次 PM2.5 来源于各种人为排放的污染物气体被大气氧化剂(O_2、OH 等)氧化生成，包含二次有机颗粒物、硫酸盐、碳酸盐、氨盐颗粒物等，转化过

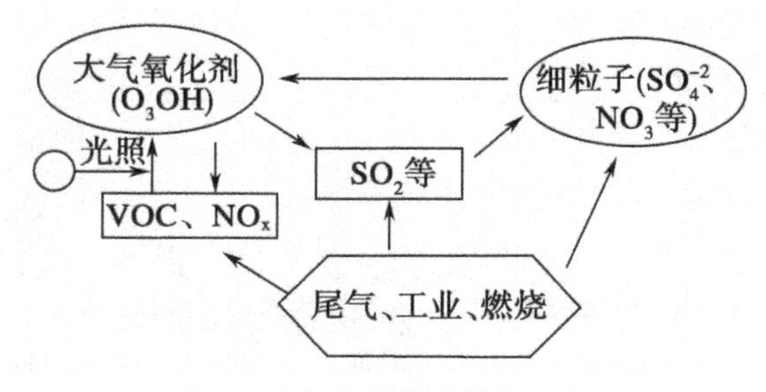

图 1 大气中的化学转化过程

程见图 1。

在一般情况下，二次 PM2.5 占 PM2.5 总量的 50%～80%；在重污染期，二次 PM2.5 占 PM2.5 总量的比例还会明显增加。可见，二次 PM2.5 是严重雾霾天气的主要污染元凶——成分。

3.2　二次 PM2.5 的形成原因

当空气中出现大量 NO_2 时，在阳光的照射下发生光化学反应，分解成一氧化氮和一个氧原子 O(如式(1))；氧原子与空气中的氧 O_2 反应成臭氧 O_3(如式(2))；臭氧 O_3 再与式(1)中生成物一氧化氮 NO 反应成 NO_2(如式(3))，该反应生成的 NO_2、O_2 又不断地分别同式(1)和式中的反应物进行光化学反应。反应式(1)、(2)、(3)不断循环，使大气中的 O_3 浓度保持正常水平。

$$NO_2 \xrightarrow{\text{光照}} NO + O \tag{1}$$

$$O + O_2 \longrightarrow O_3 \tag{2}$$

$$O_3 + NO \longrightarrow NO_2 + O_2 \tag{3}$$

如果大气中同时还有 VOC，则 VOC 会与大气中存在的 OH 自由基进行链式反应，生成超氧化氢 HO_2(如式(4))。HO_2 将反应式(1)中生成的 NO 氧化成 NO_2 及 OH 自由基(如式(5))。由于式(5)的反应速度很快，消耗掉 NO，使 O_3 无法消耗掉，从而不断积聚，浓度升高，即

$$VOC + OH \xrightarrow{\text{链式反应}} HO_2 \tag{4}$$

$$HO_2 + NO \longrightarrow NO_2 + OH \tag{5}$$

从而不断积聚，浓度升高。即大气中的 NO_x 与 VOC 会使 O_3 在大气中积聚，从而使大气氧化性增强。一旦大气氧化性增强，NO_x、VOC、SO_2 等污染气体会被氧化成二次 PM2.5。同时，由于这些二次生成的细颗粒物粒径小，比表面积大，为转化反应提供了大量的反应床，使更多的气体污染物向 PM2.5 转化不断进行。也就是说 NO_x 与 VOC 导致大气的氧化性显著增强，形成大量二次 PM2.5，是造成严重雾霾天气的根本原因。

3.3　监察数据佐证

根据北京大学气象站空气监测数据也可证实这一点，该气象站于 2013 年 1 月监测的逐时 PM2.5 NO_x 浓度的变化完全同步(见图 2 至图 4)，便可佐证 NO_x 与 PM2.5 浓度变化有很强的相关性。图 2 和图 3 同时也说明当 PM2.5 浓度出现尖峰时，SO_2 浓度始终稳定在较低水平，说明 SO_2 并不是导致 PM2.5 浓度增加的主要原因。

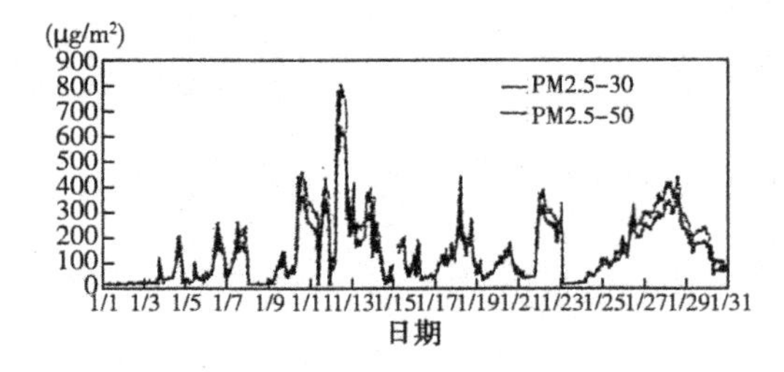

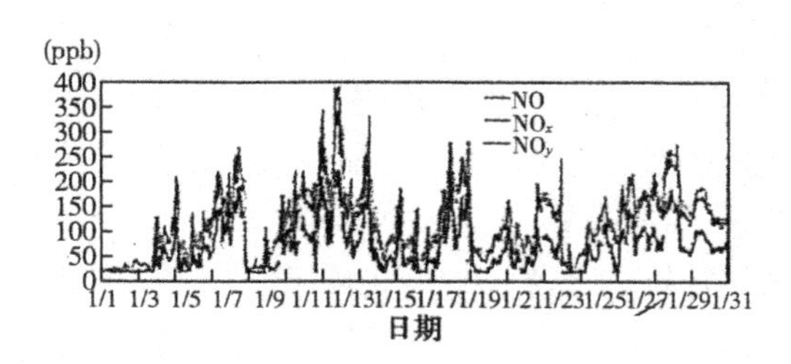

图 2　2013 年 1 月北京大学气象站监测 PM2.5 和 NO_x 的变化过程

4. 雾霾治理

4.1 治理机理

从 PM2.5 形成原因可知，NO_x 与 VOC 是引发重度雾霾天气的元凶，所以，控制 NO_x 与 VOC 的排放量是缓解雾霾天气的重点。NO_x 的来源主要是化学燃料的燃烧，包括煤及天然气的燃烧，以及汽车中汽油和柴油燃烧等，易于集中控制。而 VOC 的来源包括石化工业、汽车尾气、洗衣房、民用炊事、秸秆燃烧等，属于面源，远比 NO_x 排放源分散，难以控制。而 NO_x 与 VOC 只要控制其中一种，便可以阻止上述的三节反应式(4)和(5)的发生，抵制大气氧化性增强，遏制严重雾霾天气的形成。因此，从实际的空气质量控制和雾霾天气防治来说，最切实可行的措施便是控制各种排放源的 NO_x 排放量。

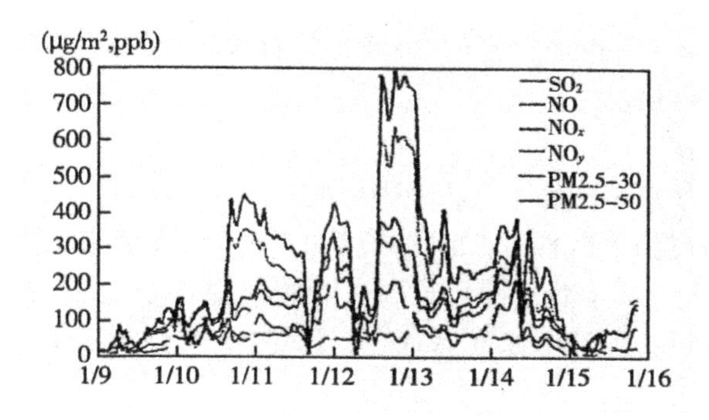

图 3　2013 年 1 月中旬北京大学气象站点空气监测数据

4.2 治理目标控制

党中央十八大提出“能源革命”，国务院提出向“污染宣战”。国家层面已十分重视生态环境、空气质量的治理。国务院在 2013 年以国家〔2013〕37 号文发布了《大气污染防治行动计划》(简称“大气十条”)。

由于“大气十条”规定实行每月环境信息公开措施，对各地方政府产生无形压力，纷纷出台治理目标和采取多项措施治理大气污染计划。如《北京市 2013—2017 年清洁空气行动计划》，空气质量的治理目标到 2017 年，空气中的 PM2.5 细颗粒物年均浓度比 2012 年下降 25%以上，控制在 60 $\mu g/m^3$，比现今标准最高允许吸入浓度 75 $\mu g/m^3$ 低 15 $\mu g/m^3$。

4.3 主要治理的方法与实例

削减燃煤，提高电力、天然气等清洁能源供应力度；推动燃气热电联产替代燃煤电联产、煤制气(油)、燃煤锅炉清洁改造，全面整治小锅炉，削减农村生活用煤等。热电联产“煤改气”——使用大型燃气热电联产全面替代大型燃煤热电联产，是其中一项重点措施。2013 年北京市计划完成燃煤锅炉“煤改气”改造 2 100 蒸吨，实际完成 2 407 蒸吨改造，北京四环内基本取消燃煤锅炉房，原北京城区四家主力热电厂(华电、国华、石景山、高井)基本改成了天然气热电联产，“煤改气”任务超额完成 15%。计划到 2015 年，北京城五环以内的燃煤设备全部退出，四大燃气热电中心将取而代之，用气量预计高达 170 亿 m^3，“十二五”期间为进行“煤改气”，北京市的基础设施建设资金将达 300 亿元。

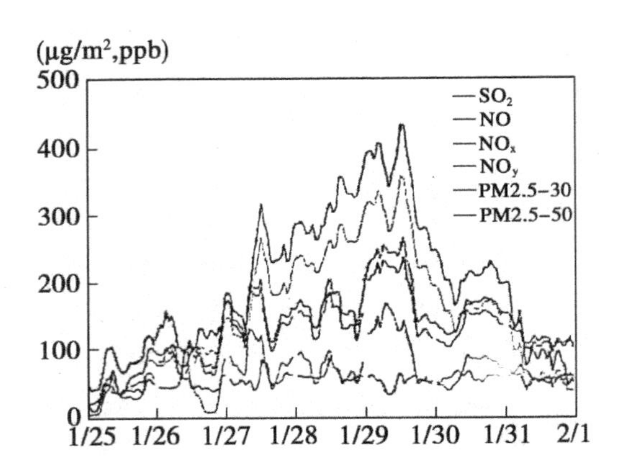

图 4 2013 年 1 月下旬北京大学气象站点空气监测数据

2015 年元月 1 日起又贯彻执行新的《环境保护标准》,要求厉行环境治理标准必须达标,否则给予罚款和问责等处罚。

4.4 国外治理借鉴

20 世纪 70 年代,为了减少大气中的细颗粒物,美国和欧盟开展了 NO_x 排放上限,而且考虑不同地区的环境容量不同,根据二次污染物的目标减少量来确定 NO_x 的排放总量,然后把总量分配到各地区。从 1981 年起,日本也开始实施 NO_x 限排措施,以治理氮氧化物引起的大气污染。由此可见,发达国家在治理空气污染,尤其是治理 PM2.5 方面,均采用了减排 NO_x 的政策措施。

5. 结语

我国城镇化和工业化过程日益加速,PM2.5 污染已成为突出而严峻的环境生态问题。近几年"霾"天气频频出现已引起全民重视,为此,学习介绍了"雾霾"的认识:从其成分、形成原因、危害及治理机理和主要方法进行了介绍,目的是为减少 NO_x 的形成,加快能源生产与利用更高效、更清洁,进一步提高"节能减排"的升级版,为早日实现蓝天白云、青山绿水可持续发展,营造美丽中国而努力。

参 考 文 献

[1] 江亿等. 北京 PM2.5 与冬季采暖热源的关系及治理措施[J]. 中国能源,2014,36(1):7-12

[2] 环境空气质量标准[Z]. 中华人民共和国国家标准(GB 3095—2012)

[3] 杨春雪等. 我国大气细颗粒水平、成分、来源及污染特征[J]. 环境与健康,2013,18(8):735-738

[4] 杨复沫等. 北京大气细颗粒子 PM2.5 的化学组成[J]. 清华大学自然科学版,2002,42(12):1605-1608

五、无碳能源——太阳能发电、核电

太阳能资源简况、光伏发电现状与预测

钟史明

（东南大学能源与环境学院　210096）

摘　要： 太阳能资源是取之不竭用之不尽的清洁能源，是人类生存发展的物质基础，应用十分广泛。最近十几年，全球光伏发电产业和光伏发电发展十分迅速，使用范围日益扩大。本文对其发展近况、发电成本——平价上网、发展趋势预测做一阐述介绍。

关键词： 太阳能资源　太阳能光伏产业　晶硅电池　薄壁电池　太阳能光伏发电　规划　预测

1. 引言

能源、资源和环境是人类赖以生存和发展的基础。近半个世纪以来人口迅速增加，社会经济高速发展，能源开发、消费和利用也急剧增加，致使环境恶化、地球变暖的环境问题日益严峻。化石燃料是不可再生能源，不但资源储量有限，而且随着社会经济的发展和人们生活水平日益提高，能源需求急剧增加，会日益枯竭，加之滥开滥采，已到了难以为继的境地，而且化石能源会污染环境，是 CO_2 与温室气体主要来源。

太阳能属可再生绿色能源，是取之不尽的能源，是 21 世纪最具发展的新能源。

改革开放以来，我国经济高速发展，工业化、城镇化日益加速，使我国部分地区造成拉闸限电，全国煤、电、油等能源供应十分紧张，而面对严峻的能源形势，存在的能源缺口和温室气体升高的问题，只能由可再生能源来补救。在可再生能源中，水电和风电，生物能源虽然已经达到商业化高速开发应用阶段，但它们的资源量和地区分布毕竟有限，即使全部开发也满足不了未来的需求，只有“太阳能”才是最具潜力的能源资源。

2. 太阳能资源

2.1　全球太阳能总量

在白天标准太阳光照条件下（欧洲委员会定义为 101 标准），即大气质量 AM1.5、温度 25℃条件下，辐射强度为 1 000 $W/(m^2 \cdot d)$，如假定发电效率为 10%，则整个地球表面每年可能的太阳能发电量为 14 EWh，大约相当于当今世界能耗量的 100 倍。这意味着如果太阳能电池放置于不到全球陆地面积的 1/100 或沙漠面积的 1/20，所发的电量就足够满足当今世界的能源需求。

2.2　我国太阳能总量

我国太阳能资源非常丰富，我国大部分地区位于北纬 45°以南，全国 2/3 的国土面积年日照时间在 2 300 h 以上，每平方米太阳能年辐射总量为 3 340～8 400 MJ，陆地面积每年接收的太阳辐射能相当于 1 700 亿 t 标准煤。特别是全国荒漠化面积 262 万 km^2，每年新增荒漠化面积 2 400 km^2，新疆荒漠化面积 166 万 km^2，荒戈壁 111 万 km^2，如按每年160 kWh/m^2 计，全年发电 1.8×10^6 亿 kWh，相当于 2 000 座三峡水电站发电量。新疆地区太阳能发电 1%就相当于 2004 年我国发电量约 19 000 亿 kWh。而且分布极为广泛，具有普遍存在、永续利用的优点，可为国民经济发展提供有效的能源供应。

太阳能辐射强度是随机的，在不同时间、不同地点，同一面积的辐射强度是不同的。表 1 是我国不同地区的太阳光照条件。为了更加直观地了解各地每天太阳能辐射的平均分布，表 2 给出了年总辐射量与日平均峰值日照时数（太阳能电池每天可以接受到 1 000 W/m^2 辐射度的等效时间）对应关系。

通过以上资料可以看出，太阳能发电系统的使用与地理位置有关，太阳能发电的输出功率大约为 120～160 $kWh/(m^2\cdot a)$。

表 1 我国不同地区太阳光照条件

区域划分	年总辐射量 [×4.18 kJ/($m^2\cdot a$)]	全年日照时数 (h)	分布地区
丰富地区	≥140	≥3 000	内蒙古西部、甘肃西部、新疆南部、青藏高原
比较丰富地区	120～140	2 400～3 000	新疆北部、东北、内蒙古东部、华北、陕北、宁夏、甘肃部分、青藏高原东、海南、台湾
可以利用地区	100～120	1 600～2 400	东北北端、内蒙古、长江下游、福建、广东、广西、贵州部分、云南、河南、陕西
贫乏地区	≤100	≤1 600	重庆、四川、贵州、江西部分地区

表 2 太阳能年辐射量与日平均峰值日照时数

年总辐射量 [×4.18 kJ/($m^2\cdot a$)]	平均峰值日照时数 (h)	年总辐射量 [×4.18 kJ/($m^2\cdot a$)]	平均峰值日照时数 (h)
100	3.19	150	4.78
110	3.50	160	5.10
120	3.82	170	5.42
130	4.14	180	5.75
140	4.46		

3. 世界光伏产业发展态势

近十几年来，随着产业政策和市场推动，全球光伏产业迅猛发展。以太阳能电池产量为代表，世界光伏产业最近 10 年平均年增长率为 48.5%(2009 年)，虽经 2008 年金融危机，但最近 5 年平均年增长率为 55.2%(2009 年)，2009 年世界太阳能电池产量达到 10.66 GW_P，比上年增长35%。经过金融危机的洗礼，光伏发电前景愈显突出和重要。表3为2002—2009年中国大陆太阳能电池超过4 GW_P，占世界产量的37.6%，显居世界首位；其次为欧洲(1 930 MW_P)、日本(1 508 MW_P)、中国台湾(1 180 MW_P)、美国(595 MW_P)。我国2007年已跃居太阳能电池第一大生产国，预计2010年将接近世界产量的50%。

表3 2002—2009太阳能电池主要生产地区产量(MW_P)

产量 年份 地区	2002	2003	2004	2005	2006	2007	2008	2009
中国大陆	10	10	50	200	400	1 088.0	2 600.0	4 000.0
欧洲	135	193.35	314	470	657	1 062.8	2 000.0	2 800.0
日本	251	363.91	602	833	928	920.0	1 300.0	1 800.0
中国台湾						450.0	900.0	1 000.0
美国	120	103.2	140	154	202	266.1	432.0	600.0
其他	45	73.8	89	102	314	663.1	668.0	500.0
合计	561	744.26	1 195	1 759	2 500	4 000.0	7 900.0	10 700.0

图1给出了各类光伏电池的产量(MW_P)及份额(%)，从中可以看出，晶硅电池至今仍然是光伏市场的主导技术，其市场份额超过80%。薄膜电池技术显示出增长趋势，特别是CdTe电池近年发展迅速，如图2所示。

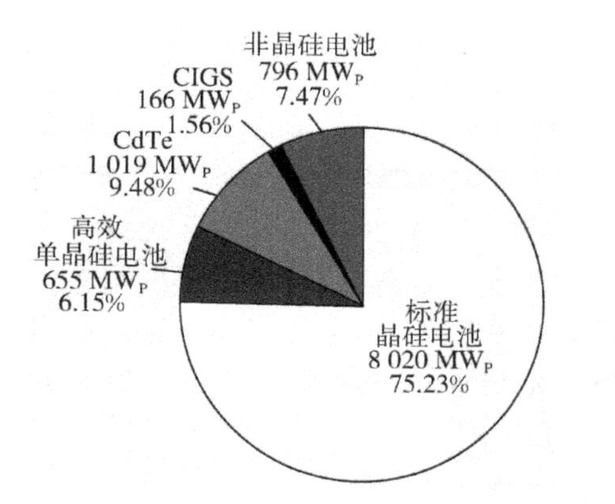

图1 2009年不同光伏技术电池产量及份额

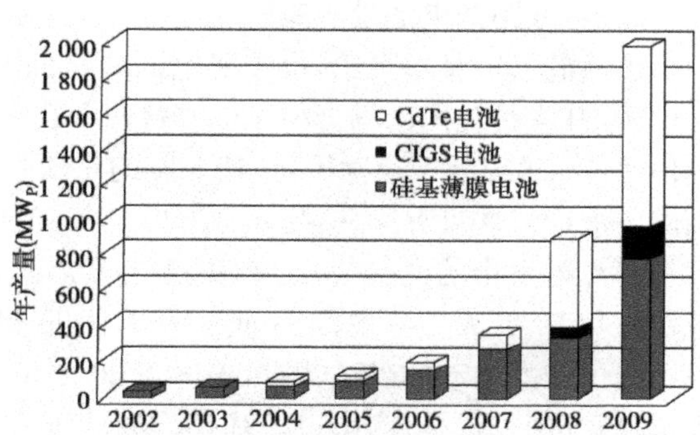

图2 薄膜电池历年来增长情况

表4为2009年世界太阳能电池产量前15位的电池制造商及其产量。除首位First Solar生产CdTe薄膜电池外，其余全部为晶硅电池，而尚德(Suntech)为晶硅电池的第一大生产商。在前15家生产商中，中国9家(大陆6家，台湾3家)。

表 4　2009 年世界太阳能电池产量前 15 名企业排序

排序	公司名称	电池产量(MW_P)
1	First Solar(美国)	1 019
2	Suntech(中国大陆)	704
3	Sharp(日本)	595
4	Q-Cells(德国)	537
5	Yingli(中国大陆)	525
6	JA Solar(中国大陆)	509
7	Kycera(日本)	400
8	Trina Solar(中国大陆)	399
9	Sun Power(美国)	398
10	Gintech(中国台湾)	368
11	Motech(中国台湾)	360
12	ATS(中国大陆)	326
13	Sanyo(日本)	260
14	Ningbo Solar(中国台湾)	260
15	E-Ton Solar(中国台湾)	225

4. 中国光伏产业发展近况

4.1　太阳能电池世界第一

多晶硅材料基本自给，太阳能电池和组件 80%～90%出口，我国出口约 70%产品在欧洲市场，其次是美国市场。中国的光伏产业在 2004 年前太阳能电池产量还占世界产量 1%的份额，2004 年后飞速发展，连续 5 年的年增长率超过 100%，2007—2009 年连续 3 年的太阳能电池产量居世界第一，见图 3。2010 年产量 4 011 MW_P，占世界产量 37.6%，目前国内已经有海外上市的光伏公司 12 家，国内上市的光伏公司 13 家，行业年产值超过 2 000 亿元，就业人数 20 万人。可是，近来美国金融危机和欧债危机催生了贸易保护主义重新抬头，对我国光伏产品发动“双反”调查，美国于 2012 年 10 月终裁拟课以重税，欧盟正启动反倾销调查，打压中国光伏企业，出口骤减，沉重地把中国光伏产业推向灾难的边缘，因此只好转向内销，促使国内光伏发电加快发展。

4.2　核心技术具有自主知识产权

主要表现为多晶硅规模化生产技术取得突破，初步不再依赖进口，基本可以自给。中国晶体硅太阳能电池的生产已占有技术和成本的绝对优势，2009 年的产量占全世界产量的 40%，主要光伏生产设备的国产化率不断提升，薄膜电池等新型技术水平也不断提高。

4.3　多晶硅生产技术有重大突破

千吨级多晶硅规模化生产技术取得重大突破，初步实现循环利用和环境无污染，节能减排生产。在三氯氢硅合成提纯技术及装置、还原炉制造技术自动电控技术及装置、尾气干法回收、四氧化硅氧化技术等方面有了较大提升，打破了国际上对其生产技术的垄断。还原炉由 9 对棒发展到 12、18 和 24 对棒，生产工艺由常压生产到加压生产，个别企业还实现了四氯化硅冷氢化闭环生产，使综合能耗和成本大为降低，彻底解决了四氯化硅的排放和污染问题。

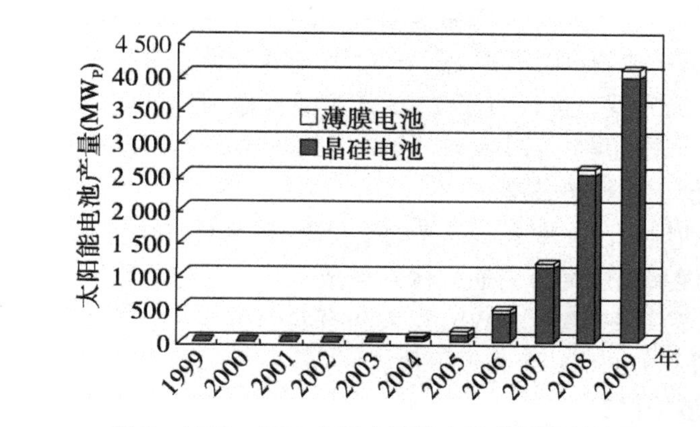

图 3　1999—2009 中国太阳能电池产量增长情况

4.4　晶体硅电池质量与成本世界领先

中国企业已在产品质量和成本上处于世界领先地位。无锡尚德的冥王星(Pluto)技术将单晶硅太阳能电池的有效面积转化效率提高到 18.8%、多晶硅 17.2%，多晶硅电池的全光照面积的转化率已到了 16.53%，世界第一。冥王星电池组件比传统技术能多输出约 12%的电量。南京中电的赵建华博士至今保持着单晶硅太阳能电池实验室效率的世界纪录(25%)，他所开发的发射结钝化技术使批量生产的电池效率均超过 18%。保利英利、常州天合、苏州阿特斯、河北晶澳、江苏林洋等国际化公司也都握有各自的专利技术，电池的转换效率均达到世界一流水平，平均每瓦光伏电池高纯硅材料的用量从世界平均水平的 9 g/W 下降到 6 g/W，大大降低了制造成本。

4.5　光伏设备制造业已成规模

设备制造已成规模为产业发展提供了强大支撑，在晶硅太阳能电池生产线的十几种主要设备中，6 种以上国产设备已在国内生产线中占据主导。其中单晶炉、扩散炉等离子刻蚀机、清洗剂绒设备、组件层压机、太阳模拟仪等已达到或接近国际先进水平，性价比优势十分明显，多晶硅铸锭炉多线切割机等设备制造技术取得了重大进步，打破了国外垄断。

4.6　多晶硅材料依赖进口有所改善

2004 年前后，国际上太阳能电池需求爆炸式增长造成全球多晶硅紧缺，中国光伏产业经历了多晶硅材料受控于人的艰难处境，连续多年多晶硅材料依赖进口。2007 年我国多晶硅产量仅有 1 100 t，需求 11 000 t，90%依赖进口。2008 年我国多晶硅产量 4 500 t，需求 2 000 t，仍有 80%以上依赖进口。由于市场紧缺，多晶硅材料价格暴涨，最高达到 400 美元/kg(成本只有 30～40 美元/kg)，多晶硅材料的短缺和行业暴利，极大地激发了我国对其产业的投资热潮，根据 Phoro International 的统计，国内 2009 年在建的多晶硅厂有 48 家。

5. 光伏发电国外近况

5.1 光伏发电发展迅猛

近十几年来，随着产业政策和市场的推动，世界光伏产业百花齐放，技术创新和规模扩大，太阳能发电成本愈来愈低，应用领域愈来愈大，全球光伏产业规模迅猛发展，竞争激烈，向规模化与多元化格局发展。虽经过了2008年世界金融危机，但2009年世界光伏发电装机容量达7 900 MW_P，同比增长27%，2010年达12 200 MW_P，同比增长65%。

5.2 光伏电平价上网趋势日增

近来，有些国家和地区已经率先实现光电平价上网，而且平价上网将在全世界形成蔓延之势。在意大利，光伏系统全生命周期光伏发电成本为0.24欧元/kWh，而2009年意大利的民用零售平均电价为0.26欧元/kWh，意大利事实上基本实现了上网平价。美国部分地区、日本、西班牙等国上网电价亦已临近平价。

5.3 全球光伏市场简况

当前，全球光伏市场主要还是在欧洲。2009年，全球光伏装机容量达到7.9 GW，其中欧洲占80%，北美占7.0%，亚洲占9.8%，其他占3.2%。欧洲的70%来自德国。所以，德国仍然是目前光伏市场的主体，尤其在2010年，仅德国的装机容量就达到了7 GW以上。据欧洲光伏产业协会(EPIA)发布统计报告显示：2011年全球安装量突破27.7 GW，同比2010年增长70%，创历史新高。意大利和德国成为全球安装量最高的国家，占全球市场60%。欧洲仍继续统领全球光伏市场与全球市场75%，同比2010年下降5%。2011年，全球累计安装量达67.4 GW，较2010年底的39.7 GW增长70%。意大利、德国、中国、美国、法国和日本在2011年安装量超过1 GW。2011年新装量：中国2 GW，美国1.6 GW，日本1 GW，澳大利亚700 MW，印度300 MW。2011年发电量约80亿kWh，足以满足20万户家庭需求。

并网光伏发电发展最快，占光伏应用市场的80%并逐步发挥着替代常规能源的作用，受到全球的关注。

光伏产业是全世界性的产业，然而有些国家的政府考虑对其制造贸易壁垒，频频制造反倾销、反补贴、贸易保护主义，国与国的竞争十分激烈。其实完全没有必要，经数据分析，可看到，处于光伏产业最上游的多晶硅制造，30%来自美国，18%来自欧洲，实际上来自于中国的仅占18%，大部分原材料依然来自于欧美，而电池和组件的制造则主要来自于中国大陆和台湾地区。可见，当前国际光伏高端产业链的分布仍然在欧美，我国光伏产业两头仍在国外，风险特大。

6. 我国光伏发电近况

2009年装机容量约1 601 MW_P，截至2009年底，累计装机容量约300 MW_P(图4)，光伏市场发展十分缓慢。尽管2009年装机容量超出此前的累计安装量，但与产量相比，只是当年产量的4%，因此开拓市场仍然是我国光伏发电产业中存在的重大问题。近几年有所改变，国家积极推广建设。特别是在2012年上半年美国对我国光伏产品发动“双反”调查以来，中国光伏界在忐忑不安中等待调查结果，美国“双反”尚未终裁，欧盟效仿美国再次发难，把中国光伏产业企业推向灾难的边缘。因而，转向国内市场，降价出售，使国内市场快速增长，装机容量从 2011 年西部地区开始掀起建设高潮，将延续至 2012 年以后。

全联新能源商会发布的《2011—2012 中国新能源产业年度报告》最新统计数据称，2011 年我国光伏安装量达到 2.89 GW，首次突破 GW 级，成为世界第三大光伏安装国，我国只用五年时间就成为光伏产业制造大国，根据目前发展状况，完全可能在未来 5～10 年成为光伏应用大国。

Solarpraxis 公司对我国大规模光伏设施的项目开发、融资、建设运营和监测表明，在 2011 年，中国 2.89 GW 光伏装机容量投运后，预计 2012 年仍要安装 4～5 GW。

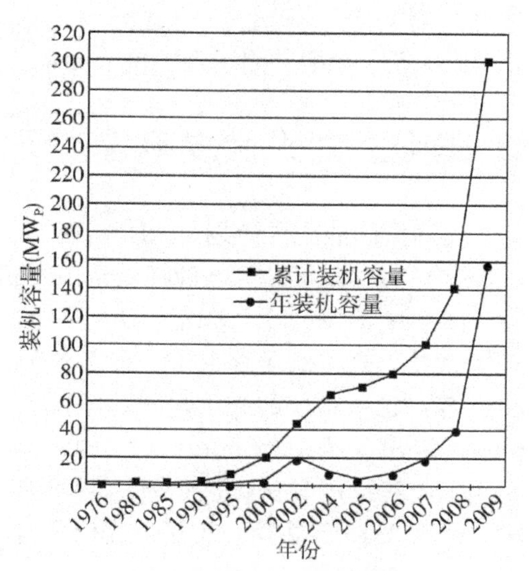

图 4　我国国内市场的发展概况

7. 我国光伏发电对平价上网的预测

7.1　太阳能电池组件成本下降

2009 年以来，中国太阳能电池的成本持续下降，国际竞争力增强。太阳能电池的成本主要取决于工厂的初始投资、生产规模、材料成本、人工、税收和管理等多种因素。随着多晶硅材料价格的下降，太阳能电池的组件价格随之降低，根据 Pacific Epoch 2009 年 12 月公布的调查结果，中国市场上光伏用多晶硅材料的价格，由 2008 年 10 月的 365.8 美元/kg 下降到 2009 年 12 月的 51.9 美元/kg；而晶体硅太阳能电池组件的售价也由 2008 年 10 月的 3.55 美元/W_P(人民币 25 元/W_P)下降到 2009 年 12 月的 1.78 美元/W_P(人民币 12 元/W_P)。

金融危机来临，多晶硅材料的价格直线下降，2009 年底已经降到 50～60 美元/kg，太阳能电池的成本随之大幅度下降，中国 2009 年底太阳能电池的成本仅有 1.2～1.4 美元/W_P(相当于人民币 7～10 元/W_P)，大约比欧美太阳能电池的平均价格低 30%。

中国的太阳能电池组件之所以可以做到如此低廉的价格，除了中国光伏企业在非硅生产环节努力降低成本的努力之外，还得益于生产设备的国产化。过去从国外引进全套太阳能电池生产线，引进一条 25 MW 的太阳能电池生产线大约需要人民币 5 000～6 000 万元，而一条国产设备的生产线却只需要 2 000～3 000 万元，比进口生产线低了 50%以上。关键生产设备也是如此，例如一台 8 英寸的单晶炉，进口设备需要人民币 80 万元/台，国产设备的价格仅是进口价格的 50%；一台 270 kg 的多晶硅铸锭炉进口价格大约 130 万美元，而国产设备只需要人民币 130 万元。

7.2　光伏发电“平价上网”预测

按照中国光伏产业目前的发展趋势，随着技术进一步提升和装备的全面国产化，到 2015 年初投资有望达到 1.0 万元/kW，发电成本小于 0.6 元/kWh，首先在发电侧达到平价上网是完全有可能实现的。经过努力，2020 年初投资达到 0.7 万元/kW，发电成本达到 0.4 元/kWh，在配电侧达到平价上网也是有可能的。

8. 国际上对光伏发电成本下降的预测

美国太阳能先导计划（SAI，2006 年公布）对于光伏发电达到“平价上网”的预测最为激进，认为到 2015 年光伏电价将低于 10 美分/kWh（相当于人民币 0.7 元/kWh）。

图 5 中的 Residential：一家一户的光伏系统，或者指居民用电，SAI 预测 2015 年在这一市场的光伏电价将下降到 8～10 美分/kWh；Commercial：公共、商业和工业建筑用光伏，或者指商业用电，SAI 预测 2015 年在这一市场的光伏电价将下降到 6～8 美分/kWh；Utility：公共电力规模的光伏，或者指上网电价，SAI 预测 2015 年在这一市场的光伏电价将下降到 5～7 美分/kWh。

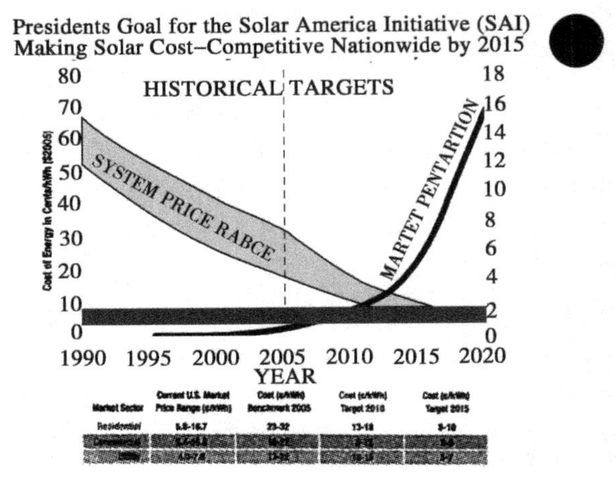

图 5　美国太阳能先导计划对光伏电价的预测

德意志银行经过细致的成本测算，预计光伏发电到 2015 年即可达到 15 美分/kWh，相当于人民币 1 元/kWh。

日本政府（NEDO）2004 年在“PV Roadmap 2030”中预测：光伏电价 2020 年达到 14 日元/kWh，2030 达到 7 日元/kWh。2009 年，日本政府（NEDO）发布了新的光伏发展路图，重新调整了预测：2017 年达到 14 日元/kWh，2025 达到7 日元/kWh，将 2004 年的预测提前了 3～5 年。

太阳能光伏发电的快速增长将使大型项目的投资成本朝着 3 美元/W 迈进。在技术政策和制造过程等多方突破后，将于 2017 年达到美国能源部的 Sunshot 目标 1 美元/W。

美国第一太阳能公司的制造成本，从 2004 年的 2.94 美元/W 降至 2011 年的 75 美分/W，该公司还使薄膜和玻璃太阳能电池效率从 2009 年的 10%提高到 2011 年的 11.2%。该公司的路线图要求到 2014 年成本降低至 64 美分/W。

美国 GE 公司认为，由于创新，在 3～5 年内太阳能发电将比化石燃料和核能发电更廉价。如太阳能发电售价能达到 15 美分/kWh，将会有很多人使用太阳能发电。

据美国技术推进协会（IEEE）预测，光伏发电成本在 10 年内可望低于化石燃料发电，这要求太阳能行业必须使光伏电池效率提升，并实现规模经济性。

EPIA 于 2011 年 9 月 6 日公布主要欧洲电力市场分析显示，光伏发电至少于 2013 年可实现某些细分市场达到竞争力程度，所有市场将于 2020 年达到竞争程度。

9. 国内外光伏发展目标

9.1 国际上对于光伏发展目标的展望

(1) 欧洲

2009年12月，欧洲光伏工业协会EPIA公布了“Set for 2020”，对光伏发电的目标分3种情况对2020年欧洲的光伏累计装机进行了分析和预测：基本发展模式，100 GW；加速发展模式，200 GW；理想发展模式，400 GW。分别占欧洲电力总需求的4%、6%和12%。

2010年10月，EPIA发布“日照充足国家的光伏潜力”研究报告，认为占全球74%的国家日照充足(148个国家)，包括印度、中国、中东、非洲、澳大利亚等。这些国家的光伏市场到目前为止尚未开发，具有很大的发展潜力。预计到2030年，在理想发展模式下，光伏在这些国家的装机率达到1 100 GW(11亿kW)，占到这些国家供电需求的12%，届时光伏发电的平准价格(LCOE)将达到4～8欧分/kWh，光伏发电将能够同所有常规电力相竞争，包括火力发电。

最近欧盟还通过了一项建筑能耗特性导则(Energy Performance of Building Directive)，要求到2020年所有新建建筑基本达到零能耗。这项导则于2012年在欧盟成员国中推行，届时光伏将发挥主要作用。欧洲建筑总占地22 000 km^2，40%的屋顶和15%的南立面可以安装15亿kW(1 500 GW)光伏系统，年发电量高达14 000亿kWh，占2020年整个欧洲电力需求的40%。今后10年，建筑集成光伏(BIPV)和建筑附加光伏(BAPV)将成为欧洲光伏市场的主流。

(2) 美国

美国太阳能工业协会(SEIA)在哥本哈根会议上宣布：美国到2020年，光伏将提供全部电力需求的10%，太阳能利用提供的热水、采暖和制冷将替代电力需求的3%，太阳能热发电将提供电力需求的2%。光伏到2020年将提供67.6万个工作岗位，每年减排3.8亿t二氧化碳。按照1 MWh光伏电力减排1 t二氧化碳，则2020年美国的光伏累计装机将达到300 GW。2010年7月，美国参议院批准了千万屋顶计划(10 Million Solar Roofs)，该项目计划10年内在美国全国推广40 GW太阳能发电系统，使美国成为世界最大的太阳能发电市场。

(3) 日本

2008年6月9日，日本首相福田康夫发表了电视演说，计划在2030年以前在目前的基础上再增加40倍太阳能电池装机量。执行部门又进一步细化为在2020年达到累计装机容量为2005年(1.4 GW)的20倍即28 GW，2030年为40倍即56 GW。

(4) 印度

印度2009年公布“Solar Power Plan”，计划到2020年，光伏发电在印度的累计装机要达到20 GW。

9.2 我国的光伏发展目标

按照集中开发与分布式利用相结合的原则，积极推进太阳能的多元化利用，鼓励在太阳能资源优良，无其他经济利用价值、土地多的地区建设大型光伏电站，同时支持建设以“自发自用”为主的分布式光伏发电，积极支持利用光伏发电解决偏远地区用电和缺电的问题，开展太阳能热发电产业化示范。

到2015年，太阳能年利用量相当于替代化石燃料5 000万t标准煤。太阳能发电装机达到2 100万kW，其中光伏电站装机1 000万kW，热发电装机100万kW，并网和离网的分布式光伏发电系统安装容量达1 000万kW，太阳能热利用累计集热面积达4亿m^2。

到2020年，太阳能发电装机达到5 000万kW，太阳能热利用累计集热面积达到8亿m^2。太阳能发电建设布局如表5所示。

表5　太阳能发电建设布局(万kW)

发电类别	2015年		2020年
	建设规模	重点地区	重点地区
1. 太阳能电站	1 100		2 300
光伏电站	1 000	在青海、甘肃、新疆、内蒙古、西藏、宁夏、陕西、云南、海南等地建设一批并网光伏电站。结合水电、风电大型基地建设，发展一批风光互补、水光互补、光伏电站	2 000
太阳能热发电	100	在太阳能日照条件好、可利用土地面积广、具备水资源条件的地区，开展热发电项目的示范	300
2. 分布式光伏发电系统	1 000	在工业园区、经济开发区、大型公共设施等屋顶相对集中的区域，建设并网光伏发电系统；在西藏、青海、甘肃、陕西、新疆、云南、四川等偏远地区以及海岛，解决电网无法覆盖地区的无电人口用电问题。扩大在城市亮化工程照明、交通信号等应用	2 700
合计	2 100	年产250亿kWh，折标煤810万t/a	5 000

10. 结语

(1) 发展太阳能产业是解决能源短缺，缓解供需矛盾，减少环境污染，应对全球气候恶化，减少温室气体——碳排放和人类社会可持续发展最有效的途径之一。

(2) 全球都在积极发展太阳能产业，据预测，到2040年，太阳能发电中的光伏发电将达到全球发电量的25%。根据国际能源署(IEA)的预测，太阳能在不到20年内占世界能源需求的5%，比2012年增加49倍。

(3) 近十几年来，全球光伏产业迅猛发展，市场增长率在50%左右。经过2008年金融危机的洗礼，光伏产业前景愈显重要。2009年，世界超过10 GW_P，中国大陆超过4 GW，从2007年起中国已跃居太阳能电池世界第一生产大国。

(4) 2009年以前我国光伏发电装机容量较小(累计140 MW_P)，光伏市场发展缓慢，尽管2009年装机容量约160 MW_P，超出此前的累计安装量，但与产量相比，只是当年产量的4%。近几年有很大改变，受欧债危机和美国贸易壁垒"双反"反倾销，反补贴，光伏产品出口大受影响，中国光伏产业必须转向国内。经国家大力支持，积极推广，国内市场快速增长，装机容量从2011年起在西部地区掀起了建设高潮，将拓展全国，延续至2012年，届时，估计我国累计装机量达5 000 MW_P以上。

(5) “十二五”光伏发电建设规模：并网光伏电站1 000万kW，分布式光伏发电系统1 000万kW，合计2 000万kW。

(6) 光伏发电“平价上网”预测，由于光伏产业市场国外受到挑战，受“双反”贸易保护主义影响，国外市场备受打击，转向国内，光伏组件大幅下降，估计到2015年初，投资有望达到1万元/kW以下，发电成本0.6元/kWh，发电侧有达到平价上网可能。经过努力，2020年初投资达到0.7万元/kW，发电成本达到0.4元/kWh，在配电侧有望达到平价上网的可能。

参考文献

[1] 徐海荣等. 充分利用我国太阳能资源，开发太阳能光伏产业[J]. 沈阳工程学院学报，2006，2(2)

[2] 徐永邦等. 光伏系统技术及发展趋势[C]. 第十一届中国光伏大会暨展览会会议论文集(上册). 2010

[3] 赵玉文. 我国光伏产业发展现状及前景思考[C]. 第十一届中国光伏大会暨展览会会议论文集(上册). 2010

[4] 国家发展和改革委员会. 印发可再生能源发展“十二五”规划通知. 发改能源〔2012〕1207号

光伏发电浅介

钟史明

（东南大学能源与环境学院　210096）

摘　要：本文介绍了光伏发电的应用领域与历程；光伏发电系统与设备；MW级地面光伏电站的设计及其与建筑结合设计的主要技术和案例，阐述了当今光伏发电的主要问题与解决措施，最后提出了近来研发的动向。

关键词：光伏发电　太阳能电池　光伏发电系统与设备　设计　案例　动向

1. 前言

积极发展光伏发电是解决电力能源短缺，减少环境污染，减少碳排放，应对全球气候变化的最有效途径之一，因而受到全球、全社会的高度重视。最近20年来发展迅猛，2012年预计世界安装总量达58 800 MW，预计到2030年理想发展光伏发电全球装机可达1 100 GW，占供电量的12%。据预测，2040年光伏发电将达到全球发电总量的1/4。这是因为它是最具可持续发展理想的可再生能源发电技术，是最清洁的取之不尽、用之不竭的最理想的能源。

中国自2007年起连续4年太阳能电池产量居世界第一，2010年占全世界产量一半以上。但电池市场70%～80%仍出口，受市场壁垒、双反——反倾销、反补贴的影响，市场竞争激烈，风险很大。最近，我国能源局极重视推广光伏发电建设，先后公布了《关于申报新能源示范城市和产业园区的通知》（国能新能〔2012〕1156号）和《关于申报分布式光伏发电规模化应用示范区的通知》（国能新能〔2012〕208号），积极扶持光伏产业企业，推进国内光伏发电建设。

2010年国家能源局在西部六省举行大型光伏电站特许权招标，从而迎来了光伏发电建设高潮的到来。本文对其做一些介绍，供参考。

2. 光伏发电的机理及应用领域与历程

2.1　光伏发电的机理

太阳能光伏发电电池是一种半导体器件，是一个PN结，除了当太阳光照射在上面时能够产生直流电外，它还具有PN结的一切特征。在标准光照条件下，它的额定输出电压为0.48 V。太阳能光伏系统中的太阳能电池都是由多片太阳能电池连接构成的，它具有负的温度系数，温度上升1℃，电压下降2 mV。

目前，太阳能光伏电池大多采用单晶硅、多晶硅片作为原材料，原材料来源丰富，光伏电池结构简单，寿命长，可靠性高，工作无污染、无噪声，是清洁的可再生能源，近来发展迅速。

2.2 世界光伏发电应用领域与历程

从上世纪 60 年代最初太空应用开始，光伏发电应用的领域日益扩大，发展到以与建筑结合的分布式发电和大型并网光伏电站应用为主流、光伏电站在微型电网的应用成为未来发展方向的新局面，见图 1 光伏发电应用领域与历程。

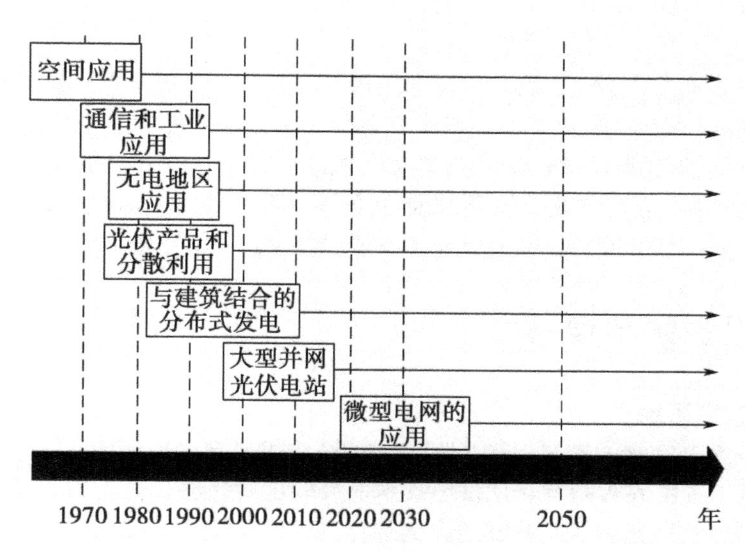

图 1 光伏发电应用历程

开始时，上世纪 50～60 年代光伏电池价格昂贵，只能使用在太空卫星上，至今太空飞船等空间设备都是用太阳光伏电池板作为它的动力。1970 年开始应用在通讯工业，70 年代中期开始使用在无电地区用作照明等民用，以后光伏产品逐日增多，如草坪灯、庭院灯、路灯、航标灯、草原太阳马灯、光伏手电筒等和分散光伏发电先后应用。80 年代初期开始使用与建筑结合的分布式发电，而大型并网光伏电站在 90 年代中期才开始应用，21 世纪初期才运用于微型电网分布式能源系统中。

我国最早从事光伏电池技术研究和产品开发的机构是中国电子科技集团公司第十八研究所，它创造了中国光伏的多个“第一”：1960—1965 年制造出中国第一个多晶硅、单晶硅太阳能电池；1965—1970 年，在国内第一次开展地面光伏应用研究，为我国第一颗安装太阳能电池的卫星“实践 1 号”装备；1988 年，研制成功中国第一台聚光光伏电站；2011 年成为中国第一家被国际电工组织聚光光伏组(IECWGT)接纳的专家单位。

此后，第十八所研制的高性能太阳能电池成为我国航天事业的首选，从东方红系列地球同步卫星到神舟系列宇宙飞船和天宫一号飞行器等都可看到该所研制的太阳能电池的魅影。

2.3 中国光伏发电的历程

我国的光伏发电产业在 80 年代以前尚处于雏形，在“六五”(1981—1985 年)和“七五”(1986—1990 年)期间，国家和地方政府开始在光伏领域投入资金，使我国十分弱小的太阳能电池工业得到了巩固并在许多应用领域建立了示范，拉开了我国光伏发电产业发展的序幕。

90年代以后，随着光伏产业初步形成和成本降低，应用领域开始向工业领域和农村电气化应用发展，市场稳步扩大，大力扶持光伏发电产业发展逐渐被列入国家和地方政府计划。

进入21世纪，2002—2003年实施的"送电到乡"工程建成光伏发电装机容量约1.9万kW，解决了我国无电乡镇的用电问题，对光伏发电的应用和光伏电池制造起到了较大的推动作用，促使我国光伏市场快速、大幅增长。

2007年9月发布的《可再生能源中长期发展规划》提出：2020年我国光伏发电的总装机容量达到180万kW。不仅如此，国家在制定"十二五"规划中提出到2015年达到2 000万kW，是《可再生能源中长期发展规划》中规定的180万kW的11倍以上，而且在2020年达到5 000万kW。这充分说明政府在支持力度和规模上对光伏发电都是空前的。利好政策频频出台将极大地刺激和鼓舞光伏产业，更是成为引领光伏产业发展的强烈信号。

3. 光伏发电系统与设备

3.1 光伏发电系统

光伏发电系统主要分为并网(Grid-Connected)型和独立(Off-Grid)型两大类。并网型光伏发电系统是当今世界太阳能光伏发电技术发展的主要趋势。表1给出了典型的并网型光伏发电系统和独立型光伏发电系统的类型及特点。

表1 典型光伏应用系统及特点

光伏系统类型	特　　点
光伏独立系统	有储能、户用光伏或风光互补，解决边远地区用电
光伏低压并网	低压配电网接入，光伏屋顶，光伏与建筑结合，BAPV/BIPV，即发即用
光伏高压并网	高压输电网接入，大型荒漠光伏电站，VLS-PV
光伏微网系统	多种能源互补发电系统(光伏、小水电、风能、燃料电池、柴油、蓄电池等混合发电)
光伏水泵系统	抽水蓄能电站、光伏水泵提水、光伏水泵滴灌等
光伏照明系统	光伏路灯、庭院灯、草坪灯
通信及工业应用	光伏通信直放灯、海岛(航向)指示灯、卫星等
光伏交通工具	交通指示牌、车、船等
其他光伏系统	电子设备、充电器、喷泉、风光互补系统等

3.2 光伏组件

太阳能电池——光伏发电的能量转换器。是光伏发电的核心设备，占发电系统成本的60%～70%。当今使用最成熟而广泛的是单晶硅和多晶硅电池，它拥有较高的转换效率。另外还有薄膜太阳能电池，制造成本低，可大量生产，可制成柔性可卷曲形状，使用更广泛，主要产品硅基薄膜电池、碲化镉电池等，目前占整个电池产量约1/4。此外，聚光太阳能电池等正在研发之中。

光伏组件——把太阳能电池(125 mm×125 mm)拼装成组件。可以分为平板型组件和聚光型组件。平板型组件由制造厂组合成块状，一般集成为长×宽×厚为 1 595 mm×801 mm×40 mm 或1 580 mm×808 mm×35 mm。平板型组件是使用最广泛的太阳能电池组件，聚光型组件是利用聚光器进行聚光后照射到太阳能电池板进行光电转换发电的电池组件，聚光电池组件结构较平板电池组件复杂，一般采用双轴跟踪器进行安装，跟踪精度要求高。

3.3 逆变器

(1) 逆变器的作用与分类

逆变器是光伏电站的主要设备，它是把直流电变成交流电设备。在并网光伏电站中，逆变器把光伏组件提供的直流电能转化为与电网同频率同相位的交流电流并注入电网，可以使光伏发电系统安全、可靠和高效运行。按照逆变器结构和应用特点可以分为集中式逆变器、组串式逆变器和微型逆变器(组件逆变器)，如表 2 所示。

表 2 逆变器种类与应用特点

逆变器类型	集中式逆变器	组串式逆变器	微型逆变器
逆变器容量	10～1 000 kW	600 W～10 kW	1 kW 以下
光伏电池接入形式	光伏组件阵列	光伏组串	光伏组件
MPPT 功能	阵列的最大功率点	组串的最大功率点	组件的最大功率点
遮挡影响	影响最大	影响较小	影响最低
直流电缆	大量使用	少量使用	基本不使用
投资成本	低廉	适中	昂贵
适用光伏系统	日照均匀的地面大型光伏电站或大型 BAPV	各类型地面光伏电站或 BAPV	1 kW 以下的光伏系统
产品成熟度	成熟	成熟	研发和试验阶段
安装使用	专业安装和维护更换困难	安装简便，更换方便	安装简便，更换方便

(2) 逆变器的选型

在光伏系统设计过程中，要结合光伏系统的具体情况来选择不同类型的并网逆变器。例如：在高海拔、高温度的条件下，需要对逆变器进行降额使用。在并网光伏电站中，电网对逆变器有欠过压、欠过频、孤岛保护等安全要求，要求具有低电压穿越能力，或者要求对逆变器输出的有功、无功功率和功率因数等参数进行调控，同时考虑电站通信系统要求，合理选配逆变器。目前国外逆变器产品性能可靠，产品系列化，工作效率高，国内近几年的发展，也可以提供各种性能的逆变器产品，同国外产品的差距逐步缩小。

(3) 逆变器的发展方向

随着光伏并网发电应用规模不断扩大，对逆变器提出更高的功能要求和性能要求。主要发展方向有：具有模块并联、多电平、多重化等结构的并网逆变器产品开发，进一步优化逆变器性能；矢量控制技术、空间矢量调制技术和电流谐波抑制技术的发展和应用，提高逆变效率，降低电流谐波含量；高精度、高速度的 MPPT 技术开发，进一步提高发电量；孤岛检测技术改进和电网接入电压控制技术应用，提高光伏电站并网性能；在逆变器中集成无功补偿等功能，提高设备利用率。

3.4 储能系统

储能系统的作用：

光伏电站储能系统可以解决光伏电能随机波动而引发的问题，满足电网对光伏电站调控的要求。储能系统具有动态吸收能量并适时释放的特点，能有效弥补光伏电站出力的间歇性、波动性缺点，改善电站输出功率的可控性，提升稳定水平。此外，储能系统的合理配置还能有效增强光伏电站的低电压穿越能力，增大电力系统的光伏电站穿透功率极限，改善电能质量及优化系统，提高经济性。

增强电力系统稳定性的根本措施是改善系统平衡度，在光伏电站中配置储能系统快速吸收或释放有功及无功功率，改善光伏电站的有功、无功功率平衡能力，增强系统稳定性。光伏电站有限的低电压穿越能力对电网安全构成威胁，通过给光伏电站配置响应时间常数为 ms 级的储能系统，可以在光伏电站并网点电压跌落时保持并网状态，吸收富余能量并提供一定的无功功率以支持电网电压，保证光伏电站设备不受损害，实现增强光伏电站低电压穿越能力。光伏电能造成并网点的电压波动、闪变等电能质量问题，可以通过储能系统的瞬时功率动态补偿。研究表明，响应时间常数 ms 的储能系统可能实现快速有功、无功功率交换，有效交换电压波动，改善电压暂降、电压电流畸变及闪变等，适合解决光伏电站并网带来的电能质量问题。光伏电站集成大容量、长时间、低成本储能系统，可以降低对电网备用容量的需求，实现电网与光伏电站共赢。在光伏电站中合理配置集成储能系统，才能使用电网把光伏电站真正当做“电站”来对待，对电站进行调度和管理。常见的储能技术及其在电力系统中的应用方向如表 3 所示。

表 3 常见的储能技术特点及应用方向

分类	储能技术	功率范围(MW)	响应时间	效率(%)	应用方向
机械储能	抽水储能	100～2 000	4～10 h	60～70	能量管理、频率调整与备用
	压缩空气储能	100～300	6～20 h	40～50	调峰、系统备用
	飞轮储能	0.005～5	15 s～15 min	70～80	电能质量控制、频率控制
电磁储能	超导储能	0.01～20	1 ms～15 min	80～95	系统稳定性、电能质量
	超级电容储能	0.001～0.1	1 s～1 min	70～80	系统稳定性、电能质量
化学储能	铅酸电池	0.001～50	1 min～3 h	60～70	备用、黑启动、电能质量
	NaS,Li	0.001～10	1 min～9 h	70～80	平滑负荷、备用电源
	液体电池	0.01～0.1	1～20 h	—	平滑负荷、备用电源等

3.5 向日跟踪系统

(1) 跟踪系统的作用

向日跟踪系统相对于固定式安装系统来说，在低纬度地区应用时发电量提高效果明显。由于向日跟踪系统的投资成本较高，其收益主要取决于当地的上网电价。现今向日跟踪系统的市场主要集中在欧洲南部及北美南部，国内市场刚刚起步，仅少数供应商可以供货。其形式可以分为单轴和双轴系统。此外，光热发电及绝大部分聚光光伏发电都需要使用向日跟踪系统。

光伏组件安装固定纬度角安装比水平面安装提高 14%、采用跟踪系统在单轴水平跟踪提高 40%、单轴跟踪倾纬度提高 51%、双轴高精度跟踪提高 56%的发电量。在我国的太阳能资源条件下采用向日跟踪系统可以增加 20%～30%的发电量。

(2) 跟踪系统控制方式

目前追日跟踪系统采用 PLC 或者 MCU 管理控制电机推动机构跟踪太阳方位，普遍使用的控制方式有三种：① 计算出当地太阳全年轨迹进行主动跟踪的程序控制方法。缺点是存在累积误差。② 使用传感器实时测出入射太阳光辐射方向，以此进行被动跟踪的反馈控制方法。缺点是在多云条件下难以找到太阳光辐射正确方向。③程序、传感器混合跟踪方式。实际上就是以程序跟踪为主，采用传感器实时作反馈的"闭环"跟踪方式。但是这些向日控制方法环境适应性差，性能有待进一步提高。正在研发中的全天候自适应追日系统技术，可以根据各类天气情况和电池表面情况进行优化控制，利用风、雨、雪等自然现象，实现光伏阵列维护，提升跟踪系统的功能性。但由于成本和可靠性等问题，至今尚未工程应用。

3.6 其他设备

如上网主变、配电设备、数据采集与电站监控设备等，与常规火电相似，故从略。

4. MW 级地面光伏电站设计主要技术

4.1 光伏阵列优化设计

组件阵列设计包括光伏阵列安装形式设计、光伏阵列最佳倾角设计和光伏阵列排布设计。光伏阵列支架安装形式、最佳倾角、阵列间距设计的优劣，对光伏电站发电性能有重要的影响。通过光伏阵列优化设计，可大大增强光伏电站的发电能力，提高光伏电站运营的经济性；光伏阵列排布与电站土地的利用、电缆铺设密切相关，直接影响光伏电站发电投资成本。

4.2 逆变器与光伏阵列匹配设计

逆变器与光伏阵列的合理匹配可以在现有的设备条件下获取更多的发电量，是评判光伏系统技术优劣的重要依据。目前做法是：根据光伏电站的极端环境温度分别确定光伏组件最低工作电压和最高工作电压，然后计算光伏阵列的串、并联组件串数，确保符合选定的逆变器的 MPPT 电压工作范围和功率范围。否则会导致逆变器不能充分发挥工作能力，可能达不到最佳效率。另外，某些逆变器厂商提供设计软件，可以帮助用户选择和匹配光伏阵列，但是限定了逆变器的选择。逆变器与光伏阵列匹配设计方法，可以考虑采用统计优化法，使得逆变器与光伏阵列全年多数时间内处于最佳匹配状态。

4.3 数据采集与电站监控

目前光伏电站可以对光伏组串的电流、电压、气象信息(风向、风速、温度、辐照度)、逆变器工作信息、输配电设备进行数据采集和储存。使用的监控软件大都在常规变电站监控系统基础上修改后使用。目前多数监控系统只能实现光伏电站的监测，而不能实现光伏电站的控制(例如光伏电站有功功率控制、无功功率控制等)功能。电站监控系统尚未集成光伏输出功率预测功能，不能够提供电网调度信息。总之，光伏电站的数据采集、监控技术和软件有待进一步开发完善。

4.4 光伏电站与电网接入技术

随着并网光伏电站的大型化,对区域电网的电能质量和稳定性的影响将逐渐明显,亟须研究光伏电站与电网的关系。从静态安全性来看,并网光伏电站对电网频率、电压分布、功率流向等带来影响,使这些指标发生随机波动,其波动幅度与光伏电站容量和接入位置密切关联,在大型光伏电站接入薄弱电网的情况下,频率等指标越限将成为制约光伏电站并网接入的重要因素。从暂态稳定性来看,由于受遮挡影响,光伏电站输出功率可发生突减或突增,从而对区域电网的频率稳定和电压稳定带来一定冲击,冲击程度与功率变化量及变化速度有关,然而考虑到光伏功率变化属于慢速变化,对电网稳定性冲击影响还有待深入研究。为满足大型光伏电站接入电网需求,还需要开展两方面技术研究:① 光伏电站的电网适应性研究,从系统集成、关键设备和控制策略等方面着手,提高光伏电站输出功率的平稳性和可调度性;② 提高电网对光伏接纳能力的研究,从电网扩展规划与光伏电站选址的联合规划、电网与光伏电站的协调调度及保护等方面展开研究。

5. 与建筑结合的光伏发电系统技术

与建筑结合的光伏发电系统设计集成主要有两种形式:① 建筑附着型(Building Attached PV,BAPV),光伏阵列依附于建筑物,电池组件和安装方式与地面电站相似;②与建筑一体化(Building Integrated PV,BIPV),光伏组件以建筑材料的形式出现,光伏方阵成为建筑不可分割的一部分,如光伏幕墙、光伏瓦等。在 BIPV 设计中,需要重点考虑两方面因素:① 光伏与建筑结构一体化设计,一方面要考虑光伏建筑的美观性,如颜色配合与模块尺寸,另一方面要考虑光伏系统的功能性,如朝向与倾角;② 光伏与建筑电气一体化设计,包括控制逆变器选型、电气系统综合布线、光伏建筑防雷设计等,把建筑物、技术和美学融为一体,有机结合,取代了传统太阳能结构对建筑物外观形象所造成的影响。另外,太阳能电池与建筑相结合还应当注意太阳能电池的散热设计、透光设计及光影分析等问题。

光伏建筑构件:目前国内光伏建筑构件大多为中空或夹胶玻璃基材上集成普通光伏组件,而其他基材的晶体硅电池或薄膜电池建筑构件产品仍比较少甚至空白。很多项目采用了中空玻璃做背板的玻璃基材光伏建筑构件,实际应用中,有些玻璃在反复热应力作用下出现破裂,太阳能电池在持续高温状态下不发电,或者内片玻璃温度很高,造成热应力破坏。因此,需要研发传热系统非常低的透光材料来替代中空玻璃做电池背板,并且需要开发研究具有良好美观性、功能性的光伏建筑构件。

6. 案例介绍

6.1 徐州协鑫 20 MW 光伏并网电站

由中环光伏系统有限公司承建的徐州协鑫光伏电力有限公司 20 MW 光伏发电项目,位于江苏省徐州市贾汪区青山泉镇鸡鸣山,占地面积约 678 亩,于 2009 年 12 月 30 日正式并网发电,是当时单体规模全国最大的光伏电站。在光伏电站总平面布置时考虑到不进行大面积场地平整,方便施工的原则,将 38 个子系统按原地形特点和支架类型分为 6 个分区,其中 2 区为 16 套平单轴跟踪系统,6 区为 44 套双轴跟踪系统,其余为固定倾角支架。其中固定倾角支架系统 18.2 MW，平单轴跟踪支架系统 1.5 MW，双轴跟踪支架系统 0.5 MW。单台容量 500 kW 集中式光伏并网逆变器共 38 台，经两级 10 kV、110 kV 升压后并入高压电网，接入系统电压等级为 110 kV。共安装 98 078 块晶硅组件，其中单晶硅组件 17 082 块，多晶硅组件 80 996 块，安装 38 台 500 kW 并网逆变器，38 台 500 kW 油浸式箱式变压器和一台 20 000 kVA 主变压器。并网逆变器和油浸式变压器均露天布置在各子系统中，主变露天布置在电气综合楼附近。电气综合楼设置于整个光伏电站的相对中心位置。其中设置10 kV 配电装置、110 kV 配电装置、微机保护系统等。该光伏项目已于整个 25 年经济寿命期内，其初始系统效率按 20%、年发电利用小时数为 1 238 h 设计，其年平均上网电量约 2 476 万 kWh。

6.2 浙江义乌国际商贸城 BAPV 并网电站

由北京科诺伟业科技有限公司承建的浙江义乌国际商贸城三期 1.295 MW_P 太阳能并网电站于 2008 年 10 月 19 日并网发电，这是当时国内单一屋顶上最大的太阳能光伏发电电站，也是当时浙江省内已投产光伏电站容量最大的一座。该项目建筑屋顶分 8 个区域，结合建筑屋顶钢结构安装晶体硅光伏组件，设置 8 间控制室，所发电力就近并网。按本项目建成的并网光伏电站寿命期为 25 年、建成后的首年发电量为 168.89 万 kWh、电站年发电量在寿命期内为线性衰减、年衰减率为 8‰等条件，计算得出义乌市国际商贸城 1.295 MW_P 太阳能光伏并网发电系统在 25 年寿命期内累计可产生 3 840.57 万 kWh 电能，本系统年均发电量 152 万 kWh，平均每天发电 4 164 kWh。

7. 发展中主要问题与解决措施

7.1 光伏发电的并网问题与解决措施

(1) 对电网的影响

电网需要主动对电站进行调度和管理，进行低电压穿越、无功补偿、有功功率降额、远程控制功率等调度要求，主要目的是将分布式电站集成进电网的调度管理系统，提高在电网波动或故障时对于分布式电站的可控性。目前光伏电站对接入电网的不利影响有：① 光伏电能的随机波动性对电力系统的运行稳定性造成威胁；② 电网故障时，光伏电站受低电压穿越能力限制将自动脱网，导致电网运行状况恶化；③ 由于电网承受扰动的能力有限，超过电网容纳能力的光伏电能将难以消纳；④ 光伏电能的波动性还会造成系统接入点的电压波动，带来闪变等电能质量问题；⑤ 作为电源，光伏电站接入电网将影响原有电力系统的运行方式，增加系统备用容量的需求；⑥ 对系统运行的经济性产生影响。

(2) 解决的措施

解决上述问题主要取决于光伏发电系统技术的发展，主要解决措施有：① 在光伏电站中集成先进低成本的存储系统，实现电能调度；② 在光伏发电系统技术中集成微网技术，构造具有光伏电站的微网系统；③ 光伏电站将来与主干智能电网并网，按照智能电网要求构造光伏并网电站。

7.2 成本偏高，仍需努力降低

2012 年，经美国“双反”终裁和欧盟启动“双反”调查以来，市场下滑，太阳能光伏行业产能过剩，价格下降，但成本仍比常规火电高。目前，欧、美、日的制造成本超过 80 美分/W(约

5 000元/kW)，而我国介于 58～68 美分/W 之间。

我国无论是太阳能电池还是光伏系统的成本一般比国际平均水平要低 10%～15%，2012 年国内太阳能电池的价格大约在 6～7 元/W_P，系统投资在 1.0 万～1.5 万元/kW_P 左右。按照火力发电建设投资 5 000 元/kW、风力发电 1 万元/kW 来看，光伏发电的建设成本是火电的2～3 倍，是风力发电的 1～2 倍。火力发电的年运行时间可达 5 000 h，风力发电为 2 000 h，而光伏发电在中国平均只有 1 300 h，因此光伏电价成本在日照比较好的地区(年满发电1 500 h)也要在 1.1 元/kWh 左右，远高于火力发电和风力发电的上网电价。因此，今后 5 年之内降低成本仍然是光伏发电最重要的努力方向。

7.3 光伏产业技术有待进一步提升，高端设备需要国产化

尽管我国晶体硅太阳能电池的产量现在已经做到世界第一，成本也比国际平均水平低 20%～30%，成为光伏产业大国，但是目前光伏发电的价格水平距离“平价上网”还相差很远。要想达到 0.8 元/kWh 的电价水平，光伏系统售价要做到小于 1.0 万元/kW_P，要求晶体硅太阳能电池组件的售价低于 6 元/W_P，效率高于 20%；非晶硅等薄膜组件的价格低于 4 元/W_P，效率高于 12%。这就要求在技术上有很大的提升，在材料和成本控制上有很大的超越。

我国多晶硅产业技术已经实现了由百吨级向千吨级的提升，初步实现了闭路循环、环保节能生产。然而，同国际先进水平相比还有一定的差距，如综合能耗国外先进水平为 120～150 kWh/kg，国内能耗水平普遍为 180～200 kWh/kg，综合成本也比国外先进水平高 20%～30%。多晶硅关键生产技术与先进水平仍有差距。

晶硅电池用高档设备仍需进口，如高纯多晶硅生产的氢化炉、四氯化硅闭环回收装置、大尺寸(450 kg 以上)铸锭炉、多线切割机、PECVD 镀膜设备、自动丝网印刷机、全自动电池焊接机等，特别是薄膜太阳能电池技术水平(包括制造设备)与国外差距很大，产业化步伐缓慢。

除了上述问题，太阳能电池用配套材料也是制约因素。电子浆料、石墨制品、石英制品、EVA 高分子材料等，国内主要以仿制进口产品为主，大部分产品档次较低，如电子浆料、石墨材料、石英产品等还依赖进口。薄膜太阳能电池用高纯硅烷气体、TCO 玻璃基板、金属背电极等材料也主要依赖进口。国内光伏配套材料企业总体上由于生产规模较小，研发能力薄弱，技术上没有全面突破，还不能适应国内太阳能电池产业和技术的发展趋势，成为制约行业发展的因素日益凸显。

总之，中国已是光伏产业的大国，要做到强国还得努力拼搏。

7.4 经美国“双反”终裁和欧盟“双反”调查启动后我国光伏如何应付

受贸易保护主义和企图转嫁经济危机、欧债危机，2012 年中国光伏产业经过美国无礼“双反”的惩罚，光伏产业受到严重打击，市场疲软，低成本，价格战，出口大减无利可得，甚至负债累累，有的走向破产；政府资金撤回，市场需求趋于低迷，一场商战“优胜劣汰”，行业整合日益加快。据美国波士顿市场研究机构 GTM Research 研究最新报告显示：预计到 2015 年，光伏产能过剩与价格低廉将导致现存全球 180 家组件制造商走向倒闭或被收购。研究报告指出，目前高成本的制造商有 88 家，位于美、加以及欧洲，他们难与中国价格低廉的太阳能电池较量竞争。

180 家“命运不济”的企业中我国有 54 家，但这些企业产能合计不到 300 MW。中国政

府将继续对有大量员工的企业提供财政支持、偿还短期借款或由国内多元化工业巨头收购。这些战略潜在的受益者涵括天合光能、英利绿色能源、无锡尚德、晶澳太阳能、晶科能源、昱辉阳光等，这些企业的产能占总产能的20%以上。

为应付上述危机，中国国家能源局最近公布《关于申报分布式光伏发电规模化应用示范区的通知》(国能新能〔2012〕206号和之前公布的《可再生能源发展“十二五”规划》)，大力启动国内市场积极建设光伏电站。2012年，据IMS Research研究报告显示，中国本土上半年新增720 MW。预计下半年安装量将达4 GW，2012年全年装机量有望达5 GW。

除了积极扩大国内市场外，应努力研发核心技术，提高产品质量，降低成本，积极参与国际竞争，才是规避风险的主要道路。

8. 近来几个研发的动向

8.1 太阳能聚光器温差发电

光伏发电是基于当光线照射太阳能电池表面时，一部分光子被材料吸收，光子的能量传递给硅原子，使电子发生跃迁，形成电流。但光子必须携带适量的能量，如光子携能量太多——如高能紫外线所携带的能量——它们的热能会给材料造成混乱。这种高能光子会对光伏材料精密的电子结构造成破坏，在高热下电子开始乱窜，而不是有序流动，影响电池板的转化效率。另一方面，如光子携带的能量太低——如微波或红外光的光子——就会直接穿过电池板，不与任何电子发生反应。这些低能光子在太阳光谱中所占比例近一半，因此，目前硅太阳能电池板效率无法超过50%。

2007年，美国麻省理工学院陈钢教授思考利用温差发电材料和光伏发电材料相结合，可以疏导高能光子，从而给电池降温，而且温差发电材料可以捕捉低能光子发电，可充分利用各种波长的太阳光。他提出，结合两种材料的最好形式是“光谱分裂太阳能电池”。但要实现“光谱分裂”需要“太阳能聚光器和分光棱镜”，但其增加的成本目前已超过增加效率带来的利润，故仍在研发之中。

8.2 纳米技术与光伏涂料

美国圣母大学纳米科技中心的化学和生物化学教授普拉香特、卡玛特和米道劳特说：“通过结合纳米微粒和一种涂料，创造出一种可涂抹于任何导电表面的太阳能涂料。”研究小组反复试验，最后选择了二氧化钛纳米微粒，外面包裹硫化镉或硒化镉，最后加入水和酒精，形成一种膏状物，涂在透明导电材料上，暴露在阳光下，就能产生电能。目前最佳光——电转化率只有1%，远远低于硅太阳能电池效率。但他说：“这种涂料成本低廉，可批量生产。如能提高光—电转化效率，也许能改变未来能源获取的途径。”

美国亚利桑那大学的查尔斯、斯塔福德和米道劳特在研究过程中构想：如何取代现今的光伏电池？为此，他们寻找一种新材料——聚苯基醚的聚合物，价格便宜。他们说：“可以买上几罐，刷在任何可以被阳光照射的表面。”斯德福德认为可对材料的分子加工，干扰光子的流动，同时让电子通过，估计这种材料可将20%～25%的光子转化为电力，效率为今日温差发电材料的6倍。如能获得成功，将是惊人的创举——光伏太阳能电池也许可以从此被淘汰。

8.3 光伏与二氧化碳合成为液体燃料

光合作用是指植物在可见光(太阳光)的照射下,经过光反应和暗反应(又称碳反应)两个阶段,利用光合色素,将光能转化为化学能,将二氧化碳(或硫化氢)和水转化为有机物,并释放出氧气(或氢气)的生化过程。美国加州大学洛杉矶分校缪里工程与应用科学学院的研究人员。首次展示了利用电力将二氧化碳转化为液体燃料异丁醇的方法,相关研究报告发表在《科学》杂志上。该学院提出了一种将电能储存为高级醇形式的化学能的方式,可作为液体运输燃料使用。

研究中,科学家将光合反应分离为光反应和碳反应,不利用光合作用,而改用太阳能电池板将阳光转化为电能,然后形成化工中间体,以促进二氧化碳的固定,最终生成燃料。他们说,这种方式比普通的生物系统更为有效。后者需大量农耕土地种植植物,新方式则由于不需要光反应和碳反应同时发生,而且可将太阳能电池板置于沙漠中或屋顶上。研究小组采用甲酸替代氢作为中间体和高效的能源载体。他们表示,首先借助于太阳能电力产生甲酸,再利用甲酸促进二氧化碳在细菌中固定,在黑暗中生成异丁醇和高级醇。

廖俊智表示:电气化学中甲酸盐的生成,生物学中二氧化碳的固定,以及高级醇的合成,都为电力驱动二氧化碳向多种化学物质的生物转化开启了可能。此外,甲酸盐转化为液体燃料将在生物质炼制过程中发挥重要作用。

最近在多哈召开的世界气候大会上,世界各国都在商讨“东京议定书”。第二阶段各国有区别地负责承诺减排温室气体任务。如果此研究能规模化、经济地把二氧化碳变为液体燃料,真是一箭双雕,既能解决环境问题,又能解决能源问题,为人类可持续发展做出伟大的贡献。

9. 结语

1. 光伏发电是太阳能发电的主流,是当今世界应对气候变暖、环境恶化的主要措施之一,是应对化石能源紧缺、能源可持续发展、绿色黄金电力、替代常规能源的主角,应积极支持它的发展。

2. 光伏产业在中国发展迅速,从2007年起太阳能电池(组件)产量已跃居世界首位,但80%以上出口,受贸易壁垒、“双反、反倾销、反补贴”、贸易保护主义、恶性竞争的挑战,风险很大,今后应大力开发国内市场,多建光伏电站,使内需达到一半以上,才能稳步健康发展,避免风险。

3. 中国是光伏产业生产大国,今后应增加科技投入,重点解决从材料到系统全生产链的技术提升和创新,高端制造设备的国产化以及应用技术的突破,使之从产业大国变为产业强国。

4. 光伏发电目前成本偏高,仍需努力降低,在不远的将来,使之与常规火电能同价上网。

5. 并网光伏发电技术将推动光伏应用健康稳定地发展,当前我国光伏发电技术仍要进一步提高如储能技术、智能电网和微电网等方面的技术。

6. 随着科学技术的发展,特别是纳米技术和生物电子等的发展,如量子点基材料新一代光伏涂料、温差发电已显出巨大潜力,相比光伏电池,它更加方便、实用、成本低廉;对光伏与二氧化碳合成液体燃料等新研究动向应加以重视，跟上世界前沿步伐。

总之，预计在不远的将来，太阳能发电不但要代替部分常规能源，而且将成为世界能源供应的主体，应予以重视，积极发展。

参考文献

[1] 刘监民. 太阳能利用原理、技术、工程[M]. 北京：电子工业出版社，2010

[2] 赵春江. 太阳能光伏发电系统技术的发展[J]. 自然杂志，2010，32(3)：143－148

[3] 徐永邦，许洪华. 光伏系统技术及发展趋势[C]. 第十一届中国光伏大会暨展览会会议论文集(上册)

[4] 李俊峰，王新成. 中国光伏发电平价上网发展路线图探讨[C]. 第十一届中国光伏大会暨展览会会议论文集(上册)

[5] 美国加州大学洛杉矶分校萨缪里工程与应用科学学院. 二氧化碳变为液体燃料将成为可能. 物理学家组织网. 2012－4－11

太阳能热发电

钟史明

（东南大学能源与环境学院　210096）

摘　要：阐述太阳能发电分类，太阳能热发电的机理与组成；扼要概述了常规聚光型（槽式、塔式、碟式）聚光装置和发电系统及非聚光型（热池式、热气流式）发电系统；国内外太阳能热发电和太阳能与其他能源互补热发电的信息报道。

关键词：太阳能光伏发电　太阳能热发电　聚光装置　机理与组成　储能系统　太阳能与其他能源互补热发电

能源、资源和环境是人类社会赖以生存发展的物质基础。当今全球正面临能源紧张、资源匮乏、环境污染的严峻挑战，并已成为全球经济社会动荡和争抢能源引发局部战争的根源。为了摆脱这些困境，全球各国特别是先进国家和金砖国家都在调整能源结构，从常规以化石能源为主转向化石能源、核能、可再生能源共同发展的多元化模式，再到以可再生能源、核能、低碳、无碳、绿色能源为主的可持续发展之路。太阳能是清洁无碳能源，是“取之不尽，用之不竭”的可再生能源，是21世纪最具发展的新能源。

1. 太阳能发电分类

太阳能发电从发电原理上分为两大类：太阳能直接光发电和太阳能间接光发电。前者又分为太阳能光伏发电与太阳能光感应发电两种，后者又分为太阳能光热发电、太阳能光化学发电与光生物发电三种。其中光热发电再分为直接发电与间接发电两种，太阳能热直接发电又再分为四种：太阳能热离子发电、太阳能热光伏发电、太阳能热温差发电与太阳能热磁流体发电；而太阳能热间接发电又分为聚光型和非聚光型两种，非聚光型太阳能热发电（低温）再分为太阳能热池热发电和太阳能热气流发电，聚光型太阳能热发电（中、高温）又分为塔式、槽式和碟式三种。如图1所示。

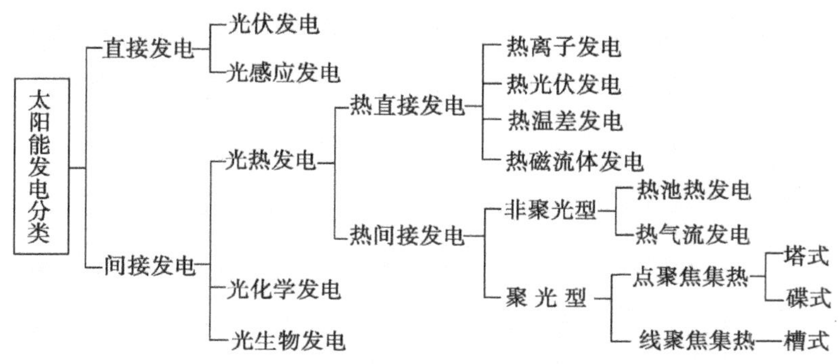

图1　太阳能发电分类

经过多年的研发，目前商业运营的太阳能发电主要是光伏发电和聚光型热发电。进入21世纪以来，全球太阳能直接发电光伏发电(简称光伏发电)持续快速健康发展，经过2008年世界金融危机的洗礼，光伏发电成本愈来愈低，转换效率日益提高，补充与替代化石能源发电的地位愈显突出和重要。进入21世纪后，我国光伏产业飞速发展，到2007年我国已跃居太阳能电池产量世界首位，2009年底占世界市场37.6%。经过欧美“双反”和产能过剩，使我国光伏产业遭遇严重打击。经国家政府一系列救市举措，大力开发国内市场建设光伏电站，除了继续支持大型地面光伏电站建设，把分布式光伏电站建设提升到同样重要位置，成为当今光伏产业链上的新热点。2012年，光伏装机3.5 GW，世界第二，累计装机7 GW，世界第四。2013年，国家规划10 GW的光伏装机已经完成。此时，中国装机总量18.27 GW，已成为全球第一光伏装机大国。

我国太阳能热发电发展晚于国外，应用基础研究始于20世纪70年代中期，但改革开放以来越来越受到国家的重视，“十二五”规划2015年底预计装机达100万kW，2020年达到300万kW。本文将对其机理和系统进行介绍，特别是对聚焦的槽式、塔式和碟式集热装置及其发电系统加以叙述。此外，对国外太阳能与其他能源互补的联合循环(ISCC)发电信息作些报道，破解太阳能热发电目前成本偏高，在不稳定太阳辐照下的光学转换效率和热功转换效率都很低等难题，提高能源转换效率，缓解传统化石能源发电，减少化石燃料耗量和污染及降低太阳能应用风险等都有重大意义。

2. 太阳能热发电的机理与组成

通常所说的太阳能热发电主要是间接光热发电，其主流技术为聚光型太阳能热发电。它是将太阳光聚集并转化为热能，再通过热机将其转变为电能的技术。

2.1 太阳能热发电的工作原理与组成

太阳能热发电系统与常规的化石能源发电系统的工作原理类似，主要区别在于热源，前者以太阳能为热源，后者为煤炭、石油和天然气等化石燃料作为热源。太阳能热发电利用聚光集热装置将太阳能聚集到吸热器上，被吸热器中的传热介质吸收，并输送到储热子系统中，把能量存储起来，当需要能量时储热介质通过换热器将热量传递给热机工质，或经过换热器直接将热能传递给动力回路中的工质，产生高温高压的工质，驱动热机发电。

通常由三部分组成：(1) 聚光集热与吸热子系统。它聚集太阳能并转换为热能，主要包括聚光装置、接收器或吸热器和跟踪机构等。吸热器将太阳热能从太阳能集热子系统中收集起来并输送到储热系统与换热单元或热力循环工作中。(2) 储热子系统。将收集到的太阳能储存起来，一般太阳能集热场的设计容量要大于动力系统实际所需的能量，并将多余的能量储存起来。即电站设计时要有一定太阳能倍数(调节容量)。储热分四类：低温蓄热(用于低温有机工质循环)，中温蓄热(300℃左右适用于小功率系统)，高温蓄热(500℃以上)，特高温蓄热(1 000℃左右)。(3) 热功转换子系统。将收集太阳能一次回路或者储热回路中的热量提取出来，传递给动力回路中的工质，再通过热机实现热功转换，经发电机发电。通常，低、中温时选择有机工质透平或汽轮机，高温时多选用燃气轮机或斯特林机以及高效的联合循环装置。

2.2　储能系统

太阳能随时而变，日夜晴雨不同，为了解决太阳能供应不稳定、不连续的问题，常常在系统中配置储热蓄能系统，将收集到的太阳能存储起来，以便于夜间或者多云天气时提供热能或采用多能源互补的办法，当太阳能不足时由其他能源补充供应。这样，可以满足分布式能源的接入，提高接纳能力；应对突变，保证供电可靠性；满足电能质量的需求；提升削峰填谷能力。同时，能有效缓解输电走廊布局等资源，缓解与负荷需求不断增长之间的矛盾，并延缓设备更新投资，所以，必须有储能系统，或多能互补系统。

2.3　热发电综合效率

太阳能光—热—电的能量转换过程，首先是将太阳辐射能转换为热能，然后通过热机将热能转换为机械能，最后再将机械能转换为电能。因此，太阳能转化为电能的系统性能取决于三个部分的性能（太阳能集热系统的效率、动力系统的效率和发电机效率）。对于集热效率，是随着集热温度的上升逐渐降低的；而动力系统的效率根据卡诺定理，是随着集热温度的上升而逐渐增加的；发电机效率主要与系统容量有关，变化不大。这样，整个系统的效率将随着集热温度变化而变化：先是随集热温度不断增加而提高，达到最大值后再慢慢下降。不同的聚光装置产生不同温度的热能，聚光比越大，所能得到的热能温度越高，投资成本也越高。一般来说，采用能源聚光比来衡量塔式聚光装置的集热能力，它定义为接收器表面的能流密度与太阳能能流密度的比值；而采用几何聚光比来衡量抛物槽式和碟式聚光装置的集热能力，它定义为聚光装置的开口尺寸与接收器的尺寸之比值。

3. 聚光型热发电集热装置

聚光型热发电聚光方式分线聚焦和点聚焦。线聚焦把太阳光聚集到线性集热管上，包括槽式和菲涅尔式；而点聚焦则是将太阳光聚集到中央吸热器上，包括塔式和碟式。

3.1　线聚光的槽式和菲涅尔式太阳能聚光装置

线聚焦技术有抛物面槽式和菲涅尔反射两种，它们利用反射镜来反射太阳光，并对焦集中到装有集热管的焦线上。聚光系统由太阳能聚光器、吸热配件或接收器以及跟踪机构组成。槽式聚光镜面从几何上看是将抛物线平移而形成的槽式抛物面，它将太阳光聚到一条线上，在这条焦线上安装有管状集热器，以吸收聚焦后的太阳辐射能，并常常将众多的槽式抛物面串联与并联组成聚光集热器阵列（图2）。槽式抛物面对太阳辐射多进行一维跟踪，其几何聚光比为10～100，温度可达400℃左右。菲涅尔式聚光系统与槽式很相似，主要差别是，它利用长排平抛物面槽式太阳能聚光装置或稍微曲的镜面将太阳光反射到向下的线型固定接收器。固定接收器投资成本较低，并有利于直接产生蒸汽发电，但比槽式光电转换效率要低些。

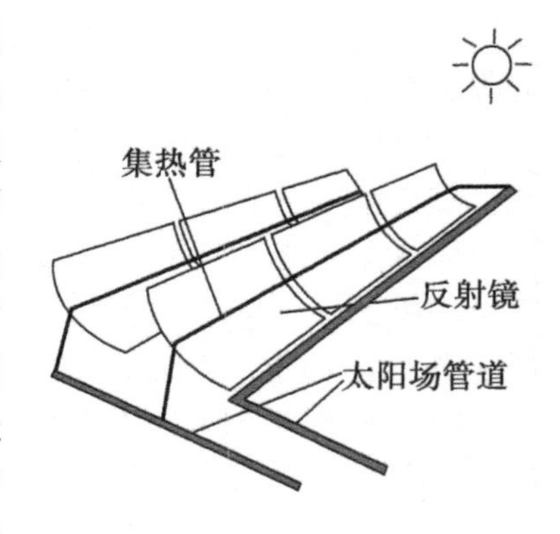

图2　抛物面槽式太阳能聚光装置

3.2　点聚光的塔式太阳能聚光装置

它利用定日镜跟踪太阳，并将太阳光聚焦在中心接收塔的接收器上，在那里将聚焦的辐射能转变成热能，然后将热能传递给热机的工质。聚光比可达到300～1 500，运行温度为1 000～1 500℃。图3为西班牙PS-10塔式镜场外景图，其定日镜场(761块，每块121 m^2)将太阳光聚集到115 m高塔顶部腔式接收器，产生4 MPa、250℃的蒸汽，其光学效率为77%，接收器效率为92%，系统效率达一70%。由于熔融硝酸盐具有卓越的传热和能量存储能力，近期许多设计都倾向于采用它作为塔式聚光装置接收器中的介质。

图3 塔式太阳能聚光装置(PS-10)

3.3 点聚光的碟式太阳能聚光器

碟式聚光器主要部件为将抛物线绕其轴线旋转一周而成的镜面，将入射的阳光聚集到一点，即点聚焦。碟式反射镜的聚光温度可高达500～1 000℃，焦点处可产生650℃以上的温度。它常借助于双轴跟踪，将镜面接收的太阳能集中在其焦点的接收器上，接收器吸收这部分辐射能并将其转换成热能，用来加热热机工质。碟式聚光器可分为多碟式和单碟式两种形式。多碟式风阻小，自耗功率小，聚光比达到600，焦斑温度大于1 600℃；单碟式结构紧凑，聚光效率高，聚光比为625，焦斑处温度可高达1 100℃。图4为中国科学院电工研究所和皇明太阳能集团有限公司于2004年研制成功的多碟式太阳能聚光器，整个发电系统安装在一个双轴跟踪支撑机构上，实现定日跟踪。

图4 多碟式太阳能聚光器

4. 聚光型太阳能热发电系统

4.1 槽式太阳能热发电系统

它是利用槽式抛物面反射镜聚光的太阳能热发电系统。由于其系统结构相对简单，技术相对成熟，因此首先得到商业化应用。图5为美国加州Kamer地区SEGSⅥ型30 MW槽式太阳能热—朗肯循环发电站，于1989年开始运行。它由太阳能集热场(18.8万 m^2 抛物面槽式集热场，传热介质/蒸汽发生器)和汽轮机动力子系统(蒸汽透平、凝汽器、蒸发器、过热器、再热器)等组成。传热流体导热油在流经太阳能集热场接收器管内时，吸收太阳热能，并加热到391℃，然后通过动力部分中一系列换热器，产生高压过热蒸汽(10 MPa，371℃)，驱动汽轮机发电。夏季，SEGSⅥ电站的典型运行时间为10～12 h/d，在全天的运行工况太阳能集热场效率为60%时，太阳能净发电效率达到20%左右。理论上只要太阳能的输入足够多，朗肯循环系统就可以依赖太阳能全天候单独运行，但晚上和阴雨天气时，通常需要采取有效手段：一是采用蓄热系统，将白天过量的太阳能存储起来以备使用，但这种方式会造成集热系统复杂，加大投资成本，常常不太现实；二是太阳能与常规化石能源互补。

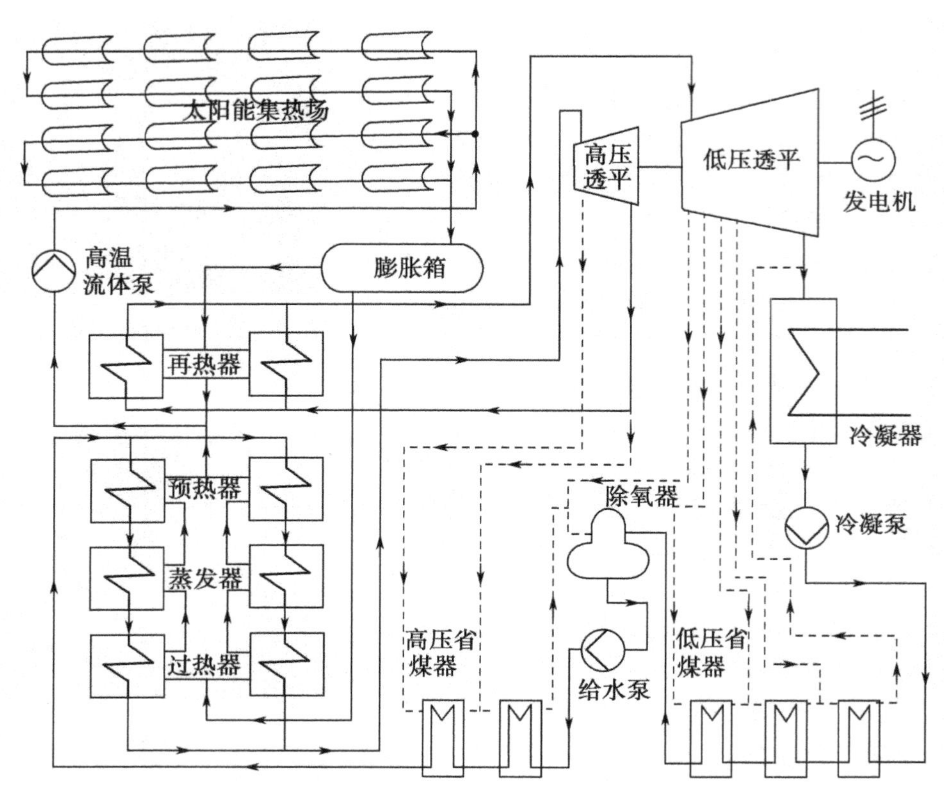

图 5　美国加州 SEGSⅥ型槽式太阳能热一朗肯循环发电站

4.2　塔式太阳能热发电系统

它是利用塔式太阳能聚光装置的太阳能热发电系统，也称为集中型太阳热发电系统。由于聚光比高、运行温度较高、系统容量大等特点，比较适合于大规模生产，具有更大的发展前景。图 6 为我国首座 MW 级延庆塔式太阳能热—朗肯循环发电系统。系统由光热转换集热（定日镜场、塔和吸热器）、双级蓄热（高、低温蓄热器）和朗肯循环（汽轮机）三部分组成。太阳辐射能经镜场定日镜（面积约为 1 万 m^2）反射后聚集到吸热器，吸热器以水为吸热工质，吸收太阳能后，产生过热蒸汽。当系统以完全解耦的方式运行时，吸热器产生的过热蒸汽依次经换热器 1、3，将蒸汽显热、潜热按品位的不同分别蓄存到高、低温蓄热器，汽轮机的排汽经冷凝加压后在低、高温蓄热器中分

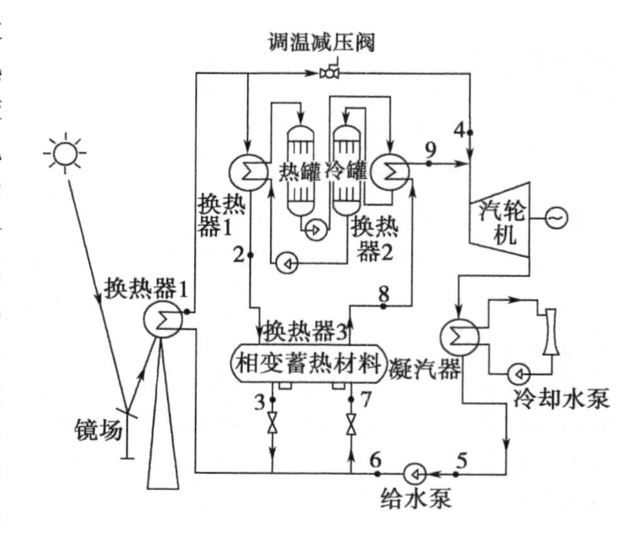

图 6　塔式太阳能热—朗肯循环发电系统（北京延庆）

别完成蒸发、过热过程，之后进入汽轮机做功输出电能。当系统以耦合方式运行时，汽轮机的排汽经过冷凝加压后返回到吸热器中，产生的蒸汽通过调温减压阀后驱动汽轮机做功。当吸热器产生的蒸汽量大于汽轮机所需量时，富余蒸汽能量分别蓄存在高、低温蓄热器中；当吸热器产生的蒸汽不足时，由蓄热子系统补充供热。这是个双级蓄热与双运行模式的太阳能热发电系统。汽轮机的经济功率为 1 MW，其入口的蒸汽温度为 390℃，压力为 2.4 MPa，热效率为 24%；系统中的高温蓄热工质采用耐热 390℃的导热油，低温蓄热工质采用 2.5 MPa 的高压饱和水，双级蓄热子系统提供的蒸汽量可以满足满负荷 1 h 运行。不难看出，塔式太阳能热发电系统和槽式系统相比，除聚光集热器有所不同外，两者在系统构成和工作原理等方面都基本相似。

4.3 碟式太阳能热发电系统

它是利用碟式太阳能聚光器的太阳能热发电系统。碟式系统结构紧凑、效率高、安装方便，比较适合于小规模流动性与分布式能源系统应用，组成分散的动力系统，也可以将多个系统组成一簇，向电网供电。目前其单元容量多为 30～50 kW，比较小，而发电效率比较高。通常碟式太阳能热发电系统由旋转抛物面反射镜、接收器、跟踪装置以及热功转换装置等组成。碟式系统热机多选择斯特林发动机和小型燃气轮机。图 7 为一个典型碟式太阳能热—布雷顿循环发电系统，它利用双轴跟踪的碟式聚光器将太阳能聚集到接收器上，将来自回热器的高压空气加热到 850℃，然后进入燃烧室，燃用化石燃料再升温后到燃气透平膨胀做功。该回热循环燃气轮机的压比约为 2.5，当太阳能供应不足时，增加燃烧室的燃料量来调节，系统太阳能净发电效率高达 30%。

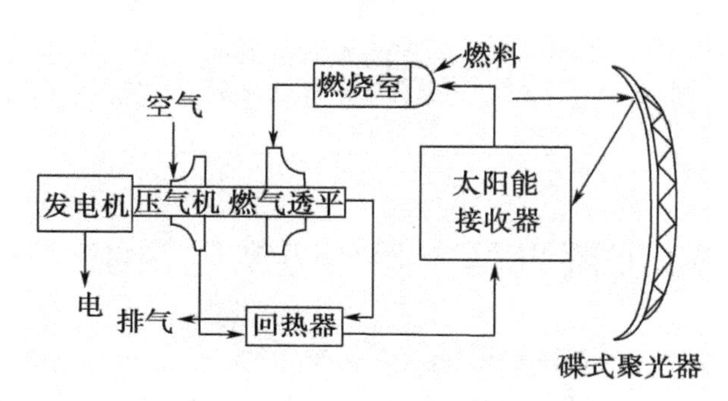

图 7　典型碟式太阳能热—布雷顿循环发电系统

4.4 各聚光热发电系统的技术比较

表 1　各聚光热发电系统的技术比较

	塔式系统	槽式系统	碟式系统	线性菲涅尔系统
电站规模(MW)	10～200	30～320	5～25	1～30
聚光方式	平、凹面反射镜	抛物面反射镜	旋转对称抛物面反射镜	条形平面反射镜
跟踪方式	双轴跟踪	单轴跟踪	双轴跟踪	单轴跟踪
介质温度(℃)	500～1 500	260～400	500～1 400	250～450
光热转换效率(%)	75	70	85	65
年净效率(%)	7～20	11～16	12～25	9～11
占地(亩/MW)	25～30	30～40	—	10～20

续表

	塔式系统	槽式系统	碟式系统	线性菲涅尔系统
单位面积造价(美元/m^2)	200～475	275～630	320～3 100	130～320
单位瓦数造价(美元/W)	2.7～4.0	2.5～4.4	1.3～12.6	1.2～2.2
商业化	有	有	试验示范阶段	试验示范阶段
优点	较高的转换效率,可混合发电,可高温储能	成本较低,占地少、可混合发电,可中温储能	最高的转换效率,可模块化,可混合发电	聚光效率高,工程造价低,可模块化
缺点	初次投资和运营的费用高,商业化程度不够	产生中温蒸汽,真空管技术有待提高	造价高,可靠性有待加强,尚未大规模生产	工作效率低,技术尚未完全成熟

5. 非聚光型太阳能热发电系统

5.1 太阳能热气流发电系统

它也称太阳烟囱发电系统,是利用太阳能将集热器内的空气加热,热空气在烟囱内上升推动透平做功发电。1978 年,德国斯图加特大学的 J. Schlaich 提出太阳能热气流发电技术概念,其工作原理类似于温室效应,如在一片广阔的平地上,用透明塑料或玻璃做一个中间向上倾的屋顶,形成巨大的棚式地面太阳能—空气集热器,其中央有一个高大竖直的烟囱。在阳光的照射下,地面空气集热器内的空气就被加热(与环境的温差可达 35℃),借助冷热空气的温度差或密度差,被加热的空气将向屋顶上方运动,并通过烟囱迅速上升,速度可达 15 m/s。也可以把烟囱看作将空气中的热能转换为压力能的变换器。在烟囱的底部安装一台透平发电机,将热风的动能转换成电能。棚内的土地具有储能作用,以减少电能输出的波动。图 8 为太阳能热气流—透平发电系统的示意图,它由地面空气集热器与蓄热器、烟囱(能量变换器)、透平(做功装置)与发电机(机械能—电能转换装置)等组成。太阳能热气流发电技术简单,且吸热器下面的土地具有良好的蓄热性能,无需额外的蓄热系统,但其发电效率低(≤1%),占地面积大,大容量电站需要过高的烟囱,如 1 个 30 MW 电站就需建造 750 m 高的烟囱。

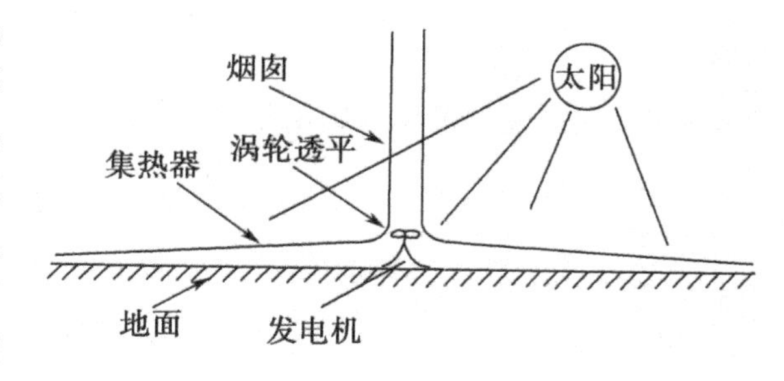

图 8 太阳能热气流—透平发电系统

5.2 太阳能热池发电系统

太阳能热池发电以太阳能热池底的高温盐水为热源,通过热交换器加热工质驱动热机做功发电。太阳能热池实际上是一个盐水池,一般池水深度为 6 m 以上,沿着深度分为三层:顶部为很薄的淡水对流层(盐水浓度很低);底部为较厚的浓盐水对流层(储热层);两者之间有一定厚度的非对流层(隔热层)。为防止池水泄漏,池的底部一般铺有衬垫及保温层。无对流的太阳池是一种水平表面的太阳集热器,涂黑的池底吸收直射及漫射的太阳辐射能,可以将底部盐水加热至 90℃以上,再用泵把浓盐水抽出,通过热交换器来加热工质,驱动热机做功发电。太阳能热池发电系统结构简单,但太阳能池只能水平设置,占地面积大,还有管路系统腐蚀和池内藻类处理等许多问题尚待解决。图 9 为太阳能热池—汽轮机发电系统示意图,它由太阳池平板太阳集热器(热盐池)、泵、蒸汽发生器、透平、凝汽器、发电机以及储能设备等组成。

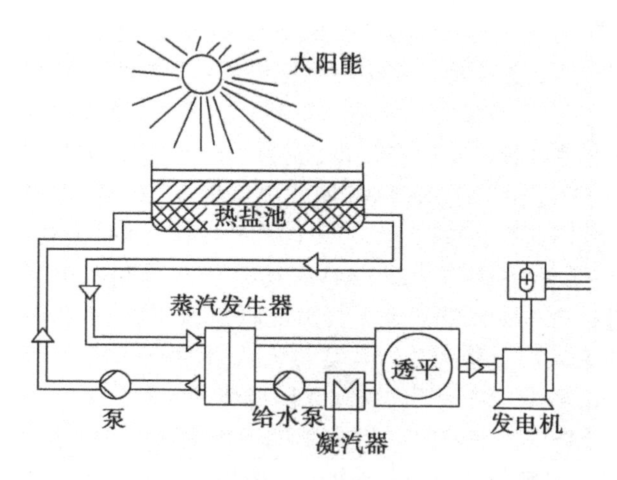

图 9 太阳能热池—汽轮机组发电系统示意图

6. 世界太阳能热发电技术发展概况

6.1 太阳能热发电发展历程

6.1.1 研发初期

1878 年,法国国家研究中心在巴黎建成一个小型点聚焦太阳能热交互式蒸汽机,揭开了太阳能光热发电的序幕。1901 年,美国于加州进行太阳能蒸汽机(约 7 MW)试验。1950 年,前苏联研制了世界上第一座塔式太阳能热发电实验装置,开展了基础性探索研究。

6.1.2 示范试验期

20 世纪 70 年代初(1973 年)石油危机后,美国、西班牙、德国、瑞士、法国、意大利及日本等都积极研发太阳能热发电技术。据统计,在 1981—1991 年期间,世界上建造了 20 余座 500 kW以上的太阳能热发电站,多为塔式。如 1980 年美国在加州建成 Solar One 塔式太阳能热发电站,装机容量 10 MW,运行了 6 年。后又改建成 Solar Two 盐塔式太阳能示范电站,并于 1998 年投入试验运行。

6.1.3 商业应用期

美国与以色列联合组建路兹(LUZ)太阳能国际公司,建造 SEGS 系列槽式太阳能热发电站,1984—1991 年在美国加州沙漠相继建成了 9 座 SEGS 电站,包括最初建造的 1 座 14 MW电站,后续的 6 座 30 MW 电站和最后建造的 2 座 80 MW 电站,总装机容量达 354 MW,至 2012 年年底累计发电超过 12 000 GWh。与此同时,电站初次投资由

4 490 美元/kW下降到 2 650 美元/kW,发电成本从 24 美分/kWh 下降到 8 美分/kWh,标志着太阳能热发电技术正式进入商业应用。

6.2 欧洲地区

欧洲是发展太阳能热发电技术的活跃地区。早期在西班牙和摩洛哥分别建造了 135 MW 和 18 MW 太阳能热发电站各一座。在欧洲,西班牙的太阳能热发电规模最大。1983 年,西班牙建成一座探索性试验的太阳热气流太阳能热发电站,发电功率为 50 kW。并有两个塔式太阳能热发电技术商业化示范项目。一个是南部小城 Andalucia 的 PS10 型塔式太阳能热电站:发电功率 11 MW,饱和蒸汽,7.5 万 m^2 定日镜,蓄热 3 h,2000 年投入运行。另一个是"Solar Three"盐塔式太阳能热发电站示范电站:发电功率 15 MW,熔盐接收器,具有 16 h 全负荷能量储存能力,电站太阳能接收面积比"Solar Two"电站大 3 倍。近期西班牙加快聚光型太阳能热发电站(CSP)发展步伐,已成为全球新建 CSP 电站最多的国家,如 2 座 PS-20 电站(每座 20 MW)和 1 座 15 MW 槽式电站以及 Andasol-2 电站等正在建设中。此外,国家电力公司规划建设 12 座以上 50 MW 槽式 CSP 电站,拟装在南部。预计 2013 年底前,西班牙上网累计容量将达到 2 225 MW(其中 94%为槽式电站)。德国 SBP 公司从 1984 年以来一直在进行碟式太阳能热发电技术的研究和开发,并成功地在沙特阿拉伯建造 2 套发电系统,所用的聚光器直径为 17 m,发动机功率为 50 kW。随后,该公司又建造了 5 台聚光器直径为 7.5 m、功率为 9 kW 的碟式太阳能热发电系统。意大利在西西里岛建造的阿基米德(Archimede)槽式太阳能热电站,太阳能净发电功率为 5 MW,其集热器传热介质为熔融盐,可产生 550℃过热蒸汽,是世界上第一座熔融盐槽式电站。由欧盟资助的 SOLCATE 计划正在研制一个太阳能互补的燃气轮机发电系统,在接收器里燃气轮机压气机出口高压空气被太阳能辐射加热到 800℃,可大幅度减少化石燃料消耗。在欧盟 2010 年 6 月发布的《太阳能热电 2025》中指出,到 2025 年,太阳能热发电的累计装机容量将达到 6 000 万到 1 亿 kW。

6.3 在非洲和中东地区

阿布扎比 100 MW Shams-1 电站是第一座太阳能热发电站。以色列最早进行太阳能热池发电技术的研发,于上世纪 70 年代在死海沿岸先后建造了 3 座太阳能热池电站,提供了全国 1/3 的用电量。以色列太阳能热电站建造商 Solel 公司于 1992 年接收了 LUZ 公司的技术,并在澳大利亚建造一座 70 MW 的槽型太阳能热发电装置。悉尼奥运会期间,Solel 公司和米尔斯公司合建一个太阳能热发电的联合体,为奥运村旅馆和运动会主会场提供 10 MW的电力。以色列计划到 2015 年建设 500 MW、聚光型太阳能热发电站。

6.4 美国

早在上世纪 80 年代,已在加州西部沙漠地区建立巴斯脱(Besto)塔式 10 MW_P。Solar One 太阳能热电站,塔高 80m,工质水蒸气,朗肯循环,蓄热是油加岩石。20 世纪 80 年代末正式投入运行,至今运行良好。以后至 2004 年先后建造了 Solar Two,定日镜两种:40 m^2 有 1 818 块,95 m^2 有 108 块,总面积为 87 980 m^2,即$(8\times40\ m^2)+(108\times95\ m^2)$之和,反射总面积 82 910 m^2,发电功率 20 MW_P。Solar Three 定日镜一种,95 m^2,有 2 493 块,其面积为$96\ m^2\times2\ 493=238\ 325\ m^2$,反射总面积 239 328 m^2,50 MW_P。

在南加洲,从 1981 年至 1991 年 10 年间在 Mojave 沙漠先后建造 9 座槽式太阳能热发电总容量 353.8 MW_P,蒸汽循环,总投资 12 亿美元,年总发电量 8 亿 kWh,上网电价 14～

17 美分/kWh,综合转换效率 14%,至今仍在运行中。

1982 年,在加州的碟式太阳能热发电斯特林发动机,聚光器 ϕ11 m,320 个小镜面,镜面总面积 89 m^2,焦距 6.6 m,工作温度 1 090℃,接收器采用热管技术,系统效率很高(可达 30%),目前达 27%。斯特林发动机光热转换效率达 85%,成本为 5 万/kW。在美国 SES 和 SCE 总装机容量 500~950 MW_P。

6.5 常规太阳能热发电的前景

从已建造的五种常规太阳能热发电(SES)系统的研发和运营经验可看出,目前只有槽式线聚焦系统实现了商业化,其他几种都处于示范或试验阶段,但都有实现商业化前景。大量运行经验表明,太阳能热发电在技术上可行,但投资过大且降低造价十分困难,是导致其发展缓慢的主要原因。槽式太阳能热发电站的功率可至 1 000 MW,是所有太阳能热发电站中功率最大的,其年收益也最高;塔式太阳能热利用发电站的功率可至 100 MW,在商业上还不如槽式系统成熟,但高温塔式系统适宜于太阳能互补(SCE)的联合循环模式及与燃气轮机(ISCC)混合发电,且呈现最具市场化前景;碟式太阳能热发电系统功率 5~50 kW(可多个并列),多用于流动场所或分布式发电,应用范围大,还可代替柴油发电机组。

7. 中国太阳能热发电

7.1 中国太阳能热发电"十二五"规划

我国太阳能热发电发展晚于国外,近来受到国家的重视。2012 年 7 月 7 日,国家能源局公布了太阳能热发电"十二五"规划(2011—2015),如表 2 所示。

表 2 太阳能热发电"十二五"规划

	2015 年		2020 年
	建设规模	重点地区	建设规模
太阳能热发电	100 万 kW	在日照条件好、可利用土地面积广、具备水资源条件地区,开展热发电项目示范	300 万 kW

在内蒙古鄂尔多斯高地沿黄河平坦荒漠,甘肃河西走廊、平坦荒漠,新疆、吐哈盆地和塔里木盆地地区,西藏拉萨、青海、宁夏等地,选择适宜地点开展太阳能热发电示范项目建设,提高高温集热管、聚光镜等关键技术的系统集成和装备制造能力。

7.2 中国太阳能热发电发展简况

我国太阳能热发电技术发展始于 20 世纪 70 年代中期,一些高等院校和科研单位,对太阳能热发电技术做了不少应用性基础研究,如天津建造了一套功率为 1kW 的塔式太阳能热发电模拟实验装置,上海建造了一套功率为 1 kW 的平板式低沸点工质太阳能热发电模拟实验装置,北京中科院电工所建立了一套 1 kW 碟式太阳能聚光装置(CSP)等。

- 70 年代末,湘潭电机厂和美国合作,用合金铝制造直径为 7.5 m 的聚光镜,建成 3 kW 碟式太阳能热发电实验装置。
- 2005 年 11 月,河海大学、南京春辉科技实业有限公司与以色列合作,在南京市江宁建成我国首座 70 kW 塔式太阳能热发电系统,并成功发电。
- 2010 年 6 月,国电青松吐鲁番 180 kW 槽式太阳能热发电并网发电,总投资 1 500 万元。

• 中广核在青海德令哈 50 MW 槽式太阳能热发电项目于 2012 年动工，占地 246 hm^2，总投资 25 亿元，年发电 2 亿 kWh，24 h 全天候发电，电源稳定度接近火电。

• 2010 年 7 月，皇明集团与中科院、华电集团合作，在山东德州建设我国首座 2.5 MW 线性菲涅尔式太阳能热发电站。聚光面积 2 700 m^2，输出温度 320℃，2010 年年底完成建设。

• 2010 年 10 月，大唐天威(甘肃矿区)10 MW 太阳能热发电试验示范项目举行开工奠基仪式。

• 2011 年 6 月，国电青松吐鲁番新能源有限公司 180 kW 槽式太阳能热发电中试装置成功并网试运。

• 2011 年，内蒙古鄂尔多斯市 50 MW 槽式太阳能项目开标，这是我国首个光热发电特许权招标项目。

• 2012 年 8 月，我国首座 1 MW 级塔式太阳能热发电实验电站 1 MW 在北京延庆调试发电成功。

• 2013 年，青海省西蒙古族藏族自治州德令哈市柴达木盆地，我国首座商业运营示范塔式太阳能热发电建成发电，一期 10 MW_P，投资 2.1 亿元，总容量 50 MW_P，总投资 9.96 亿元，预计 2014 年建成。

8. 太阳能与其他能源互补(ISCC)发电的信息

鉴于早期利用蓄热系统的单纯太阳能热电站存在投资和发电成本高以及蓄热技术还不够成熟等问题，同时为减少传统化石能源发电造成的环境污染和耗量及提高能源利用率，国内外纷纷开展了太阳能与化石能源互补的朗肯循环、布雷顿循环以及联合循环发电技术研究与开发。从多种角度看，太阳能与其他能源互补的系统，呈现出很大的优势和潜力，国内外都在研发与建设。

8.1 太阳能热能互补联合循环(ISCC)发电

• 德国空间技术研究中心(DLR)较早提出 ISCC 发电概念，用联合循环中的余热锅炉代替 SEGS 中的辅助锅炉，由太阳能和余热锅炉同时供给汽轮机用汽，它在无太阳能时仍以常规联合循环方式运行，有较高的能量转换效率。

• 国际环境基金会(GEF)积极推荐 ISCC 技术，从 2000 年开始广泛资助摩洛哥、埃及、墨西哥等发展中国家建设 ISCC 电站。表 3 列出了世界上若干已建或在建的 ISCC 电站。

• 伊朗 Yazd 的 467 MW 太阳能热互补的联合循环电站也是世界上最早(2005 年)运行的 ISCC 电站之一，其中太阳能净发电功率为 17 MW。伊朗还计划将中部 Yazd 地区 2000 年投产的两台燃气轮机发电机组改为 ISCC。

• 阿尔及利亚计划新建 500 MW ISCC 电站，其中位于北部 Hassi 地区电站于 2009 年开始建设，由 150 MW 联合循环机组及其抛物槽式太阳能聚光装置(太阳镜 18 万 m^2，25 MW)组成，传热介质进口温度 293℃，出口温度 393℃，太阳能主要用于汽轮机循环部分。

• 摩洛哥 ISCC 电站位于东部，机组总容量 250 MW，太阳能额定负荷 20 MW，最大负荷 30 MW，太阳镜场面积 22.6 万 m^2，入口油温为 295℃，出口油温为 395℃，全年发电量 17.8 亿 kWh。

表 3　世界若干典型太阳能热发电与 ISCC 电站

国家 地点 / 型号 时间	容量/太阳能部分电量(MW)	集热类型 太阳场面积/(m^2) 介质工质温度	热力循环类型	互补方式 系统类型	性能或 互补效益	备注
美国,CA Kramer SEGS Ⅵ 1989	30/30	槽式 18.8 万 导热油 391℃	太阳能基朗肯循环 10 MPa/510℃,带再热	天然气补燃	年均光电效率 13.6%	3 204 美元/kW
美国,Barstow Solar Two 1999	10/10	塔式 8.1 万 熔盐 565℃	太阳能基朗肯循环 10 MPa/510℃	天然气补燃	年均光电效率 7.7%	塔高 73 m
西班牙,Andasol-1 2009	50/50	槽式 51 万 熔盐 393℃	太阳能基朗肯循环 10 MPa/510℃	天然气补燃	年均光电效率 16%	
西班牙,Sanlucar MPS-10 2007	11/11	塔式 7.49 万 空气 680℃	太阳能基朗肯循环 4 MPa/250℃	天然气补燃	年均光电效率 13.2%	3 500 美元/kW,塔高 115 m
伊朗,Yazd 2005	467/17		天然气基 9E 型联合循环	太阳能热互补蒸汽循环		
阿尔及利亚,Hassi RMel 2009	150/25	槽式 18 万 导热油 393℃	天然气基联合循环	太阳能热互补蒸汽循环		
摩洛哥,Ain Beni Mathar 2009	250/20	槽式 22.6 万 导热油 395℃	天然气基联合循环	太阳能热互补蒸汽循环		
埃及,Kuraymat 2007	150/32	槽式 22 万 导热油 395℃	天然气基联合循环	太阳能热互补蒸汽循环	联合循环效率提高 10%	总投资 2.12 亿美元
意大利,Siracusa,Archimede Project 2010	730/4.7	槽式 8 万 熔盐 580℃	天然气基联合循环	太阳能热互补蒸汽循环	年均光电效率 15.1%	减排 CO_2 3 250 t/年
墨西哥,Sonora State 2006	300/30	槽式	天然气基联合循环	太阳能热互补蒸汽循环		
印度,Mathania 2006	150/30	槽式	天然气基联合循环	太阳能热互补蒸汽循环		
美国,Indiantown,FL 2010	1 125/75	槽式 202 万	天然气基联合循环	太阳能热互补蒸汽循环		
美国,Palmdale,CA 2013	570/50	槽式 153 万	天然气基联合循环	太阳能热互补蒸汽循环		在建
德国,REFOS 项目 20 世纪 90 年代	250/72.5	容积式接收器,集热 800℃/1.5 MPa	天然气基联合循环 燃气初温 1 300℃	太阳能热互补布雷顿循环	节约燃料 16.1%	
德国,DLR 概念项目 1998	200/50	集热 850～1 000℃	天然气基联合循环	太阳能热化学互补	节约燃料 17%	
美国,Colorado 2010	49/1	槽式 0.7 万	煤基朗肯循环	太阳能加热锅炉给水	降低煤耗 3%～5%	更新投资 450 万美元
中国,三亚 2012	13.2/1.5	菲涅尔式 1 万	天然气基联合循环	太阳能热互补蒸汽循环	集热系统效率 55% 替代部分天然气	
中国,北京 2012	1/1	塔式 1 万, 导热油 390℃	太阳能基朗肯循环 2.4 MPa/390℃	天然气补燃	发电效率 24%	

• 埃及2007年在Kuraymat建设一座150 MW ISCC电站，其太阳镜场面积22万m^2，燃气轮机容量80 MW，汽轮机70 MW(带太阳能发电)和38 MW(不带太阳能发电)，全年发电量9.8亿kWh，接受太阳辐射量225 GWh/a，实际利用64.5 GWh/a，实际太阳能利用效率达到28.7%，项目总成本为2.12亿美元。晚上，它以常规燃用天然气的联合循环方式运行产生约118 MW电力；而白天，使用太阳能把装置的功率提升到150 MW。

• 美国在科罗拉多州(Colorado)帕利塞德建设世界上第一座常规燃煤火电改造成太阳能光热与燃煤互补的联合发电站，机组容量为49 MW，太阳能部分设计电力为1 MW。这是一个示范工程，于2010年6月改造后正式成功并网，验证了太阳能光热与常规火电机组联合发电的可行性。为常规化石燃料电站的太阳能热互补的技术更新改造也受到国内外的关注。

8.2 太阳能热化学互补发电

• 太阳能与化石燃料"热化学互补"发电技术研究始于上世纪90年代，德国和瑞士科学家们提出高温太阳热能与天然气重整相结合的发电系统，着眼于900～1 200℃的高温太阳热化学互补的转化和利用。2003年，德国启动了国家能源计划，建设太阳能重整甲烷的联合循环发电示范工程与开展相关研究。瑞士也在国家计划资助下，开展太阳能—天然气重整的能源动力系统研究。德国和瑞士科学家们开辟了高温太阳能热化学利用的新方向。我国金红光团队也在研究相关引领中低温太阳能与化石燃料互补发电的新方向。

• 2011年，我国一座ISCC电站在宁夏盐池破土动工，规划容量92.5 MW，预计2013年建成投产。

• 2012年，华能集团在三亚国际旅游岛建成一个太阳能互补的联合循环电站，它是在原有燃用天然气的燃气轮机联合循环基础上，增加1.5 MW发电能力的菲涅尔式聚光装置改造而成。

• 2012年5月，国电新疆艾比湖流域开发有限公司负责开发的新疆ISCC发电项目正式启动，规划装机容量59 MW，其中光热发电容量约占20%，天然气发电容量约占80%。

9. 结语

1. 进入21世纪，全球能源结构从以化石能源为主转向化石能源与新能源(含核能、可再生能源)共同发展多元格局，最终转向以新能源(核能)和可再生能源(含水能、生物质能、太阳能、风能等)为主的能源生产和消费模式。目前，为缓解环境污染、雾霾天气，积极发展可再生能源，其中风力发电和光伏发电发展迅速，但已开始呈现产能过剩难以消纳现象，且光伏成本偏高，国际竞争激烈，产业将面临巨大风险，因而引起国内外学者重视太阳能热发电，认为它是解决中长期能源问题的主力能源之一。但是，太阳能热发电的许多关键技术和系统集成理论都有待突破，目前突出问题是聚光装置成本高，在不稳定太阳辐射下的系统光学转换效率和热功转换效率都很低，有待进一步提高。

2. 本文扼要叙述了国内外太阳能热发电技术发展概况；聚焦太阳能中高温槽式、塔式和碟式与非聚焦太阳能(低温)的热池和热气流发电五种常规发电方式。

3. 在常规太阳能热发电，因太阳能不稳定、光学转换率和热功转换率都较低的情况下，国内外许多学者和研发单位还注意到了常规化石能源发电带来的环境污染和不可持续等棘手难题，研发了太阳能与化石能源互补耦合利用，是破解其困境的重要途径，从而报道了国内外太阳能热互补、太阳能热化学互补发电研发的信息，供同仁参考。

参考文献

[1] 中华人民共和国国家能源局. 太阳能发电"十二五"规划(2011—2033). 2012年7月7日

[2] 袁建丽，林汝谋，金红光等. 太阳能热发电系统与分类(1). 太阳能，2007(4)：30-33

[3] 陈玮，刘建忠，沈望俊等. 太阳能热发电系统的研究现状综述. 热力发电，2012，41(4)：17-22

[4] 胡其颖. 太阳能热发电技术的进展及现状[J]. 能源技术，2005，26(5)

[5] A. Kribus，R. Zaibed，D. Carey，A. Segal，Asolar-Driven Combined Cycle Power Plant[J]. Solar energy，1998，62(2)：121-129

[6] 林汝谋等. 太阳能互补的联合循环(ISCC)发电系统. 燃机技术，2013，26(2)

[7] 钟史明. 塔式太阳能热发电介绍. 热电技术，2012(4)

[8] 钟史明. 太阳能光伏发电概述与预测. 热电技术，2012(4)

塔式太阳能热发电介绍

钟史明

（东南大学能源与环境学院　210096）

摘　要： 本文介绍了塔式太阳能热发电系统的组成，主要阐述聚光子系统、接收子系统（接收器）和国内外现状。

关键词： 太阳能　光热发电　塔式　定日镜　接收器

1. 前言

能源、资源和环境是人类赖以生存的物质基础。当今世界正面临能源紧张、资源匮乏、环境污染的严峻挑战，并已成为世界社会经济动荡和争抢能源引发局部战争的根源。为了摆脱这些困境，世界各国特别是先进国家都在调整能源结构，走新能源、低碳、无碳绿色能源可持续发展的道路。太阳能是清洁能源，是“取之不尽”的能源，是21世纪最具发展的新能源。

太阳能发电分两大类——光伏发电和光热发电，前者又分为晶硅电池发电与薄膜电池发电两种；后者又分为塔式、槽式和碟式三种。进入21世纪以来，全球光伏发电持续快速健康发展，经过2008年的世界金融危机洗礼，光伏发电成本愈来愈低，补充与替代常规能源发电的地位愈显突出和重要。进入21世纪后，我国光伏产业飞速发展，到2007年我国已跃居太阳能电池产量世界首位，2009年底占世界市场37.6%。当年装机容量约160 MW_P，截至2009年底累计装机容量约300 MW_P，但光伏市场发展十分缓慢。尽管2009年装机容量超出此前的累计容量，但产量相比，只是当年产量的4%。因此开拓光伏市场仍是我国光伏发电产业中存在的重大课题。近几年，国际市场竞争激烈，美国对我国实行反倾销政策，我国企业据理力争，告上WTO，至今尚未完全解决。

太阳能热发电是光伏发电的另一种形式。早在上世纪80年代末美国已在加州西部沙漠地区建立了10 MW_P Solar One太阳能热电站。我国在2007年已在南京江宁开发区建立了70 kW塔式太阳能试验电站。并悉2010年，我国五大发电公司在我国西部开始筹建一些太阳能热发电站，规模从50 MW到500 MW不等，同时，国家发改委已于2011年6月正式实施《产业结构调整指导目标》(2011年版)，其中在新能源门类中，太阳能热发电处于重点扶持发展的位置。所以这种发电方式正处于启动阶段，故本文给予介绍，供参考。

2. 塔式太阳能热发电基本原理与组成

2.1　塔式太阳能热发电基本原理

太阳能热发电是利用聚光太阳能集热器把太阳能辐射能聚集起来，加热工质推动原动机发电的一项太阳能利用技术。塔式系统主要由多台定日镜(具有微弧度的平面反射镜)组成定日镜场,将太阳能辐射,反射集中到1个高塔顶部的高温接收器上,转换成热能后,传给工质升温,经过蓄热器,再输入热力发动机,驱动发电机发电。按太阳能采集方式不同,主要分为塔式、槽式和碟式3种。今介绍塔式太阳能热发电。

2.2 塔式太阳能热发电的组成

它包括下列5个子系统:

• 聚光子系统——由巨大的定日镜群(场)和太阳能跟踪控制组成。

• 集热子系统——竖塔高度取决于电站容量;接收器,分外露式(间接加热)和空腔式(直接加热)两种。

• 发电子系统——按吸热工质是水还是气体,选用汽轮发电机组还是燃气发电机组,与常规发电相似。

• 蓄热子系统——因太阳能随白天时间、晴阴不同而异,为了均衡发电,必须装设蓄热器以平衡发电。

• 辅助能源子系统——夜里和雨天由辅助能源系统供电。

以上5个子系统中,聚光子系统与集热子系统为其组成核心技术,故较详阐述如后。

2.3 聚光集热子系统

由定日镜群(场)和太阳辐射跟踪系统组成。定日镜是一种由镜面(反射镜)、镜架(支撑结构)、跟踪控制系统、跟踪传动机构等组成的聚光装置,用于跟踪接收到聚集反射太阳光线进入位于接收塔顶部的集热器内,是塔式太阳能热发电站的主要核心技术和装置。如图1、图2所示。

图1 美国Solar One塔式太阳能热发电站

图2 镜面积120 m^2 的定日镜(西班牙研制)

为确保塔式太阳能热发电站的正常、稳定、安全和高效运行,定日镜的总体性能应达到如下基本要求:镜面反射率高,平整度误差小;整体结构机械强度高,能够抵御8级台风袭击;运行稳定,聚光定位精度高;操控灵活,紧急情况可快速撤离;可全天候工作;可大批量生产;易于安装和维护工作,寿命长,成本低等。

根据上述基本要求可知,单台定日镜的面积不宜过大,否则在技术上是不合理甚至是不可行的。因此,塔式太阳能热发电站常设有大量台数的定日镜,并构成庞大的定日镜阵列(或称镜场)。例如:Solar One中有40 m^2 定日镜1 818台,镜面总反射面积72 540 m^2;Solar Two共有定日镜1 926台,其中40 m^2 定日镜1 818台,95 m^2 定日镜108台,镜面总面积82 980 m^2;Solar Three共有96 m^2 定日镜2 493台,镜面总面积达239 328 m^2;PS10电站有624台121 m^2 大型定日镜,镜面总面积75 504 m^2;Eurelios的镜场中共有182台32 m^2定日镜,镜面总面积6 200 m^2。

定日镜在电站中不仅数量最多、占据场地最大，而且是工程投资的重头。美国 Solar Two 电站的定日镜建造费用占整个电站造价的 50%以上。虽然近年来定日镜成本已经不断降低，但在 2004 年建成的 Solar Three 塔式太阳能热发电系统中，定日镜建造费用仍是构成工程总成本的最大部分，达 43%。因此，降低定日镜建造费用，对于降低整个电站工程投资是至关重要的，仍是今后一个重要的研发方向。

目前，定日镜的研究开发以提高工作效率、控制精度、运行稳定性和安全可靠性以及降低建造成本为总体目标。现分别针对定日镜各组成部分，综述其研发现状及关键技术问题。

2.3.1　反射镜

反射镜是定日镜的核心组件。从镜表面形状上讲，主要有平凹面镜、曲面镜等几种。在塔式太阳能热发电站中，由于定日镜距接收塔顶部的太阳能接收器较远，为了使阳光经定日镜反射后不致产生过大的散焦，把 95%以上的反射镜阳光聚集到集热器(接收器)内，目前国内外采用的定日镜大多是镜表面具有小弧度(16′)的平凹面镜。

从镜面材料上分为两种反射镜：① 玻璃反射镜。目前已建成投产的塔式热电站的定日镜以及待建、拟建的塔式热电项目等均采用玻璃反射镜。它的优点是重量轻，抗变形能力强，反射率高，易清洁等。目前，玻璃反射镜采用的大多是玻璃镀银背面反射镜。由于银的太阳吸收比低，反射率可达 97%，所以银是最适合用于太阳能反射的材料之一。但由于它在户外环境会迅速退化，因此必须予以保护。② 张力金属膜(Stretched Metal Membrane)反射镜(如图 3)，其镜面是用 0.2～0.5 mm 厚的不锈钢等金属材料制作而成的，可以通过调节反射镜内部压力来调整张力金属膜的曲度。这种定日镜的优点是其镜面由整面连续的金属膜构成，可以仅仅通过调节定日镜的内部压力调整定日镜的焦点，而不像玻璃定日镜那样由多块拼接而成。这种定日镜自身难以逾越的缺点是反射率较低，结构复杂。另外，反射镜面要有很好的平整度；整体镜面的型线要有很高的精度，一般加工误差不要超过0.1 μm；整个镜面与镜体要有很高的机械强度和稳定性。

图 3　张力金属膜定日镜

由于反射镜面是长期暴露在大气条件下工作的，不断有尘土沉积在表面，从而大大影响反射面的性能。因此，如何保持镜面经常清洁，目前仍是所有聚光集热技术中面临的难题之一。一种方法是在反光镜表面覆盖一层低表面张力的涂层，使其具有抗污垢的作用。但经验表明，在目前技术条件下，唯一有效可行的方法还是采用机械清洗设备，定期对镜面进行清洗。

2.3.2　镜架及基座

考虑到定日镜的耐候性、机械强度等原因，国际上现有的绝大多数塔式太阳能热发电站都采用了金属定日镜架。定日镜架主要有两种：① 钢板结构镜架，其抗风沙强度较好，对镜面有保护作用，因此镜本身可以做得很薄，有利于平整曲面的实现；② 钢框架结构镜架(如图 4)，这种结构减小了镜面的重量，即减小了定日镜运行时的能耗，使之更经济。但这种结构带来了新问题，即镜面支架与镜面之间的连接既要考虑不破坏镜面涂层，又要

图 4　西班牙 120 m² 定日镜的背面

考虑镜子与支架之间结合的牢固性，还要有利于雨水顺利排出，以避免雨水浸泡对镜子的破坏。目前，对此主要采取以下三种方法：在镜面最外层防护漆上粘贴陶瓷垫片，用于与支撑物的连接；用胶粘结；用铆钉固定。

定日镜的基座有独臂支架式的（如图 2），也有圆形底座式的（如图 3）。独臂支架式定日镜的基座有金属结构和混凝土结构两种；而圆形底座式定日镜的基座一般均为金属结构。独臂支架式定日镜具有体积小、结构简单、较易密封等优点，但其稳定性、抗风性也较差，为了达到足够的机械强度，防止被大风吹倒，必须消耗大量的钢材和水泥材料为其建镜架和基座，建造费用相当惊人；圆形底座式定日镜稳定性较好，机械结构强度高，且运行能耗少，但其结构比独臂支架式复杂，而且其底座轨道的密封与防沙问题至今尚未完全解决。

2.3.3 跟踪传动机构

目前，定日镜跟踪太阳的方式主要有两种：方位角—仰角跟踪方式和自旋—仰角跟踪方式。前者是指定日镜运行时采用转动基座（圆形底座式）或转动基座上部转动机构（独臂支架式）来调整定日镜方位变化，同时调整镜面仰角的方式。后者是指采用镜面自旋，同时调整镜面仰角的方式来实现定日镜的运行跟踪。

定日镜的传动方式多采用齿轮传动、液压传动或两者相结合的方式。目前采用的多是无间隙齿轮传动或液压传动机构。在定日镜的设计研制中，传动部件的密封防沙和防润滑油外泄等也是重要环节。传动系统选择的主要依据是：消耗功率最小、跟踪精确性好、制造成本低、能满足沙漠环境要求、可模块化生产、密封符合美国 IP54 标准等。

2.3.4 控制系统

定日镜的控制系统，使得定日镜实现将不同时刻的太阳直射辐射全部反射到同一个位置的目标。太阳光定点投射的含义是：定日镜入射光线的方位角和高度角均是变化的，但目标点的位置不变。从实现跟踪的方式上讲，有程序控制、传感器控制以及程序、传感器混合控制三种方式。程序控制方式，就是按计算的太阳运动规律来控制跟踪机构的运动，其缺点是存在累积误差。传感器控制方式，是由传感器实时测出入射太阳辐射的方向，以此控制跟踪机构的运动，其缺点是在多云的条件下难以找到反射镜面正确定位的方向。程序、传感器混合控制方式实际上就是以程序控制为主，采用传感器实时监测作反馈的“闭环”控制方式，这种控制方式对程序进行了累积误差修正，使之在任何气候条件下都能得到稳定而可靠的跟踪控制。图 5 即为“闭环”控制方式的原理流程框图。

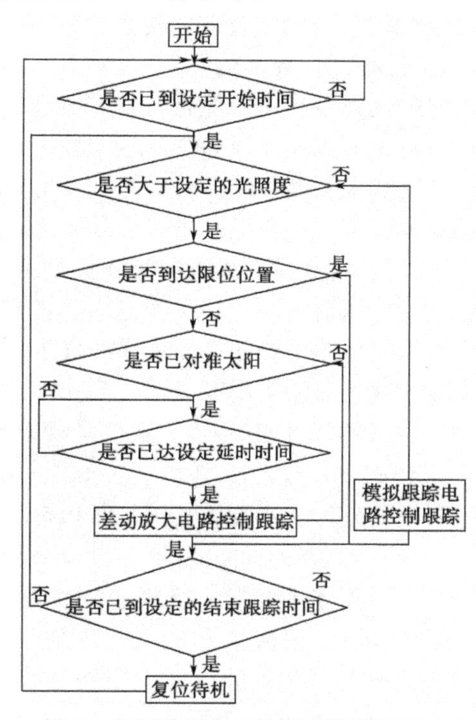

图 5　闭环控制方式的原理流程框图

目前广泛采用的跟踪控制方式是“开环”方式，即利用时钟来控制定日镜的转动角度。从上世纪 80 年代美国的 Solar One 到 2005 年西班牙的 PS10 均采用了这种控制方式。而以程序控制为主，采用传感器瞬时测量值反馈的“闭环”控制方式，虽然在任何气候条件下都能得到稳定而可靠的跟踪控制，但由于成本和可靠性等问题，一直没有被规模化广泛使用。

2.4 集热子系统(接收器)

塔式太阳能热发电中，太阳能接收器是实现发电最为关键技术，它将定日镜所捕捉、反射、聚焦的太阳能直接转化为可利用的高温热能，为发电机组提供动力源，从而实现热发电。

接收器装在塔顶、塔高由电站容量与定日镜面积和数量决定。

塔式太阳能接收器分为间接照射与直接照射两大类。

2.4.1 间接照射太阳能接收器(Indirectly Irradiated Receiver)

间接照射太阳能接收器也称外露式太阳能接收器，其主要特点是接收器向载热工质的传热过程不发生在太阳照射面，工作时聚焦入射的太阳能先加热受热面，受热面升温后再通过壁面将热量向另一侧的工质传递。管状接收器(Tubular Receiver)属于这一类型。

如图6所示管状接收器由若干竖直排列的管子组成，这些管子呈环形布置，形成一个圆筒体，管外壁涂以耐高温选择性吸收涂层，通过塔体周围定日镜聚焦形成的光斑直接照射在圆筒体外壁，以辐射方式使得圆筒体壁温升高；而载热工质从竖直管内部流过，在管内表面，热量以导热和对流的方式从壁面向工质传输，工质获得热能成为可利用的高温热源。这种接收器可采用水、熔盐、空气等多种工质，流体温度一般在100～600℃，压力≤120 atm，能承受的太阳能能量密度为1 000 kW/m^2。

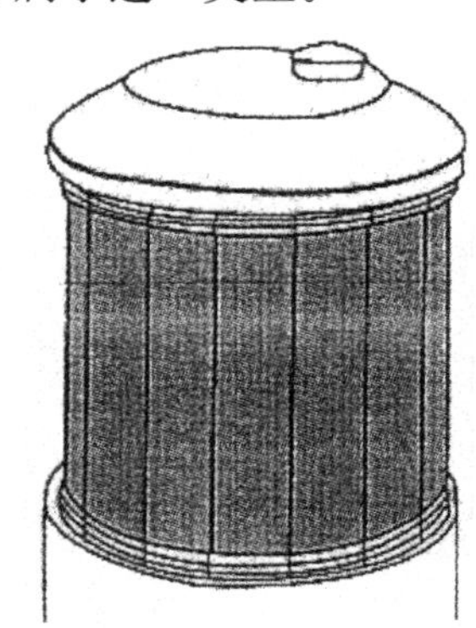

图6 表面式太阳能接收器

管状太阳能接收器的优点是它可以接收来自塔四周360°范围内定日镜反射、聚焦的太阳光，有利于定日镜镜场的布局设计和太阳能的大规模利用。但是，由于其吸热体外露于周围环境之中，存在着较大的热损失，热效率相对较低。

管状太阳能接收器的应用代表是美国的塔式热发电电站 Solar One 和 Solar Two，两者的主要区别在于流经接收器的载热工质不同，分别为水和熔盐。

2.4.2 直接照射太阳能接收器(Directly Irradiated Receiver)

直接照射太阳能接收器也称空腔式接收器，这类接收器的特点是接收器向工质传热与入射阳光加热受热面在同一表面发生，同时，空腔式接收器内表面具有几近黑体的特性，可有效吸收入射的太阳能，从而避免了选择性吸收涂层的问题。但采用这类接收器时，由于阳光只能从其窗口方向射入，定日镜场的布置受到一定的限制。空腔式接收器工作温度一般在500～1 300℃之间，工作压力≤30 atm。直接照射太阳能接收器主要分为无压腔体式接收器和有压腔体式接收器两种。

(1) 无压腔体式接收器(Volumetric Receiver)

无压腔体式太阳能接收器对其吸收体通常要求具有较高的吸热、消光、耐温性和较大比表面积、良好的导热性和渗透性。如图7，早期的腔体式太阳能接收器采用金属丝网作为吸收体，具有较大吸收表面的多孔结构金属网吸收体装于聚焦光斑处或稍后的位置。从周围吸入的空气在通过被聚焦光照射的金属网时被加热至700℃。由于多采用空气作为传热介质，腔体式太阳能接收器具有环境好、无腐蚀性、不可燃、容易得

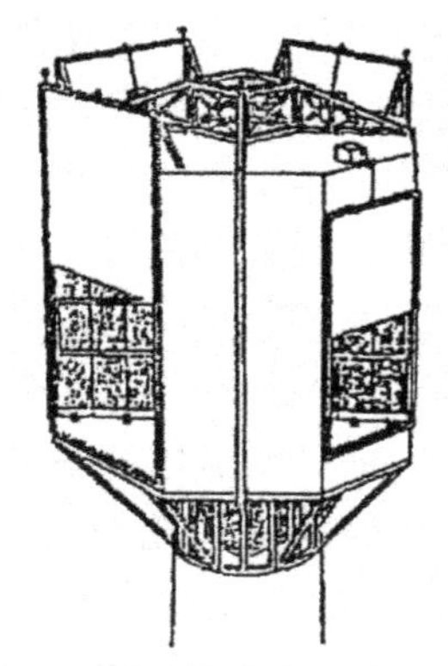

图7 无压腔体式太阳能接收器

到、易于处理等特点,其最主要优点是结构简单。但采用空气载热存在热容量低的缺点,一般其性能不高于管状接收器。由于无压腔式接收器所吸入周围空气流经吸收体时近乎层流流动而不是湍流,对流换热过程相对较弱,不稳定的太阳能容易使吸收体局部温度剧烈变化产生热应力,甚至超温破坏接收器,因此该型接收器所承受的太阳能能量密度受到限制,通常为 500 kW/m²,最高不超过800 kW/m²。近几年采用合金材料金属网或陶瓷片作为吸收体使其性能得到一定的提高。

(2) 有压腔体式接收器(Pressured Volumetric Receiver)

如图 8,有压腔体式接收器的结构与无压腔体式接收器的结构大体相似,区别在于压力腔体式接收器加装了一个透明石英玻璃窗口,一方面使聚焦太阳光可以射入接收器内部,另一方面可以使接收器内部保持一定的压力。提高压力后在一定程度上带来的湍流有效地增强了空气与吸收体间的换热,以此降低吸收体的应力。有压腔体式接收器具有换热效率高的优点,代表着未来发展方向。但窗口玻璃要同时具有良好的透光性和耐高温及耐压的要求,在一定程度上制约了它的发展。近来,以色列在该技术上有了较大的进展(如图 9),其开发研制的有压腔体式接收器 DIAPR(Directly Irradiated Annular Pressurized Receiver)采用圆锥形高压熔融石英玻璃窗口,内部主要构件为安插于陶瓷基底上的针状放射形吸收体,可将流经接收器的空气加热到 1 300℃,所能承受的平均辐射量为 5 000～10 000 kW/m²,压力为 15～30 bar,热效率可达 80%。

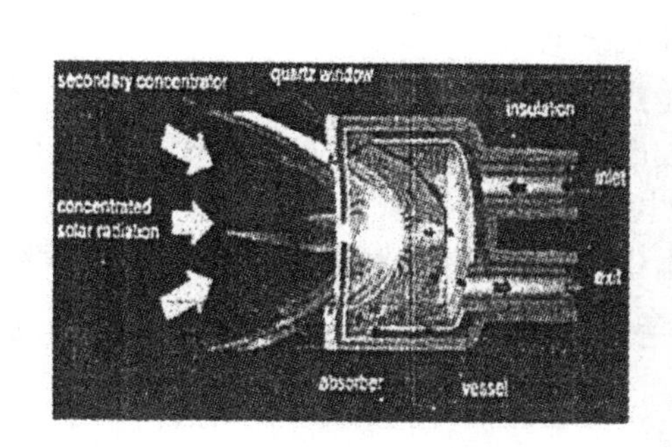

图 8　有压腔体式接收器

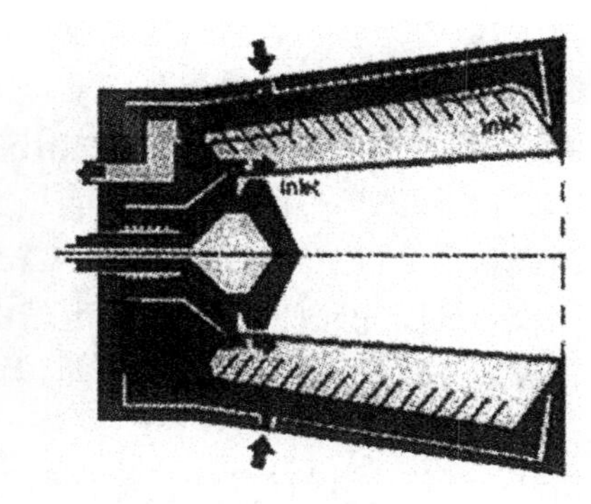

图 9　DIAPR 有压腔体式接收器

2.5　发电子系统

太阳能从定日镜反光镜镜群聚集反射到塔顶接收器中加热工质,由于被加热工质的不同,一般分水和压缩空气,采用水为工质的选用类似常规蒸汽朗肯循环的蒸汽轮机驱动发电机发电子系统,采用压缩空气类似常规伯列顿循环的燃气轮机驱动发电机发电子系统。所以发电子系统基本上属常规发电成熟设备,故从略。

2.6　蓄热子系统与辅助能源子系统

太阳光辐射强度随着季节不同,白天早、中、晚和天空有无云彩、晴天、雨天、阴雾等等不同而异。而热发电系统,希望均衡稳定,所以太阳能热发电站设有蓄热子系统和辅助能源子系统。蓄热子系统把太阳聚集的辐射能高于设计负荷的工质热能送入蓄热器中给予储存,当聚光接收器接收太阳辐射低于设计负荷时,由蓄热器储存的热能给予补足,使发电机组基本处于设计负荷上,使负荷稳定运行效率较高。当没有太阳的时间,如黑夜和雨天,太阳能热发电系统设有辅助能源系统,如设有天然气燃气轮机发电,或小型柴油机发电子系统,当太阳能不发电时，由它们供给电用户。这两种子系统和常规热力发电厂系统与其蓄热器和工业余热利用蓄热器基本相同，蓄热器有显热式（如岩石或汽水型）、潜热式（相变型如钠盐）和化学式（吸热与放热反应），介绍从略。

3. 国内外简况

3.1 国内

塔式太阳能热发电站，国内起步较晚，正在开发研究示范阶段。

3.1.1 南京江宁开发区 70 kW 塔式太阳能热发电实验示范电站

为了探索塔式太阳能热发电系统的研发，南京市科技局于 2004 年、2005 年和 2006 年三次下达攻关任务，立项支持南京春辉科技实业有限公司、河海大学新材料新能源研究开发院与以色列魏兹曼科学研究院、以色列 EDI 公司合作，开发此种方式太阳能热发电站，累计资助 300 万元。

该电站主要由 32 台定日镜（32×20 m^2）场、33 m 塔高和以色列提供有压腔体式接收器、小型燃气轮机发电机组（美国 Honeywell 公司的 Parallon 75 机型）以及相应的水冷却系统、天然气供应系统、集成控制系统等组成。其中定日镜装置主要起聚集阳光的作用，腔体式吸收器主要吸收定日镜采集的太阳能聚焦来加热具有一定压力的空气，高温有压空气入燃烧室燃烧，燃烧产物燃气入燃气轮机驱动发电机发电。2007 年几经调试运行，未果而终。

3.1.2 北京延庆塔式太阳能热发电示范试验电站

2011 年 7 月 19 日，北京延庆塔式太阳能热发电站加载试验成功，随时可以投入发电。按设计，该电站是亚洲第一座塔式太阳能热发电站。发电容量 1 MW，属于示范项目。该电站作为我国首座具有自主知识产权的光热发电站，属于国家 863 计划，于 2006 年立项，2008 年获国家发改委批准并允许并网发电，电站由中科院、皇明太阳能股份有限公司和华电集团等单位联合设计并建设，总投资 1.2 亿元，但至今仍未验收。

3.2 国外

20 世纪 80 年代，美国已开始在加州西部沙漠地带建造巴斯脱（Besto）塔式太阳能光热电站，用了美福特公司玻璃厂浮法生产低铁太阳能玻璃 90 000 m^2，发电功率 10 MW。该太阳能玻璃厚度 4 mm，光透率 89.3%，镀银反射镜反射率≥89.6%。巴斯脱太阳能光热电站于 20 世纪 80 年代末正式投入商业运行，至今运行良好，为世界塔式太阳能热发电提供了一个典范。但因占地（1 000 亩/10 MW）与投资过大，成本过高（4 万元/kW），发展迟缓。20 世纪末至 21 世纪初期（2004 年）先后建立了数座商业示范电站，如表 1 所示。近年来仍处于商业示范阶段，发展缓慢。

表 1 美国几个塔式太阳能光热电站定日镜与电功率

站名	定日镜（台）×面积（m^2）	反射总面积（m^2）	电功率（MW）
Solar One	1 818×40	72 540	10
Solar Two	1 818×40，108×95	82 980	20
Solar Three	2 493×96	239 328	50

4. 结语

塔式太阳能光热发电国外技术是成熟的，聚光比大，工质吸热温度高（565℃），可实现大功率发电。但占地面积大（1 000 亩/10 MW），且要求地面坡度＜3‰，目前单位成本高（4 万元/kW），系统效率 15%左右，国际上仍处于商业示范阶段。我国起步较晚，应积极立项开展示范研究以赶上国际差距。

参 考 文 献

[1] 徐海荣等. 充分利用我国太阳能资源，开发太阳能光伏产业[J]. 沈阳工程学院学报，2006(10)

[2] 张耀明等. 70 kW 塔式太阳能热发电系统研究与开发(上)(下). 太阳能，2007(10)(11)

[3] 郭苏等. 塔式太阳能热发电的定日镜[J]. 太阳能，2006(5)(6)

[4] 王帅杰等. 我国太阳能光热发电的现状研究及投资策略[J]. 沈阳工程学院学报，2012，8(1)

槽式太阳能热发电介绍

钟史明

（东南大学能源与环境学院　210096）

摘　要：本文介绍槽式太阳能热发电系统的组成，主要阐述单回路DGS系统与双回路系统和聚光、集热子系统，特别对聚光集热器作较细阐述。

关键词：太阳能　槽式太阳能热发电　单回路系统　双回路系统　聚光集热器

1. 引言

众所周知，太阳能光热发电是利用聚光太阳能集热器把太阳辐射能聚集起来，以此能量将某种工质（如水、空气）加热到数百度，并以它来发电的一项太阳能利用技术。按太阳能采集方式不同，主要分为塔式、槽式和碟式3种。而槽式光热发电站，是利用槽形抛物面反射镜聚集到集热器（接收器）对工质进行加热，然后在换热器内产生蒸汽，推动汽轮发电机发电。

截至2010年，全球正在运行和在建的太阳能光热发电项目中，槽式光热发电站约占90%，1981年至1991年的10年间，美国加州Mojave沙漠相继建成9座SEGS槽式光热发电站，总装机容量353 MW，总投资10亿美元，年发电量8亿kWh，上网电价在14～17美分/kWh之间，光热转换总效率约14%。这些电站最长安全运行近30年，说明这类热发电技术安全可靠，经受了时间的考验。我国刚起步，据悉内蒙古鄂尔多斯50 MW太阳能光热发电工作为首个光热发电特许权招标项目，就是槽式光热发电站，2011年4月完成特许权示范招标，计划总投资16亿元，年发电量1.2亿kWh，建设周期30个月，特许经营期为25年，为具有储能系统的纯太阳能发电运行模式。因此，本文对其作介绍，特别对其核心技术聚光集热器作较详细的阐述。

2. 槽式太阳能光热发电系统（SEGS）

槽式太阳能光热发电系统是将多个槽型抛物面聚光集热器经过串并联的排列，聚集较高温度的热能，加热工质，产生蒸汽，驱动汽轮发电机组发电的系统。整个系统的组成有聚光集热子系统、导热油—水/蒸汽换热子系统[采用DSG（Direct steam Generation）技术时无此子系统]和汽轮发电子系统。依据系统的不同设计，有时还包括蓄热子系统和辅助能源子系统。

2.1　双回路系统

双回路系统如图1(a)所示：一回路油为吸热回路，工质为导热油；二回路水吸热，为水蒸气做功回路。太阳能经槽型抛物面聚光集热器收集的高温热能，加热油（或融盐），导热油把热量加热水/蒸汽，变成过热蒸汽，然后驱动汽轮机带动发电机发电，蒸汽在汽轮机做功后入凝汽器变为水,经泵升压入导热油—水/蒸汽热交换器(由水加热器、水蒸发器和过热器组成)吸热成过热汽,再入汽轮机组发电,循环不已(朗肯循环—第二回路)。导热油把太阳能热量传给水降温后,用油泵打入真空集热器吸收太阳能(油加热放热回路—第一回路)。由于太阳能热能时有波动变化,所以系统中装有蓄热器,用于平衡太阳能热能,便于均衡发电,夜里、雨天没有太阳,常装有辅助能源子系统,用来供应电用户。

2.2 单回路系统(DSG)

单回路系统如图1(b)所示:真空集热器1中直接加热水,使之变为蒸汽,经过热器过热后入汽轮发电机组发电,再入凝汽器凝结成水,再经水泵打入真空集热器吸热(分三组:水先进入真空集热器加热水至饱和水,再经真空集热器蒸发成饱和蒸汽,最后经真空集热器过热器成为过热蒸汽),如此循环不止(朗肯循环)。目前,世界许多科研机构致力于开发单回路槽式太阳能光热发电系统。即直接用水作吸热介质的DSG(Direct steam Generation)。与双回路系统图1(a)相比,DSG系统省去了换热环节。

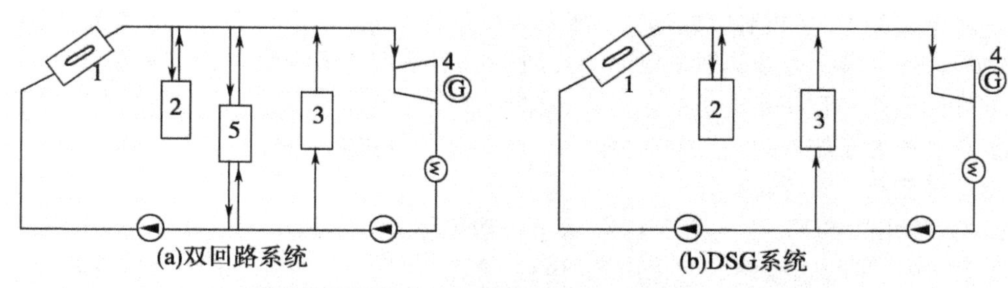

1—真空管集热部分;2—蓄热部分;3—辅助能源部分;
4—汽轮发电部分;5—导热油—水/蒸汽换热部分

图1

2.2.1 DSG系统的优点

① 效率高。减少了产生蒸汽过程中的热损失,少了中间换热环节,提高了系统效率。

② 费用低。直接由水产生蒸汽发电所需的费用比用油做介质的电站费用大为降低,因为为了在降低油—水传热的热损失需要大量费用,还需要建立火灾防御系统、储油罐等等,这些都需要大量资金。另外,省去了许多换热设备,节省了投资。

2.2.2 DSG系统的缺点

① 为了应对DSG系统所产生的高压以及低流速问题,需要对系统作出很大的调整。

② 控制系统会十分复杂,在电站布置以及集热器倾斜角度方面也会很复杂,而且储存热能会很困难。

③ 当沸水流入接收管,集热管的倾斜率达到边界状态时,两相流产生层流现象的几率便会增加。由于压力和高温,集热管会发生变形或者会造成玻璃管破裂。

2.2.3 DSG系统与双回路系统安全性对比

① 双回路系统采用导热油作为吸热工质,导热油的渗漏,尤其在高温下,易引起火灾,存在安全隐患;DSG系统则不存在这方面风险。

② DSG系统是在高温、高压下工作,整个系统要严格按照高温、高压标准设计;双回路系统的工作压力较低,一般在1.5 MPa,无高压风险。

LS-3型聚光集热器(双回路系统)和LS-4型聚光集热器(单回路系统)在电站中比较

如表 1 所示。

表 1 LS－3 型和 LZ－4 型聚光集热器技术参数

聚光集热器型号	LS－3	LS－4
应用电站	SEGSⅧ	SEGSⅨ
工作介质	油	水
出口温度(℃)	391	402
年平均热电转换效率(%)	14	17
峰值热电转换效率(%)	24	28
蒸汽压力(MPa)	10	10
循环效率(%)	38.4	40

2.3 双回路系统和 DSG 系统聚光集热器比较

DSG 系统的聚光集热器性能较双回路系统的聚光集热器有很大提高。以美国南加州 LUZ 公司建造的 9 座电站中的 SEGSⅧ和 SEGSⅨ为例，SEGSⅧ电站的聚光集热器为 LS－3 型，LS－3 型聚光集热器是以油为工质的双回路系统聚光集热器中最后开发的一个型号，其性能最好；SEGSⅨ电站的聚光集热器为 LS－4 型，LS－4 型聚光集热器以水为载热工质，简化了电站系统，集热管的工作温度为 400℃，有效提高了电站效率。

2.4 单回路 DSG 系统示例

美国南加州的 SEGSⅨ电站是 DSG 系统。西班牙 PSA 的 DISS 项目(图 2)以及由西班牙—德国能源合资公司投资的 INDITEP 电站(图 3)也都是 DSG 系统，并已取得良好的运行业绩。

图 2 DISS 电站的聚光集热器

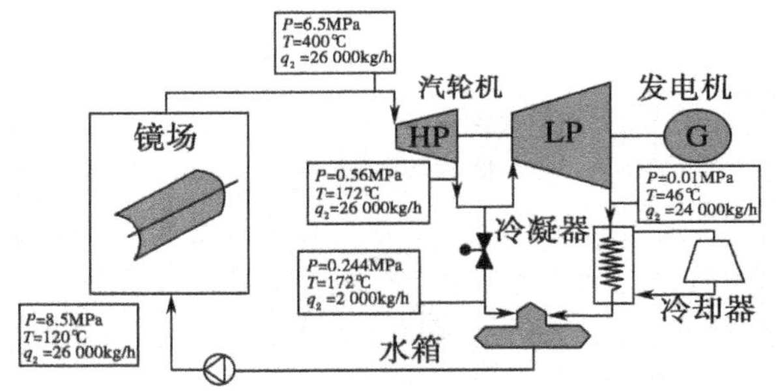

图 3 INDITEP 电站系统

3. 聚光集热器

聚光集热子系统是槽式电站系统的核心，由多个聚光集热器 SCA(Solar Collector Assembly)组成。每个聚光集热器 SCA 又由若干个聚光集热单元 SCE(Solar Collector Elements)构成。聚光集热器包括集热管、聚光器、跟踪机构几个部分，如图 4 所示。

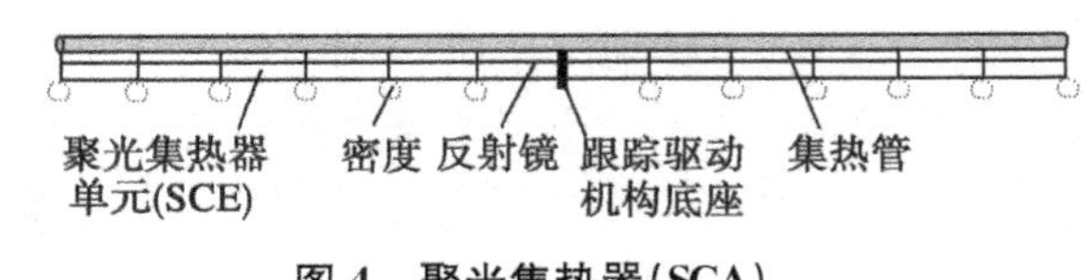

图 4 聚光集热器(SCA)

3.1 集热管

槽型抛物面反射镜为线聚焦装置，阳光经聚光器聚集后，在焦线处成一线型光斑带，集热管放在此光斑上，用于吸收阳光，加热管内的工质。集热管必须满足以下五个条件：① 吸热面的宽度要大于光斑带的宽度，以保证聚焦后的阳光不溢出吸收范围；② 具有良好的吸收太阳光性能；③ 在高温下具有较低的辐射率；④ 具有良好的导热性能；⑤ 具有良好的保温性能。目前，槽式太阳能集热管主要使用的是直通式金属—玻璃真空集热管，另外还有热管式真空集热管、双层玻璃真空集热管、聚焦式真空集热管和空腔集热管等。

3.1.1 直通式金属—玻璃真空集热管

直通式金属—玻璃真空集热管，简称真空集热管，它是一根表面有选择性吸收涂层的金属管(吸收管)，外套一根同心玻璃管，玻璃管与金属管(通过可伐过渡)密封连接；玻璃管与金属管夹层内抽真空以保护吸收管表面的选择性吸收涂层，同时降低集热损失。

这种真空集热管主要用于短焦距抛物面聚光器，以增大吸收面积，降低光照面上的热流密度，从而降低热损失。主要优点：① 热损失小；② 可规模化生产，需要时进行组装。缺点：① 运行过程中，金属与玻璃的连接要求高，很难做到长期运行保持夹层的真空；② 反复变温下，选择性吸收涂层因与金属管膨胀系数不同而易脱落；③ 高温下，选择性吸收涂层存在老化问题。

目前这种结构的代表产品有以色列 Solel 公司生产的外膨胀真空集热管(图 5a)和德国 Schott 公司生产的内膨胀真空集热管(图 5b)。一些结构和性能参数见表 2。

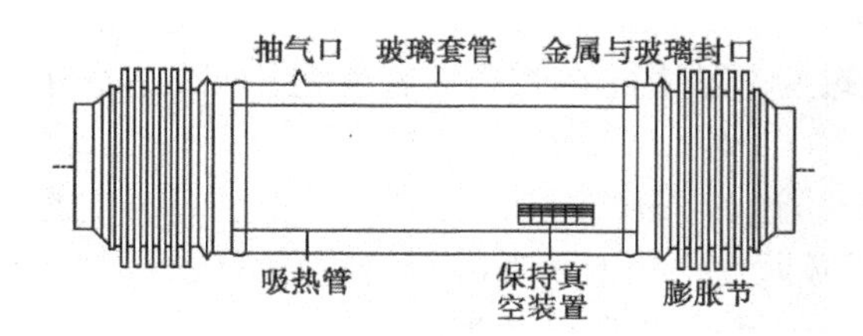

图 5(a) 以色列 Solel 公司真空集热管

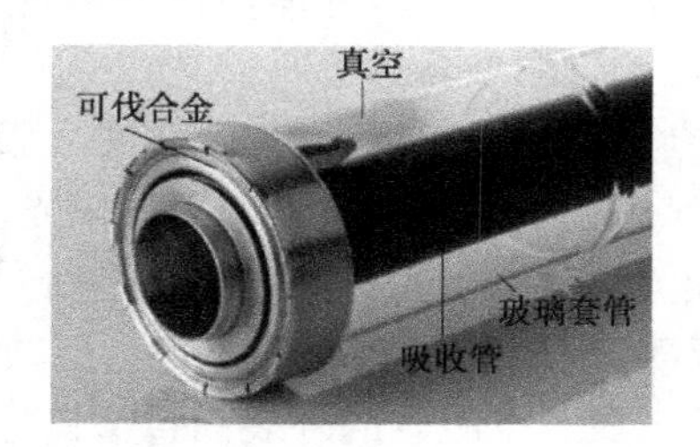

图 5(b) 德国 Schott 公司真空集热管

表 2 两种集热管比较

	以色列 Solel 管	德国 Schott 管
长度(m)	4	4
金属直径(mm)	70	70
玻璃管径(mm)	115	100～115
金属—玻璃封接方法	熔封(薄壁金属与玻璃直接封接)	熔封(采用可伐合金过渡配封接)
保持真空方法	被动式吸气泵	吸气剂
真空度 τ	0.013 Pa	<0.1 Pa
玻管透光率 γ	≥0.96(内外层玻管镀减反射薄膜)	
吸收率 α	0.96	≥0.95
发射率 ε	≤0.19(350℃)	≤0.14(400℃)
膨胀节种类	外膨胀节	内膨胀节
管长有效率(%)	95	96

注：上述数据是现有产品的数据。

德国 Schott 公司近几年在高温真空管方面做了如下改进：① 为防止两端温度过高而影响封接质量，局部增加了太阳辐射反射圈；② 结构上力求最大限度减少遮光面积，使得真空管有效长度大于 96%；③ 调整相关玻璃材料配方，使得可伐与玻璃管更好地封接等；④ 可适用于 DSG 技术。

3.1.2 热管式真空集热管

热管式真空集热管由热管、金属吸热板、玻璃管、金属封盖、弹簧支架及消气剂等构成。工作时，太阳辐射穿过玻璃管被涂在热管和吸热板表面的选择性吸收涂层吸收转化为热能，加热热管蒸发段内的工质，使之汽化。汽化后的工质上升到热管冷凝段，将热量释放，传递给集热器中的传热工质，热管内的工质凝结成液体后依靠自身重力流回蒸发段重新循环工作。

3.1.3 聚焦式真空集热管

集热温度主要受聚光和吸收涂层的发射率控制。在槽式太阳能热利用系统中，由于受到种种因素影响，聚光比一般在 100 以下，因而集热温度受到制约。采用聚焦式真空集热管可实现两种目的之一：提高聚光比或降低聚光器的制造精度。

3.1.4 双层玻璃真空集热管

我国在全玻璃真空集热管应用方面已取得了辉煌成果，但现有的全玻璃真空集热管只能承受低压，因而只能在太阳能热水器等低温场合下使用。近来，设计了系列双层玻璃式真空集热管，采用金属与双层玻璃配合使用的方法，金属管承压，双层玻璃管扼制对流散热，提高了集热和使用温度，将使用在太阳能光热槽式系统示范试验电站。

3.1.5 空腔集热管

空腔集热管的工作原理和塔式太阳能热发电站中的空腔式接收器是相同的：利用空腔体的黑体效应，充分吸收聚焦后的阳光。

我国中科院曾对空腔集热管进行过研究，设计了月牙形和圆形两种空腔管。空腔开口面对反射镜，镜面聚焦后的阳光进入空腔后被附在空腔壁面上的金属管表面吸收，加热金属管内的工质。空腔管的外表面包覆良好的隔热材料，以降低热损耗。

空腔集热管的优点：① 集热效率高；② 不用抽真空，没有金属与玻璃连接问题；③ 热性能稳定。缺点：① 加工工艺复杂；② 不易于规模化生产。

3.2 聚光器

槽式太阳能热发电聚光器，将太阳能光聚焦形成高能量密度的光束，加热吸热工质，其作用等同于塔式太阳能热发电的定日镜。一般槽式聚光器的工作原理如图 6 所示。反光镜放置在一定结构支架上，在跟踪机构帮助下，使其反射的太阳光聚焦到放置在焦线上的集热管吸热面。同定日镜一样，聚光器应满足以下要求：① 具有较高的反射率；② 有良好的聚光性能；③ 有足够的刚度；④ 有良好的抗疲劳能力；⑤ 有良好的抗风能力；⑥ 有良好的抗腐蚀能力；⑦ 有良好的运动性能；⑧ 有良好的保养、维护、运输性能。

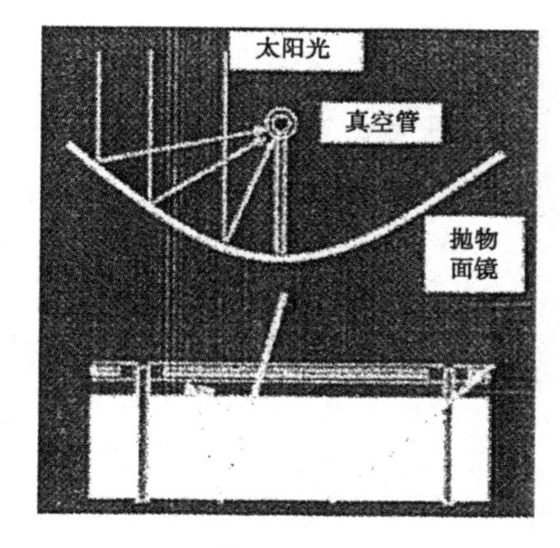

图 6 槽式聚光器原理

与塔式太阳能热发电的定日镜相比，槽式太阳能热发电聚光器的制作难度相对更大：一是抛物面镜曲面比定日镜曲面弧度大；二是平放时，槽式聚光器迎风面比定日镜要大，抗风要求更高；三是运动性能要求更高。

聚光器由反射镜和支架两部分组成。

3.2.1　反射镜

反射率是反射镜最重要的性能。反射率随反射镜使用时间增多而降低，主要原因是：① 因为有灰尘、废气、粉末等引起的污染；② 紫外线照射引起的老化；③ 风力和自重等引起的变形或应变等。为了防止出现这些问题，反射镜要求：① 便于清扫或者替换；② 具有良好的耐候性；③ 重量轻且要有一定的强度；④ 价格要合理。

反射镜由反射材料、基材和保护膜构成。以基材为玻璃的玻璃镜为例，在槽式太阳能热发电中，常用的是以反射率较高的银或铝为反光材料的抛物面玻璃背面镜，银或铝反光层背面再喷涂一层或多层保护膜。因为要有一定的弯曲度，所以加工工艺较平面镜要复杂得多。

最近国外已开发出可在室外长期使用的反光铝板，很有应用前景。它具有以下优点：① 对可见光辐射和热辐射的反射效率高达 85%，表现出卓越的反射性能；② 具有较轻的重量，防破碎，易成型，可配合标准工具处理；③ 透明的陶瓷层提供高耐用性保护，可防御气候、腐蚀性和机械性破坏。但目前价格很贵，有待于进一步降低成本。

3.2.2　支架

支架是反射镜的承载机构，在与反射镜接触的部分，要尽量与抛物面反射镜相贴合，防止反射镜变形和损坏。支架还要求具有良好的刚度、抗疲劳能力及耐候性等，以达到长期运行的目的。

支架的作用：① 支撑反射镜和真空集热管等；② 抵御风载；③ 具有一定强度抵御转动时产生的扭矩，防止反射镜损坏。

要起到上述作用，要求支架：重量尽量轻(传动容易，能耗小)；制造简单(成本低)；集成简单(保证系统性能稳定)；寿命长。

目前使用的主要有管式支架和扭矩盒式支架，尤其是后者已逐步发展成熟。

图 7　木质结构支架

除钢结构支架外，还有木材支架结构(图 7)，大大降低了支架的重量，减少了能耗，但存在抗风能力降低和寿命缩短的问题。

4. 聚光集热器种类

4.1　常用的聚光集热器

世界上使用过的聚光集热器共有 7 种：LS－1、LS－2、LS－3、LS－4、DS－1、ET－100 和 ET－150。表 3 为几种聚光集热器参数比较。

表 3　集热器参数比较

集热器	ES－1(LUZ)	LS－2(LUZ)	LS－3(LUZ)	ET－100(Euro Trough)	DS－1(Solargenix)
年份	1984	1988	1989	2004	2004
面积(m^2)	128	235	545	545/817	470
开口宽度(m)	2.5	5	5.7	5.7	5
长度(m)	50	48	99	100/150	100
接收管直径(m)	0.042	0.07	0.07	0.07	0.07
聚光比	61∶1	71∶1	82∶1	82∶1	71∶1
光学效率	0.734	0.764	0.8	0.78	0.78
吸收率	0.94	0.96	0.96	0.95	0.95
镜面反射率	0.94	0.94	0.94	0.94	0.94
集热管发射率	0.3	0.19	0.19	0.14	0.14
温度(℃/℉)	300/572	350/662	350/662	400/752	400/752
工作温度(℃/℉)	307/585	391/735	391/735	391/735	391/735

LUZ 公司原计划生产 4 种型号的聚光集热器，即 LS－1、LS－2、LS－3、LS－4，但由于公司破产，LS－4 并未真正使用，只是处在研发阶段。LS－4 的几个主要参数分别是开口宽度为 10.5 m，长度为 49 m，面积为 504 m^2，直接以水作工质。而另 3 种型号的聚光集热器都在 SEGS 电站中得以应用，在 SEGS Ⅰ 和 SEGS Ⅱ 上使用的是 LS－1 和 LS－2 两种集热器，LS－2 还应用于 SEGSⅢ、SEGSⅣ、SEGSⅤ 和 SEGSⅥ 上，SEGSⅦ 上应用的是 LS－2 及 LS－3两种，而 SEGSⅧ和 SEGSⅨ 上应用的是 LS－3。

DS－1 聚光集热器用于在 ASP 建造的 Saguaro 槽式太阳能热电站中，该电站装机容量 1 MW，太阳能场面积为 10 340 m^2，共使用了 24 组 DS－1，工作温度为 300℃，该电站的循环系统为有机液朗肯循环，每年产生电量为 200 万 kWh。

在西班牙建造的两座 50 MW 槽式太阳能电站中使用的是 Solel 公司生产的 ET－150 集热器；在 PSA 建造的 DISS 电站中也应用 ET－100 和 ET－150 集热器。

LS－2 与 Euro Trough 集热器的热损失基本一样，ET 集热器角度增加了 30°，因而效率较 LS－2 提高了很多。并且 ET 集热器具有更大的风力承载能力。ET 集热器由于要用于 DSG 太阳能热电站中，因而其较 LS 系列具有耐高压、耐高温的性能，镜子重量也降低了 50%，费用也因技术发展而大大降低。

4.2　菲涅尔式聚光集热器

除了上述使用真空集热管的聚光集热器外，目前还有一种菲涅尔式聚光集热器(图 8)，该型聚光集热器将辐射光线聚焦到位于几米高的集热管上。该集热管具有二次反射功能，可将所有的入射光线投射到吸收管上。一次反射镜面有一定的弯曲度，该弯曲度是由机械弯曲所得到的。二次聚光过程起到加大聚光比，同时对集热管的选择性涂层进行隔离的作用，二次反射器背面涂有不透明的绝缘层，正面装有窗玻璃以减少对流

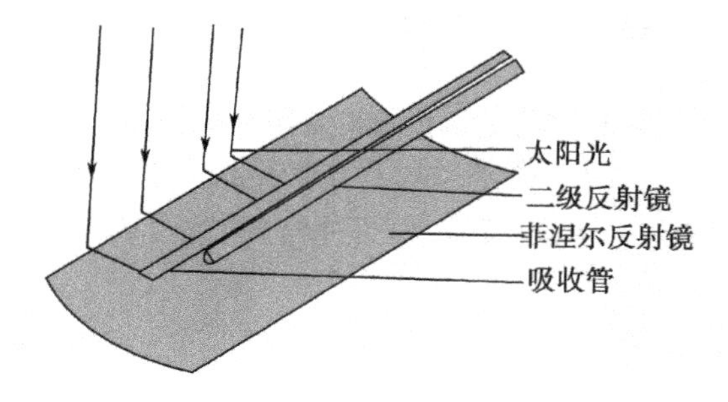

图 8　菲涅尔式集热器

热损失。菲涅尔式聚光集热器无需真空技术，长度也增加了很多，聚光效率是常规抛物线形集热器的 3 倍，建造费用降低了 50%。但是该集热器的工作效率却只有普通集热器的 70%，因而还需进一步改进。

4.3 聚光集热器的发展方向

（1）提高效率，延长寿命。如 Solel 公司开发了第 6 号集热管 UVAC，该集热器吸收率大于 96%，反射率在 400℃时小于 10%，该集热管在吸气部分采用了先进的技术使得集热管玻璃管中的真空度能保持更长的时间，并且集热管寿命也大大增长；Schott 公司正在研发新型的集热管 PTR70，该集热管采用了新的玻璃和金属涂层，玻璃—金属封接方式改进，从而大大提高了集热管的吸收率及使用寿命，同时也降低了费用及热损失。

（2）向更长、更轻的方向发展。聚光集热器在长度方向向 150 m 方向发展；聚光镜材料采用超薄玻璃或铝板，向更轻方向发展，以降低整机重量。

（3）采用 DSG 技术。开发能够适用于直接用水作为介质（DSG）的聚光集热器，使系统取消大量换热器，简化系统，提高效率，降低成本。目前，集热器中过热蒸汽工作参数已经达到 400℃/10 MPa。

（4）采用极轴跟踪技术。南北向聚光集热器由原来的水平放置改为面朝南的倾斜轴，充分考虑方位角和高度角的影响，从而更有效地接收太阳辐射能。

5. 跟踪机构

为使集热管、聚光器发挥最大作用，聚光集热器应跟踪太阳。槽型抛物面反射镜根据其采光方式，分为东西向和南北向两种布置形式。东西向放置只作定期调整；南北向放置时一般采用单轴跟踪方式。跟踪方式分为开环、闭环和开闭环相结合三种控制方式。开环控制由总控制室计算出太阳的位置，控制电机带动聚光器绕轴转动，跟踪太阳。优点是控制结构简单；缺点是易产生累积误差。每组聚光集热器均配有一个伺服电机，由传感器测定太阳位置，通过总控制室计算机控制伺服电机，带动聚光器绕轴转动，跟踪太阳。传感器的跟踪精度为 0.5°。优点是精度高；缺点是大片乌云经过，无法实现跟踪。采用开、闭环控制相结合的方式则克服了上述两种方式的缺点，效果较好。

南北向放置时，除了正常的平放东西向跟踪外，还可将集热器作一定角的倾斜，在倾斜角度达到当地纬度时效果最佳，聚光效率提高 30%。

塔式太阳能热发电站镜场中的众多定日镜，每台都必须做独立的双轴跟踪；而槽式太阳能热发电中多个聚光集热器单元只做同步跟踪，跟踪装置大为简化，投资成本大为降低。

6. 结语

（1）槽式太阳能光热发电技术已经成熟，截至 2010 年，全球正在运行和在建的太阳能热发电项目中槽式热发电站约占 90%。美国 1981—1991 年 10 年间在加州 Mojave 沙漠相继建成 SEGS 电站 9 座，总容量 353 MW，年总发电量约 8 亿 kWh，上网电价 14～17 美分/kWh，光热转换效率 14%，经过几年研发，有望与常规燃煤电站竞争同价上网，是太阳能光热发电主流产业。

(2) 槽式太阳能光热发电技术核心是聚光集热器,其发展方向是提高效率,延长寿命,向更长、更轻的方向发展,开发运用于DSG技术和采用单轴同步跟踪技术。

(3) 直接用水作吸热工质的DGS单回路系统,系统简单,投资少,不用油循环,少了换热设备,防火,效率高,是太阳能热发电主要发展方向。

(4) 我国正处于起步阶段,应选用先进技术、可靠设备,进行试验示范,取得经验后予以改进推广。

参考文献

[1] 王长贵,崔容强,周笪.新能源发电技术[M].北京:中国电力出版社,2003

[2] 郭延伟,李安定,王焕义.太阳能利用和前景[M].北京:科学普及出版社,1984

[3] 罗运俊,何梓年,王长贵.太阳能利用技术[M].北京:化学工业出版社,2005

[4] 王军等.槽式太阳能热发电中的聚光器.太阳能,2007(11)

太阳能互补的联合循环(ISCC)发电

钟史明

(东南大学能源与环境学院　210096)

摘　要：太阳能互补的联合循环(ISCC)发电，已成为当今世界能源动力研发的热点课题。文中综述 ISCC 研发概况。扼要概述了太阳能与化石能源互补发电概念，热互补、热化学互补两种类型，并介绍了太阳能热互补的能源动力两类典型系统与构成。

关键词：太阳能与化石能源互补　燃气—蒸汽联合循环　概念与类型　系统与构成

1. 前言

进入新世纪，世界能源结构将从以化石燃料为主转向化石能源、核能、可再生能源等不断变化多元化格局，进而以新能源(如核能)和可再生能源(含水能、生物质能、太阳能和风能等)逐步替代化石能源，最终达到低碳、无碳、清洁、安全、经济、方便和可持续发展的新的能源生产和利用模式。从长远看，全球能源储量最多的是太阳能(占可再生能源 99%以上)和聚变核能(占非再生能源 99%以上)，而且它们是最清洁无污染的能源。全球能源发展战略目标是建立太阳能和核能为主的可持续发展结构模式。当今，可再生能源被寄予厚望，其中风力发电和光伏发电发展迅速，但开始产能过剩，成本偏高，面临巨大风险。因而，许多国内外学者认为太阳能热发电是解决未来能源问题最有前景的技术之一，有可能成为中长期的主力能源。当前，无论是传统化石能源发电，还是单纯的太阳能热发电，太阳能与化石能源互补的布列顿、朗肯与联合循环电站和应用太阳能互补的联合循环系统(Integrated Solar Combined Cycle，ISCC)对现有燃煤电厂进行节能减排的技术更新改造都有很大作用。因此，国内外对它的发电技术相关研发格外重视。本文综述太阳能互补的联合循环系统(ISCC)，阐述 ISCC 概念与类型，介绍太阳能热互补的发电和太阳能热化学互补典型系统与构成。

2. 国内外 ISCC 发电研发简况

2.1　太阳能热能互补联合循环(ISCC)发电

早在 20 世纪末，德国空间技术研究中心(DLR)提出 ISCC 发电概念，用联合循环中的余热锅炉代替 SEGS 中的辅助锅炉，由太阳能和余热锅炉同时供给汽轮机用汽，它在无太阳能时仍以常规联合循环方式运行，有较高的能源转换效率。从 2000 年开始，国际环境基金会(GEF)积极推荐 ISCC 技术，广泛资助摩洛哥、埃及、墨西哥等发展中国家建设 ISCC 电站。表 1 列出了世界上若干已建成和在建的 ISCC 电站。

表 1　世界若干典型太阳能热发电与 ISCC 电站

型号 时间 国家 地点	容量/太阳能部分电量(MW)	集热类型 太阳场面积/(m^2) 介质工质温度	热力循环类型	互补方式 系统类型	性能或 互补效益	备注
美国,CA Kramer SEGS Ⅵ 1989	30/30	槽式 18.8 万 导热油 391℃	太阳能基朗肯循环 10 MPa/510℃,带再热	天然气补燃	年均光电效率 13.6%	3 204 美元/kW
美国,Barstow Solar Two 1999	10/10	塔式 8.1 万 熔盐 565℃	太阳能基朗肯循环 10 MPa/510℃	天然气补燃	年均光电效率 7.7%	塔高 73 m
西班牙,Andasol-1 2009	50/50	槽式 51 万 熔盐 393℃	太阳能基朗肯循环 10 MPa/510℃	天然气补燃	年均光电效率 16%	
西班牙,Sanlucar M PS-10 2007	11/11	塔式 7.49 万 空气 680℃	太阳能基朗肯循环 4 MPa/250℃	天然气补燃	年均光电效率 13.2%	3 500 美元/kW,塔高 115 m
伊朗,Yazd 2005	467/17		天然气基 9E 型联合循环	太阳能热互补蒸汽循环		
阿尔及利亚,Hassi RMel 2009	150/25	槽式 18 万 导热油 393℃	天然气基联合循环	太阳能热互补蒸汽循环		
摩洛哥,Ain Beni Mathar 2009	250/20	槽式 22.6 万 导热油 395℃	天然气基联合循环	太阳能热互补蒸汽循环		
埃及,Kuraymat 2007	150/32	槽式 22 万 导热油 395℃	天然气基联合循环	太阳能热互补蒸汽循环	联合循环效率提高 10%	总投资 2.12 亿美元
意大利,Siracusa,Archimede Project 2010	730/4.7	槽式 8 万 熔盐 580℃	天然气基联合循环	太阳能热互补蒸汽循环	年均光电效率 15.1%	减排 CO_2 3 250 t/年
墨西哥,Sonora State 2006	300/30	槽式	天然气基联合循环	太阳能热互补蒸汽循环		
印度,Mathania 2006	150/30	槽式	天然气基联合循环	太阳能热互补蒸汽循环		
美国,Indiantown,FL 2010	1 125/75	槽式 202 万	天然气基联合循环	太阳能热互补蒸汽循环		
美国,Palmdale,CA 2013	570/50	槽式 153 万	天然气基联合循环	太阳能热互补蒸汽循环		在建
德国,REFOS 项目 20 世纪 90 年代	250/72.5	容积式接收器,集热 800℃/1.5 MPa	天然气基联合循环燃气初温 1 300℃	太阳能热互补布雷顿循环	节约燃料 16.1%	
德国,DLR 概念项目 1998	200/50	集热 850～1 000℃	天然气基联合循环	太阳能热化学互补	节约燃料 17%	
美国,Colorado 2010	49/1	槽式 0.7 万	煤基朗肯循环	太阳能加热锅炉给水	降低煤耗 3%～5%	更新投资 450 万美元
中国,三亚 2012	13.2/1.5	菲涅尔式 1 万	天然气基联合循环	太阳能热互补蒸汽循环	集热系统效率 55%替代部分天然气	
中国,北京 2012	1/1	塔式 1 万, 导热油 390℃	太阳能基朗肯循环 2.4 MPa/390℃	天然气补燃	发电效率 24%	

2.1.1 国外研发简况

◆ 伊朗 Yazd 的 467 MW 太阳能热互补的联合循环电站也是世界上最早(2005 年)运行的 ISCC 电站之一,其中太阳能净发电功率为 17 MW。伊朗还计划将中部 Yazd 地区 2000 年投产的两台燃气轮机发电机组改为 ISCC。

◆ 阿尔及利亚计划新建 500 MW ISCC 电站,其中位于北部 Hassi 地区电站于 2009 年开始建设,由 150 MW 联合循环机组及其抛物槽式太阳能聚光装置(太阳镜 18 万 m^2,25 MW)组成,传热介质进口温度 293℃,出口温度 393℃,太阳能主要用于汽轮机循环部分。

◆ 摩洛哥 ISCC 电站位于东部,机组总容量 250 MW,太阳能额定负荷 20 MW,最大负荷 30 MW,太阳镜场面积 22.6 万 m^2,入口油温为 295℃,出口油温为 395℃,全年发电量 17.8 亿 kWh。

◆ 埃及 2007 年在 Kuraymat 建设一座 150 MW ISCC 电站,其太阳镜场面积 22 万 m^2,燃气轮机容量 80 MW,汽轮机 70 MW(带太阳能发电)和 38 MW(不带太阳能发电),全年发电量 9.8 亿 kWh,接收太阳辐射量 225(GWh)/a,实际利用 64.5(GWh)/a,实际太阳能利用效率达到 28.7%,项目的总成本为 2.12 亿美元。晚上,它以常规燃用天然气的联合循环方式运行,产生约 118 MW 电力;而白天,使用太阳能把装置的功率提升到 150 MW。

◆ 美国在科罗拉多州(Colorado)帕利塞德建设世界上第一座常规燃煤火电改造成太阳能光热与燃煤互补的联合发电站,机组容量为 49 MW,太阳能部分设计电力为 1 MW。这是一个示范工程,于 2010 年 6 月改造后正式成功并网,验证了太阳能光热与常规火电机组联合发电的可行性,为常规化石燃料电站的太阳能热互补的技术更新改造也受到国内外的关注。

2.1.2 国内研发简况

◆ 2011 年,我国一座 ISCC 电站在宁夏盐池破土动工,规划容量 92.5 MW,预计 2013 年建成投产。

◆ 2012 年,华能集团在三亚国际旅游岛建成一个太阳能互补的联合循环电站,它是在原有燃用天然气的燃气轮机联合循环基础上,增加 1.5 MW 发电能力的菲涅尔式聚光装置改造而成。

◆ 2012 年 5 月,国电新疆艾比湖流域开发有限公司负责开发的新疆 ISCC 发电项目也正式启动,规划装机容量 59 MW,其中光热发电容量约占 20%,天然气发电容量约占 80%。

◆ 2013 年 11 月,在甘肃省玉门建成光煤互补槽式光热发电项目,在玉门市建成并投入运营。该光煤互补示范项目由中国大唐集团新能源股份有限公司、天威(成都)太阳能热发电开发有限公司共同投资 3 亿元建设,一期装机容量为 10 MW。该项目引进槽式光热发电技术,采用光煤互补方式,通过聚光器收集光热资源加热传热介质,生成水蒸气后接入火电锅炉推动汽轮发电机组发电。

2.2 太阳能热化学互补发电

太阳能与化石燃料"热化学互补"发电技术研究始于上世纪 90 年代,德国和瑞士科学家提出高温太阳热能与天然气重整相结合的发电系统,着眼于 900~1 200℃的高温太阳热化学互补的转化和利用。2003 年,德国启动了国家能源计划,建设太阳能重整甲烷的联合循环发电示范工程与开展相关研究。瑞士也在国家计划资助下,开展太阳能—天然气重整的能源动力系统研究。德国和瑞士科学家开辟了高温太阳能热化学利用的新方向。我国金红光团队也在相关研究引领中低温太阳能与化石燃料互补发电的新方向。

3. 太阳能与化石能源互补发电概念与类型

3.1 太阳能热发电概念与类型

太阳能热发电是指将太阳光聚集并转化为热能，然后再通过热机将其转换为电能的技术。一般来说，太阳能热发电分为两大类：直接发电和间接发电。直接发电是指利用半导体或金属材料的温差发电，如太阳能热电子和热离子发电、太阳能温差发电和太阳能热磁流体发电等；间接发电又可分为聚光型和非聚光型。根据聚光方式的不同，聚光型还有线聚焦和点聚焦之分，线聚焦把太阳光聚集到线性集热管上，包括槽式和菲涅尔式；而点聚焦则是将太阳光聚集到中央吸热器上，包括塔式和碟式。而非聚光型有太阳能热气流发电和太阳能热池发电等。通常所说的太阳能热发电，主要是指间接光热发电，其主流技术为聚光型。

3.2 太阳能与化石能源互补发电概念与类型

太阳能互补的热发电又称为混合太阳能热发电，是指同时使用太阳能和化石能源或非太阳能能源的发电系统。当前，太阳能与其他能源互补耦合的机理有两类：热互补和热化学互补。

3.2.1 太阳能热互补

◆ 定义。太阳能与其他能源(包括化石能源、地热能、生物质能等)的热互补，是把聚集太阳能转化的热能与其他能源转换过程释放热能及其在热力循环中各种温度的能量进行互补耦合利用，即将不同集热温度的太阳热以热量传递的方式注入热力循环中加以互补耦合利用。

◆ 分类。早期的热互补侧重于太阳能基为主的太阳能热发电系统，作为辅助功能的其他能源热互补的方式主要有：当无太阳能或不足时，作为备用能源维持系统正常运行；当有太阳时，由太阳能进行加热或过热工质产生蒸汽，驱动热机发电，或进一步加热或过热蒸汽，提高工质参数以改善系统性能，提高热效率等。而近来热互补更多出现在以化石能源为主的化石能源基发电系统，作为辅助作用的太阳能热互补的方式多种多样。

◆ 互补耦合方式。图1示例给出了将太阳能互补耦合到联合循环中可能方式或其不同的组合(注释：太阳能箭头表示太阳能注入系统的部位)：① 预热燃气轮机循环中的高压空气；② 加热燃气透平排气后再注入余热锅炉；③ 预热汽轮机底部循环给水；④ 用于底部循环中的高压蒸发器；⑤ 用于底部循环中低压蒸汽过热；⑥ 直接产生蒸汽并入底部循环汽轮机。

◆ 运行模式。它们有两种运行模式：燃料节省型和功率增大型。前者输出功率基本保持不变，不受太阳能输入的影响，这意味着利用太阳能时，顶部燃气轮机循环的燃料将减少，而顶部和底部的功率之和不变，系统节省了燃料。后者指燃气轮机负荷维持不变运行时，太阳能所产生的蒸汽加入到底部蒸汽循环并增大系统的输出功率。但是，当太阳能不能利用时，ISCC底部汽轮机就会在部分负荷下运行，相应的效率较低，对于承担基本负荷的联合循环电站当没有蓄热系统时太阳能年贡献仅为10%。

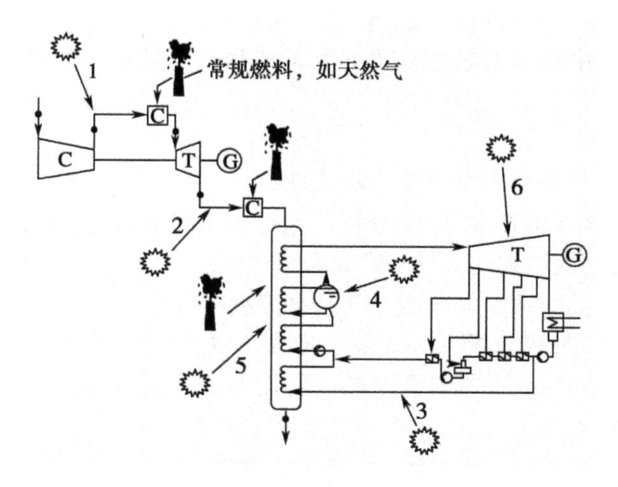

图 1　燃气—蒸汽联合循环中太阳能热互补可能方式

◆ 联合循环热互补。目前,燃用化石燃料发电系统热效率最高的是燃气—蒸汽联合循环,因而常规联合循环型的 ISCC 受到更多关注。它是将太阳能热集成到联合循环中,与化石燃料互补耦合利用。根据所采用的太阳能集热技术和集热温度以及联合循环中能量转换利用情况,可以采用图 1 所示的多种太阳能热注入方式与组合,有更大的设计优化空间。

3.2.2　太阳能热化学互补

太阳能与化石燃料的热化学互补发电,是指借助热化学反应过程与转换方法(如化石燃料裂解、水解反应、重整以及煤气化等),将所聚集的太阳能与化石燃料互补利用,或将太阳能转化为二次燃料,或通过热力循环进行直接发电,以实现太阳能的存储功能,解决太阳能单独热发电的不稳定与不连续问题,从而低成本地提高太阳能转化利用效率和降低污染排放。太阳能热化学互补的能量转化过程如图 2 所示。德国和瑞士科学家们首先提出高温太阳能与天然气重整相结合的发电系统,成为目前世界高温(900～1 200℃)太阳能热化学互补研究的主流。但是,它依赖于高聚光比(近千倍),且太阳能能流密度是不稳定的,目前难

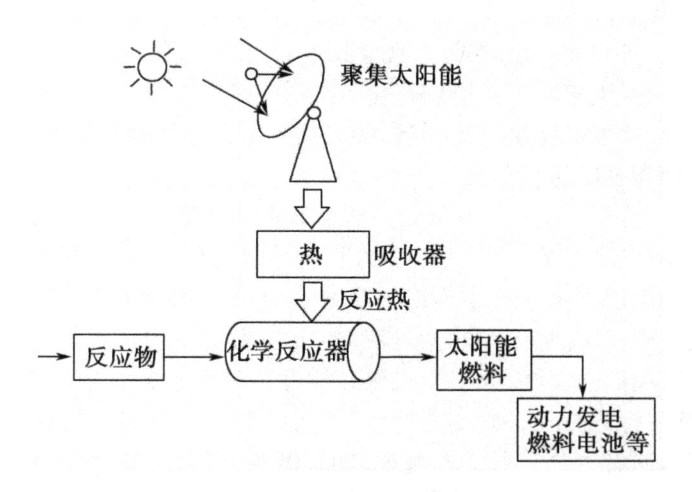

图 2　太阳能热化学能量转换过程示意图

以低成本大规模应用。为此，我国金红光研究团队原创性提出中低温太阳能驱动替代燃料裂解发电系统，构建了中低温太阳能热化学互补机理与方法：中低温太阳热驱动替代燃料的吸热反应，转化为高品位的太阳能燃料；然后通过燃烧和热力循环，实现太阳热和替代燃料的共同高效利用。

3.2.3 太阳能与常规化石能源互补的优势

太阳能与常规能源互补发电，可以缓解单纯的太阳能热发电和化石能源发电难以解决的问题。相对于单纯的太阳能热电站(SEGS)，可以减小太阳能的不稳定性与不连续性等缺陷对发电系统的影响，同时减少太阳能发电的投资成本和发电成本。许多研究表明，太阳能互补的联合循环(ISCC)比常规的太阳能发电系统(SEGS)在热力学与经济上的优势明显，如机组效率增加95%～120%，而其朗肯循环机组设备成本只为常规的SEGS成本的25%～75%。太阳能与风能、地热能、生物质能等互补耦合利用，不仅能大大缓解太阳能热发电的固有缺陷，而且大大改善其他可再生能源发电的性能特性，从而促进可再生能源共同发展应用。对常规燃煤或天然气电站，太阳能互补可以大幅度减少化石燃料的消耗(燃料节省型)、增大输出功率(功率增大型)，并相应减少污染物和温室气体排放。太阳能互补的发电技术对现有汽轮机电站的节能减排更新改造的效益明显。总之，ISCC系统具有三个显著优势：太阳能借助高效的联合循环，实现更高效的热转功；同样的镜场面积情况下，汽轮机进行扩容改造的成本低于新建太阳能热发电电站动力岛的成本；互补后联合循环电站可以减少太阳能热发电系统运行中的低负荷状态和频繁启停机。目前，许多ISCC电站还处于筹建和示范阶段之中，但大量研究已经表明ISCC是发展太阳能热发电技术中一个最具潜力的方式。

4. 太阳能与常规能源互补分类

4.1 多种方法分类

由于太阳能热发电系统复杂性，有很多分类方法，归纳起来主要有：① 按太阳能聚光集热方式为聚光型(抛物槽式、菲涅尔式、碟式、塔式)和非聚光型(太阳能热气流和太阳能热池等)。② 按热机种类分为燃气轮机、汽轮机和联合循环、斯特林发动机以及内燃机等。③ 按能源类别分为太阳能基和化石燃料或其他能源基两大类。④ 按系统功能分为单纯发电系统、热电联产系统、冷热电多联产系统以及化工与电力多联产系统等。如果就按上述自然形成的方法来对太阳能热发电系统进行分类，那么系统种类也就过于繁多。

4.2 两个层面对系统进行分类

两个层面对系统进行分类：(1) 顶层：按太阳能聚光集热过程与能量互补转化利用模式来分类。太阳能聚光集热方式及其产生的热能品位与转化利用模式对合理地利用太阳能、实现高效转化利用以及发电成本等都对系统集成和特性影响极大。据此，可分为塔式、槽式(含菲涅尔式)、碟式、热气流与热池五种类型；后者可分为三种类型：单纯太阳能发电系统、太阳能与化石能源热互补、太阳能与化石能源热化学互补。(2) 底层：按采用热功转换过程和系统功能目标来分类。它们集中反映了系统的本质特性，也在很大程度上影响系统性能特性。据此，前者可分为布雷顿循环、朗肯循环、联合循环、斯特林循环、内燃机循环等；后者可分为单纯发电系统、化工动力多联产系统、冷热电联产系统等。还需要强调的是，两个层面的分类是关联的，有时将发生交叉情况，可视具体情况处理。表2是根据上述思路进行分类的发电系统示例汇总。

表 2 基于两个层面分类的太阳能及与其他能源互补的发电系统

系统名称			顶层		底层	
			太阳能集热方式	太阳能利用模式	热力循环类型	系统功能
单纯太阳能	聚光型	槽式太阳能热发电系统	槽式	太阳能基	各种热力循环	单纯发电
		塔式太阳能热发电系统	塔式	太阳能基	各种热力循环	单纯发电
		碟式太阳能热发电系统	碟式	太阳能基	各种热力循环	单纯发电
	非聚光型	太阳能热气流发电系统	热气流	太阳能基	各种热力循环	单纯发电
		太阳能热池发电系统	热池	太阳能基	各种热力循环	单纯发电
太阳能互补	热互补	太阳能热互补的联合循环发电系统	各种集热方式	太阳能热互补	联合循环	单纯发电
		太阳能热互补的布雷顿发电系统	各种集热方式	太阳能热互补	布雷顿循环(燃气轮机)	单纯发电
		太阳能热互补的朗肯发电系统	各种集热方式	太阳能热互补	朗肯循环(汽轮机)	单纯发电
	热化学互补	太阳能重整—热化学互补的联合循环发电系统	多种集热方式	重整—热化学互补	联合循环等	单纯发电
		太阳能裂解—热化学互补的联合循环发电系统	多种集热方式	裂解—热化学互补	联合循环等	单纯发电
		太阳能煤气化—热化学互补的联合循环发电系统	多种集热方式	煤气化—热化学互补	联合循环等	单纯发电
		太阳能水解—热化学互补的联合循环发电系统	多种集热方式	水解—热化学互补	联合循环等	单纯发电
		太阳能化学链燃烧互补的布雷顿循环发电系统	多种集热方式	化学链燃烧互补	布雷顿循环(燃气轮机)	单纯发电

注：对于各种联产系统也有类似分类。

5. 典型 ISCC 系统与构成

5.1 典型太阳能热互补的发电系统与构成

太阳能热互补的发电系统中的太阳能集热吸热、储热动力等子系统与单纯的太阳能热发电系统基本相同，而其独有的太阳能热互补子系统将随着采用的互补方式不同而不同。根据所集成的热力循环类别，太阳能热互补的系统可细分为：① 太阳能热互补的联合循环(ISCC)(如图 3)。② 太阳能热互补的布雷顿循环(燃气轮机)(如图 4)。③ 太阳能热互补的朗肯循环(汽轮机)(如图 5)。④ 太阳能热互补的狄塞尔循环(柴油机)。⑤ 太阳能热互补的斯特林循环等。本文侧重于前三者，且从广义角度看，它们都可认为是太阳能热互补的联合循环系统(ISCC)。

5.1.1 太阳能热互补的联合循环(ISCC)

目前,化石燃料发电系统热功转换效率最高的是燃气—蒸汽联合循环,因而 ISCC 备受关注。它是将太阳能热集成到联合循环中,与化石燃料互补耦合利用。ISCC 的太阳能热互补方式可根据具体情况设计优化确定,如图 1 中所示可能方式或其不同的组合。图 3 为槽式太阳能热互补的联合循环发电系统实例。系统由槽式聚光集热装置、熔盐蓄热装置、燃气轮机—余热锅炉—汽轮机联合循环装置以及辅助设备等组成。在燃气轮机顶循环中输入天然气燃料,抛物面槽式集热装置(镜场面积 27 万 m^2)汇聚太阳光,产生 350℃左右的太阳热能,供给高压蒸发器,太阳能与天然气互补产生高温高压的过热蒸汽驱动汽轮机做功。当太阳能供应不足时,可调控余热锅炉前的补燃器,以维持系统稳定连续运行。相对于槽式太阳能热—朗肯循环(SEGS),ISCC 系统具有三个显著优势:太阳能借助高效的联合循环,实现更高效的热转功;同样的镜场面积情况下,汽轮机进行扩容改造的成本低于新建的 SEGS 动力岛成本;联合循环电站避免了单纯的太阳能热发电站日常启停机。

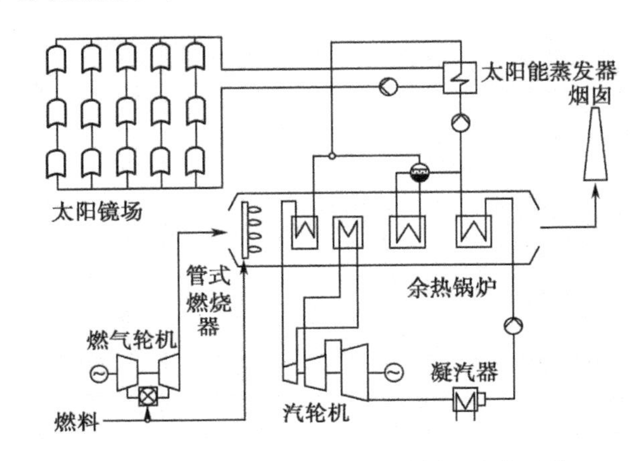

图 3 槽式太阳能热互补联合循环发电系统

5.1.2 太阳能热互补的布雷顿循环系统

上世纪 90 年代,将高温太阳能热与联合循环顶循环(布雷顿循环)结合的方式也开始被提出,该类型系统又称为太阳能互补的燃气轮机或联合循环系统。如图 4 所示的太阳能热互补的布雷顿循环系统,是利用高聚光比的塔式聚光集热装置产生高温太阳能热,来预热联合循环中顶循环(燃气轮机)的压气机出口高压空气(1.5 MPa)到 800℃,然后进入燃烧室再经过燃料加热到 1 300℃,最后进入燃气透平膨胀做功,实现太阳能向电能的转化。该系统的太阳能净发电效率高达 20%,对应的太阳能份额为 29%。当太阳能辐照波动时通过调节燃烧室的燃料量来保证系统的稳定出功。其发展的难点在于接收器的设计上,需要耐

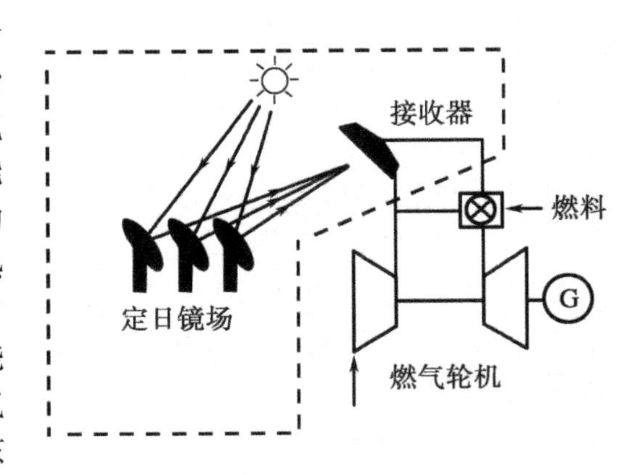

图 4 太阳能热互补的布雷顿循环系统

高温和热冲击的材料。太阳能预热空气多采用容积式吸热器,它一般以蜂窝状或密织网状的多孔结构材料(如蜂窝陶瓷、发泡陶瓷、金属丝编织的多层密网等)为吸热体,聚焦太阳能将多孔结构的吸热体加热,空气被强制通过吸热器,与多孔结构对流换热后被加热至高温。另一个难点在于高压空气经过接收器时压力损失比较大。

5.1.3　太阳能热互补的朗肯循环系统

太阳能热互补的朗肯循环多用于常规燃煤或烧天然气汽轮机电站技术更新改造,它可以有效地减少化石燃料量和污染物排放。根据早期商业化 SEGS 系列电站的经验,太阳能与常规能源互补的发电系统可以加快市场化进程,从 SEGSⅡ到 SECSⅨ均采用与天然气互补,其优点为: ① 可以调节太阳能净发电份额;② 与常规能源互补时,增强了这类电站的调负荷能力;③ 降低了附加投资,从而减小了技术和经济风险。太阳能与常规能源互补的朗肯循环发电系统,多根据太阳能的温度不同和整个系统容量大小,来决定太阳能注入系统的方式(如图 1 所示注入的可能方式)。图 5 为美国科罗拉多州(Colorado)的太阳能与煤炭热互补的朗肯循环发电系统。机组装机容量为 49 MW,太阳能部分设计电力约 1 MW。太阳能集热场集热面积为 6 664 m^2,集热功率 4 MW,通过与原电厂给水系统相连的热交换器接入,预热锅炉给水。互补的电站利用了现有常规电厂的主要设备和设施。这是世界上第一座以并网发电模式工作的太阳能与煤炭热互补的燃煤电站,于 2010 年 7 月开始运行。太阳能与煤炭热互补技术使得电厂效率提高了 2%~5%,明显减少了温室气体排放。

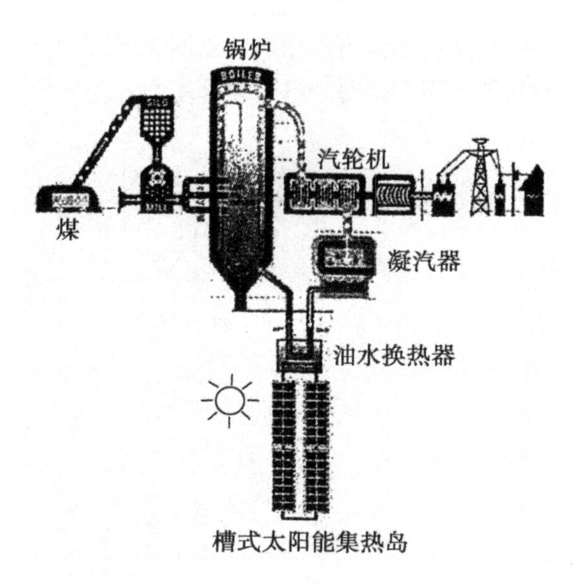

图 5　太阳能与煤炭热互补的朗肯循环发电系统

5.2　典型太阳能热化学互补的发电系统与构成

前述的太阳能热互补的发电系统,是将太阳能或化石燃料以热形式集成到动力系统中,局限于热能范畴的互补耦合利用,互补子系统与发电主系统之间为刚性耦合。但是,由于太阳能供应的固有特点,当没有太阳能或太阳能不足时系统就不能在最优的工况下运行,太阳能部分的变化对系统性能影响又很大,甚至无法正常运行。而热化学互补系统的优势在于摆脱了这种直接刚性关联,甚至可以存储太阳能燃料形式,收集、存储、利用太阳能。太阳能热化学互补系统可以依据热化学反应过程与转换方法来分类。

5.2.1　太阳能重整—热化学互补的联合循环联产系统

图 6 为一种新颖的太阳能甲醇重整—热化学互补的联合循环联产系统。它基于太阳能热化学互补的机理,把太阳能甲醇重整制氢和燃用制氢过程副产品弛放气的联合循环发电一体化整合,不仅合理地利用中低温太阳能,同时实现甲醇重整制氢弛放气的高效利用。它由两大部分构成: 太阳能甲醇重整制氢过程(互补子系统),包括抛物槽式太阳能聚光集热装置、甲醇重整器、换热器以及反应产气分离单元等;燃用弛放气的联合循环发电系统,包括燃气轮机、余热锅炉、汽轮机等热工功能部件以及燃料气压缩机等。新系统集成设计的主要

特点有：① 利用中低温级太阳能热。集热装置仅提供 200～300℃的低温热量给甲醇重整器。这样，太阳能利用率高且成本低。② 高温高性能的联合循环发电燃用制氢过程的副产气(弛放气)。③ 多热源供应甲醇重整热(太阳能热和余热锅炉抽汽供热)，既做到多能互补，又能在最大限度上解决太阳能的不连续与不稳定问题。分析表明，联产系统具有良好的热力性能，化石能源相对节能率达到 29%，制氢的单位能耗降低为 0.85GJ/GJ—H_2，远低于常规天然气重整制氢和煤气化制氢的能耗。研究还表明，减小能量转化传递过程的品位差和合理利用太阳能热以减少制氢的天然气耗量是系统节能的关键所在。

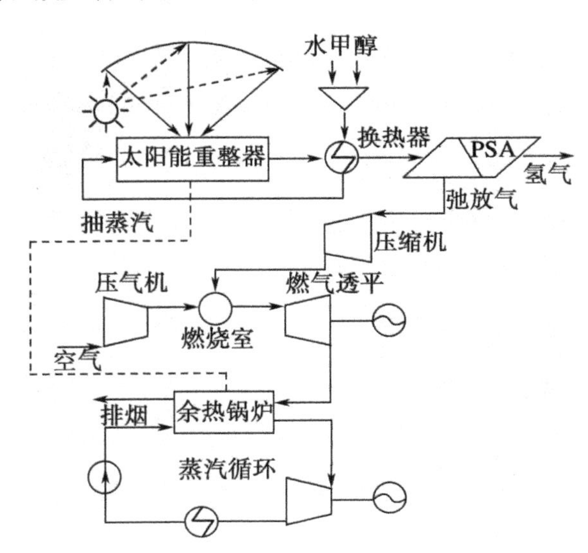

图 6 太阳能甲醇重整—热化学互补的联合循环联产系统

5.2.2 太阳能裂解—热化学互补的联合循环发电系统

太阳能热化学反应是实现聚集太阳热能转化为高品位化学能的有效途径。若将中低温太阳能集热潜在性能和经济优势有机整合到太阳能热化学互补的能量转化过程中，既可以降低单位装置成本，又能提高热力性能。图 7 所示的太阳能裂解甲醇—热化学互补的联合循环系统，就是进行这样尝试。低聚光比的抛物槽式集热装置被用来聚集 200～300℃太阳热能。其接收器为两个串联部分：太阳能的预热段和太阳能的反应段。在预热段，利用低温太阳热能预热甲醇，液体甲醇蒸发、过热为气态的甲醇，并被加热到反应床的入口温度，被吸收的太阳热能转化为甲醇的显热和潜热；随后，过热的气态甲醇进入反应段，继续吸收太阳能中热量，催化裂解为以 CO、H_2 为主要成分的合成气，在这里，中温太阳热能转化为化学能。燃烧室燃用裂解的太阳能合成气，产生高温高压

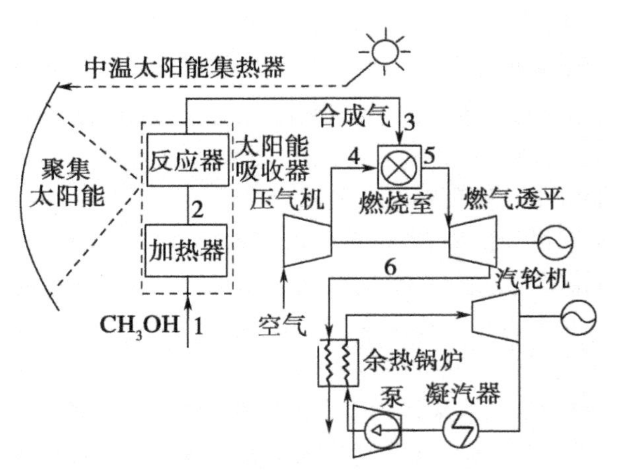

图 7 太阳能裂解甲醇—热化学互补的联合循环系统

的燃气驱动透平做功。伴随着太阳能互补转换与燃烧过程,中温太阳热能也释放出来,以高温燃气热的形式而存在。这样,该系统将低品位的太阳热能转化为高品位的燃料化学能,再利用高温燃气轮机实现了低品位太阳热能的高效热转功。系统效率为 61%,太阳能热份额为 18%,太阳能净发电效率高达 35%。该系统与抛物槽式的 SEGS 和 ISCC 的太阳能热发电系统相比,热转功效率高 18%左右,效率高 6.5%。需要注意的是,由于新系统采用了低聚光比的抛物槽式的太阳能集热器,大幅度减小了聚光和集热部件的成本。

5.2.3 太阳能化学链反应互补的联合循环发电系统

图 8 为一种新型太阳能化学链反应互补的联合循环发电系统。它应用太阳能化学链化学热化学互补的新概念,通过太阳热能与天然气基化学链燃烧互补耦合,打破燃料直接燃烧模式,把中温太阳热能品位转化为高品位燃料化学能,并实现了 CO_2 零能耗分离。系统由太阳能化学链互补子系统(聚集热装置、还原反应器、氧化反应器)和联合循环子系统(压缩机、燃气透平、汽轮机、余热锅炉、冷凝器)等组成。该系统的设计特点是:① 太阳能聚光集热装置提供 450～550℃的热能给化学链燃烧中吸热的还原反应。太阳能热能,经过反应转化为化学能并且储存在固体 Ni 颗粒中,以太阳能燃料形式使用,提升了其热功转换的能力。② 热力循环中工质为高浓度的 CO_2 和 H_2O 气体生成物,未被氮气稀释,采用简单的物理冷凝方法来分离,可实现零能耗分离 CO_2。值得注意的是,这种化学链燃烧利用太阳能的方式与太阳能热化学重整互补的系统等相比,所需要的太阳热能温度水平相对较低,可以减少太阳能集热系统投资,也降低发电技术和经济风险。系统的总效率为 60%,太阳能净发电效率高达 30%。而在相同参数下,太阳能重整 CH_4 发电系统中太阳能净发电效率仅为 28.4%。

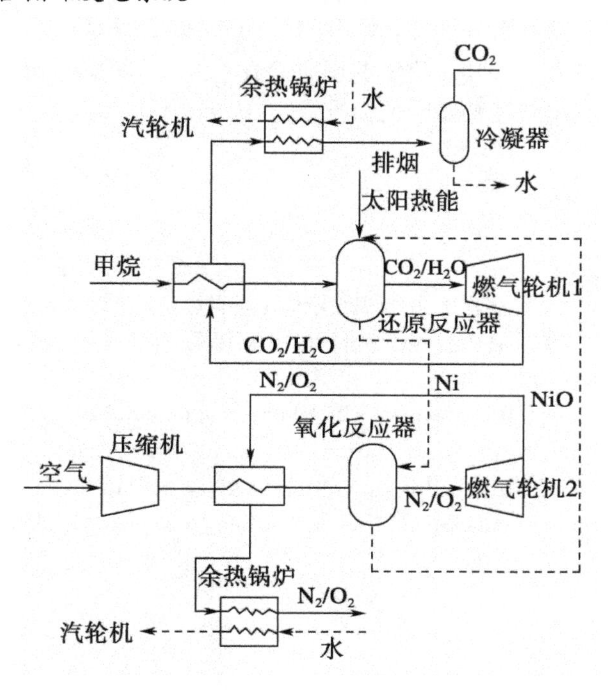

图 8 太阳能化学链反应互补的联合循环发电系统

6. 结语

太阳能互补联合循环(ISCC)发电已成为当今世界能源动力领域研究开发热点和前沿课题。

ISCC 的发电系统可以提高能源转换效率,减少投资,降低成本;减少污染物排放,提高环境效益;加快太阳能发电市场的进程。突出优点是:① 可以调节太阳能净发电份额;② 可以增强电站的调负荷能力;③ 可降低附加投资,从而减少了技术和经济风险。太阳能热互补的发电系统是将太阳能或化石燃料以热形式集成到动力系统中,局限于热能范畴的互补耦合利用，互补子系统与发电主系统之间为刚性耦合。由于太阳能供应固有特点，不稳定，不连续，影响系统运行，甚至无法正常运行，而热化学互补系统的优势就在于摆脱了这种直接刚性关联，甚至可以存储太阳能燃料形式，收集、存储利用太阳能。

太阳能互补的热发电是指同时使用太阳能和化石能源或其他能源的发电。文中从系统层面概述 ISCC 概念和类型：太阳能热互补、太阳能热化学互补以及太阳能互补的联合循环。

重点介绍了太阳能热互补的发电系统与构成：太阳能热互补的联合循环，太阳能热互补的布雷顿循环，太阳能热互补的朗肯循环；太阳能热化学互补的发电系统与构成；化石燃料重整、裂解、化学链反应等发电系统与构成。还阐述了国内外太阳能热互补发电和太阳能热化学互补发电的简况。

参 考 文 献

[1] 林汝谋，韩巍，金红光，赵雅文. 太阳能互补的联合循环(ISCC)发电系统[J]. 燃气轮机技术，2013，26(2)

[2] 赵雅文. 中低温太阳能与煤炭热互补机理及系统集成[D]. 中国科学院工程热物理所，2012

[3] 袁建丽，金红光，林汝谋等. 太阳能甲醇重整制氢—发电联产系统[J]. 工程热物理学报，2007，28(3)：365－368

[4] Bruce Kelly, Ulf Hermann. Optimization Studies for Integrated Solar Combined Cycle Systems. Proceedings of Solar Forus 2001 Solar Energy April 21－25 2001, Washington, DC, USA

[5] Jurgen Dersch, Michael Geyer, Ulf Herrmarm, Trough Integration into Power Plants-A Study on the Performance and Economy of Integrared Solar Combined Cycle Systems[J]. Eeregy, 2004, 29: 947－959

21世纪燃料电池绿色电站

钟文琪[1]　钟史明[2]　任渊源[3]

（1. 东南大学热能工程研究所　南京　210096；2,3. 东南大学动力工程系　南京　210096）

摘　要： 概述了燃料电池的工作原理及特点，介绍了燃料电池发电系统的组成、国内外的发展状况和最新动态，展望了燃料电池电厂的应用和发展前景。

关键词： 能源　燃料电池　绿色电站

1. 前言

随着现代文明的发展，人们逐渐认识到传统的能源利用方式有两大弊病：一是储存于燃料中的化学能必须首先转变成热能后才能被转变成机械能或电能，受卡诺循环及现代材料的限制，在机端所获得的效率只有33%～35%；二是传统的能源利用方式给今天人类的生活环境造成了巨量的废水、废气、废渣、废热和噪声污染。多年来人们一直在努力寻找既有较高的能源利用效率又不污染环境的能源利用方式，这就是燃料电池发电技术。燃料电池是具有能源革命意义的新一代能源动力系统，被认为是继蒸汽机和内燃机之后的第三代动力系统。燃料电池对解决"能源短缺"和"环境污染"这两大世界难题有重要的意义，国际能源界普遍认为是一种可持续发展的能源。

2. 燃料电池的特点及原理

燃料电池是一种将氢和氧的化学能通过电极反应直接转换成电能的装置。这种装置的最大特点是由于反应过程中不涉及燃烧，因此其能量转换效率不受"卡诺循环"的限制，其能量转换率高达60%～80%，实际使用效率则是普通内燃机的2～3倍。另外，它还具有燃料多样化、排气干净、噪音低、环境污染小、可靠性强及维修性好等优点。

燃料电池中最重要的组成部分是电解质，电解质的类型决定了燃料电池的工作温度、电极上所采用的催化剂以及发生反应的化学物质。按电解质划分，燃料电池大致可分为四类：再生氢氧燃料电池（CRFC）、固体氧化物燃料电池（SOFC）、熔融碳酸盐燃料电池（MCFC）和质子交换膜燃料电池（PEMFC）。

2.1　质子交换膜燃料电池

PEMFC技术是目前世界上最成熟的一种将氢气与空气中的氧气化合成洁净水并释放出电能的技术，其工作原理如图1所示。氢气通过管道或导气板到达阳极，在阳极催化剂作用下，氢分子解离为带正电的氢离子（即质子）并释放出带负电的电子。氢离子穿过电解质（质子交换膜）到达阴极；电子则通过外电路也到达阴极。电子在外电路形成电流，通过适当连接可向负载输出电能，在电池另一端，氧气(或空气)通过管道或导气板到达阴极；在阴极催化剂作用下，氧与氢离子及电子发生反应生成水。质子交换膜燃料电池以碳酸型质子交换膜为固体电解质，无电解质腐蚀问题，能量转换效率高，无污染，可室温快速启动。质子交换膜燃料电池在固定电站、电动车、军用特种电源、可移动电源等方面都有广阔的应用前景，尤其是电动车的最佳驱动电源。

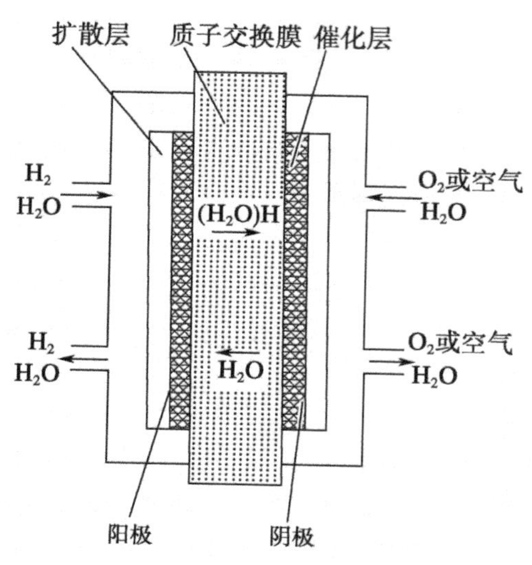

图 1　质子交换膜燃料电池工作原理

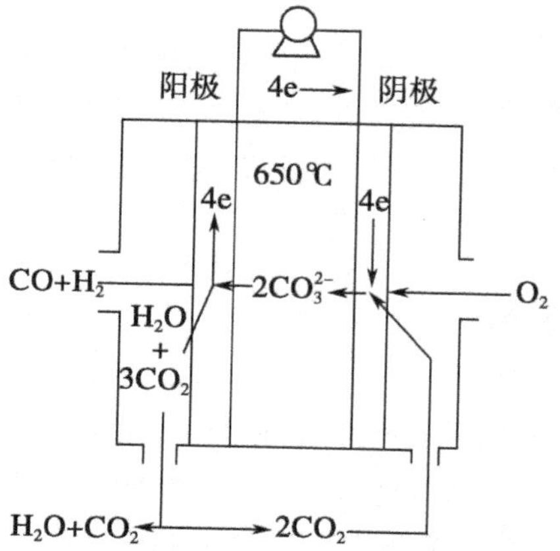

图 2　熔融碳酸盐燃料电池工作原理

2.2　熔融碳酸盐燃料电池

熔融碳酸盐燃料电池是由多孔陶瓷阴极、多孔陶瓷电解质隔膜、多孔金属阳极、金属极板构成的燃料电池。其电解质是熔融态碳酸盐。反应原理如图 2 所示。

阴极：$O_2+2CO_2+4e \longrightarrow 2CO_3^{2-}$

阳极：$2H_2+2CH_3^{2-} \longrightarrow 2CO_2+2H_2O+4e^-$

总反应：$O_2+2H_2 \longrightarrow 2H_2O$

熔融碳酸盐燃料电池是一种高温电池(600～700℃)，具有效率高(高于 40%)、噪音低、无污染、燃料多样化(氢气、煤气、天然气和生物燃料等)、余热利用价值高和电池构造材料价廉等诸多优点，是下一世纪的绿色电站。

2.3　固体氧化物燃料电池

固体氧化物燃料电池采用固体氧化物作为电解质，除了高效、环境友好的特点外，无材料腐蚀和电解液腐蚀等问题；在高的工作温度下电池排出的高质量余热可以充分利用，使其综合效率可由 50%提高到 70%以上；它的燃料适用范围广，不仅能用 H_2，还可直接用 CO、天然气(甲烷)、煤气化气，碳氢化合物、NH_3、H_2S 等作燃料。这类电池最适合于分散和集中发电，其工作原理如图 3 所示。

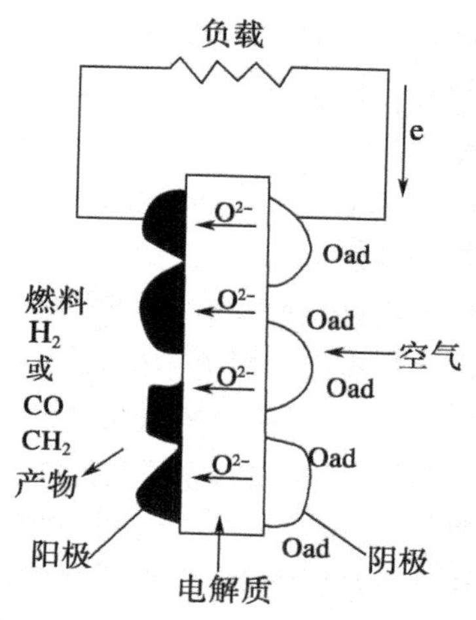

图 3　固体氧化物燃料电池工作原理

2.4 再生氢氧燃料电池

再生氢氧燃料电池将水电解技术(电能$+2H_2O \longrightarrow 2H_2+O_2$)与氢氧燃料电池技术($2H_2+O_2 \longrightarrow H_2O+$电能)相结合,氢氧燃料电池的燃料 H_2、氧化剂 O_2 可通过水电解过程得以"再生",起到蓄能作用。工作原理如图4所示。再生氢氧燃料电池可以用作空间站电源。

燃料电池的原理是一种电化学装置,其单体电池是由正负两个电极(负极即燃料电极,正极即氧化剂电极)以及电解质组成。不同的是一般电池的活性物质储存在电池内部,因此限制了电池容量,而燃料电池的正、负极本身不包含活性物质,只是个催化转换元件,因此燃料电池是名副其实的把化学能转化为电能的能量转换机器。电池工作时,燃料和氧化剂由外部供给,进行反应。原则上只要反应物不断输入,反应产物不断排除,燃料电池就能连续地发电。

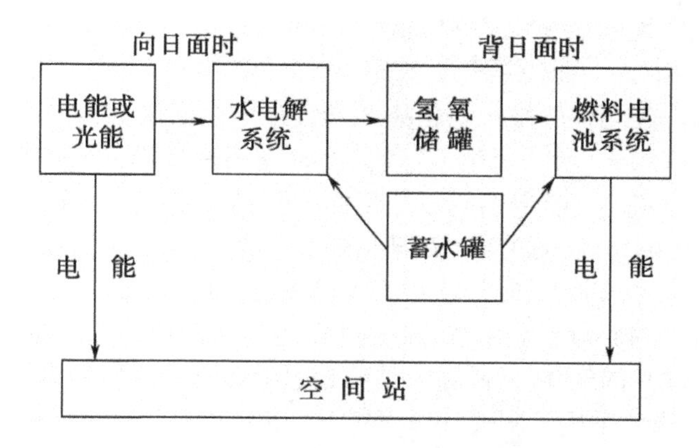

图4 再生氢氧燃料电池工作原理

另外,只有燃料电池本体还不能工作,必须有一套相应的辅助系统,包括反应剂供给系统、排热系统、排水系统、电性能控制系统及安全装置等。

3. 燃料电池发电系统

下面将以熔融碳酸盐燃料电池为例简要介绍燃料电池的发电系统。

3.1 利用天然气的发电系统

MCFC需要供给的燃料气体是 H_2,它可由天然气中的 CH_4 改质生成,其反应在改质器中进行。改质器的出口温度为600℃,符合MCFC的工作温度,可以原样直接输送到燃料极侧。空气极侧需要的 O_2 通过空气压缩机供给,另一个反应因素 CO_2,空气极侧反应等量地再利用发电时燃料极产生的 CO_2。除了有 CO_2 外,燃料极排出气体还含有未反应的可燃成分,一起输送到改质器的燃烧器侧,天然气改质所必需的热量就由该燃烧热供给。在这种情况下,排出的燃料气体会含有过多的 H_2O,将影响发热量,为此通常是先将排出燃料气体冷却,将水分滤去后再输送到改质器的燃烧侧。从改质器燃烧侧出来的气体与来自压缩机的空气混合后供给空气极侧。

实际的电池因内部存在电阻会发热,故通过在空气极侧中流过的大量氧化气体(阴极气体，即含有 O_2、CO_2 的气体）来除去其发生的热。通常是按 600℃供给的气体在 700℃下排出，这一指标可通过在空气极侧进行流量调整来控制，为此采用阴极气体的再循环，即空气极侧供给的气体为以改质器燃烧排气与部分空气极侧排出气体的混合体，为了保持电池入口和出口的温度为最佳温度，可将再循环流量与外部供给的空气流量一起调整。

来自空气极侧的排气为高温，送入最终的膨胀式透平，进行动力回收，作为空气压缩动力而应用。剩余的动力，由发电机发电回收，从而可以提高整套系统的效率。另外，天然气改质所必需的 H_2O（水蒸气）可从排出的燃料气体中回收的 H_2O 来供给。

这种系统的效率可达 55%～60%。在整套出力中 MCFC 发电量份额占 90%。考虑到排气形成的动力回收和若干附加发电，也称为联合发电。

3.2 利用煤炭的发电系统

煤炭需经煤气化装置生成作为 MCFC 可用燃料的 CO 及 H_2，并在进入 MCFC 前除去其中所含有的杂质（微量的杂质就会构成对 MCFC 的恶劣影响），这种供给 MCFC 精制煤气，其压力通常高于 MCFC 的工作压力，在进入 MCFC 供气前先经膨胀式涡轮机回收其动力。涡轮机出口气体，经与部分来自燃料极（阳极）排出的高温气体（约 700℃）相混合，调整为对电池的适宜温度（约 600℃）。该阳极气体的再循环是将排出的燃料气体中所含的未反应的燃料成分返回入口加以再利用，借以达到提高燃料利用率的目的。向空气极侧供给 O_2 和 CO_2 是通过空气压缩机输出的空气和排出燃料气体相混合来完成的。碳酸气是采用触媒燃烧器将未燃的 H_2 及 CO 变换成 H_2O 和 CO_2 后供给的。

实际的燃料电池，内部电阻会发热，将通过在空气极侧流过的大量的氧化剂气体（阴极气体，即含有 O_2 和 CO_2 的气体）而除去。通常通过调整空气极侧的流量，把以 600℃供给的气体在 700℃排出。为此采用了阴极气体再循环，使空气极侧的排气形成约 700℃的高温。因此，在这个循环回路中设置了热交换器。将气体温度冷却到 600℃，形成电池入口适宜的温度，与来自触媒燃烧器的供给气体相混合。空气极侧的出入口温度，取决于再循环和来自压缩机的供给空气流量和再循环回路中的热交换量。

排热回收系统（末级循环），是由利用空气极侧排气的膨胀式涡轮机和利用蒸汽的汽轮机发电构成的。膨胀式涡轮机与压缩机的相组合，其剩余动力用于发电。蒸汽是由来自其下流的热回收和煤气化装置以及阴极气体再循环回路中的蒸汽发生器之间的组合产生，形成汽水循环。

这种机组的发电效率，因煤气化方式和煤气精制方式等不同而有差异。利用煤系统比较复杂，主要是采用煤炭气化系统造成的，但若用管道气就简单多了。该系统效率为 45%～55%。

4. 国内外发展状况及最新动态

最早的燃料电池出现在 20 世纪 60 年代初，应用于阿波罗宇航计划。80 年代中后期，随着环境保护、节约能源、保护有限自然资源意识的加强，开始了燃料电池的民用研究。经过二十多年的发展，燃料电池应用技术已趋成熟。随着燃料电池构成材料部件的发展及成本的降低，制造工艺技术的改进以及生产规模的扩大，燃料电池将从能够承受较高成本的应用领域向能够承受较低成本的应用领域逐步扩散。

发达国家都将大型燃料电池的开发作为重点研究项目，使得燃料电池即将取代传统发电机及内燃机而广泛应用于发电及汽车上。除美国、加拿大外，日本、德国、英国、意大利、俄罗斯等国以及一些著名跨国企业也加入了燃料电池的行列。燃料电池经历了碱式、熔融碳酸盐和固体电解质等几种类型的发展阶段。美国、日本等国已相继建立了一些碳酸燃料电池电厂、熔融碳酸盐燃料电池电厂、质子交换膜燃料电池电厂作为示范。自2000年下半年石油价格问题引起各国严重关注以来，发达国家（特别是美国）都大大加强了对燃料电池技术商业化的投入，而且研究重点具有明显的产业化导向。

我国的燃料电池研究始于1958年，70年代在航天事业的推动下，我国燃料电池的研究呈现出第一次高潮。其间研制成功的两种类型的碱性石棉膜型氢氧燃料电池系统（千瓦级AFC）均通过了例行的航天环境模拟试验。1993年开始进行直接甲醇质子交换膜燃料电池（DMFC）的研究。电力工业部于1991年研制出由7个单电池组成的MCFC原理性电池。“八五”期间，中科院大连化学物理研究所等国内十几个单位进行了与SOFC有关的研究。90年代中期，燃料电池技术列入“九五”科技攻关计划，中国进入了燃料电池研究的第二个高潮。质子交换膜燃料电池被列为重点，全面开展了质子交换膜燃料电池的电池材料与电池系统的研究，并组装了多台百瓦、1～2 kW、5 kW和25 kW电池组与电池系统。不久前，“氢能的规模制备、储运及相关燃料电池的基础研究”也已入选2000年“国家重点基础研究项目”。PEMFC电动车还被列为面向产业化的国家“十五”“863”重大科技攻关专项和上海市“十五”重大科技攻关项目。但总体来说，我国燃料电池研究与国外水平和实际应用均有相当大的距离，必须加快追赶的步伐。

5. 燃料电池电厂前景展望

燃料电池电厂具有今后可以作为大规模民用发电装置的广阔前景，与传统的火力发电、水力发电或核能发电相比，具有无可比拟的特点和优势。

（1）能量转换效率高。目前汽轮机或柴油机的效率最大值为40%～50%，当用热机带动发电机时，其效率仅为35%～40%，而燃料电池的有效能效可达60%～70%，其理论能量转换效率可达90%。

（2）污染小，噪声低。对于氢燃料电池而言，发电后的产物只有水，可实现零污染。另外，由于燃料电池无热机活塞引擎等机械传动部分，故操作环境无噪声污染。

（3）高度可靠性。燃料电池发电装置由单个电池堆叠至所需规模的电池组构成，由于这种电池组是模块结构，因而维修十分方便。另外，当燃料电池的负载有变动时，它会很快响应，故无论是处于额定功率以上过载运行还是处于低于额定功率运行，它都能承受且效率变化不大。这种优良性能使燃料电池在用电高峰时可作为调节的储能电池使用。

（4）比能量或比功率高。

（5）适用能力强。燃料电池可以使用多种多样的初级燃料，如天然气、煤气、甲醇、乙醇、汽油；也可使用发电厂不宜使用的低质燃料，如褐煤、废木、废纸，甚至城市垃圾。

另外，我国丰富的资源有利于燃料电池的发展。我国可利用的液化天然气（LNG）资源也是十分可观的；煤层气也十分丰富，陆上深埋2 000 m以内的煤层气资源量为32万亿～35万亿m^3，多于陆上天然气资源量（30万亿m^3），位于世界前列；作为后续资源，我国已发现在南海、东海深处有大量的天然气水合物，其资源量为700亿t石油当量。由于环保的需要和IGCC技术的推动，煤的大型气化装置技术已经过关。煤炭部门的有关专家介绍，目前的技术完全可以把煤转换为氢气，转换效率可达80%，供给燃料电池作燃料，其效率要比常规热动力装置效率高得多。我国有大量的生物资源(薪材3 000万t、秸秆45 000万t、稻壳1 500万t、垃圾1.6亿t等)，这种密度低、分散度高的资源，可以转换成沼气或人工煤气或甲醇供分散的、小型高效的燃料电池使用，如广东番禺正在建设使用养猪场沼气的燃料电池电站。

6. 结束语

燃料电池的发展创新将如百年前内燃机技术突破取代人力引发工业革命，也像电脑的发明普及取代人力的运算绘图及文书处理的电脑革命，又如网络通讯的发展改变了人们生活习惯的信息革命。燃料电池的高效率、无污染、建设周期短、易维护以及低成本的潜能将引爆21世纪新能源与环保的绿色革命。燃料电池电厂将是21世纪的绿色电站。

参考文献

[1] 孔宪文，桂敏言，冯玉全.关于燃料电池发电技术调研报告.辽宁电力科学研究院，2001
[2] 钟史明.21世纪我国热电联产、集中供热的展望[J].热电技术，2000(4)

核电发展近况

钟史明

（东南大学能源与环境学院　210096）

摘　要：首先简单介绍核电站的基本原理与组成，然后综述核电发展国内外近况；核电技术、提高核电安全，积极稳妥地发展核电，为满足电力能源需求和应对气候变化，使人类文明能永续发展。

关键词：核电站　核电技术　安全　事故　发展

1. 引言

能源短缺和环境恶化是21世纪人类社会面临的两大挑战。目前作为主要能源的化石能源煤、油、气的探明储量有限；可再生能源，如太阳能、生物质能、风能、水能等可装机容量有限，并且受到地域和自然条件限制，目前正在开发推广之中，成本偏高，只能作为能源的部分补充。而且石油、煤炭燃烧排放的污染物对环境产生严重污染，破坏生态环境，天然气虽较清洁，然而亦产生大量温室气体使地球气候变暖产生雾霾，造成极端天气频发，已到了使人类生存条件日益恶化，社会经济发展不可持续的境地。而新能源——核能（裂变和聚变），是清洁能源，对环境污染极少，能量密度大，资源相对丰富，是取之不尽、用之不竭的能源，可支撑人类经济社会的可持续发展。

原子核的体积非常小，却能释放巨大的能量，单位重量核燃料释放的能量比化学能大几百万倍。一小块核燃料蕴含的能量相当于几十吨煤炭。因而，使用核能可以减轻运输压力。

核能难以想象的能量使人们看到了核能发电的光明前途。1954年6月27日，世界上第一座核电站奥布宁斯克核电站由前苏联研发建设而成，并顺利地实现了并网发电，其电功率5 MW，它的建成发电并网在世界核能领域引起了极大的关注。从此，核电站便在世界各地开始了蓬勃的发展，那是经过科学家们的努力研发的结果。核电站的研制与发展已经走过了试验、示范和商业推广的艰辛历程。

20世纪60年代至70年代初是核电站的黄金时代。20世纪50年代只有苏、美、英三国建成核电站，到20世纪60年代则增加到8个国家。20世纪末，全世界有30多个国家和地区建有核电站，主要分布在北美、欧洲及东亚的一些工业化国家。核电站建设量以美国为首，当前，运行的数量，美国有104座，法国有58座，日本有54座，俄罗斯有32座，韩国有21座，中国（2016年初）有56座。

2. 核电站简介

（1）基本原理

核电站的核反应堆通过持续不断地核裂反应，源源不断地产生核能，核能再通过一系列的能量转化方式，转化成电能。简单地说，核反应堆的作用就是连续不断通过能源的输出，维持核电站的持续发电。对于整座核电站来讲，核反应堆就相当于核电站的心脏。

（2）裂变核电站的组成

核电站由以下几个部分组成：

① 堆芯，核燃料在堆芯低速燃烧并产生热量。

② 冷却回路，堆芯产生的热量通过回路里的介质传导出去，使得堆芯保持稳定的反应温度，持续工作。

③ 发电机组，把冷却回路中的热量通过汽轮机转化成电能。堆芯也就是核反应堆，是整个电站的心脏。

反应堆的类型很多，主要有压水堆、沸水堆和重水堆等，但它主要由活性区、反射层、外压力壳和屏蔽层组成。活性区又由核燃料、慢化剂、冷却剂和控制棒等组成。当前用于核电站的反应堆中，压水堆（为了使反应堆内温度很高的冷却水保持液态，反应堆在高压力——水压约为 15.5 MPa 下运行，所以叫压水堆）是当今最具有竞争力的堆型（约占 61%），其原则性系统图如图 1 所示。沸水堆占一定比例（约占 24%），重水堆用得较少（约占 5%）。

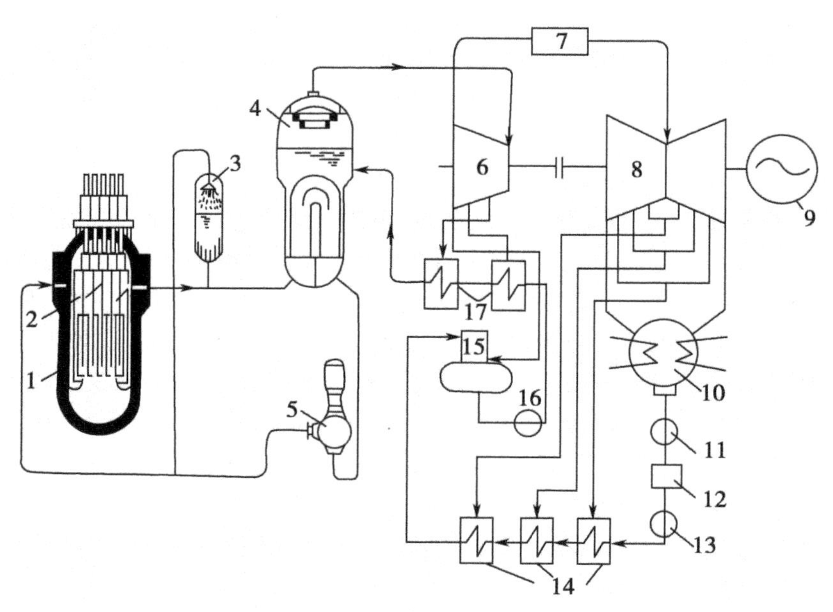

1—压力壳　2—反应堆　3—稳压器　4—蒸汽发生器　5—主循环泵　6—汽轮机高压缸　7—汽水分离再热器　8—汽轮机的分流式底压缸　9—发电机　10—凝汽器　11—凝结水泵　12—深度除盐设备　13—主凝升压泵　14—低压加热器　15—积水除氧器　16—给水泵　17—高压加热器

图 1　压水堆核电站原则性系统图

这是因为压水堆可以用价格低廉、到处可以得到的普通水作慢化剂和冷却剂。

由于反应堆内的水处于液态，驱动汽轮发电机组的蒸汽必须在反应堆以外产生。这是借助于蒸汽发生器实现的，来自反应堆的冷却水即一回路水流入蒸汽发生器传热管的一侧，将热量传给传热管另一侧的二回路水，使后者转变为蒸汽(二回路蒸汽压力为 6～7 MPa，蒸汽的温度通常为 275～290℃饱和温度)。

3. 目前全球核电在电力行业的占比低

根据英国石油公司(BP 公司)2014 年统计和世界核学协会(WNA)统计数据显示：至 2014 年 4 月底，全球 31 个国家和地区共有 434 台运行核电机组，总装机容量 3.74 亿 kW。我国自 20 世纪 80 年代开始建设秦山核电站，至 2014 年年底共有 21 台商业运行核电机组，总装机容量 1 921 万 kW，占总电力装机容量的 1.19%，2014 年核电发电量 1 305.8 亿 kWh，占全国总发电量 2.39%，与世界平均水平 16%差距很大。

据英国石油公司(BP)统计，2013 年全球核能消费量为 5.63 亿 t_{oe}(油当量)，仅占一次能源消费量的 4.42%。核能发电量约占全球发电量的 10.76%，且主要集中在美国、法国、俄罗斯、韩国、中国、德国、乌克兰、英国、瑞典和西班牙 11 个国家。这 11 国的核电发电量约占全球核电发电量的 86.5%。另据国际原子能机构(IAEA)统计，2013 年在运核电机组 434 台，分布在 31 个国家和地区，经合组织(OECD)国家占 75%；全球核电装机容量 371.7 GW，OECD 国家占 80%。

截至 2013 年年底，全球核电利用 15 660 堆年，其中美国 3 912 堆年，法国 1 932 堆年，日本 1 646 堆年，英国 1 527 堆年，俄罗斯 1 124 堆年，加拿大 655 堆年，印度 397 堆年，而中国为 160 堆年，仅为全球堆年总数的 1%。

4. 在建核电机组增长重心向新兴经济体、金砖国家转移

全球核电产业自 2011 年日本福岛核事故后一度停滞，但近两三年来出现了回升势头。据 IAEA 统计，截至 2014 年 12 月，全球在建机组 71 台，装机容量 69.4 GW。除美、法等核电大国在建少数机组外，在建装机容量主要集中在新兴经济体，特别是金砖国家。目前金砖国家拥有在运行机组 81 台，装机容量 50.7 GW，占全球运行核电的 18%；在建机组 43 座，装机容量 39.3 GW，占全球的 57%。从地区分布看，51%在建机组位于东亚(中国、韩国及日本等国)，23%位于东欧，11%位于南亚。截至 2014 年 1 月，全球共有 92 台拟建机组，其中中国 35 台，俄罗斯 22 台，美国 16 台。拟建机组建成后，俄罗斯核电机组数量将超过法国和日本，中国将超过俄罗斯，成为仅次于美国的核电大国。此外，越南、孟加拉、马来西亚、印度尼西亚、泰国、埃及、约旦、沙特阿拉伯、土耳其和智利均有建设核电站的计划。

5. 核电技术

5.1 在运行和在建核电技术

目前全球在运行和在建核电站主要采用第二代和第二代改进型核电技术。但是，随着

安全标准的提升，各国加大了对第三代核电技术的研发和应用。在第三代反应堆中，进步型沸水堆（ABWR）最早成熟，目前已在日本建成 4 台机组，日本和中国台湾地区各有 2 台机组在建，美国也有此建设计划。第三代压水堆中发展较为成熟的有 AP1000、EPR1700 和 APP1400，均处于建设中。其中，AP1000 在建 8 台机组（中、美各有 4 台机组），EPR1700 中国在建 2 台机组，芬兰和法国各在建 1 台机组，APR1400 在阿联酋在建 3 台机组。

5.2 开始研发第四代核电技术

为了满足更高的安全标准，提高天然铀的利用率，解决核废料处置问题，全球核电大国开始研发第四代核电系统技术。美国的“下一代核电站”产业联盟选取阿海珐集团的棱柱形模块化蒸汽高温气冷堆（SC-HTGR）作为下一代核电站最优设计方案。俄罗斯根据“联邦专项计划”积极发展建造反应堆的钠冷工艺（SFR），并在这种类型反应堆的基础上优化核电站的技术经济性能，BN-800 建设和 BN-1200 的设计工作 2014 年完成，计划于 2019 年建成多用途块中子研究型反应堆（MBIR）。韩国在进行钠冷快堆（SFR）和超高温气冷堆系统（VHTR）的研究。

5.3 不断提高核电安全标准成为核电安全措施和政策的目标（导向）

近年来，全球各国坚持贯彻“纵深防御”的策略：① 提高抵御极端外部事件标准，如日本考虑在自然灾害中增加龙卷风及森林火灾的危害等，把以往海啸的最高纪录作为“基础海啸”。② 改进防止放射性物质释放的关键系统、设备和构筑物，使其能够抵御超设计基准灾害，如法国采取加固提高水坝和防波堤，加强厂房密封性，加强配电盘水淹防护能力，加强电器设备的抗震能力。③ 加强国家和电厂的应急能力，组织快速应急组织。美国在亚利桑那州建立核应急反应基地，储存 5 套完整的便携式备用设备，可在 24 h 内用于全国任何地方，确保反应堆和乏燃料池的安全性。④ 2016 年 1 月 27 日，我国新华社发布了《中国的核应急》白皮书，伴随核能事业的发展，核安全与核应急同步得到加强。

6. 主要国家的政策趋势

6.1 主要发达国家

在日本福岛核事故后，以“弃核”、“零核”和“削减核”政策为主，发达国家由国家政企决策到全民公决不等，积极探索适应本国能源需求、核产业链特点和民众意愿等作出本国的核电政策。

(1) 德国

德国在日本福岛核事故后采取“弃核”政策；瑞士和比利时具有类似的国情，亦采取了逐步关闭核电站的“弃核”政策；意大利通过全民公投，否决了建设核电站的计划。

(2) 日本

在福岛核事故后，一度倾向“零核”的政策态势，致使用电受限，天然气进口需求激增。经过近 2～3 年的论证，2014 年 4 月，自民党政府提出了第四次能源基本计划，再次肯定了核电作为重要基荷电源的重要作用，决定重启部分核电机组。

(3) 法国

计划到 2025 年将核电站全国总发电量的比例由 2014 年的 75%下降到 50%，并设定 63.2 GW 的装机容量为上限。

(4) 韩国

调整核电发展目标，避免出现“过度扩张”和“突然崩塌”，在2013年发布的《第二期国家能源基本计划案(2013—2035年)》中，将2035年核电装机容量占比由第一期的41%下调到29%。

6.2 一批发展中国家

基于能源需求快速增加已将或拟将核电作为优化能源结构和推动可持续发展的解决方案，积极发展核电站。如印度、南非、越南、泰国、菲律宾、马来西亚和印度尼西亚等。

另一批为了降低对化石能源的依赖也计划通过发展核电，部分替代化石能源消费。如沙特阿拉伯、阿拉伯联合酋长国、埃及和约旦等国。

这些发展中国家的核电发展计划将推动未来全球核电技术转移、设备贸易和国际合作的新发展。

7. 核电发展趋势

7.1 2020—2030年全球核电将迎来加速发展期

根据IAEA的《2050年能源、电力和核电预测》报告显示：在高值情景下，2030年和2050年核电装机容量分别达到722 GW和1 113 GW，核电发电量分别占全球总发电量的13.5%和12.1%；在低值情景下，核电装机容量将从2013年的371.7 GW增长到2030年的435 GW和2050年的440 GW，核电发电量分别占全球总发电量的9.9%和4.5%，其加速发展期出现在2020—2030年期间。

7.2 2025年前核燃料供应可满足市场需求，之后则需开发新的铀矿以增加供应量

据世界核协会(WNA)在《全球核燃料市场2013—2030年供应和需求》报告中，对2030年的核电发展和铀资源供需进行预测。在基准情景下，2030年全球核电占全球发电量的比例保持在12%，2020年和2030年核电装机容量将分别达到466 GW和574 GW。铀资源需求将由目前的6.2万t分别增加到7.76万t和9.74万t。而在铀矿供应方面，在基准情景下，假设目前开发中的铀矿均按计划投产，将由目前的5.83万t增加至2020年的6.74万t和2025年的7万t，到2030年将降低至5.3万t。随着俄罗斯尾料加工结束，二次供应量将由2012年的2.3万t下降至2035年的1万t，2025年左右铀市场达到均衡状态。之后，2025年现有铀矿产量趋于下降，需要开发新铀矿以满足市场需求。

8. 中国核电站简况

8.1 概述

20世纪50年代中期，中国创建核工业。60多年来，中国致力于和平利用核能事业，发展推动核技术在工业、农业、医学、环境能源等领域广泛应用。特别是改革开放以来，中国核能事业得到更大发展。

发展核电是中国核能事业的重要组成部分。核电是一种清洁、高效、优质的新能源，中国坚持发展与安全并重原则，执行安全高效发展核电政策，采用最先进的技术、最严格的标准发展核电。

1985年3月,中国大陆第一座核电站——秦山核电站破土动工。截至2015年10月底,中国大陆运行核电机组27台,总装机容量2 550万kW;在建核电机组25台,总装机容量2 751万kW。中国开发出具有自主知识产权的大型先进压水堆、高温气冷堆核电技术。"华龙一号"核电技术示范工程正在投入建设。中国实验快堆实现满负荷率稳定运行72 h,标志着已经掌握快堆关键技术。接着研发建设示范原型和商用验证,积极实现商业化,争取在2020年左右使之进入商业运营阶段。从2050年开始,聚变—裂变混合堆或聚变堆预期能商业示范投入使用,所以目前正加紧快堆和聚变堆方面的研发工作。

8.2 核电站的分布

目前,中国已建成、在建和筹建的核电站主要分布在沿海各省市,从东北黑龙江、吉林、辽宁,到华东、山东、江苏、浙江,再到华南福建、广东、广西和海南;内陆有河南、安徽、湖北、湖南、四川和重庆各省市。

我国于1955年开始发展核工业,20世纪50年代后期至70年代期间建立了核电站的科研、设计、建造、教育和核燃料循环工业体系。截至2011年3月,我国已有6个投入运营的核电站,12个在建核电站,25个筹建核电站(图2,书前有彩色图)。

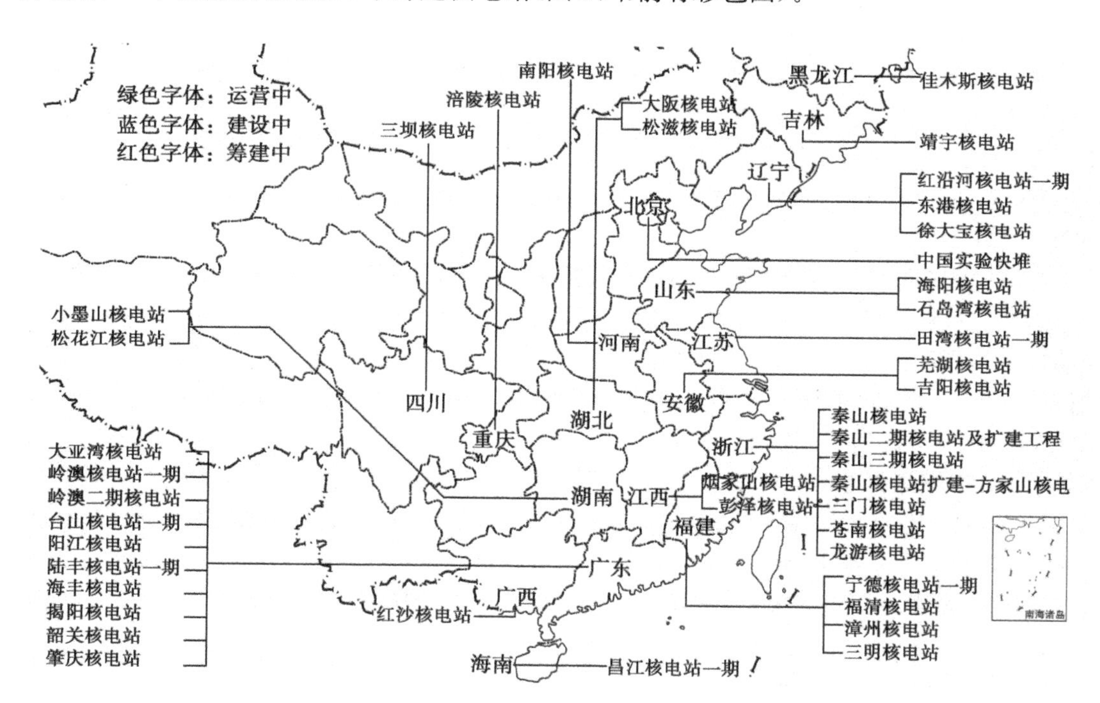

图2 2011年中国已建成(运行)、在建和筹建中的核电站分布图

(资料来源:文汇报2011年3月16日,据中新社中国核电站都没建在地震带上)

8.3 运营核电

• 秦山核电站

浙江秦山核电站一期(300 MW压水堆)工程于1983年6月破土动工,1991年12月15日并网发电,从此结束了中国大陆无核电历史。1994年4月投入商业运行。二期(2×650 MW压水堆)于1996年6月2日开工,2002年4月15日投入商业运行。三期(重水堆

2×730 MW)引进加拿大核电技术与加拿大技术合作,其中 1 号机组于 2002 年 11 月 19 日并网发电,2002 年 12 月 31 日投入商业运行,2 号机组于 2003 年 6 月 12 日并网发电,2003 年 7 月 24 日投入商业运行。

随着方家山核电工程 2013 年和 2014 年投产后,秦山核电基地成为中国最大的核电基地,也是中国第一个核电基地,共 9 台核电机组,装机容量达 630 万 kW,已成为中国装机容量最大、国产化率最高和核电机组投资比最具经济优势的核电基地。

• 大亚湾核电站

广东大亚湾核电站是我国首座引进国外资金设备和技术的大型商用核电站,也是大陆第一座百万千瓦级大型商用核电站,拥有 2×98.4 万 kW 压水堆核电机组。于 1982 年 12 月批准建设,1987 年 8 月 7 日开工,1994 年 2 月 1 日和 5 月 6 日 2 台机组先后投入商业运行,由广东核电合营有限公司负责建设和经营,中核集团公司占股 45%。按“借贷建设、售电还贷、合资经营”的模式,大亚湾核电运营管理有限责任公司专业化运营。该核电站年上网电量 150 亿 kWh,其中 70%销往中国香港,30%销往广东。

• 广东岭澳核电站

广东岭澳核电站(2×990 MW 压水堆)于 1997 年 5 月 15 日开工,2003 年 1 月投入商业运行,是中广核按“以核养核、滚动发展”方针,继大亚湾核电站投产后兴建的第二座大型商用核电站,由岭澳核电有限公司建设与经营,中核集团公司占股 45%。

岭澳核电站一期按国际标准,推进我国核电自主化、国产化进程:实现了项目管理,建筑安装施工、调试和生产准备自主化;实现了部分设计和部分设备制造国产化,整体国产化率达到 30%。

• 江苏连云港田湾核电站

江苏连云港田湾核电站(4×1 000 MW 压水堆)由中俄合作共建,一期工程共 2 台机组,1 号机组于 1999 年 10 月 20 日开工,2 号机组于 2000 年 9 月 20 日开工,2 台机组分别于 2007 年 5 月 17 日和 2007 年年底投入商业运行,并留有 4 台机组扩建余地。该机组引进俄罗斯 AES-91 型压水堆,设计寿命 40 年,平均负荷因子不低于 80%,年发电量达 140 亿 kWh。

项目业主是江苏核电有限公司,负责建设管理和运营。公司股东和股比的构成:中核集团公司 50%,中电投集团有限公司 30%,江苏省国信资产管理集团有限公司 20%。

俄 AES-91 型核电机组是在总结 WWER-1000/V320 型机组的设计、建造和运作经验基础上,按照国际现行安全法规,并采用一些先进技术而完成的改进型设计。

田湾核电站具有得天独厚的地理、地质、水文优势,可容纳 8 台百万千瓦机组,总装机容量可达 800 万～1 000 万 kW,年发电量 600 亿～700 亿 kWh,产值 250 亿元以上。

8.4 生产能力与技术水平

目前我国已拥有一个从地质勘查,到铀矿采冶、铀纯化、铀浓缩、核燃料元件组件生产,一直到乏燃料后处理等完整的核燃料循环系统,在关键环节上生产能力的跨越和技术水平已达到国际先进水平,已具有自主知识产权的“华龙一号”三代机组已能批量生产,正示范建设中,并正在“走出去”,进行国际合作共赢竞争中。如今,世界上能够拥有完整的核工业体系的国家,除了中国外,就只有美、俄、英、法、日等少数几个国家。

进入 21 世纪,我国核电设备已进入批量生产,并具备了生产 300 MW、600 MW 和

1 000 MW 级压水堆核电站燃料组件的能力和整套设备的生产能力。

8.5 核电技术接近世界先进水平

我国从首台秦山核电建设开始，经过 30 多年的发展，通过自主创新与引进消化、改进相结合，核电技术已经具备了接近世界先进水平的研发能力，在核电站建设、运行、管理、设备制造等方面形成了相对完整的工业体系，核电自主化水平不断提高，核电安全运行记录良好。全面实现自主设计、自主制造、自主建设和自主运营的“四个自主”建设方针，核电规模和全产业链能力都有了跨越式提升，引起了国际市场的关注。

由中广核和中核在融合 ACP1000 和 ACPR1000 两种技术后，共同研发的自主三代核技术“华龙一号”，融合了国际最先进的能动与非能动相结合设计理念，它从 157 燃料组件堆芯扩容到 177 燃料组件堆芯，使发电功率增加 5%～10%，具备了三个实体隔离安全系列，采用当今世界安全最新技术标准，满足中国新建核电机组“从设计上实现消除大量放射性物质释放的可能性”的 2020 年目标。各项技术指标全面达到全球最新安全要求，满足美国、欧洲三代技术标准，是我国目前具有完全自主知识产权的核电技术，具备批量化开发建设条件。国内外已开始示范建设：2015 年 5 月 7 日，“华龙一号”示范工程，于福建福清核电站 5、6 号两台机组开工建设；“华龙一号”还向巴基斯坦和阿根廷出口核电设备，合作共建、共赢。

首台套“华龙一号”国产化率达 90%，而且基础造价 2 800～3 000 元/kW，与当今国际市场上订单最多的俄罗斯核电技术产品相当，与之对比有竞争力，并且能够在较短时间内完成工程实践。

我国正在自主开发高温气冷堆大型四代核电技术；实验快堆实现了满功率稳定运行 72 h，标志着已掌握了快堆关键技术。

8.6 核电在我国电力行业占比低，发展潜力大

统计数据表明，2015 年我国大陆商业运行核电机组有 27 台，装机容量 25.5 GW，在建机组 25 台，装机容量 27.51 GW，占全球商业运行容量第五位(实际运行第四位，因日本福岛核事故后，有的运行机组停运)，在建容量居世界首位，全部集中在沿海地区。2013 年，核电发电容量 14.61 GW，发电量 112 TWh，占全国总发电量的 2.1%，核电在我国能源消费中的比重 0.9%，占比很低。为了防治大气污染，建成生态文明、美丽中国，发展核电能有效替代部分煤电，发展空间与潜力大。《能源发展“十二五”规划》中提出，到 2015 年运行核电机组达到 40 GW，在建机组 18 GW。2014 年出台的《能源行业加强大气污染防治工作方案》中提出，力争到 2017 年，核电运行机组容量达到 50 GW，在建容量达到 30 GW，年发电量超过 280 TWh。

《“十三五”规划纲要》在建设现代能源系统中提出：建成三门、海阳 AP1000 项目，建设福建福清、广西防城港“华龙一号”示范工程，开工建设山东荣成 CAP1400 示范工程，开工建设一批沿海新的核电项目，加快建设田湾核电三期工程，积极开展内陆核电项目前期工作，加快论证并推动大型商用后处理厂建设；核电运行装机容量达到 5 800 万 kW，在建达到 3 000 万 kW 以上。加强核燃料保障体系建设。届时，核电总容量占全国总装机容量约 4%，而到 2030 年、2050 年，核电装机累计分别为 2 亿 kW、4 亿 kW，届时核电装机容量将分别占全国电力装机总量的 15%、22%左右。

9. 结语

核电是当今世界电力能源中火电、水电和核电三大电力能源之一，它清洁、高效、无污染

(或污染极少);能量密度极大,一小块核燃料的蕴藏能量相当于几十吨标煤的热能;裂变原子能世界探明储量可供人类生存发展上百年,而聚变核能存于海水中,是取之不尽、用之不竭的永续能源。

近来受1979年美国三里岛核事故、1986年4月26日前苏联切尔诺贝利核事故和2011年3月11日日本福岛核事故的阴影,深度影响核电的发展。沉寂了几年的核电,在能源与环境双重压力下再次受到重视。加上科技进步,完善创新核电技术,特别重视核安全,而且发电成本已达到火电成本,甚至更低(据报道,美国核电成本为1.72美分/kWh),所以核电又将迎来发展的春天。

我国核电起步较晚,然而靠自主设计、自主制造、自主建设和自主经营的"四个自主",以及"引进、合作、创新",从秦山核电一期300 MW原型压水堆自主开发到引进技术、资金、设备、合作经营、借贷建设、售电还贷模式的大亚湾核电站,逐步到"以核养核、滚动发展"方针建设岭澳核电站,通过国际合作互利共赢发展等发展方式,已经从全球核能利用消费量在2008年世界前12位国家排行榜中我国第10位,到2014年底(加上在建核电)已从美、日、中前3位提升至核电大国第2位。经过30多年的发展,我国核电技术水平已接近或部分超过世界先进水平,"华龙一号"具有自主知识产权第三代技术,已"走出国门建设中",我国核电正行进在核电大国走向核电强国的征途中。

参考文献

[1] 温鸿钧. 从世界核电站看中国核电的市场空间[J]. 中国核工业,2014(3)
[2] 杜祥琬. 核能发展的历史观[N]. 中国科学报,2013-9-30
[3] 张慧. 竞逐第四代核能[J]. 中国科学报,2013-9-30
[4] 杜伟娜. 未来能源的主导核能[M]. 北京:北京工业大学出版社,2015
[5] 魏义祥,贾宝山. 核能与技术概论[M]. 哈尔滨:哈尔滨工程大学出版社,2011
[6] 徐小杰等. 我国核电发展趋势和政策选择[J]. 中国能源,2015,37(1)
[7] "十三五"规划纲要全文播发,提出建设现代能源体系. 2016-3-18. 人民网能源频道

Recent Developments in The Nuclear Power

Zhong Shi-ming
(Energy Environomental College of Southeast University, Nanjing, China)

Abstract: This Paper firstly simple introduces fundamentals and Composition of Nuclear Power. Second Summarize Naclear Power, Recent. Developments in the State & Overseas, And Nuclear Science technology Incerease Saft Nuclear Power, Positive rdliable Developing Nuclear Power, For eletrecity emergy demand and answer climate change, Usable mankind cicilization immortal Development.

Key Words: Nuclear Power; Nuclear Technology; Salt; Breakdown; Developnlent.

核能(电)的优(特)势与安全性的认知

钟史明

(东南大学能源与环境学院　南京　210096)

摘　要: 首先叙述核能主要用于发电,核电与其他能源相比,具有优势和独特优点;其次阐明核电的安全性,在充分利用“能动”与“非能动”纵深防御的最新、最高安全标准状况下,认知和平利用核电是必要的,核电是安全的。

关键词: 核能利用　裂变核电　优势　安全性

1. 前言

原子能的发现与开发利用给人类社会发展带来了新的动力,极大地增强了人类认识世界和改造世界的能力。原子能(核能)的开发利用,始于“军工”——科学家研发“原子弹”成功,于1945年8月先后投在日本广岛、长崎,两个原子弹加速结束了第二次世界大战,日本无条件投降。接着科学家研发可控核能和可利用核能——创建核电站。1954年,世界首座核电站在前苏联建成且并网成功,开创了核电的新时代。

人类对核能(核电)的和平利用不足百年,迄今仍处于发展或研发阶段,所以将核电(核能)列入新能源范畴。核能不是可再生能源,但它蕴藏的裂变材料,可供人类利用数百年;而聚变材料存于海水中,是取之不尽、用之不竭的能源,而且它的优势和独特性是其他能源没有的或不可比的,它具有清洁、高效、能源密度高、无污染、几乎零排放、无氧燃烧等独特优势,而且当前发电成本已降至气电相当,甚至更低,经济性有一定竞争力。但它有放射性泄漏危险因素存在,核电站至今已发生了三里岛核电站、切尔诺贝利和2011年3月11日福岛核电站等事故风险,造成发展核电站的停滞,甚至反对建造核电站——“反核”风暴!由于核能的优越性和安全性人们不认识或缺乏认知,造成公众反对核能利用情有可原。本文经过查阅以往“核事故”资料和学习核能的知识,作个抛砖引玉的报道,供参考讨论。

裂变原子能有许多用途,核反应堆进行裂变时,既释放出大量能量,又释放出大量中子。和平利用核裂变能归结起来有二:一是利用裂变核能;二是利用裂变中子。本文只谈论核能利用。

核能动力主要用于发电,但它在其他方面也有广泛用途,例如核动力和核能供热等。

2. 核电的优势

核电不是可再生能源,但是在当今第四次能源革命(能源转型)期间可提供几乎零排放的强大电力。核电、水电与火电已构成世界电力能源三大支柱,在世界电力能源结构中占有重要地位。

国际原子能机构(INA)前总干事巴拉迪曾表述,世界核电领域取得了长足发展,人类和平利用原子能的前景广阔。随着社会经济的发展,全球能源需求快速增长,造成污染物排放增加,突显了核电的优势,即核电生产产生的 CO_2 温室气体排放量很少、安全性较高和生产成本较低等优势,是替代化石能源的主导能源之一。与其他能源相比有如下优势。

2.1 能源密度高

原子核蕴藏着巨大的能量。1 磅 235 铀释放的能量超过 6 000 桶石油。1 kg 235 铀的裂变能等于 2 500 t 标煤燃烧产生的能量。

举例而言,核电站每年耗费 80 t 核燃料,只要 2 个标准货柜就可以运输。如果换成原煤,则年需要 2.88 亿 t,每天要用 20 t 大卡车,运约 4 万年才够。如果使用天然气,需要 143 万 t,相当于每天烧掉 20 万桶家用燃气。一座 1 000 MW 的煤电,年耗原煤三四百万 t,而相同功率的核电站仅需耗铀燃料三四十 t,相差 10 万倍以上,运储方面特别简便而且节能减排和省钱。

如原子能用于战争——原子弹,它的威力十分巨大,6.2 kg 钍弹的爆炸当量,相当于 2 万 t TNT。仅仅 4 kg 的钍原料(甚至更少)就可制造一个原子弹。1945 年 8 月 6 日和 9 日,美国为了加快结束第二次世界大战,对发动战争的日本侵略者,在广岛和长崎两座城市的上空投下了原子弹,城市瞬间毁灭了,人类首次成为核的牺牲品,核弹显示的威力至今让人心有余悸。

2.2 环境效益好

核电是清洁的新能源,可避免 CO_2、SO_2、NO_x 等污染物向大气排放,无微细颗粒物排放,几乎是零排放。华盛顿核能研究所称,1 000 MW 的反应堆核电站,一年可节省 790 万桶石油或 340 万 t 原煤,可免排放 3.4 万 t SO_2 和 1.1 万 t CO_2。又如我国浙江三门核电一期工程 2009 年 4 月 19 日开工的 2×1 250 MW 机组,一年节省动力煤 500 万 t,减排 11 490 t SO_2、19 088 t NO_x、1 345 t 烟尘、2.75 万 t CO_2,节能减排效益显著。

CO_2 等温室气体在大气中积聚,对太阳光透过大气层透射影响不大,却可显著减少地球对宇宙的热量散失,引起地球温度的升高,即"温室效应"。据估算,到 2030 年,大气中 CO_2 的浓度将达到工业化前的 2 倍,将使地球气温上升 1.5～4.5℃。气温上升引起极地冰山融化,使海平面上升 0.2～1.4 m,许多沿海城市将会受到严重威胁,甚至淹没;气温上升,给生物带来灾难,严重影响农、林生产,破坏生态平衡。

由于核电没有燃烧产生的废弃物排放(CO_2、SO_2 和 NO_x),微粒物 PM2.5 也极少,可净化空气,遏止雾霾,改善生态环境,增加人们健康。

当今正值《巴黎气候变化协议》签署生效的时段,为了实现全球气温升幅控制在 2℃以下的总目标,发展核电,替代化石能源是大好时机。

2.3 替代燃煤常规化石能源,改善能源结构

"能源转型是必然的"。在第 21 届联合国气候变化峰会上全球 196 个缔约国形成的《巴黎协定》,是全球应对气候变化与全球发展模式的转折点。《巴黎协定》的签订,预示着全球化石燃料时代在不久的将来将会终结。全球新能源可再生能源是取之不尽、用之不竭。随着技术的创新,它的清洁、安全和高效经济性会越来越好,竞争力会愈来愈强。而常规能源,按目前开采强度,全球煤炭、石油和天然气资源仅能分别再开采 110 年、53 年和 54 年,而且

还解决不了其 CO_2 排放问题。而核电能源密度大，主要原料之一铀，已查明储量约 400 万 t，钍约 275 t，可使用 2 500 年至 3 000 年，而聚变能燃料存于海水中，可供人类使用上千亿年，可永续利用发展，而且无污染排放。裂变能核电能源转换效率已达燃气联合循环效率，发电成本已低于火电成本，核电站还可大大减少燃料运储量，减少交通、储运成本，经济效益也愈来愈明显。

我国“十三五”推进节能减排措施，一方面要继续强化节能减排的制度环境、法律环境和市场环境；另一方面要针对存在问题，强化节能减排措施，保证我国在 2020 年实现单位 GDP 二氧化碳排放比 2005 年下降 40%～45%的目标，为 2030 年前后二氧化碳排放达到峰值奠定基础。而发展核电无 CO_2 排放，替代化石常规能源发电正合时宜。“十三五”规划纲要发展核电目标 4 000 万 kW，如运行一年，相当于减少标煤 1 亿 t，减少 CO_2 排放 2.3 亿 t，减少 SO_2 230 万 t，减少 NO_x 约 150 万 t，相当于 60 万 hm_2 森林一年 CO_2 吸收量。

特别是我国能源资源禀赋“煤多、油少、缺气”供需错位达上千 km，煤电仍占总发电量一半以上，亟须以清洁能源替代化石能源，提高环境质量，建设生态文明，破解雾霾困扰，努力建设美丽中国，实现中华民族永续繁荣发展。安全、高效发展核电是佳策，除积极发展沿海核电外，经充分论证，精心研究，向内陆发展核电是必然趋势，要提高核电在电力行业中的占比。

2.4　具有独特优越性的新能源

与传统能源相比，核能是一种具有独特优越性的动力能源，因为它不需要空气中的氧气参与燃烧，因此可以用在地下、水中和太空中等缺乏空气环境下的特殊动力。核能耗料少，能量密度高，一次装料后可以长时间供能，所以核能可用作火箭、宇宙飞船、人造卫星、潜艇、航空母舰等需要在无氧或缺氧状态下工作的装置的特殊动力。当今，人类进行的太空探索，还局限于太阳系之内，所用的飞行器用太阳能电池就可以了。但是，如果要到太阳系外探访其他星系，核动力恐怕就是唯一的选择。因此，将来核动力可用于星际航行。

美国、俄罗斯、中国等国一直从事核动力卫星的研发，目的是把发电能力达上百千瓦的发电设备装在卫星上，从而增强卫星在通信、军事等方面的威力。如 1997 年 10 月 15 日，美国国家航空航天局就发射了“卡西尼”号核空间探测飞船，以核动力作为推动力飞往土星，历时 7 年，行程达 35 亿 km。近来，美国国家航空航天局正加紧研发将于 2017 年载人登入土星的核太空飞船。

目前，核动力推进，主要用于核潜艇、核航空母舰和核破冰船。由于核能的能量密度大，只需要少量核燃料就能运行很长时间，这就使得核动力在军事上有很大优越性。更加卓越的是，核裂变能的产生不需要氧气，故核动力潜艇可在水下长时间航行。

正因为核动力推进有如此大的优越性，所以世界已制造的用于舰船推进的核反应堆已达数百座，超过了核电站中的反应堆数目。当然，核动力反应堆的功率远小于核电站反应堆。现在，核航空母舰、核驱逐舰、核巡洋舰与核潜艇一起，已形成了强大的海上核力量。

2.5　核能供热的优势

核能供热是 20 世纪 80 年代才发展起来的一项新技术，是一种经济、安全、清洁的热源，因而受到广泛重视。在以往的能源结构上，用于低温（如供暖等）的热源占总热耗量的一半左右，这部分热多直接由燃煤产生，因而给环境造成严重污染。

在我国能源结构中，近 70%的能量是以热能形式消耗的，而其中约 60%是 120℃以下的低温热能，所以，发展核反应堆低温供热，对缓解供应和运输紧张、净化环境、减少污染等十分有利而重要。核供热不仅可用于居民冬季采暖，也可用于工业供热。特别是高温气冷堆可以提供高温热源，可以用于煤的气化、炼铁等耗热巨大的行业。核能既然可以用来供热，也一定可以用来制冷。核供热是一种前途远大的核能利用方式。

2.6　核能海水淡化

海水淡化是核供热的另一个潜在的巨大用途。在各种海水淡化方案中，采用核供热海水淡化是成本最低的一种。在降水稀少的地区，尤其是中东、北非地区，由于缺乏淡水，海水淡化的前景是很光明的。

3. 核能(核电)的安全性

核发电有放射性物质，如人类与生物受到照射会受到极大的伤害，所以核电站的固体废弃物不能也不会向外界(环境)排放。放射性的液体废物须转化为固体后也不会排放。其他如工作人员的淋浴、洗涤这些低放射性的废水也会经过处理、检验达标之后再行排放，气体废物经过滞留、衰变与吸附，过滤后会向高空稀释排放。

3.1　运行核电站放射剂量极低，给人们造成的附加风险率极小

一座大型商业压水堆核电站堆芯内放射性物质总量十分惊人。但核电站有多层放射性保护屏障，绝大部分放射性物质在事故状态下也难以进入环境中。从后果方面考虑，最为关注的是气态和挥发性比较强的放射性物质。

经计算和实际运行经验都可证明，因核电站运行带给人们的附加剂量不足我们受到的天然与人为照射的1%。

为了保护核电站工作人员和站外居民的健康，国际放射防护委员会制定了一个辐射剂量标准：对于电站职工，年均剂量不大于20毫希沃特。对于站外周围居民，年均剂量不大于1毫希沃特，也即天然本底剂量的40%，它对站外居民带来附加风险的概率与雷击造成的风险基本相当，是极小极小的。

3.2　在核能利用领域工作者防护辐射的有效技术

目前全球约有80万人在核工业系统工作，另有约200万人在医疗放射性环境中工作，他们所受到照射的平均剂量不到1毫希沃特/年，只占天然照射剂量的40%左右，这成绩得益于有效的辐射防护技术应用。

研究得知外照射剂量的大小与放射源强度、照射时间成正比，与人与放射源的距离的平方成反比，所以控制外照射剂量有效手段有三，多种情况三种方法同时并用。首先，加大人与源的距离，比如采用自动化遥控操作，手操时采用长柄工具等；其次，尽量缩短人员在放射区域停留时间，比如实行控制区管理，禁止随便进入有放射性的地点，事先做好充足准备，使在放射区域的工作能精准、快速地完成，避免迟延和返工；最后，为了减少放射源强度，可采用屏蔽技术。不同的放射性对物质的穿透力是不同的。γ射线穿透力最大，而中子的放射生物学效应最高，这两者都是核电员工职业防护的重点。常用的屏蔽材料有水泥、铁、铅；厚水层也有很好的防护效果，放射性很高的核燃料组件如在水下8 m深处进行，水面上的操作人员就能获得满意的保护。

放射性物质进入人体内部产生的照射称为内照射。对控制内照射，如上述提到的距离、

时间、屏蔽三个办法都用不上,就要尽量采取预防措施,不让放射性物质进入人体。因此,禁止在核电站控制区内吃东西、喝水。因放射性碘是最容易进入人体的,可在必要时先补充一些稳定的碘盐,使体内的碘含量饱和,以减少放射性碘的吸收。

为防止放射性物质粘在皮肤上渗入体内,吸入空气中可能含有放射性物质,进入放射性工作区的人员要穿上特制的连体服和特制的气衣,像潜水员或宇航员一样防止放射性物质渗入体内和呼吸干净空气。如放射性物质已进入体内,就要用特定的药物促使它尽快排出。传统饮料茶水就有助于放射性物质的排出。另外,为保护工作人员,核电站向员工提供辐射防护用品和个人辐射剂量仪表,建立职业健康管理系统,每人每年都要体检并留健康档案。

3.3 核反应堆的固有安全

核反应堆的燃料具有放射性,会对环境造成严重污染,甚至对人类造成不可逆的伤害。因此,做好安全防护措施是保证核能利用最重要也是最必要的条件。不同的核反应堆其固有安全性也有区别。

3.3.1 核反应堆具有防止核反应失控特性

核电站的反应堆本身具有防止核反应失控的工作特性,称为固有的安全性。核反应堆本身所具有的负反应性温度效应、空泡效应、多普勒效应、核燃料的燃耗等构成了核反应堆的固有特性。

① 负反应性温度效应　核反应堆内各部分温度升高而再生系数 K 值变小的现象,这种效应对反应堆的稳定性和安全性起决定作用。

② 空泡效应　核反应堆冷却剂中,特别是在沸水堆中产生的蒸汽泡,随功率增长而加大,从而造成相当大的负泡系数,使反应性下降,空泡效应有利于核反应堆运行的安全。

③ 多普勒效应　裂变中产生的快中子在慢化过程中被核燃料吸收的效应。多普勒效应随燃料本身的温度变化而有很大的变化。特别重要的是这种效应是瞬时的,当燃料温度上升时,它马上就起作用。多普勒效应是奥地利物理学家及数学家多普勒提出来的。

④ 燃耗效应　氙和钐是在裂变产物中积累起来的对反应堆毒性很大的元素,这两种元素很容易吸收热中子,使堆内的热中子减少,反应性下降。一般来说,反应堆长期运行之后,由于燃料的燃耗加深,反应性下降是正常现象。

通常,以上这些效应一般都有利于核反应堆运行的安全,但在特定条件下也会对核反应产生不利影响。

3.3.2 轻水核反应堆里,有三个效应起作用

① 由于核燃料温度的上升,铀-238 吸收中子的数量增加,使反应性有很大的下降,称为负反应性,这是多普勒效应起了作用。

② 轻水巨化剂温度升高,密度减小,中子与慢化剂碰撞的机会减少,中子慢化的效果降低,使反应性减小,这是负反应性温度效应起了作用。

③ 轻水冷却剂温度升高,产生气泡,其道理与②相同。由于中子的泄漏增加,使反应性有很大下降,这就是空泡效应起了作用。

3.3.3 气冷堆里

一方面,由于多普勒效应的作用,燃料呈现出负温度效应;另一方面,因为气冷堆的功率密度低,石墨的热容量大,所以当发生事故时,堆芯温度上升比较慢,二氧化碳冷却剂的密度低,即使在冷却剂丧失的情况下,对反应性几乎也没有什么影响,功率仍然可以继续上升,这

时,必须依靠停堆系统来控制核反应堆。

3.4 核反应堆的安保系统

3.4.1 功能

我们知道,核反应堆安全保护系统具备监测、报警、自动校正和保护甚至自动停堆的功能。为了防止核反应堆安全保护系统和控制系统两个系统相互干扰,应对两者加以隔离,两者共用信号时也应采用适当分隔措施,以保证各个系统的独立性。

3.4.2 监测

核反应堆保护系统可以监测重要的过程变量,如功率、温度、压力、流量、稳压器的水位和蒸汽发生器的水位等,在变量超过安全运行限值,达到安全系统整定值时,可及时自动触发相关保护系统,启动保护动作,并抑制控制系统自身的不安全动作。这个过程包括一系列诸如停棒、汽轮机降负荷运行、反应堆事故停堆和安全注射信号等。

3.4.3 停棒

停棒的第一个保护动作是停止或闭锁自动和手动提棒。停棒是对一个超功率瞬变过程,如果这个动作能阻止功率上升,就不需要进一步的保护动作。

如果停棒后功率继续上升,就可通过降低汽轮机负荷来降低电厂功率,以避免反应堆进一步发生事故。

保护系统监测的有关电厂变量达到事故停堆值时,要能使反应堆安全停堆。例如这样的情况出现时:中子通量过高、反应堆冷却剂压力过高或者过低、进出口温差超温、超功率、反应堆冷却剂低流量、稳压器高水位、蒸汽发生器低水位、蒸汽发生器低给水流量、手动停堆、汽轮机停机、地震、安全注射系统动作、安全壳超压等。

事故停堆系统能切断控制棒组件,调节棒组和停堆棒组传动机构的电源,使它们在重力的作用下落入堆芯。

安全注射启动,当发生稳压器低压力、蒸汽管道高压差、蒸汽管道高流量、安全壳压力升高等情况,安全注射信号开始起作用。

3.5 一个都不能少——核安全专设(辅助)系统

3.5.1 功能作用分类

核反应堆的耗损材料有放射性,为了使核反应堆装置安全可靠地运行,除了堆芯冷却系统以外,还有许多安全专设(辅助)系统。

辅助给水系统的功能是使反应堆在功率运行时能够得到足够的冷却,以防止出现堆芯冷却能力丧失事故。简单来讲,辅助给水系统就是保证反应堆因失去主给水后能够用辅助给水替代。核反应堆堆型不同,它们的主冷却剂系统和辅助系统也有所不同,这里以压水堆核电站为例,介绍与核动力厂相关的主要核安全专设系统及功能。

为了保证核电站一回路系统和二回路系统的安全运行及调节,并为一些重大事故提供必要的安全保护及防止放射性物质扩散的措施,核电站中还设置了许多辅助系统,按其功能所起的作用,大致可以分为以下几类:

① 化学和容积控制系统、主循环泵轴密封水系统。这是为了保证核反应堆和一回路系统正常运行的系统。

② 设备冷却水系统、停堆冷却系统。这是为核电站一回路系统在运行和停堆时提供的必要的冷却系统。

③ 安全注射系统、安全壳喷淋系统。这是在发生重大失水事故时保证核电站反应堆及主厂房安全的系统。

④ 疏排水系统、放射性废液处理系统、废气净化处理系统、废物处理系统、硼回收系统、取样分析系统。这是控制和处理放射性物质，减少对自然环境放射性排放的系统。

⑤ 一回路还有其他的辅助系统，比如补给水系统、废燃料池冷却及净化去污清洗系统等。

⑥ 二回路的辅助系统。主蒸汽排放系统、蒸汽再热及抽气系统、凝结水给水系统、事故给水系统、蒸汽发生器排污系统、润滑油系统及循环冷却水系统等。

3.5.2 一回路辅助系统

一回路的辅助系统基本都与核电站的安全性相关，但从功能上只有专设安全设施，包括应急堆芯冷却系统、蒸汽和给水管道隔离系统、辅助给水系统、安全壳隔离系统、停堆冷却系统、安全壳喷淋系统、去氢气复合或点火系统、反应堆保护系统和核电站专设核安全系统。

3.5.3 核反应堆保护系统

核反应堆保护系统由两部分组成，即核反应堆停堆触发系统和专设安全设施触发系统。

3.5.4 应急堆芯冷却系统

应急堆芯冷却系统包括高压安注系统和低压安注系统，是发生重大失水事故时保证核电站反应堆堆芯得到应急冷却的系统。

3.5.5 汽水管道隔离系统

蒸汽和给水管道隔离系统的作用是在发生主蒸汽管道断裂事故时，能够将发生主蒸汽管道断裂的蒸汽发生器与三回路隔离，防止蒸汽通过断管处直接排放到常规岛厂房，特别是如果蒸发器传热管破损时，主冷却剂中的放射性物质通过蒸发器破损处泄漏到二次侧，再通过主蒸汽管道破口直接向常规岛厂房释放。包括主蒸汽管道隔离阀、给水隔离阀和相关的流体管道。

3.5.6 安全壳隔离系统

安全壳隔离系统是为了防止安全壳内主蒸汽管道断裂事故可能导致主冷却剂回路因得不到足够冷却卸压，从而可能发生放射性物质通过主蒸汽断管的破口处释放到常规岛。安全壳隔离系统隔离贯穿安全壳的主蒸汽管道。

3.5.7 停堆冷却系统

停堆冷却系统是为了保证反应堆的堆芯不被余热烧毁，它的功能是保证反应堆在正常停堆和事故工况紧急停堆后反应堆芯得到适当的冷却，把反应堆的余热排除。

3.5.8 安全壳喷淋系统

安全壳喷淋系统是在发生主回路向安全壳喷放卸压后，保证安全壳得到适当冷却，防止其完整性因超压而被破坏。

3.5.9 氢气复合或点火系统

氢气复合或点火系统是防止产生大量氢气排放到安全壳内发生氢气爆炸的风险而专设的消氢设施。如果采用非能动催化氢气复合器，就不需要专设触发保护。

3.5.10 快速注硼第二紧急停堆系统

压水堆还设有快速注硼第二紧急停堆系统，以保证在发生预计瞬态不能紧急停堆事故时能够紧急停堆，使核电站保持在可控状态。

3.6 国家强化安全监管

国家安全局是核安全监管制度的核心。在国家安全局颁发各类许可证的同时,还要实施安全监督。

核电站的许可证按厂址选择、建造、调试、运行和退役五个主要阶段申请和颁发,对于每个阶段都具体规定了申请许可证所必须满足的条件。

例如,对于厂址选择的监管,在国家有关部门批准核电站可行性报告和批准营运单位申请的厂址之前,必须从环境保护部门获得核电站厂址选择审查批准书和核电站环境影响评价报告(可行性研究阶段)批准书。

建设时还要有建造许可证,同时,建设时,还会进行严格的监督管理。在建设完成后的装料阶段,国家安全局还要下发装料许可证。待到发出来的电能并入电网,也都需要相应的许可证。另外,所有参与核电设备供应的供应商、设计院、工程管理公司等也都必须具备相应的资质和许可,所有的焊工也必须持有资格证。

一般而言,整个核电站运行 40～60 年退役,还需要向相关国家部门提出退役申请。

建立起了这样的一系列监管体系和办法,就从制度和源头上减少了核电站发生大规模事故的可能,从而尽最大可能保障了核电站的安全运营。

3.7 国家政府层面十分重视核能安全

在使用核电站的同时,人们最为担心的问题还包括核泄漏、放射性物质溢出等。例如,2011 年 3 月 11 日下午,日本东部海域发生里氏 9.0 级大地震,并引发了海啸。位于日本本州岛东部沿海的福岛第一核电站停堆,且若干机组发生了冷却失常的情况,多台机组相继发生爆炸,造成了大量放射性物质泄漏。此外,还向海中排放了数万吨低放射性污水,造成了严重的海洋环境污染。

在福岛第一核电站发生爆炸后,各国政府都非常重视核电站的运行安全问题。2011 年 3 月 16 日,时任国务院总理的温家宝主持召开国务院常务会议,强调要充分认识到核安全的重要性和紧迫性,核电发展一定要把安全放在第一位,必须从以下几个方面切实提高核电站的安全稳定性。

第一,立即组织对我国核设施进行全面安全检查。通过全面细致的安全评估,切实排查安全隐患,采取相关措施,确保绝对安全。

第二,切实加强正在运行核设施的安全管理。核设施所在单位要完善健全的制度,严格操作规程,加强运行管理。监管部门要加强监督检查,指导企业及时发现和消除隐患。

第三,全面审查在建核电站。用最先进的标准对所有在建核电站进行安全评估,要坚决整改所存在的隐患,不符合安全标准的核电站与核设备要立即停止建设。

第四,严格审批新上核电项目。抓紧编制核安全规划,调整完善核电发展中长期规划,核安全规划批准前,暂停审批核电项目包括开展前期工作的项目。

在发展核电过程中,必须以确保环境安全、公众健康和社会和谐为总体要求,把"安全第一"的方针落实到核电规划、建设、运行、退役全过程及所有相关产业。要以最新、最先进的成熟技术,持续开展在役在建核电机组安全改造,不断提升我国既有核电机组安全性能,全面加强核电安全管理。同时,加大核电安全技术装备研发力度,加快建设核电安全标准法规体系,提高核事故应急管理和响应能力。另外,还需要强化核电安全社会监督和舆论监督,积极开展国际合作。

3.8 “纵深防御”原则

纵深防御概念贯穿于与安全相关的全部活动，包括与组织、人员行为或设计运行、监控、调节、安保等有关的方面，以保证这些活动均置于多重措施的防御之下。这样做的好处是，即使有一种故障发生，也将有适当的措施探测、调整、补偿或纠正。

核电站常常采用“纵深防御”原则来管控核安全风险。在整个设计和运行中贯彻纵深防御，以便对核电站内设备故障或人员活动及场外事件等引起的各种瞬间异常变化、预计运行事件及事故提供多层次的保护。

纵深防御概念应用于核电站的设计，提供一系列多层次的防御，用以防止事故的发生进展，并在未能防止事故时保证提供适当的安全保护。通常有以下五个层次的保障措施：

第一层次防御的目的是防止偏离正常运行及防止系统失效。因此要精心设计，精心施工，确保核电站的设备精良。建立周密的程序、严格的制度和必要的监督，加强对核电站工作人员的教育和培养，使得人人关心安全，人人注意安全，防止发生故障。

第二层次防御的目的是检测和纠正偏离正常的运行状态，以防止预计运行事件升级为事故工况。

第三层次防御的目的是，如果某些可能性极小，但在核动力厂设计基准中是可预计的事件或假设始发事件的升级，有可能未被前一层次防御制止，而演变成一种比较严重的事件的情况，这时就必须通过固有安全特性、故障安全设计、附加的设备和规程来控制这些事件的后果，力争达到稳定的、可接受的状态。比如，可以启用核电站安全系统，加强事故中对核电站进行管理，防止事故进一步扩大，保护安全壳和厂房。这就要求设置的专设安全设施能够将核电站引导到可控制状态，然后再引导到安全停堆状态，并至少维持一道包容放射性物质的屏障，不会泄漏放射物质。

第四层次防御的目的是，针对严重事故，将放射性释放控制在尽可能低的程度。这一层次最重要保护可用最佳估算方法来验证。

第五层次防御的目的是，万一发生极不可能发生的事故，并且发生了放射性物质外泄，就启用厂内外应急响应计划，努力减少事故对居民的影响。

有了以上相互依赖、相互支持的各个层次的重叠保护，核电站应是非常安全的。

纵深防御概念应用的另一方面是，在设计中设置一系列的实体屏障，就某个核电站而言，所必需的实体屏障的数目取决于可能发生的内部及外部灾害和故障可能产生的后果。就典型的压水堆核电站而言，这些屏障可以是燃料基体，也可以是燃料包壳等。

核电站的设计原则是必须提供多重的实体屏障，防止放射性物质不受控制地释放到环境中。设计思想必须是保守的，可以防患于未然的。建造必须是高质量的，从而最大限度地减少核动力厂的故障和偏离正常运行的次数，并为防止事故提供了更大的可能。因此，纵深防御概念必须在设计过程中就要注意到，以便做到防患于未然。

此外，核电站的设计必须利用固有特性和专设设施，以便在发生假设始发事件期间及之后，人们能够控制核电站的行为。也就是说，必须通过设计尽可能使不受控制的瞬变过程减至最少。同时，设计时必须针对核动力提供附加的控制设施，它们采用安全系统进行触发，以便在事故的早期减少操纵员的错误动作，减少错误的操作引起更大事故的可能。

核电站的设计必须尽可能提供控制事故过程的方法以及限制其后果的设备和规程，从而保证各道屏障的有效性，减轻任何假设始发事件的后果。

贯彻纵深防御概念的另一个必须考虑的事情是必须尽可能地防止出现影响实体屏障完整性的情况,防止各道屏障在需要它发挥作用时失效,并防止一道屏障因受到另一道屏障失效的影响而失效。

值得注意的是,除极不可能的假设始发事件外,必须使第一层次至多第三层次防御能够阻止所有假设始发事件升级为事故工况。

核电站的设计还必须考虑到当缺少某一层次防御时,多层次防御并不是继续进行功率运行的充分条件。虽然对于除功率运行以外的各种运行模式来说,可视情况规定某些条件可以适当放松,但在功率运行状态下,所有各层次防御都必须总是可用的。

3.9 至关重要的屏障防御

为了防止核电站放射性泄漏,核电站设置了至关重要的三道屏障。因为核电站独有的敏感问题就是放射性物质的泄漏对人体的危害。

第一道屏障:燃料包壳。为了减少带放射性的核燃料泄漏和核燃料裂变时产生的放射线对人和周围环境的污染,通常是把核燃料装在锆合金管中进行密封。这是防止核泄漏的第一道措施。

第二道屏障:压力壳。一旦燃料密封装置破裂,放射性物质泄漏到水中,但仍在密封的一回路水中。因此,一回路系统需要足够密封。一般来说,一回路系统外用 200 mm 厚的不锈钢板制成,同时主泵和蒸汽发生器都有特殊的一回路水泄漏防范措施。

第三道屏障:安全壳。核电站建立安全壳是极其必要的。安全壳是一个顶部为半球形的钢筋混凝土建筑物,厚度近 1 m。包括反应堆在内的一回路系统都被罩在安全壳内。安全壳内还设有安全注射系统、安全壳喷淋系统和冷却系统等一系列其他系统。

这就需要安全壳不仅要具有良好的密封性,也要有很高的强度,要做到能使安全壳内任何设备发生的故障最大限度地包容在安全壳内。

同时,由于核电站一般建设在人烟相对稀少的地方,还要保证安全壳能承受飓风、地震等自然灾害的冲击。

3.10 核安全是核能发展的生命线

相对于核电站的优势,人们更加担心核电站的安全性。但是,经过了半个多世纪的发展,核电站的安全技术和安全防范措施已经相当成熟。核电站从燃料、选址、设计、建造、运营、燃料废料处理等全生产链整个系统都考虑了安全问题。比如,核电站的基本设计和管理原则是安全第一。设计良好、管理完善的核电站不会发生核废物泄漏污染这样的问题。

为了防止核泄漏,现代核电站采用了多道防护措施,以保证发生重大核泄漏事故的概率降低到 10^{5}～10^{6} 堆/年。

核电的安全性日益成为未来核电市场竞争中最关键的因素,是核能发展的生命线。越是先进的核电机型,其安全方面的要求就越高。比如,最新提出的第四代核电站的性能要求以及美国最近颁布的新的能源政策都贯穿提高在安全性这一主线,并采取了纵深防御的设计思想,冗余性、多样性的设计方法和保守性的设计原则。要求堆芯熔化概率$<1.0\times10^{5}$堆·年,大量发射性释放概率$<1.0\times10^{6}$ 堆·年,燃料热工安全裕量$\geq15\%$,取消场外应急的需要等等。

而且,世界各国最新提出的"非能动安全系统"的设计概念,一般都在原有设计基础上增加非能动安全系统代替原有的能动安全系统,但不追求全部采用非能动安全系统,而是以技术成熟的程度和对机组安全、经济性能的改进程度为根据，确定采用哪几个非能动安全系统，即使非能动、能动混合型的安全系统，也要简化系统，减少设备，提高安全性。

此外，核电站不仅有完备的安全设备，也有一整套的安全管理制度和安全操作规程，从设备和管理制度上都要做到万无一失，这样才能增加核电站的安全系数。

尽管如此小心翼翼，核电事故也不时发生。自20世纪第一座反应堆运行以来，核电站事故中影响最大、损失最惨重的当属美国的三里岛核电站事故、前苏联的切尔诺贝利核电站事故和日本福岛第一核电站事故，其中以切尔诺贝利和福岛第一核电站为最。

总之，要确保核电站的安全，就必须要求核反应堆在整个运行期间，不但能够长期安全稳定运行，还要能够适应启动、功率调节和停堆等各种情况的变化。此外，必须确保一般事故情况下不破坏堆芯，甚至在出现最严重事故的情况下，也要保证堆芯中的放射性物质被包容在一个固定的空间里，避免放射性物质扩散到周围环境中。

除了确保核电站的安全要采取多重高度安全的措施之外，同时也要对核电站进行周密的管理。确保高度安全的周密管理措施主要包括发挥国家监管机构的作用，制定和完善核安全防护法规体系，实行核设施安全许可证制度和严密的质量保证体系，做到对参与单位和人员进行严格要求，建立严密的安全保卫系统，有保护公众和环境的应急措施。

4. 当今三代核电机组(华龙一号)SGTR事故安全预防措施示例

4.1 “华龙一号”简介

“华龙一号”是中核集团公司在三十年核电科技研发、设计、建设和运行经验的基础上，充分借鉴国际三代核电技术先进理念，自主研发知识产权，完全达到三代指标的核电技术。“华龙一号”采用了能动和非能动的安全设计理念，总体设计目标和安全指标都达到了第三代核电站的要求。目前，我国“华龙一号”首堆示范工程中核集团福建福清核电站5号机组已正式开工建设，预计2020年实现并网发电。

4.2 “华龙一号”缓解SGTR主要事故措施

蒸汽发生器(SG)传热管断裂(SGTR)是指SG一根传热管完全双端剪切断裂的事故，是压水堆核电站的设计基准事故之一。根据压水堆核电站的运行经验来看，自20世纪80年代以来全球这类核电站已发生十余起。1976年美国Surry1号机、1982年美国R. E. Ginna电站……1991年的日本Mihanma 2号机组(防震杆件定位异常之后的1根管子断裂)、1996年比利时Tihange电站等都发生过SGTR事故。也正因为SGTR发生频率相对较高，RCC-P1991年版将SGTR事故从Ⅳ类事故(RCC-P1988年版)变成Ⅲ类事故，相应放射性后果验收准则也更严格。对于二代或二代加压水堆核电站，在SGTR事故下，破坏SG可能发生满溢，放射性较高液态流出物通过大气排放阀或安全阀排放将导致大量的放射性释放，此外，SG的安全阀过水可能导致卡开，造成严重事故叠加。因此，在三代核电站设计上应尽可能避免SG满溢。我国“华龙一号”示范工程福清核电站5号机组设计的缓解SGTR事故的措施主要有：

(1) 安全注入系统(RSA)：将高压安注改为中压安注，尽量降低泵的关闭扬程，在SGTR事故工况下减少一回路向二回路的泄漏。

(2) 大气排放系统(TSA)：设置自动调节的大气排放阀，在事故30 min内自动实现快速冷却功能,并使得一、二次测压力尽快达到平衡。

(3) 辅助给水系统(TFA):为SG供水管线上设置自动隔离电动阀及步进式气动调节阀,在SGTR事故下调节水位,避免SG满溢。

(4) TTB:增加安全级排水管线,在SGTR事故后撤过程中,开启排水管线向安全壳内置换料水箱排放,以进一步对反应堆降温降压。

下面针对SGTR事故发展进程,对各阶段措施如何应对作详细分析。

RS1:"华龙一号"安全注入系统由2个独立系统组成;每个系列包括中压安全注入子系统、低压安全注入子系统和安全箱子系统。中压安全注入系统关闭扬程(约10 MPa)相对二代电站的高压安注系统(15 MPa)降低,为减少在SGTR事故时一回路向二回路泄漏起到决定性作用。

TSA:由于中压安注泵关闭扬程较低,对某些小破口,可能会使中压安注系统无法注入。因此,"华龙一号"设计了快速冷却,使一回路自动快速降压。快速冷却指通过SG二次侧大气排放阀对反应堆冷却剂进行100℃/h的快速冷却,直到二回路蒸汽压力降低到4.5 MPa,或操纵员干预结束。在接收到安注信号后,3台SG的大气排放阀整定值根据一回路的降温速率在约30 min内操作员不干预阶段自动从7.85 MPa降低至4.5 MPa,保持一回路冷却速率为100℃/h。在快速冷却结束后,一回路压力由中压安装安注泵关闭扬程决定,破口仍有泄漏流量,导致破坏SG水位上升,直至一、二次侧压压力平衡,破口流量终止。在操作员干预阶段可识别破损SG,并自动隔离其主蒸汽隔离阀,提高其大气排放阀整定值。

TFA:"华龙一号"TFA设有2台电动辅助给水泵、2台气动辅助给水泵和2个贮存水池。两列间在泵的入、出口处有2个母管,使得每台泵能够将2个水池里的水注入3个SG。在每台SC,上游补水母管上设置了4台电动隔离阀,在SG水位高时会自动隔离;在补水母管上设置了6台步进控制气动隔离阀,在SG水位低时将气动阀调节到全开,在SG水位高时将气动阀调节到规定小开度,以避免SG满溢。

TTB:"华龙一号"采用蒸汽排放和排污组合方式进行最终冷却、降压;为解决排放蒸汽时可能夹带水的风险,在事故长期阶段,调节破坏TTB流量,使破坏SG降压,同时利用排污系统限制破坏SC水位。TTB从位于安全壳内的蒸汽发生器排污管线上引出排水管线,在SGTR事故工况下,操作员手动开启相应隔离阀,开启排水管线SG内的放射性水,依靠压力差自动排放到安全壳内置换料水箱。

4.3 "华龙一号"SGTR事故处理

需考虑破坏SG满溢最不利工况,并选取初始功率为5%满功率(NP)且考虑丧失厂外电工况。同时,欧洲用户要求(EUR)也提了对操作员不干预时间的要求,对于基准事故2-4类工况,要求主控室操作员30 min内不干预。即假设在保护动作(反应堆紧急停堆)后30 min操作开始动作,以SG传热管开始破裂时为零时刻,分析处理事故过程,并给出事故处理结果,如图1所示。

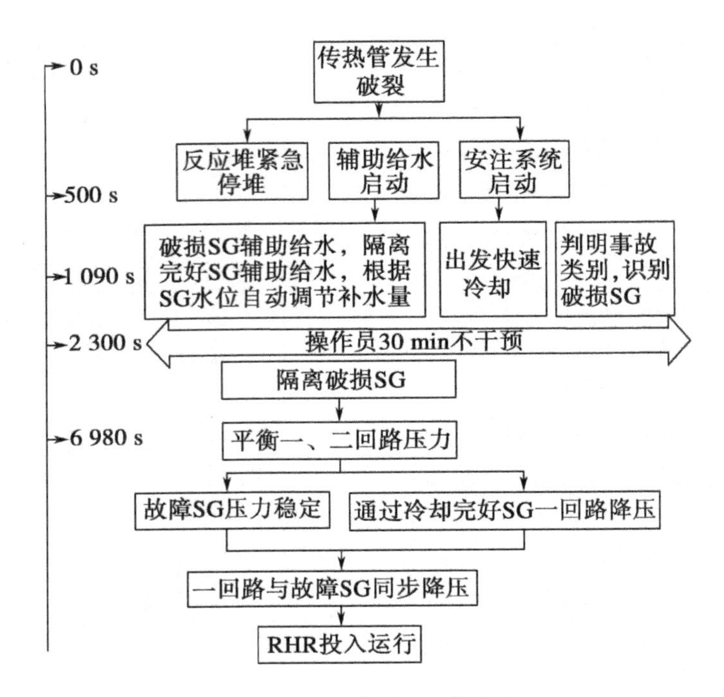

图 1　SGTR 事故处理措施图

(1) 紧急停堆

SG 传热管破裂事故发生后，首先要紧急停堆，迅速降低堆芯功率，减少从断裂传热管漏出的反应堆冷却剂在二次侧汽化，降低二回路的污染。

在此事故下反应堆保护自动响应："稳压器水位低低"与"SG 水位高高"符合触发反应堆紧急停堆，随之汽轮机跳机停运。破坏 SG 产生"SG 水位高高"信号使主给水泵停运并启动辅助给水电动泵，同时该信号将隔离破坏 SG 辅助给水，该自动信号可有效防止破损 SG 通过二次侧增加水量。稳压器压力低低信号将触发安注系统启动，但此时一回路压力高于安注注入压头，安注没有流量，安注信号触发二回路大气排放系统快速冷却，使中压安注尽早投入运行。

(2) 隔离破坏 SG

隔离破坏 SG 可保证破口处泄漏的一回路放射冷却剂被封闭起来。

如紧急停堆后 30 min 操作员开始动作，在 30 min 内，操作员可根据 SG 蒸汽剂量水平，或冷凝器，或排污剂量水平，判明事故类别。根据 SG 水位上升，或 SG 排污，或蒸汽管线的剂量监察，来确定破损 SG。30 min 内，"华龙一号"设计了步进控制的辅助给水系统根据 SG 水位调节完好 SG 水位。30 min 后操作员开始干预，隔离破坏 SG，主要操作是隔离破损 SG 所在环路的蒸汽和给水隔离阀，并将破损 SG 对应的大气排放阀整定值调节到 8.2 MPa，隔离大气排放管道，防止放射性物质通过破损 SG 对二回路和环境造成污染。

(3) 平衡一、二回路压力终止泄漏

为了最大限度地减少破损 SG 的泄漏量，必须迅速平衡一、二回路的压力。降低一回路压力并减少破损 SG 一次侧向二次侧的泄漏，可逐台停止中压安注泵运行，并采用稳压器喷雾降低一回路压力，当安注泵全部停动时需恢复上充流量，继续一回路系统注入冷却剂，以补偿 SGTR 破口流量和冷却剂收缩。同时,通过完好 SG 大气排放阀和辅助给水系统冷却一回路系统直到 SG 一、二次侧压力平衡。对于破损 SG,可通过调节破损 SG 排污流量,稳定二次侧的压力,直到一、二次侧压力平衡,SGTR 破口流量终止。

(4) 冷却到余热排出投入运行

当破损 SG 两侧压力平衡,一回路向二回路的泄漏将停止,SG 水位低于 SG 顶部水位,避免 SG 满溢。

从泄漏停止到余热排出系统投入的长期冷却阶段,需一回路与故障 SG 的同步降压,一回路降压手段依然通过稳压器喷淋及二回路辅助给水系统和大气排放系统降温降压。故障 SG 到通过调节破损 SG 排污流量实现降压。

4.4 小结

在 SGTR 发生事故时,"华龙一号"核电机组通过大气排放系统,实现快速冷却功能,自动快速冷却一回路,减少操作员干预要求;在破损 SG 水位高时,通过辅助给水系统自动隔离破损 SG,并根据 SG 水位自动调节完好 SG 辅助给水补水量。在 SGTR 事故后期阶段,通过辅助给水系统和大气排放系统冷却一回路,并通过 SG 排污系统的安全及排水管线,将破损 SG 的放射性水排到安全壳内置换料水箱,降低二回路压力,使破损 SG 两侧同步降压,这种事故缓解措施能有效防止 SG 满溢,减少向环境的放射性释放污染。

5. 结论

1. 正如文献[7]中前言所说:

"核,就像一只野兽,兽被人类驯服得俯首帖耳,为人类服务。但其毕竟'野性不改',始终不肯屈服于人类,不肯被人类制造的牢笼所囚禁,只要一有机会,它就会破笼而出,给人类带来灾难……"

又指出,"当然,我们不能否认,这些灾难的背后,也有很多的人祸、野心、失误、利益、无知……又有多少人为因素成为了这些背后的推手"。

2. 核电的巨大正能量是安全的,将成为造福人类的能源动力之一。一百多年来,核对人类社会的发展起了不可忽视的推动作用,如今核电在全世界的发电量中已近五分之一,这样的发展速度是其他能源所不及的。尤其是随着常规化石能源的枯竭,人类对环境质量要求日益提高,核能必将发挥出更大的作用。而对于核电站,只要从设计制造到运行的全过程都认真对待,并采用特殊的更适当、更高的安全防御措施,它就不会给人类带来灾难。

3. 对于核,人类应该始终有敬畏之心。

敬,我们就应大胆地与之合作;畏,就应谨慎地与之相处。

敬,是因为它能给人类带来益处;畏,是因为它曾给人类带来无穷的灾难。

相信,只要遵循这一相处之道,核就会与人类和平相处,为人类造福!

4. 我国正从核电大国走向核电强国。我国核电中长期发展规划,到 2020 年,我国大陆运行核电机组容量将达到 5 800 万 kW,在建 3 000 万 kW 左右;到 2030 年,力争形成能体现全球核电发展方向的科技研发体系和配套工业体系,核电技术装备在国际市场占有相当份额,全面实现建设核电强国目标。因而认知核电的特性、优势及其安全性,对公众提高认识、消除抵触核电发展情绪是个帮助。

参 考 文 献

[1] 魏义祥，贾宝山. 核能与技术概论[M]. 哈尔滨：哈尔滨工程大学出版社，2011
[2] 杜伟娜. 未来能源的主导核能[M]. 北京：北京工业大学出版社，2015
[3] 杜祥琬. 核能发展的历史观[N]. 中国科学报，2013-9-30
[4] 温鸿钧. 从世界核电站看中国核电市场空间[J]. 中国核工业，2014(3)
[5] 徐小杰等. 我国核电发展趋势和政策选择[J]. 中国能源，2015，37(1)
[6] 朱学蕊. 核电产业走向竞争性依存时代[J]. 能源研究与利用，2015(16)
[7] 盛文林. 美国人的噩梦三里岛核电站事故[M]. 第1版. 台北：台海出版社，2011
[8] 郭城. 核电厂蒸汽发生器传热管断裂事故运行管理[J]. 核动力工程，2013，34(2)
[9] 陈巧艳等. 百万千瓦级压水堆核电站二级 PSA 源项分析与研究[J]. 核动力工程，2016，37(2)

Understanding for The Superiorty & Safety of Nuclear Energy(Power)

Zhong Shi-ming
(College of Energy and Environment, Southeast University Nanjing, 210096, China)

Abstract: This paper firstly introduces nuclear energy(power)'s the superiorty & safety performance; Secondly expound energy nuclear's safety. In this condition make full use of "Can move" and "Can not move" for defence in depth on the lately and highest safety regulation of nuclear power, Understanding peaceful utilization of nuclear energy it's needs and safety.

Key Words: Utilize Energy Nuclear, Fisson Nuclear Power, Superiorty, Safety Performance.

后　记

本书能够出版问世，要感谢一些老师、专家、企业家、同仁们的大力支持与有力赞助。

首先要感谢的是中国电机工程学会热电专业委员会原秘书长，国家电网公司北京经济技术研究中心教授级高工，中国国际咨询工程公司咨询专家，中国能源网技术委员会咨询专家，中国电力设备总公司咨询专家，全国工商联新能源商会主任科学家之一，2010 年荣获“中国分布式能源作出贡献人物”称号老专家王振铭为本书写了荐言。

原华北电力设计院教授级高工，曾任机务处处长、院副总工程师和专家组成员的龚立贤为本书作序。

东南大学能源与环境学院徐治皋教授 1996 年 6 月至 2004 年 10 月任动力工程系系主任，为本书写了介绍。

其次要感谢的赞助单位企业家有：

• 科威环保科技股份有限公司副总裁易志芳高工；

• 东南大学建筑设计研究院有限公司副院长、电力设计院院长许红胜教授级高工；

• 沈阳飞鸿达节能设备技术开发公司总经理王汝武教授级高工；

• 宜兴市宏鑫保温管有限公司董事长宋章根总经理。

最后，感谢东南大学出版社有关同志的密切配合，精心工作，使本书能够和读者见面。

钟史明

2017 年 4 月 28 日